U0792012

高职高专电类理实一体化“十四五”中英版教材

电路分析与实践

主　　编　陈吉芳
副 主 编　张远辉
主　　审　陈荣勤　Edward Burkhead
英文部分　陈吉芳　钟艺山

中国水利水电出版社
www.waterpub.com.cn
·北京·

内 容 提 要

本书是高职高专电类理实一体化专业基础中英版教材。本书以项目和任务的形式展开，注重能力、知识和素质等综合能力的培养，共设置十一个项目，每个项目下设置若干任务，共三十八个。十一个项目分别是万用表及其使用、电路基本元件和基本定律的分析与应用、简单直流电路的分析与应用、复杂直流电路的分析与测试、日光灯电路的安装与测试、谐振电路的分析与应用、三相电路的联接与测量、非正弦周期电流电路的分析、动态电路的暂态分析与测试、耦合线圈的分析与测试和交流铁芯线圈的分析与测试。

本书可作为高职高专电类专业基础课教材，特别适合高职高专电类专业中外合作办学的院校使用，也可供电气工程技术人员参考。

图书在版编目（CIP）数据

电路分析与实践 : 汉、英 / 陈吉芳主编. -- 北京 : 中国水利水电出版社, 2020.7(2023.6重印)
ISBN 978-7-5170-8702-1

Ⅰ. ①电… Ⅱ. ①陈… Ⅲ. ①电路分析－高等职业教育－教材－汉、英 Ⅳ. ①TM133

中国版本图书馆CIP数据核字(2020)第126693号

书　　名	**电路分析与实践** DIANLU FENXI YU SHIJIAN
作　　者	陈吉芳　主编
出版发行	中国水利水电出版社 （北京市海淀区玉渊潭南路 1 号 D 座　100038） 网址：www. waterpub. com. cn E-mail：sales@mwr. gov. cn 电话：（010）68545888（营销中心）
经　　售	北京科水图书销售有限公司 电话：（010）68545874、63202643 全国各地新华书店和相关出版物销售网点
排　　版	中国水利水电出版社微机排版中心
印　　刷	清淞永业（天津）印刷有限公司
规　　格	184mm×260mm　16 开本　17 印张　414 千字
版　　次	2020 年 7 月第 1 版　2023 年 6 月第 2 次印刷
印　　数	3001—5000 册
定　　价	**48.00** 元

前言
Foreword

《电路分析与实践》中英版是高职高专电类专业“理实一体化”教学改革“十四五”规划教材。为满足中外合作办学和社会对综合型人才的实际需求，同时结合高职层次学生的实际情况，编写了《电路分析与实践》中英版教材。其主要特点是：

(1) 采用“理实一体化”模式，以项目和任务开展教学。本书共设置了十一个项目和三十八个任务，内容包括直流电路、交流电路和磁路三部分，满足了高职高专电类专业对专业基础课的要求。本书体现了“工学结合”“理实一体化”等高职高专教学改革理念。

(2) 采用中文与英文混合编写。目录部分采用中英文对照编写；在介绍电路知识和电路分析方法时，以中文为主，其中专业术语采用中英文对照；项目学习目标，所有的例题、习题和答案均只采用英文编写；每个项目篇首均以世界名人名言英文引入，结尾以英文介绍世界电磁学名家，以扩展读者的知识面。

(3) 实践部分着重介绍万用表和功率表的原理和使用，对电路理论知识进行了补充，其他电工考证仪表在实训指导书中介绍，着重培养了学生的实验实践能力。

(4) 对高职高专教育尝试大胆的创新，尤其注重电路理论与实践相结合，同时力求提高读者的专业英文能力，为专业课程的学习和社会工作等打下良好基础。

本书由广东水利电力职业技术学院陈吉芳担任主编并统稿，由张远辉任副主编。主审由美国杜邦公司高级应用研究员陈荣勤和广东水利电力职业技术学院杰克逊国际学院美方教授 Edward Burkhead 共同担任，Edward Burkhead 教授是美国文理学院（Dean of Arts & Sciences）能源系统与电子技术专业带头人。英文部分由陈吉芳和钟艺山共同完成。

在本书的编写过程中，参考借鉴了不少同行编写的优秀教材，并从中受到启发和帮助，在此向有关的编者表示衷心的感谢！由于编者水平有限，且时间仓促，书中难免有疏漏和不足之处，恳请读者批评指正。

作者

2020 年 7 月

目　录

CONTENTS

Genius is one percent inspiration, ninety-nine percent perspiration.

—Thomas Alva Edison

项目一

万用表及其使用

Project 1

Understanding Multimeter and Its Using Methods

Project Objectives

1. Vocational Skills Objectives

After studying this project, you should be able to

(1) Know how to use a multimeter correctly to measure resistance, DC current, DC voltage and AC voltage etc.

(2) Identify the resistors, inductors and capacitors correctly. How to use a multimeter to measure and test resistors, inductors and capacitors simply.

2. Vocational Knowledge Objectives

After studying this project, you should

(1) Know the structure and working principle of multimeters. Grasp how to use the multimeters.

(2) Know the appearance, classification, characteristics, applications, main parameters, identification methods and testing methods of resistors, inductors and capacitors.

3. Professional Quality Objectives

After studying this project, you should

(1) Cultivate professional habits of patience, meticulousness, standardized operation and safety production.

(2) Possess the ability of learning independently, integrating the theory with practice and expanding knowledge.

(3) Possess the team awareness, good communication and coordination skill.

任务一　万用表的使用方法

Task 1　The Using Methods of Multimeter

一、指针式万用表

万用表（multimeter）又称万能表，是一种多用途、多量限的仪表，可以测量直流电阻、直流电压、交流电压、直流电流和音频电平，有的万用表还可以测量交流电流、电容、电感以及晶体管参数等。实际工作中常运用万用表判断电源性质和极性、变压器及互感器的极性等。万用表有模拟式（指针式）万用表（analog or pointer multimeter）和数字式万用表（digital multimeter，DMM）两种，指针式万用表又称为伏特-欧姆万用表（volt - ohm - multimeter，VOM）。图 1-1-1 所示为两种万用表的面板图。

(a) 指针式万用表　　(b) 数字式万用表

图 1-1-1　万用表面板图

（一）指针式万用表的结构

指针式万用表主要由表头（测量机构）、测量线路和转换开关组成。

万用表的表头多数用高灵敏度的磁电系测量机构，表头的满刻度偏转电流（以下简称“满偏电流”）一般为几微安到几十微安。满偏电流越小，灵敏度就越高，测量电压时的内阻就越大。一般万用表的直流电压挡内阻可达 20～100kΩ/V，交流电压挡内阻一般要低一些。

万用表一只表头能测量多种电量，并具有多种量限，关键是通过测量线路的变换，把被测量变换成磁电系表头所能测量的直流电流。可见，测量线路是万用表的中心环节。一只万用表，它的测量功能越多，范围越广，测量线路就越复杂。

转换开关是万用表选择不同测量种类和不同量限的切换元件。旋转量程挡位转换开关，可选择不同的量程测量不同的电量，如电阻（resistance）——Ω、直流电压（direct current voltage）——DCV、交流电压（alternating current voltage）——ACV、直流电流（direct current ampere）——DCA 及交流电流（alternating current ampere）——ACA，但能测交流电流的万用表很少。

（二）指针式万用表的使用

在使用万用表前，先要做好以下准备工作：

（1）熟悉万用表的转换开关、旋钮、插孔等位置及其作用。

（2）了解刻度盘上各条刻度线所对应的被测电量。“mA”表示毫安，“A”表示安培，“Ω”表示欧姆，“C”表示电容，“L”表示电感，“dB”表示分贝。

（3）检查红色和黑色两根表笔所接的位置是否正确，红表笔插入“+”插孔，黑表笔插入“-”插孔。如用交直流 2500V 测量端，注意应使用专测高压的表笔，在测量时将黑表笔插入“-”插孔，红表笔插入高压插孔。

（4）进行机械调零，旋动万用表面板上的机械调零螺钉，使指针对准刻度盘左端的“0”位置。

1. 测量电阻

（1）把转换开关调至欧姆挡（Ω），选择合适的倍率（如×1、×10、×1k、×100k）。万用表欧姆挡的刻度线是不均匀的，所以倍率的选择以使指针停留在刻度线较稀的部分为宜，一般情况下，应使指针指在刻度尺的$\frac{1}{3}\sim\frac{2}{3}$位置。

（2）欧姆调零。测量电阻前，将两表笔短接，这时指针应指在“0Ω”上，否则应转动欧姆调零电位器进行校正。每换一挡量程，都要重新调零。如果转动欧姆调零电位器不能使指针调到“0Ω”上，则说明表内的电池电能已用尽，需要更换电池。

（3）将被测电阻同其他元器件或电源脱离，单手持表棒并跨接在电阻两端。

（4）读数时，用表头指针显示的读数乘所选量程的倍率即为所测电阻的阻值。图 1-1-2 示例中，当测量选择开关位于“×1”时，指示值为 20Ω；当测量选择开关位于“×10”时，指示值为 200Ω；当测量选择开关位于“×1k”时，指示值为 20kΩ……依次类推。

用万用表测量电阻时的注意事项如下：

（1）不允许带电测量电阻，否则会烧坏万用表。

（2）万用表内干电池的正极与面板上“-”号插孔相连，干电池的负极与面板上的“+”号插孔相连。在测量电解电容和晶体管等器件的电阻时要注意极性。

（3）每换一次倍率，要重新进行欧姆调零。

（4）不允许用万用表欧姆挡直接测量高灵敏度表头内阻，以免烧坏表头。

（5）不可用两只手捏住表笔的金属部分测电阻，否则会将人体电阻并接入被测电阻而引起测量误差。

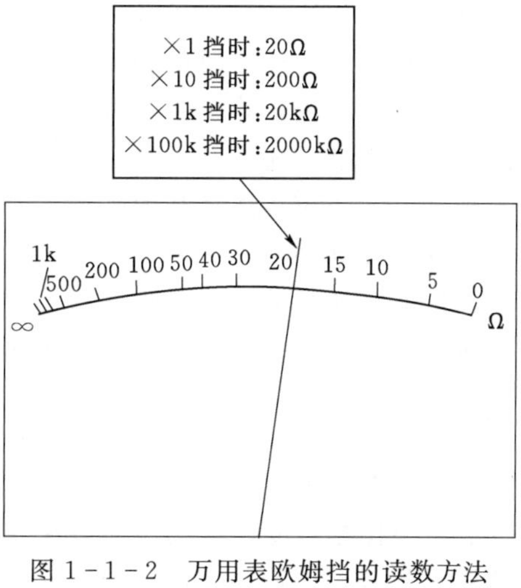

图 1-1-2　万用表欧姆挡的读数方法

（6）测量完毕，将转换开关置于交流电压最高挡或 OFF 挡以免耗尽仪表的内部电池。

2. 测量直流电流

（1）把转换开关调至直流电流挡（DCA），选择合适的量程。当被测量的范围不清楚时，应先选用最高量程挡，再逐步选用合适挡位。测量时，指针最好偏转在满刻度的$\frac{1}{3}$～$\frac{2}{3}$位置。

（2）将被测电路断开，万用表串接于被测电路中，红表笔接正（+）极，黑表笔接负（－）极。

（3）根据指针稳定时的位置及所选量程正确读数。电流表指示的读数方法是：满度值（刻度线最右边）等于所选量程挡位数，根据表针指示位置折算出测量结果。图 1－1－3 示例中，当测量选择开关位于“0.05mA”挡时，指示值为 35μA；选择开关位于“5mA”挡时，指示值为 3.5mA；选择开关位于“500mA”挡时，指示值为 350mA。

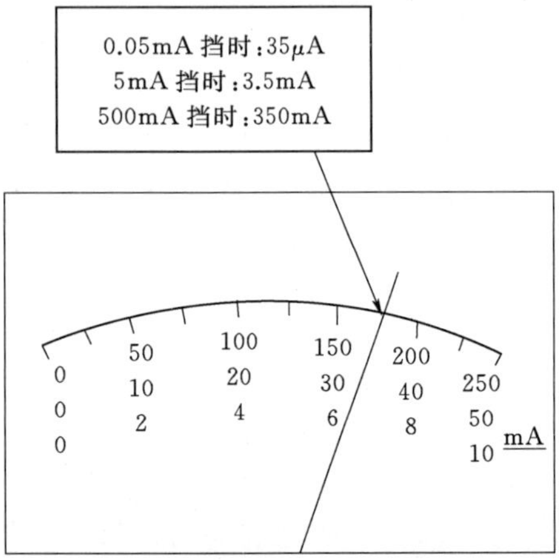

图 1－1－3 万用表电流挡的读数方法

3. 测量直流电压

（1）把转换开关调至直流电压挡（DCV），选择合适的量程。当被测量的范围不清楚时，应先选用最高量程挡，再逐步选用合适挡位。测量时，应使指针最好偏转在满刻度的$\frac{1}{3}$～$\frac{2}{3}$位置。

（2）将万用表并接入被测电路中，红表笔接被测电压的正（+）极，黑表笔接被测电压的负（－）极，不能接反。如预先不知正负极，应置于较高量程挡，用表笔轻碰一下被测位置，根据指针的偏转方向确定正负极性。

（3）根据指针稳定时的位置及所选量程正确读数。电压表指示的读数方法是：满度值（刻度线最右边）等于所选量程挡位数，根据表针指示位置折算出测量结果。图 1－1－4 示例中，当测量选择开关位于“10V”挡时，指示值为 7V；选择开关位于“50V”挡时，指示值为 35V；选择开关位于“250V”挡时，指示值为 175V。

4. 测量交流电压

（1）把转换开关调至交流电压挡（ACV），选择合适的量程。当被测量的范围不清楚时，应先选用最高量程挡，再逐步选用合适挡位。测量时，应使指针最好偏转在满刻度的$\frac{1}{3}$～$\frac{2}{3}$位置。

（2）将万用表两根表笔并接在被测电路的两端，无正负极之分。

（3）根据指针稳定时的位置及所选量程正确读数，读数方法与测量直流电压时相同，但需注意的是其读数为交流电压的有效值。

5. 用万用表测量电压或电流时的注意事项

(1) 测量时，不能用手触摸表笔的金属部分，以保证人身安全和测量的准确性。

(2) 测直流量时要注意被测量的极性，避免指针反打而损坏表头。

(3) 测量较高电压或大电流时，不能带电转动转换开关，避免转换开关的触点产生电弧而被损坏。

(4) 测量完毕后，将转换开关置于交流电压最高档或 OFF 挡。

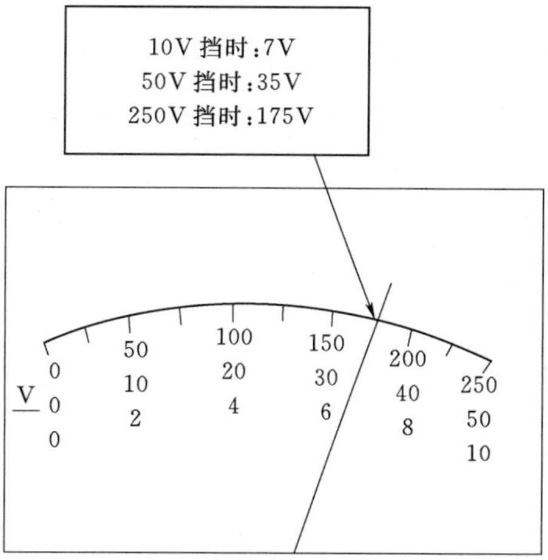

图 1-1-4　万用表电压挡的读数方法

二、数字式万用表

数字式万用表（DMM）是目前使用最广泛的电子测量仪表，它采用完全不同于传统指针式万用表的转换和测量原理，且使用液晶数字显示，具有很高的灵敏度和准确度，显示清晰美观，便于观看，具有无视差、功能多样、性能稳定、过载能力强等特点，因而得到广泛的应用。但数字万用表也有其不足之处，它不能反映被测量的连续变化过程以及变化的趋势。例如，用它来观察电解电容的充放电过程时就不如指针式万用表直观，所以应根据需要分别选用。图 1-1-1（b）是 UT890D 型数字万用表的面板图。

（一）数字式万用表的组成

数字式万用表面板部分由显示屏、电源开关、功能和量程选择开关、输入插孔、输出插孔等组成。

如图 1-1-5 所示，虚线框内表示直流数字式电压表（digital voltmeter，DVM），它由 RC 滤波器 、A/D 转换器、液晶显示器（liquid crystal display，LCD）组成。在数字式电压表的基础上再增加交流—直流（AD-DC）、电流—电压（A-V）、电阻—电压（Ω-V）转换器，就构成了数字式万用表。

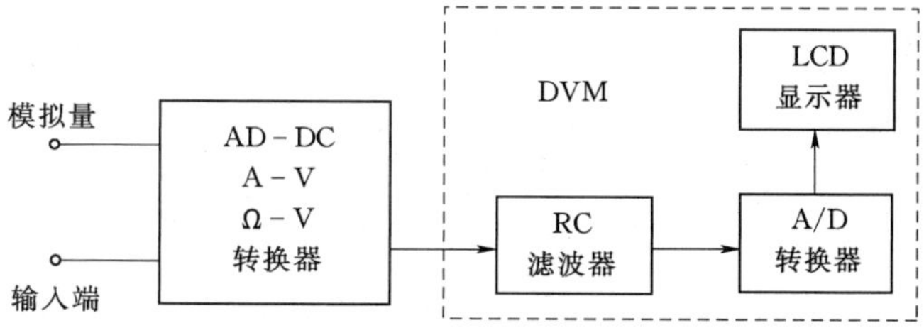

图 1-1-5　数字式万用表的组成

数字式万用表是在数字电压表的基础上拓展而来的，因此，首先必须进行被测参数与直流电压之间的转换，由信号变换电路完成。由变换电路变换而来的直流电压经电压测量电路在微处理器（或逻辑控制电路）的控制下，将模拟电压量转换成数字量后，再经译码、驱动最后显示在液晶或数码管显示屏上。

（二）数字式万用表的使用

1．使用前的准备工作

将黑表笔插入“COM”插孔内，红表笔插入相应被测量的插孔内，然后将转换开关旋至被测种类区间内并选择合适的量程，量程选择的原则和方法与指针式万用表相同，将电源开关调至“ON”的位置，接通表内工作电源。

2．电阻的测量

将红表笔连线插入“V/Ω”插孔内，黑表笔连线插入“COM”插孔内，将量程开关旋至“Ω”区间并选择适当的量程，便可进行测量。要注意，数字式万用表红表笔的电位比黑表笔的电位高，即红表笔为“＋”极，黑表笔为“－”极，这一点与指针式万用表正好相反，测量时要注意显示值的单位与“Ω”区间内各量程上所标明的单位（Ω、kΩ 和 MΩ）相对应。

3．直流电流、交流电流的测量

测量直流电流时，当被测电流小于 200mA 时，将红表笔插入“mA”插孔内，黑表笔置于“COM”插孔，将转换开关旋至“DCA”或“A－”区间内，并选择适当的量程（2mA、20mA 和 200mA），将万用表串入被测电路中，显示屏上即可显示出读数。测量结果单位是毫安。如果被测量的电流值大于 200mA，则量程开关置于“10A”挡，同时要将红表笔插入“10A”插孔内，显示值以安培为单位。

测量交流电流时，将量程开关旋至“ACA”或“A～”区间的适当量程上，其余与测量直流电流相同。

4．直流电压、交流电压的测量

测量直流电压时，将红表笔连线插入“V/Ω”插孔内，黑表笔连线置于“COM”插孔，将量程开关旋至“DCV”或“V－”区间内，并选择适当的量程，通过两表笔将仪表并联在被测电路两端，显示屏上便显示出被测数值。一般直流电压挡有 200mV、2V、20V、200V、1000V 等几挡，选择 200mV 挡时，则显示的数值以 mV 为单位；置于其他 4 个直流电压挡时，显示值均以 V 为单位。测量直流电压和电流时，不必像使用指针式万用表时考虑“＋”“－”极性问题，当被测电流或电压的极性接反时，显示的数值前会出现“－”号。

测量交流电压时，将量程开关旋至“ACV”或“V～”区间的适当量程上，表笔所在插孔及具体测量方法与测量直流电压时相同。

Practice and Thinking

1－1－1 What parameters can a pointer multimeter measure?

1－1－2 What are the elements of a pointer multimeter?

1－1－3 What should you pay attention to when measuring a resistance with the ohm mode of pointer multimeter?

1－1－4 What should you pay attention to when measuring the voltage or current with a pointer multimeter?

1-1-5 After measuring, where should the pointer type multimeter transfer switch be placed?

1-1-6 How to measure the resistance, voltage and current with a digital multimeter?

任务二 电路无源元件的应用与测试

Task 2 Applications and Testing of Circuit Passive Elements

无源元件主要是指电阻类、电感类和电容类元件，在不需要外加电源的条件下，就可以显示其特性的电子元件。实际的电阻元件（resistance element）、电感元件（inductance element）和电容元件（capacitance element）也称为电阻器（resistor）、电感器（inductor）和电容器（capacitor），它们在电工和电子电路中应用广泛。

一、电阻器的应用与检测

（一）电阻器的种类及应用

电阻器可以根据其阻值特性、用途及安装方式等来分类。按照阻值特性可分为固定电阻器、可调电阻器和敏感电阻器。其中，固定电阻器分为线绕型和非线绕型两大类，非线绕型的电阻器又分为薄膜型（如金属膜、碳膜等）和合成型两类。敏感电阻器是指器件特性对温度、光照、气体及压力等外界因素敏感并随之改变阻值的电阻器，有热敏电阻器、光敏电阻器、气敏电阻器及压敏电阻器等。

按照用途分，电阻器有通用电阻器（又称普通电阻器）、精密电阻器、高阻电阻器、功率电阻器、高压电阻器及高频电阻器等。

按照安装方式分，电阻器分为插件电阻器和贴片电阻器等。

图 1-2-1 是电子设备几种常用的电阻器。其中图 1-2-1（a）和图 1-2-1（b）所示的实际电阻器经常应用在电视机、收音机等电子产品中。图 1-2-1（c）所示的贴片电阻器则更多的应用在手机、数码摄像机等数字化电子产品中。图 1-2-1（d）所示的热敏电阻器用于有特殊要求的，如消磁电路、充电器、电子体温计等电子产品中。图 1-2-1（e）所示的压敏电阻器应用于稳压、过压保护、高频电路、防雷、灭弧、消噪、补偿、消磁、高能或高可靠等方面。图 1-2-1（f）所示光敏电阻器用于光控电路中，如路灯、楼道声控电灯等。图 1-2-1（g）所示精密合金绕线电阻器主要应用于具有可靠性要求的电器线路中，阻值范围广，良好的频率特性及抗脉冲电流性能。图 1-2-1（h）所示的可调电阻器一般也称为电位器，用于电阻阻值需要调节的场合，例如电视机、收音机的音量调节电路等。

以上是应用在电子设备中的电阻器，应用在电力设备中的电阻器有中性点接地电阻器和高能氧化锌压敏电阻器等，如图 1-2-2 所示。高能氧化锌压敏电阻器应用在发电机励

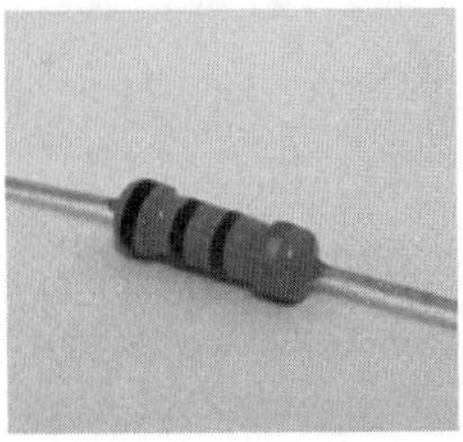

(a) 金属膜电阻器

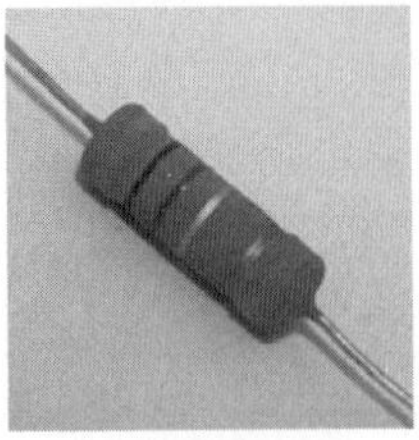

(b) 金属氧化膜电阻器

(c) 贴片电阻器

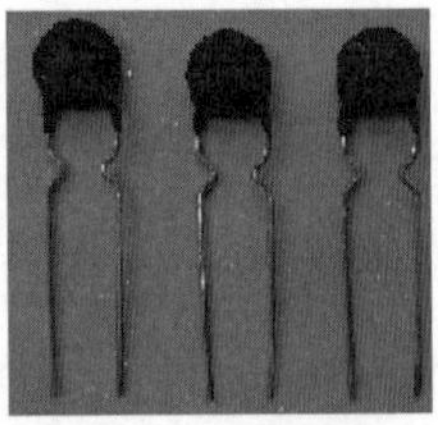

(d) 热敏电阻器

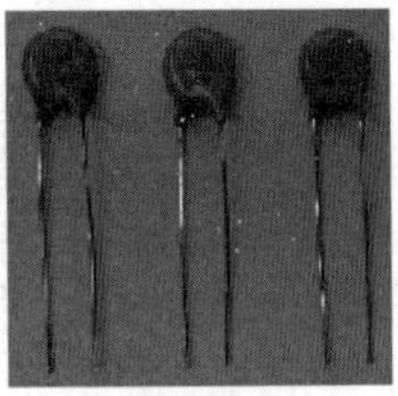

(e) 压敏电阻器

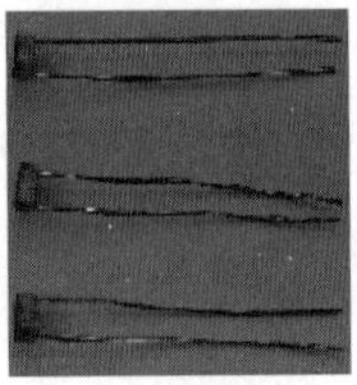

(f) 光敏电阻器

(g) 精密合金绕线电阻器

(h) 可调电阻器

图 1-2-1 电子设备几种常用的电阻器

(a) 中性点接地电阻器

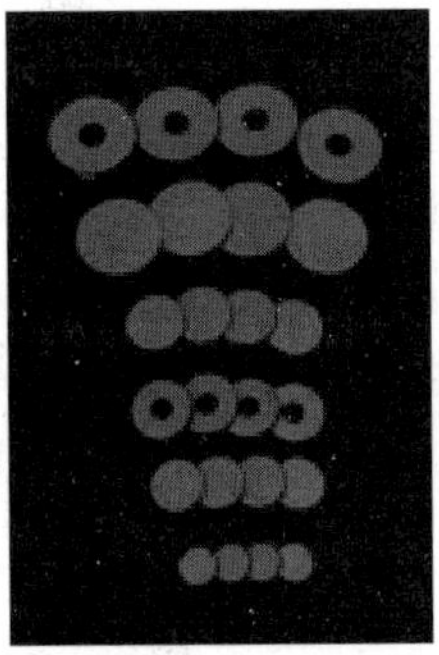

(b) 高能氧化锌压敏电阻器

图 1-2-2 电力设备常用的电阻器

磁绕组的灭磁和过电压保护中等。

电阻器的主要参数有标称阻值、允许误差（实际阻值和标称阻值的差值与标称阻值之比的百分数）和额定功率（或额定电流）等。选用电阻时，不仅电阻值要符合要求，而且该电阻在使用时，实际消耗的功率（或流过的电流）不允许超过额定功率（或额定电流）。

（二）电阻器的检测方法

测量电阻器的方法很多，可用欧姆表、直流电桥直接测量；也可根据欧姆定律（$R=U/I$），通过测量电阻两端的电压降 U 和流过电阻的电流 I 来间接测量电阻值。

当测量精度要求较高时，可采用直流电桥来测量电阻；当测量精度不高时，可直接用欧姆表测量电阻。

用万用表的欧姆挡可对电阻器进行粗略的检测：将万用表的量程挡位转换开关置于欧姆挡适当量程。将两只表笔短接，表头指针应在刻度线 0 点，如图 1-2-3（a）所示；若不为 0 点，则要进行欧姆挡调零。然后可把被测电阻接于黑、红表笔之间，如图 1-2-3（b）所示，从刻度线上直接读出所示数值，再乘以所选量程的中心倍率，即可得到被测电阻的阻值。欧姆挡的量程应视电阻器阻值的大小而定，一般情况下应使指针指向刻度盘的中间段，以提高测量准确度。更换倍率挡后，首先要进行欧姆挡调零，然后才能进行检测。

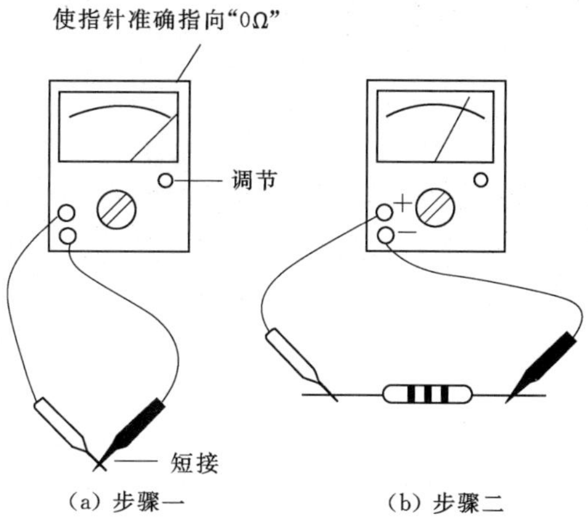

图 1-2-3 电阻器的检测

（三）电阻器的标识方法

电阻器标称值的标识方法有直标法、色标法以及数码法。

1. 直标法

将标称阻值和允许误差直接标注于电阻器外表面上的方法称为直标法。如“50kΩⅡ”表示标称阻值为 50kΩ，精度等级为Ⅱ级（即允许误差为±10%）。有时用字母及数字的有规律组合表示标称阻值和允许误差。此时的允许误差大小用英文字母来表示：有 5%表示为 J，±10%表示为 K，±20%表示为 M。例如：“3M3J”表示标称阻值为 3.3MΩ，允许误差为±5%；“33RM”（R 的位置表示小数点所处位置）表示标称阻值为 33Ω，允许误差为±20%。

2. 色标法

色标法就是在电阻器表面印有不同颜色的环、带或点来表示该电阻的标称值和允许误差。色标法各种颜色的含义见表 1-2-1。

表 1-2-1 色标法各种颜色的含义

颜色	黑	棕	红	橙	黄	绿	蓝	紫	灰	白	金	银	无色
有效数字	0	1	2	3	4	5	6	7	8	9			
倍率	10^0	10^1	10^2	10^3	10^4	10^5	10^6	10^7	10^8	10^9	10^{-1}	10^{-2}	
允许误差/%		F ±1	G ±2			D ±0.5	C ±0.25	B ±0.1			J ±5	K ±10	M ±20

通常普通电阻器用四条色环来表示其标称阻值和允许误差值，其中前两条分别表示该电阻器标称阻值的第一位和第二位有效数字，第三条色环表示电阻器标称值有效数字后面“0”的个数，而第四条色环（离第三条色环距离较远的那条）则表示允许误差值，其示例如图 1-2-4 所示。

精密电阻器用五条色环来表示其标称阻值和允许误差值，其中前三条分别表示该电阻器标称阻值的第一位、第二位和第三位有效数字，第四条色环表示电阻器标称值有效数字后面“0”的个数，而第五条色环（离第四条色环距离较远的那条）则表示允许误差值，其示例如图 1-2-5 所示。

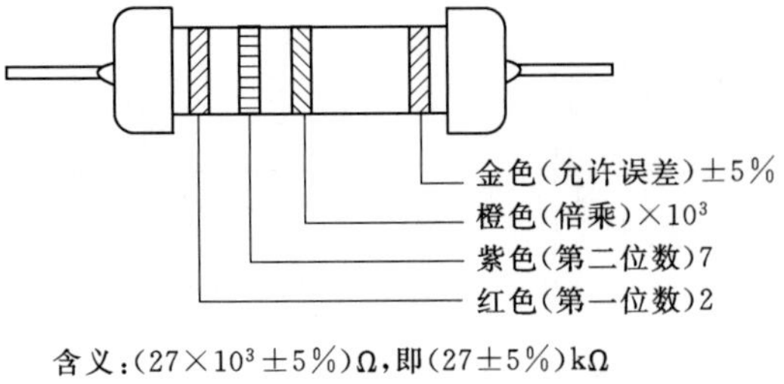

图 1-2-4　四色环电阻标注方法及含义

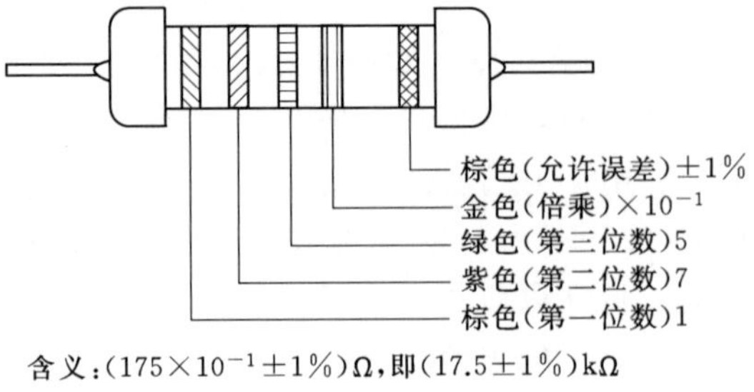

图 1-2-5　五色环电阻标注方法及含义

见表 1-2-2，“大男孩们追我们年轻的女孩们，但是紫罗兰总是会胜利（Big Boys Race Our Young Girls，But Violet Generally Wins）”这句话可以帮助我们更好地记忆色标法。

表 1-2-2　色标法的辅助记忆方法

数　字	色环颜色	辅助记忆
0	黑色（Black）	大（Big）
1	棕色（Brown）	男孩们（Boys）
2	红色（Red）	追（Race）
3	橙色（Orange）	我们（Our）
4	黄色（Yellow）	年轻的（Young）
5	绿色（Green）	女孩们（Girls）
6	蓝色（Blue）	但是（But）
7	紫色（Violet）	紫罗兰（Violet）
8	灰色（Gray）	总是（Generally）
9	白色（White）	胜利（Wins）

3. 数码法

在电阻体上用三位数字来表示电阻器标称阻值、用英文字母表示允许误差的方法称为数码法。该方法常用于贴片电阻。

在三位数字中，从左至右的第一位、第二位为标称阻值的有效数字，第三位数字表示有效数字进行十倍乘的次数（单位为 Ω）。表示允许误差的英文字母，其含义与文字符号法相同。例如：标识为“472J”的电阻器，标称阻值为 $47\times10^2\Omega$，即为 4.7kΩ；该电阻器的允许误差为±5%。

二、电感器的应用与检测

（一）电感器的种类及应用

电感器包括骨架和绕组两个基本组成部分。有些应用场合下，还有磁芯（又称铁芯）、磁屏罩等。电感器的种类很多，通常根据元件的结构来分类：按有无磁芯分，分为空芯电感和磁芯电感两类；按绕组的绕制方式分，分为单层线圈、多层线圈以及蜂房式线圈三类；按电感量是否可调，分为固定电感与可调电感两类。

图1-2-6是电子设备几种常用的电感器。图1-2-6（a）所示的色环电感器应用于计算机、电子产品、电动玩具等产品中。图1-2-6（b）所示的贴片电感器，由于体积小，常用在一些像数码相机、计算机、MP3等数码产品中。图1-2-6（c）所示的磁棒电感器，一般用于电源调整器、电源振幅放大器、打字机和整流器等大电流产品中。图1-2-6（d）所示的空芯线圈，多用于高频电路中。图1-2-6（e）的磁芯电感器广泛应用于电视机、摄像机、录像机、通信设备、办公自动化设备等电子电路中。晶体管收音机中波天线线圈属于单层线圈。图1-2-6（g）所示的多层线圈广泛应用于电源、通信、汽车、计算机、航天、广播及国防应用等众多领域。半导体收音机的振荡线圈、电视机用的行振荡线圈、音响用频率补偿线圈等属于可调电感器。

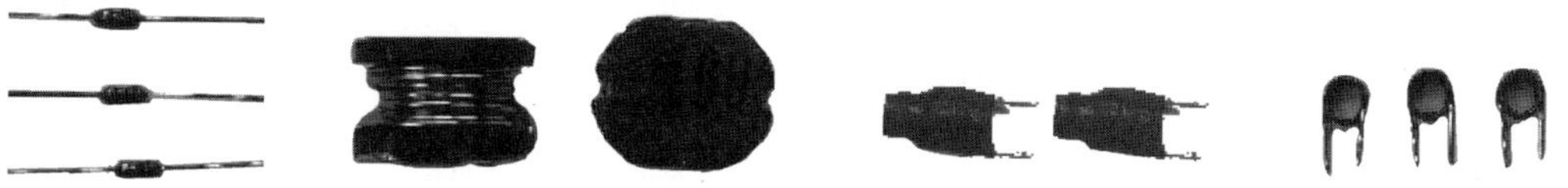

（a）色环电感器　（b）贴片电感器　（c）磁棒电感器　（d）空芯电感器

（e）磁芯电感器　（f）单层线圈　（g）多层线圈　（h）可调电感器

图1-2-6　电子设备几种常用的电感器

以上是应用在电子设备的电感器，应用在电力设备中的电感器又叫电抗器，图1-2-7是电力设备常用的电抗器。电机启动自耦变压器应用在电动机启动中，降低电动机的启动电流；滤波电抗器应用在变流器的直流侧，将叠加在直流电流上的交流分量限定在某一规定值。

电感器的主要参数有标称电感量、允许误差和最大直流工作电流等。

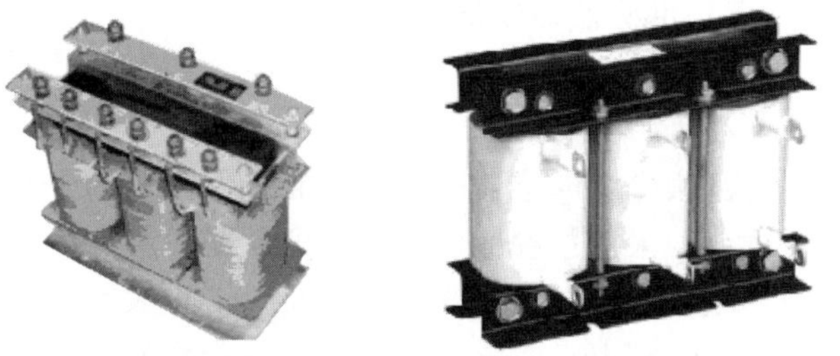

（a）电机启动自耦变压器　（b）滤波电抗器

图1-2-7　电力设备常用的电抗器

（二）电感器的检测方法

检查电感好坏方法：用电感测量仪测量其电感量；用万用表测量其通断，理想的电感电阻很小，近乎为零。

要测量电感器的电感量等参数，可以使用电感表、交流电桥和Q表。

电感器的好坏可以用万用表进行初步检测，即检测电感器是否有断路、短路或绝缘不良等情况。

1. 检测电感线圈通断情况

检测时，首先将万用表置于“×1”挡，两表笔不分正、负与电感器的两引脚相接，表针指示应有一定的阻值，如图 1-2-8（a）所示。若线圈匝数少，则直流电阻小，表针偏转角大，示数接近“0Ω”，但仍有一定的阻值，如图 1-2-8（b）所示。如果表针不动，说明该电感器内部断路；如果表针指示不稳定，说明该电感器内部接触不良；如果表针指示为“0Ω”，则说明该电感器内部短路。

2. 检测绝缘情况

将万用表置于“×10k”挡，检测电感器的绝缘情况，主要是针对具有铁芯或金属屏蔽罩的电感器。测量线圈引线与铁芯或金属屏蔽罩之间的电阻，均应为无穷大（表针不动），如图 1-2-9 所示。否则说明该电感器绝缘不良。

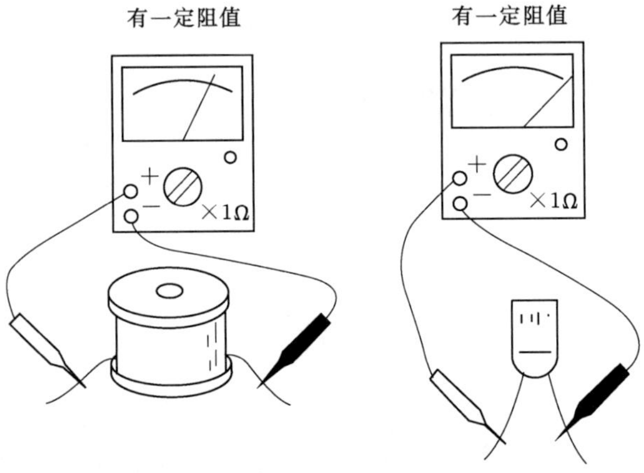

(a) 情况一　(b) 情况二

图 1-2-8　线圈通断情况的检测

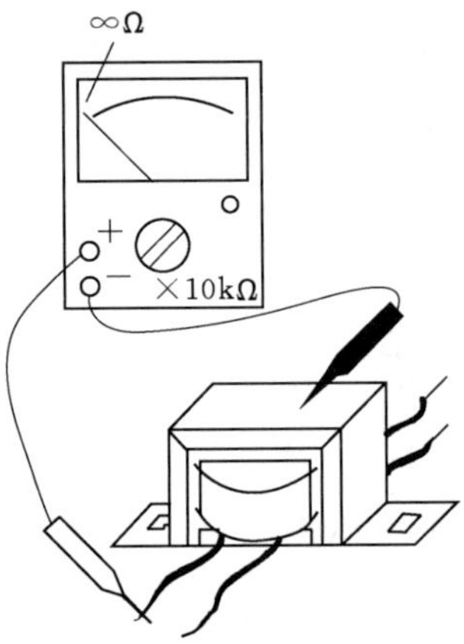

图 1-2-9　电感器绝缘情况的检测

（三）电感器的标识方法

电感器的标识方法与电阻器一样，有直标法、色标法和数码法三种。

1. 直标法

直标法是将电感器的标称电感量和允许误差用数字和文字符号按一定规律的组合标在电感体上。采用这种标识方法的通常是一些小功率电感器，其单位通常为 nH 或 μH，分别用 N 或 R 代表小数点。例如：4N7 表示电感量为 4.7nH，4R7 则代表电感量为 4.7μH；47N 表示电感量为 47nH。采用这种标示法的电感器通常后缀用一个英文字母表示允许误差。

2. 色标法

色标法是指在电感器表面涂上不同颜色的环来代表标称电感量和允许误差。通常采用四色环表示，识读方法与电阻器一样，只是单位为 μH。

3. 数码法

数码法是用三位数字来表示电感量的标称值，该方法常见于贴片电感器上。识读方法与电阻器数码法相同，单位为 μH。

三、电容器的应用与检测

（一）电容器的种类及应用

电容器按原理分类，有无极性可变电容器、无极性固定电容器、有极性电容器等；从电介质上可分为CBB（聚丙烯）电容器、涤纶电容器、陶瓷电容器、独石电容器、云母电容器、玻璃釉电容器和电解电容器等。

图1-2-10是电子设备几种常见的电容器。图1-2-10（a）所示的CBB电容器广泛应用于显示设备、音响设备、视听设备、通信器材、数据传输处理等各种电子电器设备中。图1-2-10（b）所示的涤纶电容器应用在对稳定性和损耗要求不高的低频电路。图1-2-10（c）所示的陶瓷电容器应用在谐振电路中。图1-2-10（d）所示的独石电容广泛应用于电子精密仪器，各种小型电子设备作谐振、耦合、滤波、旁路。图1-2-10（e）所示的云母电容器应用在高频振荡、脉冲等要求较高的电路。图1-2-10（f）所示的玻璃釉电容器应用在脉冲、耦合、旁路等电路。图1-2-10（g）所示的电解电容器应用在电源滤波、低频耦合、去耦、旁路等。图1-2-10（h）所示的贴片电容器广泛应用在电源、电脑、通信网络、数码、仪器、车载、板卡等各种先进产品中。

(a) CBB电容器　(b) 涤纶电容器　(c) 陶瓷电容器　(d) 独石电容器

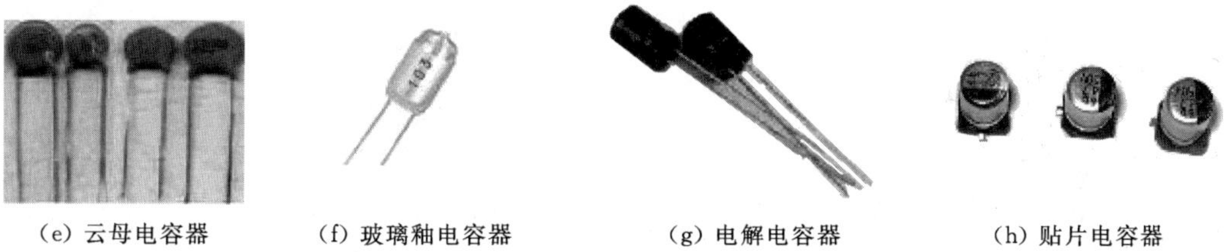

(e) 云母电容器　(f) 玻璃釉电容器　(g) 电解电容器　(h) 贴片电容器

图1-2-10　电子设备几种常见的电容器

以上是应用在电子设备的电容器，应用在电力设备中的常用电容器如图1-2-11所示。耦合电容器主要用于高压电力线路的高频通信，测量、控制、保护以及在抽取电能的装置中作部件用；自愈式低电压并联电容器主要用于提高工频电力系统的功率因数。

电容器的主要参数有标称容量、允许误差和最大直流工作电压等。在选取电容器时，为避免击穿电容器，应使电容器的最大直流工作电压高于电路中所能出现的最大电压并要留出一定的裕量。

（二）电容器的检测方法

（1）用数字万用表的电容挡或电容表可测量电容器的电容量。

（2）用指针式万用表的欧姆挡可粗略检测大电容的质量。

利用万用表表针摆动情况检测电容器的好坏，见表1-2-3。

(a) 耦合电容器　　(b) 自愈式低电压并联电容器

图 1-2-11　电力设备常用的电容器

表 1-2-3　　大容量电容器的检测

项目	量程选择	正常	开路损坏	短路损坏	漏电现象
图示	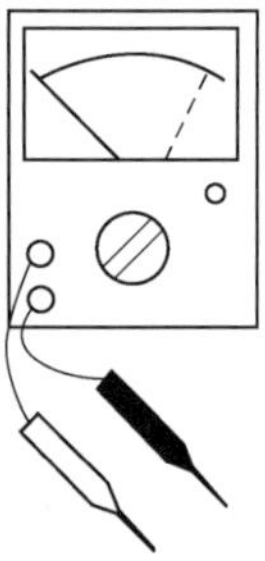	先向右偏转，再缓慢向左回归 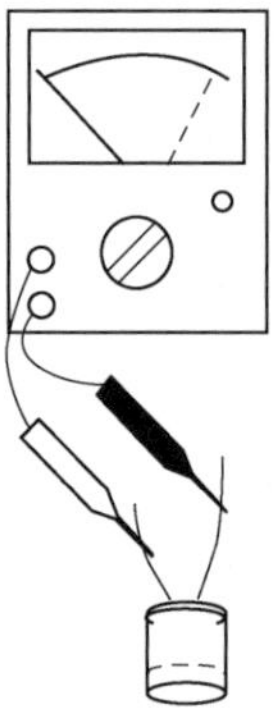	表针不动 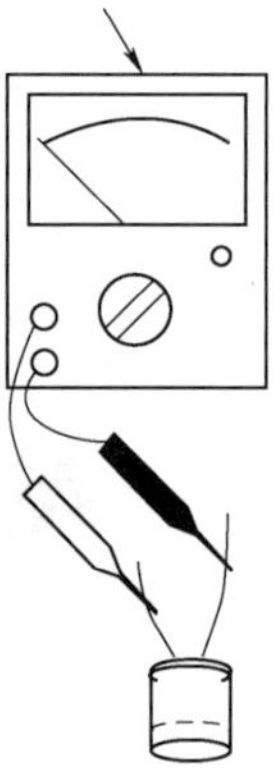	表针不回归 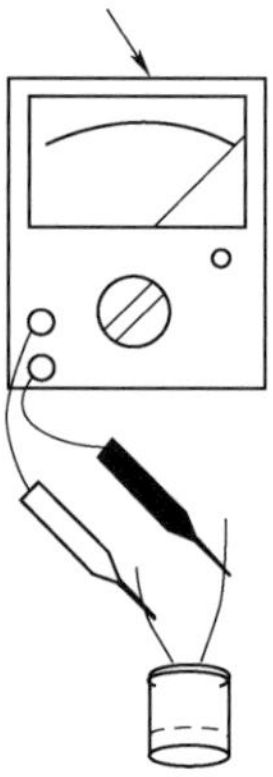	$R<500\mathrm{k}\Omega$ 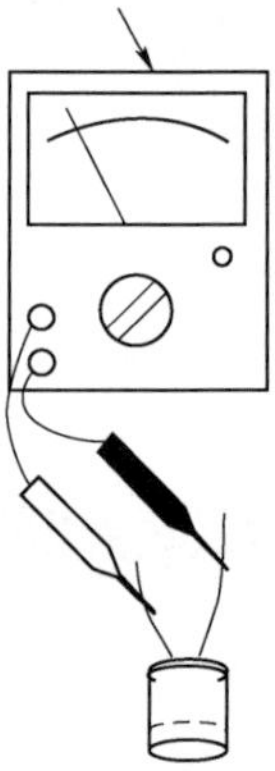

具体方法是：根据电容的容量来选择欧姆挡中心倍率值的大小，一般选用×1k 或×100挡。将黑表笔接电容器正极，红表笔接电容器负极，若表针摆动大，且返回慢，返回位置接近∞，说明该电容器正常，且电容量大；若表针摆动大，但返回时，表针显示的欧姆值较小，说明该电容漏电流较大；若表针摆动大，接近于 0Ω，且不返回，说明该电容器击穿；若表针不摆动，则说明该电容器开路，电容器失效。

电解电容器具有极性，所以在电路使用中，正负极不能接错。若接反，电解作用会反向进行，氧化膜很快变薄，漏电流急剧增加；如果所加直流电压过大，则电容器很快发热，甚至引起爆炸。故可利用电容器正向联接时漏电电阻大，反向联接时漏电电阻小的特点来进行极性的判别。

（三）电容器的标识方法

电容器的标识方法主要有直标法、色标法和数码法。

1. 直标法

将标称容量、额定电压和允许误差等直接标在电容体上的方法叫直标法。电容量的单位是法拉，简称法（F），比法拉小的有皮法（pF）、纳法（nF）、微法（μF）、毫法（mF）。如 1p5、3n9 分别表示 1.5pF、3.9nF。

其中，$1F=10^3mF=10^6\mu F=10^9nF=10^{12}pF$

2. 色标法

这种表示法与电阻器的色标法类似，颜色涂于电容器的一端或从顶端向引线排列。色环一般只有三种颜色，前两环为有效数字，第三环表示有效数字后“0”的个数，单位为 pF。如电容器的色环为黄、紫、橙表示 $47\times10^3pF=47000pF$。

3. 数码法

通常采用三位数码表示，前两位表示有效数字，第三位表示有效数字后“0”的个数，单位为皮法（pF），如 103 表示 $10\times10^3pF=10000pF=0.01\mu F$，201 表示为 200pF，第三位若是 9，则电容量是前两位有效数字乘以 10^{-1}，如 229 表示 $22\times10^{-1}pF=2.2pF$。

Practice and Thinking

1-2-1 Describe briefly the types and applications of resistors.

1-2-2 Describe briefly the types and applications of inductors.

1-2-3 Describe briefly the methods of measuring a inductor quality with pointer multimeter.

1-2-4 Describe briefly the types and applications of capacitors.

1-2-5 The “R × 1000” mode of multimeter is often used to check the quality of capacitors with large capacitance. If the following phenomena are found during the inspection, try to explain the quality of the capacitor.

(1) The pointer does not move.

(2) The pointer deflects quickly and then returns to the original scale (∞).

(3) The pointer cannot return to the original scale after deflecting.

(4) The return speed after pointer deflecting is very slow.

1-2-6 How would we determine the polarities of an electrolytic capacitor?

1-2-7 What is the resistance value of a four color-coded resistor having bands colored in the order of green, brown, red and gold?

1-2-8 What is the resistance value of a five color-coded resistor having bands colored in the order of blue, orange, grey, yellow and silver?

1-2-9 Determine the nominal value of the following elements:

(1) A “105” ceramic chip capacitor.

(2) A brown-black-orange color-coded inductor.

1-2-10 What are the resistors, reactors and capacitors commonly used in power equipment?

Developing Reading

King World Invention—Introduction of Edison

Thomas Alva Edison (1847—1931), was perhaps the greatest American inventor. He patented 1093 inventions, including such history - making inventions as the incandescent electric bulb, the phonograph, and the first commercial motion picture.

Born in Milan, Ohio, the youngest of seven children, Edison received only three months of formal education because he hated school. He was home - schooled by his mother and soon began to read on his own. In 1868, Edison read one of Faraday's books and found his calling. He was always curious and always trying to invent new things. By the time he was a teenager, he had already had several jobs: store owner, telegraph operator, and inventor. He also had done lots of chemistry experiments on his own.

However, what Edison really wanted to do was research. He established his first laboratory in Menlo Park, New Jersey, and later he set up another one in West Orange, New Jersey. In these laboratories, he enjoyed trying to come up with solutions to problems that no one else had been able to find. Most of his inventions came out of this laboratory. His laboratory served as a model for modern research organizations.

One of his most exciting and difficult challenges was to create the electric light bulb. Today, it's very simple and easy to produce thousands of light bulbs a day. But Edison and his assistants had to work night and day to come up with just the right materials to make the first working light bulb. They tried over a thousand times to put together the right metals to create an electric bulb that would work for more than just a few seconds.

Once Edison had created this first working electric light, he came up with a way to produce light bulbs in quantity. His dream was to light up all of New York City. With this goal in mind, he constructed the world's first commercial electric power plant on Pearl Street in New York City.

Because Edison had many interests and a large number of inventions and patents, he began to build factories to make the products he invented. Formal electronic engineering education, with Edison as the model and leader, began to rise in the mid－1880s.

When Edison died in 1931, he wasn't as rich as he could have been, but he was very famous. Many people were inspired by his story.

No pain, no palm; no thorns, no throne; no gall, no glory; no cross, no crown.

—**William Penn**

项目二

电路基本元件和基本定律的分析与应用

Project 2

Analysis and Applications of Basic Elements and Basic Laws of Circuits

Project Objectives

1. Vocational Skills Objectives

After studying this project, you should be able to

(1) Set up the circuit models of simple actual circuits.

(2) Write out the voltage - current relations of resistance element, inductance element and capacitance element respectively.

(3) Apply Kirchhoff's laws to list KCL equations and KVL equations.

(4) Know how to measure potential, voltage and current in a circuit, and verify kirchhoff's laws by experimental methods.

2. Vocational Knowledge Objectives

After studying this project, you should

(1) Understand the concept of circuit model. Grasp the circuit models of five ideal circuit elements.

(2) Grasp skillfully the concepts of current, voltage and their reference directions. Grasp the concepts of potential, electromotive force, electric power and electric energy.

(3) Grasp skillfully Ohm's law. Grasp the VCRs of basic circuit elements (including resistance element, inductance element and capacitance element).

(4) Grasp skillfully Kirchhoff's current law and Kirchhoff's voltage law.

(5) Grasp the characteristics of ideal voltage source and ideal current source. Grasp the circuit models of actual voltage source and actual current source.

(6) Grasp skillfully the equivalent transformation between an actual voltage source and an actual current source.

(7) Understand the concept of controlled source.

3. Professional Quality Objectives

After studying this project, you should

(1) Cultivate professional habits of patience, meticulousness, standardized operation and safety production.

(2) Possess the ability of learning independently, integrating the theory with practice and expanding knowledge.

(3) Possess the team awareness, good communication and coordination skill.

任务一 认识电路的基本物理量及其参考方向

Task 1 Understanding the Basic Physical Quantities of Circuits and Their Reference Directions

一、电路和电路模型

(一) 电路

在电气化、信息化的社会里，人们广泛地应用各种电子产品和设备，接触到各种各样的电路（electric circuit）。例如，传输、分配电能的电力电路；转换、传递信息的通信电路；控制各种家用电器和生产设备的控制电路；采光用的照明电路等。这些电路都是由各种电路元件（circuit element）按一定方式联接而成，它可提供电流流通的路径。

电路按其基本功能分为两类：一类是实现能量的转换和传输，如发电机电路、输变电电路以及动力、照明电路等；另一类是实现信号的传递和处理，如通信电路、收音机电路等。

电路一般就是由电源（source）、负载（load）及中间环节（intermediate）组成。手电筒实际电路如图 2-1-1（a）所示，它由干电池、小灯泡、导线及开关组成。干电池作为电源持续向外电路提供电能；灯泡将电源提供的电能转化为光能（将电能转化为其他形式能源的用电设备称为负载）；导线及开关起着联接与控制作用（称为电路的中间环节）。

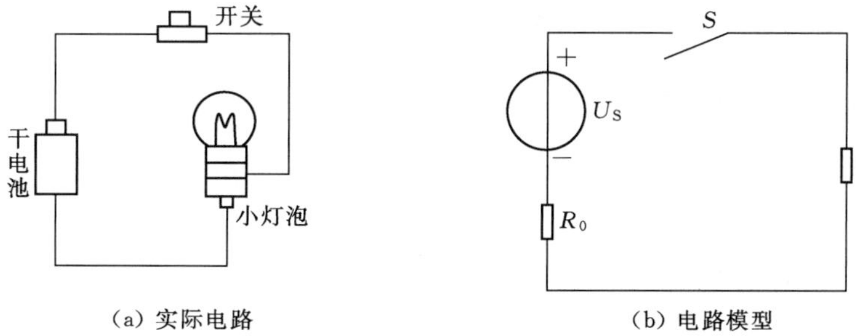

(a) 实际电路 (b) 电路模型

图 2-1-1 实际电路与电路模型

（二）电路模型

组成实际电路的元器件种类繁多，即使是很简单的实际元器件，在工作时所发生的物理现象也可能会是很复杂的。例如，一个实际的线绕电阻器通过电流时，除了对电流呈现阻碍之外，还在导线周围产生磁场，因而兼有电感器的性质，因为在各匝线圈间存在电场，因而又兼有电容器的性质。任何一个实际元器件在电压、电流作用下，总是同时发生多种电磁效应，但电阻器主要消耗电能，电感器主要储存磁场能量，电容器主要储存电场能量，电池和发电机等主要提供电能。为了便于对电路进行分析和计算，常把实际的元器件理想化，在一定条件下忽略其次要电磁性质，用足以表征其主要电磁性质的理想化的电路元件来表示。例如，用电阻元件来反映电路或器件消耗电能的电磁性质；用电感元件来反映电路或器件储存磁场能量的电磁性质；用电容元件来反映电路或器件储存电场能量的电磁性质；用电源元件（source element）（理想电压源和理想电流源）来反映电能量（电功率）发生器的电磁性质，这样就有了 5 个理想电路元件，如图 2－1－2 所示。

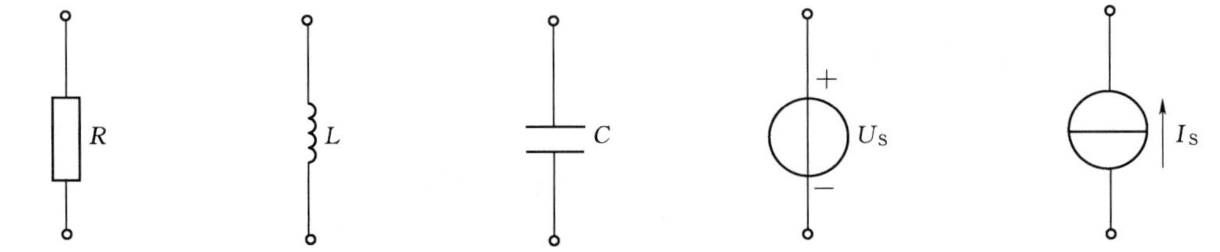

（a）电阻元件　（b）电感元件　（c）电容元件　（d）理想电压源　（e）理想电流源

图 2－1－2　5 个理想电路元件的电路模型

用理想电路元件及其组合来模拟实际电路，从而构成了与实际电路相对应的电路模型（circuit model）。理想电路元件的图形符号由国家标准规定，根据国家标准绘制的电路模型称为电路图（circuit diagram），如图 2－1－1（b）所示，它是对手电筒实际电路进行抽象后的电路模型，图中 U_S 是电压源（voltage source），R_0 是干电池的内阻（internal resistance），S 表示开关（switch），R 是电阻元件，表示小灯泡，连接导线用理想导线（其电阻设为零）表示。

本书所说的电路一般均指由理想电路元件构成的电路模型，而非实际电路。同时把理想电路元件简称为电路元件。常用的部分电工图形符号见表 2－1－1。

二、电路的基本物理量

电流（current）、电压（voltage）、电位（potential）、电动势（electromotive force）、电功率（electric power）和电能（electric energy）等是电路的基本物理量。

（一）电流及其参考方向

1. *电流强度*

电荷（electric charge）的有规则运动形成电流，电流的大小由电流强度来反映，把单位时间内通过导体横截面的电荷量定义为电流强度，简称为电流，用 i 表示，即

表 2-1-1　　部分电工图形符号（摘自 GB/T 5465.2—2008《电气设备用图形符号　第 2 部分：图形符号》）

图形符号	名称	图形符号	名称	图形符号	名称
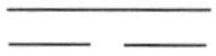	直流电		交流电		交直流两用
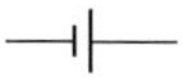	原电池或蓄电池	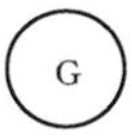	发电机	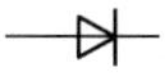	半导体二极管
	开关		端子	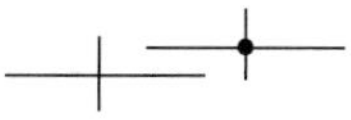	导线的交叉联接和不联接
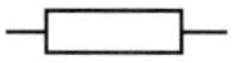	电阻器	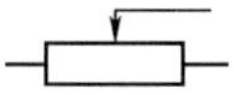	滑动触点电位器	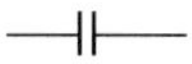	电容器
	电感器		带铁芯的电感器		有两个抽头的电感器
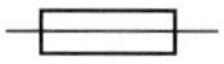	熔断器		接地		接机壳或接底板
	电流表		电压表		照明灯

$$i=\frac{\mathrm{d}q}{\mathrm{d}t} \tag{2-1-1}$$

在直流电路中，单位时间通过导体横截面的电荷是恒定不变的，有

$$I=\frac{Q}{t} \tag{2-1-2}$$

国际单位制（International System of Unit，SI）中包括 7 个基本单位，长度单位为米（m），质量单位为千克（kg），电荷单位为库仑（Coulomb，C），时间单位为秒（s），电流单位为安培（Ampere，A），还有热力学温度单位开尔文（K）和发光强度单位坎德拉（cd）。电流常用单位还有千安（kA）、毫安（mA）、微安（μA）等。表 2-1-2 列出了国际单位制中规定的用来构成十进倍数和分数单位的词头。

表 2-1-2　　国际单位制前缀及其符号表示

因数	10^9	10^6	10^3	10^2	10^1	10^{-1}	10^{-2}	10^{-3}	10^{-6}	10^{-9}	10^{-12}
前缀	吉	兆	千	百	十	分	厘	毫	微	纳	皮
符号	G	M	k	h	da	d	c	m	μ	n	p

如果电流的大小和方向不随时间变化，则这种电流称作恒定电流，简称为直流（direct current，DC），其电流符号用 I 表示；如果电流的大小和方向随时间呈周期性变化，则称为交变电流，简称为交流（alternating current，AC）表示，其电流符号用 i 表示。

2. 电流的参考方向

习惯上将正电荷运动的方向规定为电流的实际方向（actual direction）。但在分析较为复杂的直流电路时，往往难以事先判断某支路电流的实际方向；在分析交流电路时，电流方向随时间而变，在电路图上无法表示它的实际方向，为此引入电流参考方向（current reference direction）这个概念。

所谓电流参考方向就是任意选定电流的一个方向。其意义是当选定的电流参考方向与实际方向一致时，电流为正值（$I>0$）；当选定的电流参考方向与实际方向不一致时，电流为负值（$I<0$）。可见，在选定电流参考方向后，电流有正负之分，如图 2-1-3 所示。

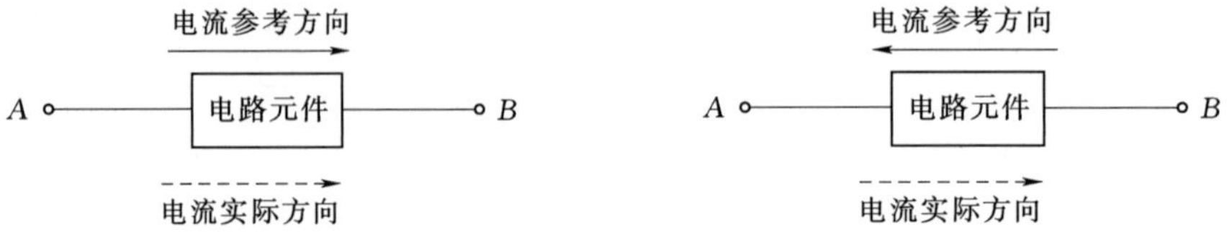

(a) $I>0$　　(b) $I<0$

图 2-1-3　电流参考方向与实际方向关系

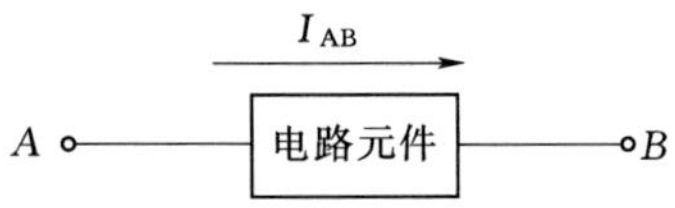

图 2-1-4　电流参考方向的表示

在电路图中，电流的参考方向可用箭头表示，在文字叙述时也可用电流符号加双下标表示，如 I_{AB}，它表示电流由 A 流向 B，并有 $I_{AB}=-I_{BA}$，如图 2-1-4 所示。

（二）电压及其参考方向

电路中 A、B 两点间电压 u_{AB} 是指电场力（electric field force）将单位正电荷 dq 由 A 点移到 B 点所做的功 dw，即

$$u_{AB}=\frac{dw}{dq} \tag{2-1-3}$$

在均匀电场中，电场力将正电荷 Q 由 A 点移到 B 点所做的功为 W，则

$$U_{AB}=\frac{W}{Q} \tag{2-1-4}$$

习惯规定：若正电荷从 A 点移到 B 点，其电动势能减少，电场力做正功，电压实际方向从 A 到 B。

国际单位制中，电荷的单位是库仑（Coulomb，C），功的单位是焦耳（Joule，J），电压的单位是伏特（Volt，V）。电压常用单位还有千伏（kV）、毫伏（mV）、微伏（μV）。

按电压随时间的变化情况，电压也分恒定电压和交变电压。若大小及极性随时间呈周期性变化，则称为交变电压，用小写字母 u 表示；大小、方向均不随时间变化的电压称为恒定电压或直流电压，用大写字母 U 表示。

电压参考方向和电流参考方向一样，也是任意选定。在分析电路时，先选定某一电压参考方向，当选定的电压参考方向与实际方向一致时，则电压为正值（$U>0$）；当选定的电压参考方向与实际方向不一致时，则电压为负值（$U<0$），如图 2-1-5 所示。

电压的参考方向可以用"+""－"极性表示，还可以用双下标表示，如图 2-1-6 所示，并有 $U_{AB}=-U_{BA}$。

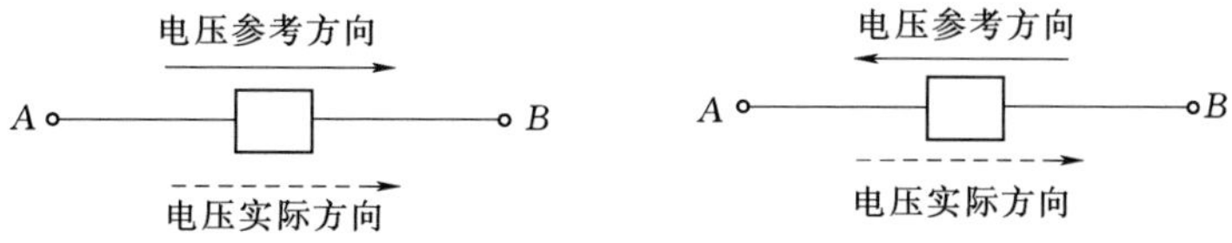

(a) $U>0$　　(b) $U<0$

图 2-1-5　电压参考方向与实际方向关系

(a) 参考极性表示　　(b) 参考极性与双下标表示

图 2-1-6　电压参考方向的表示

[**Example 2-1-1**] The reference directions of the current and voltage have been shown in Fig. 2-1-7. Given that: $I_1=5\text{A}$, $I_2=-5\text{A}$, $U_1=10\text{V}$, $U_2=-10\text{V}$, determine the actual directions of current or voltage.

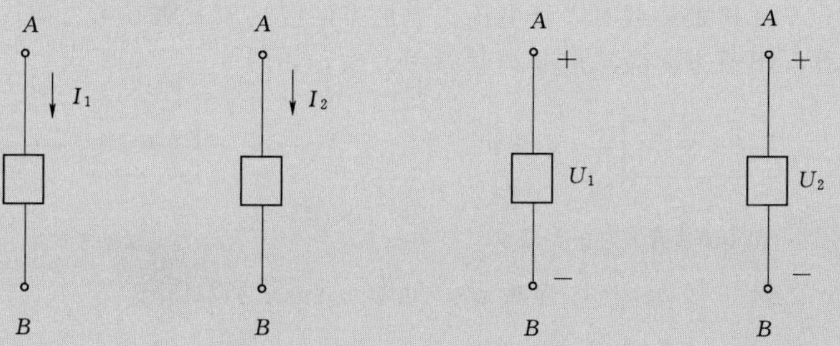

Fig. 2-1-7　for Example 2-1-1

Solution:

$I_1>0$ means the actual direction of the I_1 is the same as the reference direction. The actual direction of the current I_1 flows from A to B, the current I_1 is 5A.

$I_2<0$ means the actual direction of the I_2 is opposite to the reference direction. The actual direction of the current I_2 flows from B to A, the current I_2 is 5A.

$U_1>0$ means the actual direction of the U_1 is the same as the reference direction. The actual direction of the voltage U_1 is from A to B, the voltage U_1 is 10V.

$U_2<0$ means the actual direction of the U_2 is opposite to the reference direction. The actual direction of the voltage U_2 is from B to A, the voltage U_2 is 10V.

参考方向是电路计算中的一个基本概念，使用时需要注意以下几点：

（1）电流、电压的实际方向是客观存在的，而参考方向是人为选定的，但参考方向选定后在电路的分析和计算过程中则不能改变。

(2) 当电流、电压的参考方向与实际方向一致时，电流、电压值取正号，反之取负号。

(3) 分析计算每一电流、电压时，都要先选定其各自参考方向，否则计算得出的电流、电压正负值是没有意义的。

(4) 电路中某一支路或某一元件上的电压与电流参考方向的选定，可以选一致的参考方向，称关联参考方向 (associated reference direction)，如图 2-1-8 (a) 所示。也可选择不一致的参考方向，称非关联参考方向 (non-associated reference direction)，如图 2-1-8 (b) 所示。

(a) 关联参考方向 (b) 非关联参考方向

图 2-1-8 关联参考方向与非关联参考方向

实际负载上的电压、电流方向总是关联的，实际电源上的电压、电流方向总是非关联的。因此，假定某元件是负载时，其电压、电流方向应选取关联参考方向；假定某元件是电源时，其电压、电流方向应选取非关联参考方向，如图 2-1-9 所示。

(a) 关联参考方向 (b) 非关联参考方向

图 2-1-9 负载元件与电源元件参考方向的选择

(三) 电位

在电路中任选一点 O 为参考点 (reference point)，则某一点 A 到参考点的电压就叫做 A 点的电位，用 V_A 表示。

根据定义，有

$$V_A = U_{AO} \qquad (2-1-5)$$

电位实质上就是电压，其单位也是 V。

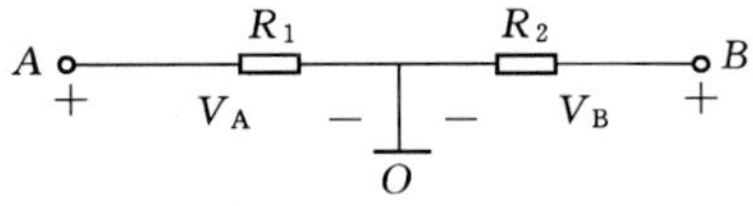

图 2-1-10 电位表示图

如图 2-1-10 所示，以电路中的 O 点为参考点，有 $V_A = U_{AO}$，$V_B = U_{BO}$，则

$$U_{AB} = U_{AO} + U_{OB} = U_{AO} - U_{BO} = V_A - V_B \qquad (2-1-6)$$

式 (2-1-6) 说明，电路中 A 点到 B 点的电压等于 A 点电位与 B 点电位之差。

参考点是可以任意选定的，一经选定，电路中的各点电位也就确定了。参考点选择不同，电路中各点电位将随参考点的不同而变化，即电位具有多值性 (multi valuedness)；但电路中任意两点间的电压电位差 (potential difference) 是不变的，即电压具有单一性 (unicity)。

在电力工程中常取大地 (ground) 作为参考点，并设其电位为零。因此，凡是外壳良好接地的电气设备，其机壳电位与大地相同，也为零电位。对于不接地的设备，在分析问题时，常选许多元件汇集的公共点作为参考点，并用符号“⊥”标记，如图 2-1-11 中的 D 点。

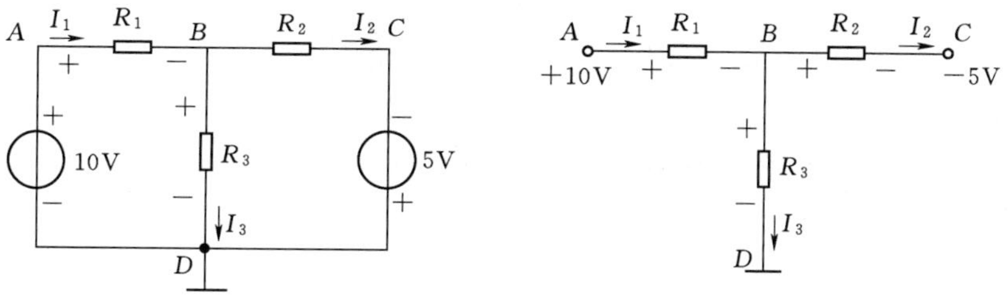

(a) 原电路图　　(b) 简化画法

图 2-1-11　电路中参考电位点的选择

[**Example 2-1-2**] In the circuit of Fig. 2-1-11 (a), if node D is used for the reference point, given that $V_B=3V$, find V_A, V_C, U_{BD} and U_{AC}; if node C is used for the reference point, find V_A, V_D, and U_{AC}.

Solution:

Node D is used for the reference point, so $V_D=0$

$$V_A=U_{AD}=10(V)$$

$$V_C=U_{CD}=-5(V)$$

$$U_{BD}=V_B-V_D=3-0=3(V)$$

$$U_{AC}=V_A-V_C=10-(-5)=15(V)$$

Node C is used for the reference point, so $V_C=0$

$$V_A=U_{AD}+U_{DC}=10+5=15(V)$$

$$V_D=U_{DC}=5(V)$$

$$U_{AC}=V_A=15(V)$$

另外引入零电位点，还可以简化电路的画法。特别是电子电路中有一种习惯画法：电源不再用电池符号表示，而仅需标出电源极性及电压的数值。图 2-1-11 (b) 为图 2-1-11 (a) 电路的简化画法。

(四) 电动势及其参考方向

单位正电荷 dq 在电源力 (electric source force) 作用下从电源负极经电源内部移送到电源正极所做的功 dw_S，称为电动势 e，即

$$e=\frac{dw_S}{dq} \tag{2-1-7}$$

在直流电路中，有

$$E=\frac{dW_S}{dq} \tag{2-1-8}$$

电动势的国际单位制单位也是 V。式 (1-2-7) 中的 dw_S 是指电源力所做的功，在发电机中，当导体在磁场中运动时，导体内便出现了这种电源力；在电池中，电源力存在

于正负极之间。

电动势的实际方向，是指在电源力作用下正电荷的运动方向，也就是由电源的负极指向正极。

对于一个开路状态的电源设备，它的电压与电动势实际方向相反而量值相等。当用箭头表示参考方向时，若选择电压与电动势的箭头方向相反，如图 2-1-12（a）所示，则有 $u=e$；若选择电压与电动势的箭头方向相同，如图 2-1-12（b）所示，则有 $u=-e$。

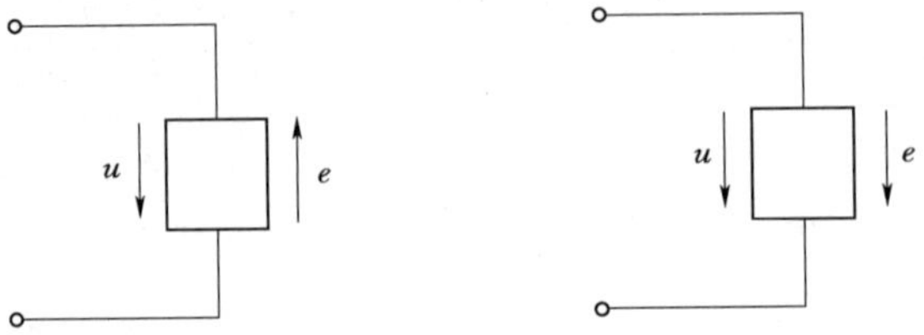

(a) 选择 u 与 e 参考方向相反　　(b) 选择 u 与 e 参考方向相同

图 2-1-12　电压和电动势的参考方向

（五）电功率

单位时间 $\mathrm{d}t$ 内电场力所做的功 $\mathrm{d}w$ 称为电功率（electric power）p，简称功率（power），即

$$p=\frac{\mathrm{d}w}{\mathrm{d}t} \tag{2-1-9}$$

国际单位制中，功率的单位是瓦特（Watt，W）。功率常用的单位还有千瓦（kW）、毫瓦（mW）等。

功率的大小，实质上体现了电路中的能量转换速度。关联参考方向下，$p>0$ 时，将电能转化为其他形式的能，常称元件吸收功率或消耗功率；$p<0$ 时，将其他形式的能转换为电能，常称元件发出功率或产生功率。

关联参考方向下的电路二端元件 A，如图 2-1-13（a）所示，当正电荷在电场力作用下，从元件 A 的电压“+”端，经元件移到电压“−”端，这时电场力对正电荷做了功，该元件吸收（absorbing）了电能；相反，非关联参考方向下的电路二端元件 A，如图 2-1-13（b）所示，在电场力作用下，正电荷从元件 A 的电压“−”端经元件移到电压“+”端，是外力克服电场力做了功，该元件发出（emitting）或提供（supplying）了电能。所有电路都必须遵守能量守恒定律（law of conservation of energy）。因此，任何时刻电路中功率的代数和都必须是零，即有

$$\sum p=0 \tag{2-1-10}$$

式（2-1-10）说明，提供给电路的总功率等于该电路所吸收的总功率。

关联参考方向下的功率计算式推导为

$$p=\frac{\mathrm{d}w}{\mathrm{d}t}=\frac{\mathrm{d}w}{\mathrm{d}q}\times\frac{\mathrm{d}q}{\mathrm{d}t}=ui \tag{2-1-11}$$

在直流电路中，功率为

$$P=UI \tag{2-1-12}$$

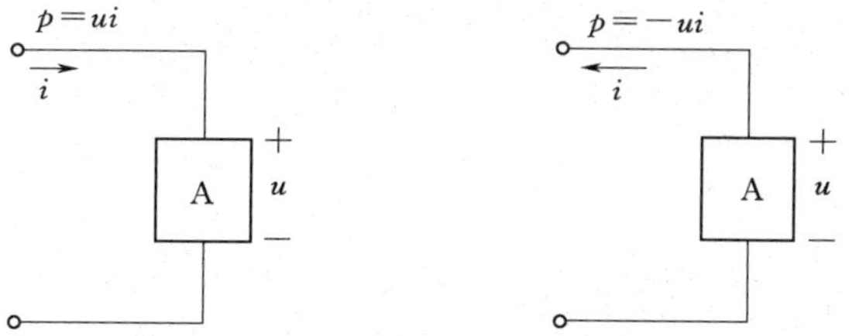

(a) u、i 为关联参考方向　　(b) u、i 为非关联参考方向

图 2-1-13　不同参考方向时的功率公式

若采用非关联参考方向，有

$$p=-ui \tag{2-1-13}$$

在直流电路中，功率为

$$P=-UI \tag{2-1-14}$$

不管参考方向是否关联，由式（2-1-11）～式（2-1-14）计算得出的功率为正值时，表示元件吸收（消耗）功率；若为负值，则表示元件提供（产生）功率。

［**Example 2-1-3**］ The DC circuit is shown in Fig. 2-1-14, given that $U_1=4\text{V}$, $U_2=-8\text{V}$, $U_3=10\text{V}$ and $I=2\text{A}$. Find the powers of each element P_1, P_2 and P_3 and the power of the whole circuit P.

Solution:

For element 1, the reference directions of the U_1 and I are associated, therefore, using equation (2-1-12)

$$P_1=U_1I=4\times2=8(\text{W})$$

The calculated power is positive, so the element 1 absorbs 8W.

For element 2, the reference directions of the U_2 and I are non-associated, therefore, using equation (2-1-14)

$$P_2=-U_2I=-(-8)\times2=16(\text{W})$$

The calculated power is positive, so the element 2 absorbs 16W.

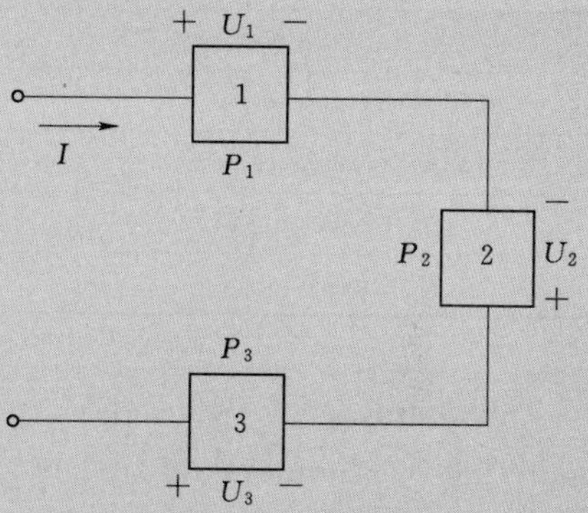

Fig. 2-1-14　for Example 2-1-3

For element 3, the reference directions of the U_3 and I are non-associated, therefore, using equation (2-1-14)

$$P_3=-U_3I=-10\times2=-20(\text{W})$$

The calculated power is negative, so the element 3 supplies 20W.

The power of the whole circuit is

$$P=8+16-20=4(\text{W})$$

So the whole circuit absorbs 4W power.

（六）电能

根据式（2-1-9），从 t_0 到 t 时间内，电路吸收的电能（electric energy）为

$$W=\int_{t_0}^{t} p\,\mathrm{d}t \tag{2-1-15}$$

在直流电路中

$$W=P(t-t_0) \tag{2-1-16}$$

电能的单位是焦耳（Joule，J），它等于功率 1W 的用电设备在 1s 内消耗的电能。在实用上还采用 kW·h 作为电能的单位，它等于功率 1kW 的用电设备在 1h(3600s）内消耗的电能。

$$1\text{kW}\cdot\text{h}=10^3\text{W}\times3600\text{s}=3.6\times10^6\text{J}=3.6\text{MJ}$$

为方便对比和记忆，下面把电路基本物理量及电路常用元件的名称、单位和符号列为表 2-1-3，其中三个电路元件（R、L 和 C）将在“任务二　探讨电路元件的电压-电流关系”中讲述。

表 2-1-3　电路常用物理量的名称、单位及符号

名称（name）	单位（unit）	符号（symbol）
电流（current）	安培（Ampere，A）	I
电压（voltage） 电位（potential） 电动势（electromotive force）	伏特（Volt，V）	U
电功率（electric power）	瓦特（Watt，W）	P
电能（electric energy）	焦耳（Joule，J）	W
电阻（resistance）	欧姆（Ohm，Ω）	R
电感（inductance）	亨利（Henry，H）	L
电容（capacitance）	法拉第（Farad，F）	C

[**Example 2-1-4**] Determine the consuming energy for a 750W air conditioner operating in 8 hours. And find the cost for a 750W air conditioner operating in 8 hours [assuming the cost of electricity is 0.6 yuan/(kW·h)].

Solution:

$$W=Pt=750\text{W}\times8\text{h}=6000\text{W}\cdot\text{h}=6\text{kW}\cdot\text{h}$$

$$\text{Cost}=6\times0.6=3.6(\text{yuan})$$

Practice and Thinking

2-1-1　What are the components and the functions of a circuit?

2-1-2　Please search the introductions of celebrities in electromagnetism such as Ampere, Volta, Coulomb, Watt and Joule in the internet.

2-1-3 What are the main circuit elements? How to model an actual circuit?

2-1-4 In Fig. 2-1-15, find the actual directions of the current and voltage respectively.

2-1-5 In Fig. 2-1-16, given that $V_A=6V$, $V_C=-12V$, find:

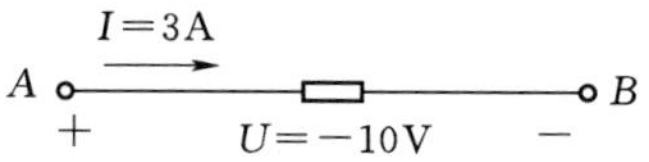

Fig. 2-1-15 for Practice 2-1-4

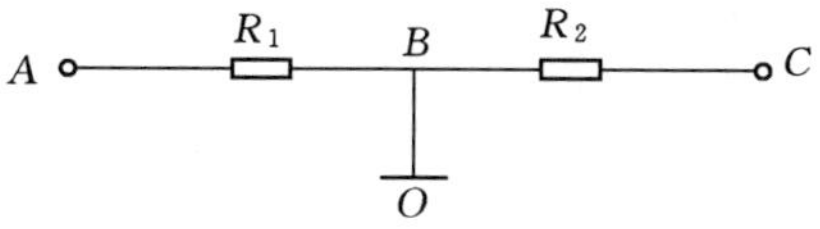

Fig. 2-1-16 for Practice 2-1-5

(1) U_{AB}, U_{BC} and U_{CA}.

(2) if node C is used for the reference point, calculate V_A, V_B, U_{AB}, U_{BC} and U_{CA}. What do the calculations indicate?

2-1-6 In Fig. 2-1-17, find the power emitted or absorbed by each element respectively.

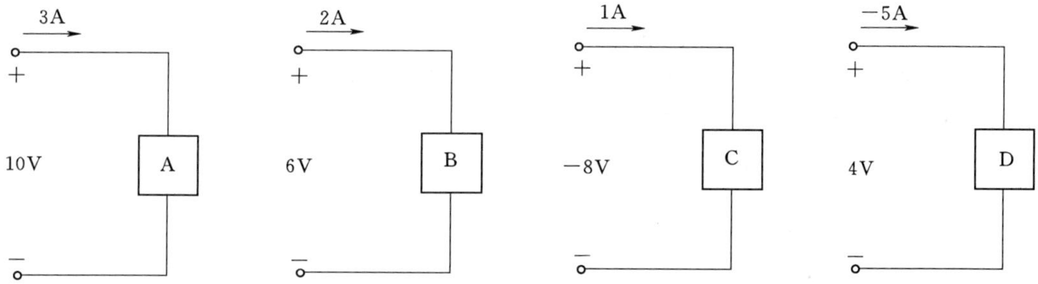

(a) situation one (b) situation two (c) situation three (d) situation four

Fig. 2-1-17 for Practice 2-1-6

2-1-7 A 2.4kW dishwasher takes roughly 50 minutes to clean the dishes. Find the cost of operating the dishwasher once per day for one month (30 days). Assuming the cost of electricity is 0.6 yuan/(kW·h).

任务二 探讨电路元件的电压-电流关系

Task 2 Discussing the Relations of Voltage - Current of Circuit Elements

一、电阻元件的伏安特性（欧姆定律）

（一）电阻元件

电路是由电路元件组成的，电路元件包括电阻元件、电感元件和电容元件。表示电路元件电压电流关系（voltage - current relation，VCR）的式子称为元件约束（element constraints），也称为伏安特性（volt - ampere characteristics）。

实际应用中会大量用到电阻器或者像白炽灯、电炉、电烙铁等电阻性器件。电路分析中的电阻元件（resistor）是对上述实际电阻器或电阻性器件抽象的理想化模型。电阻元件的物理性质就是对电流的阻碍作用，这种阻碍作用称电阻（resistance）。习惯上常把电阻元件称作电阻，其伏安特性曲线是通过坐标原点的直线，这种电阻元件就称为线性电阻元件（linear resistor），其电路符号如图 2-2-1（a）所示，伏安特性曲线如图 2-2-1（b）所示。若无特别说明，本书都是指线性电阻元件。

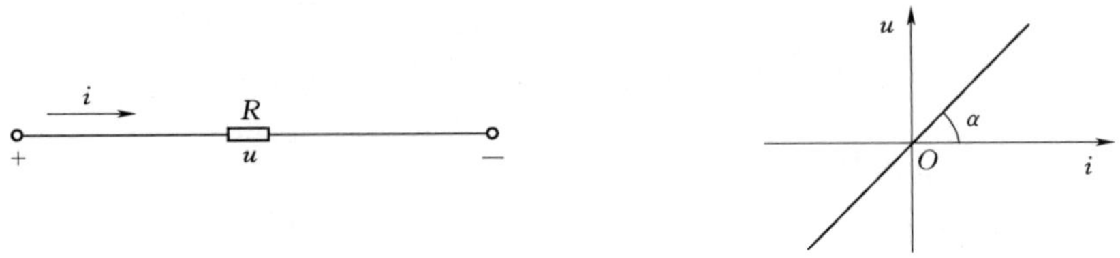

(a) 电路符号　　(b) 伏安特性曲线

图 2-2-1　线性电阻元件

（二）欧姆定律

欧姆定律（Ohm's law）是德国物理学家乔治·西蒙·欧姆（Georg Simon Ohm）在 1826 年发现的。欧姆定律的内容是电阻元件两端的电压与流经电阻元件的电流成正比。在电路分析中，欧姆定律有如下的表现形式：

若电阻元件的电流与电压采用关联参考方向，如图 2-2-2（a），则欧姆定律表示为

$$u=Ri \text{ 或 } i=Gu \tag{2-2-1}$$

在直流情况下，则有

$$U=RI \tag{2-2-2}$$

若电阻元件的电流与电压采用非关联参考方向，如图 2-2-2（b），则欧姆定律表示为

$$u=-Ri \text{ 或 } i=-Gu \tag{2-2-3}$$

在直流情况下，则有

$$U=-RI \tag{2-2-4}$$

(a) 电流与电压为关联参考方向　　(b) 电流与电压为非关联参考方向

图 2-2-2　电阻元件电压电流关系

国际单位制中，电阻 R 的单位是欧姆（Ohm，Ω），电导（conductance）G 的单位是西门子（Siemens，S），其满足

$$G=\frac{1}{R} \tag{2-2-5}$$

电阻 R 的大小，体现了元件对电流阻碍作用的强弱；电导 G 的大小则体现了元件传

导电流能力的强弱。显然，电阻与电导具有完全相反的物理意义。

电阻是一种耗能元件，它在电路中消耗的功率 p 的计算式为

$$p=ui=i^2R=\frac{u^2}{R}=Gu^2=\frac{i^2}{G} \tag{2-2-6}$$

直流电路中，电阻消耗功率计算式为

$$P=UI=I^2R=\frac{U^2}{R}=GU^2=\frac{I^2}{G} \tag{2-2-7}$$

如果电阻元件把吸收的电能转换成热能，根据式（2-2-6），从 t_0 到 t 时间内，电阻元件在这段时间内吸收（消耗）的电能 W 为

$$W=\int_{t_0}^{t} p\,\mathrm{d}t=\int_{t_0}^{t} i^2R\,\mathrm{d}t=\int_{t_0}^{t} \frac{u^2}{R}\mathrm{d}t \tag{2-2-8}$$

在直流电路中

$$W=P(t-t_0)=PT=I^2RT=\frac{U^2}{R}T \tag{2-2-9}$$

[**Example 2-2-1**] A 1000Ω resistance, the direct current flowing through it is 100mA. Find the resistance voltage, the power consumed by this resistance and the heat generated per minute by this resistance.

Solution:

The resistance voltage

$$U=RI=1000\times100\times10^{-3}=100(\mathrm{V})$$

The power consumed

$$P=UI=100\times100\times10^{-3}=10(\mathrm{W})$$

The heat generated per minute

$$W=PT=10\times60=600(\mathrm{J})$$

（三）短路和开路

电阻元件的电阻值 R 可以从零到无限大，它有两种极限情况值得注意：一种情况，它的电阻值为零，即电导为无限大（$R=0$，$G=\infty$），则当电流为有限值时，其电压总是零（$u=Ri=0$），这时称电阻元件的两个端钮为短路（short circuit），一根导电性能良好的导线短接在电路的两端，即为短路；另一种情况，若电阻元件的电阻值为无限大，即电导为零（$R=\infty$，$G=0$），则当电压为有限值时，其电流总是零（$i=Gu=0$），这时称电阻元件的两个端钮为开路（open circuit）。

二、电感元件的伏安特性

（一）电感与自感现象

在电路中经常用到漆包线绕在绝缘骨架或铁芯上而成的线圈器件，称为电感线圈，也叫电感器，如图 2-2-3 所示，它具有滤波、阻交流通直流等作用。电感元件（inductor）是实际电感线圈的理想化模型，它反映了电流产生磁通和磁场能量储存（stored magnetic field energy）这一物理现象。它在电路中的图形符号及其电流、电动势及电压的参考方向如图 2-2-4 所示。

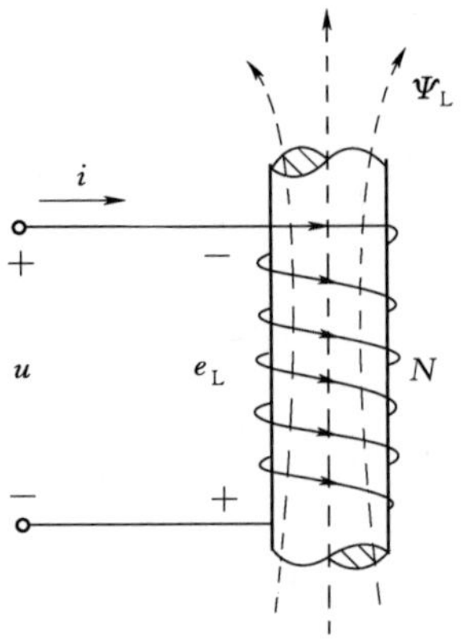

图 2-2-3　电感线圈

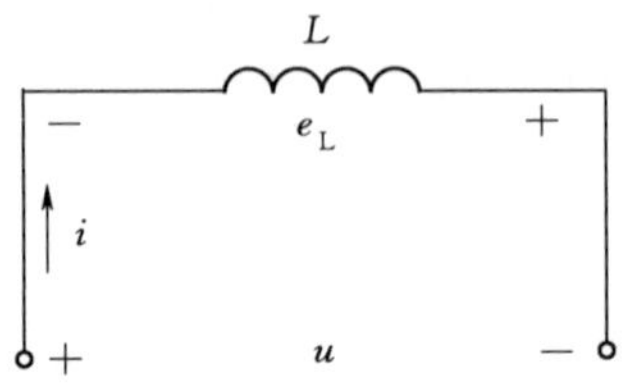

图 2-2-4　电感元件的电流、电动势及电压参考方向

1. 电感线圈的电感

当一个匝数为 N 的线圈通过电流 i 时，在线圈中建立磁场形成自感磁通（self-inductance magnetic flux）Φ，自感磁通与线圈各线匝相交链形成自感磁链 Ψ_L，即

$$\Psi_L = N\Phi \tag{2-2-10}$$

当线圈电流 i 增大时，自感磁链 Ψ_L 在增加；当线圈电流 i 减小时，自感磁链 Ψ_L 在减小。将自感磁链与电流的比值称为电感线圈的自感系数（coefficient of self-inductance）或电感量（inductance），简称电感，用符号 L 表示，即

$$L = \frac{\Psi_L}{i} \tag{2-2-11}$$

磁链和磁通的单位是韦伯（Weber，Wb）。电感量的单位是亨利（Henry，H），常用的单位还有毫亨（mH）、微亨（μH）等。

若电感线圈电感量 L 的大小为定值，与电流无关，则将这种电感线圈称为线性电感元件（linear inductor）。反之称为非线性电感元件（nonlinear inductor）。

习惯上，常把电感元件简称电感，且若无特别说明，都是指线性电感。

2. 自感现象

当电感线圈中的电流发生变化时，线圈的磁通也随之变化，变化的磁通将使线圈中产生感应电动势。这种由线圈自身的电流变化引起的电磁感应现象就称为自感现象（self induction），所产生的感应电动势叫做自感电动势（self-inductance electromotive force）。自感电动势的大小由法拉第电磁感应定律（Faraday's law of electromagnetic induction）决定，它等于磁链的变化率，即

$$|e_L| = \left|\frac{d\Psi_L}{dt}\right| \tag{2-2-12}$$

i 与 Ψ_L 规定为关联参考方向，对线性电感来说，将式（2-2-11）代入，得

$$|e_L| = L\left|\frac{di}{dt}\right| \tag{2-2-13}$$

自感电动势的方向由楞次定律（Lenz's law）判定，其方向总是试图产生感应电流和磁通来阻碍原来磁链的变化。取自感电动势 e_L 的参考方向与自感磁链 Ψ_L 的参考方向符合右手螺旋定则（right-hand screw rule），即 e_L 与 Ψ_L 的参考方向相关联，根据楞次定律得

$$e_L=-\frac{d\Psi_L}{dt}=-L\frac{di}{dt} \tag{2-2-14}$$

负号说明自感电动势总是阻碍线圈中电流的变化。

（二）电感元件的伏安特性

如图 2-2-4 所示，当选取电感元件的电流 i 与电压 u 为关联参考方向时，其伏安特性为

$$u=-e_L=L\frac{di}{dt} \tag{2-2-15}$$

可见，某一时刻电感元件两端电压大小取决于该时刻电流的变化率。即电流变化越快电压越大，反之电压越小；若电流恒定不变，则电压为零。所以，在直流电路中电感元件相当于短路。

（三）电感元件的储能

取电感元件电压和电流的参考方向相关联时，其吸收的功率为

$$p=ui=Li\frac{di}{dt}$$

设 $i(0)=0$，则电感元件在（0，t）内所吸收能量为

$$W_L=\int_0^t p\,dt=\int_0^i Li\,di=\frac{1}{2}Li^2 \tag{2-2-16}$$

可以看出，电感元件的磁场能量只与最终的电流值有关，而与电流建立的过程无关。

当电流的绝对值增加时，电感元件吸收能量并全部转换成磁场能量；当电流的绝对值减小时，电感元件释放磁场能量。可见，电感元件并不把吸收的能量消耗掉，而是以磁场能的形式储存在磁场中。所以，电感元件是一种储能元件（energy storage element）。同时，电感元件也不会释放出多于吸收或储存的能量，因此它又是一种无源元件（passive element）。

三、电容元件的伏安特性

（一）电容元件的电容量

如图 2-2-5 所示，用两块中间以电介质隔开的平行放置的金属板即可构成一个简单的电容器。由于电介质的绝缘性，在外部电源作用下，接电源正极、负极的两对应极板上分别聚集着等量的异种电荷，两极板间便形成了电场，这个过程叫电容器的充电过程。当断开电源时，由于极板间电场的作用，两极板间异种电荷互相吸引。同时，由于电介质的绝缘作用，这种吸引无法使电荷得到中和，极板上的电荷也就能够长时间的储存下去。所以说，电容器是一种能储存电荷（stored charge）或储存电场能量（stored electric field energy）的器件。

若忽略漏电现象，把电介质视作理想材料，那么电容器只具有储存电荷建立电场的作用，则称为电容元件，即电容元件是电容器的理想化模型。电容元件在电路中的图形符号及其电压、电流参考方向如图 2-2-6 所示。

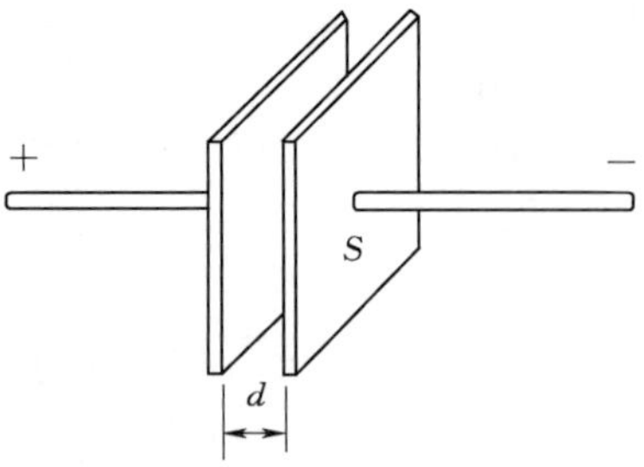

图 2-2-5 简易平行板电容器

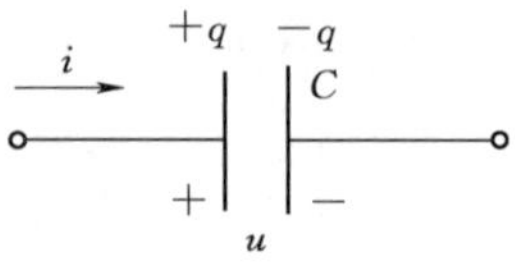

图 2-2-6 电容元件的电压、电流参考方向

将电容元件上电荷量与电压的比值称为电容器的电容量（capacitance），简称电容，用符号 C 表示，即

$$C=\frac{q}{u} \tag{2-2-17}$$

电容量的单位是法拉（F），1F=1C/V。常用的单位还有毫法（mF）、微法（μF）、纳法（nF）和皮法（pF）等。

若电容器的电容量 C 的大小为定值，则将这种电容器称为线性电容元件（linear capacitor）；反之称为非线性电容元件（nonlinear capacitor）。电容元件简称电容，无特别说明时，都是指线性电容。

（二）电容元件的伏安特性

如图 2-2-6 所示，当选取电容元件的电流与电压为关联参考方向时，将 $q=Cu$ 代入电流的定义式，得

$$i=\frac{\mathrm{d}q}{\mathrm{d}t}=\frac{\mathrm{d}(Cu)}{\mathrm{d}t}=C\frac{\mathrm{d}u}{\mathrm{d}t} \tag{2-2-18}$$

这就是关联参考方向下，电容元件的伏安特性表达式。

可见，在某一时刻流经电容元件的电流取决于该时刻电压的变化率。即电压变化越快电流越大，反之电流越小；若电压恒定不变，则电流为零。所以，在直流电路中电容元件相当于开路。

（三）电容元件的储能

取电容元件电压和电流的参考方向相关联时，其吸收的功率为

$$p=ui=uC\frac{\mathrm{d}u}{\mathrm{d}t}$$

设 $u(0)=0$，则电容元件在（0，t）内所吸收能量为

$$W_C=\int_0^u Cu\,\mathrm{d}u=\frac{1}{2}Cu^2 \tag{2-2-19}$$

可以看出，电容元件的电场能量只与最终的电压值有关，而与电压建立的过程无关。

当电压的绝对值增加时，电容元件吸收能量并全部转换成电场能量；当电压的绝对值减小时，电容元件释放电场能量。可见，电容元件并不把吸收的能量消耗掉，而是以电场能的形式储存在电场中。所以，电容元件是一种储能元件。同时，电容元件也不会释放出多于吸收或储存的能量，因此它也是一种无源元件。

Practice and Thinking

2-2-1 Please search the introductions of celebrities in electromagnetism such as Ohm, Siemens, Weber, Henry, Faraday and Lenz in the internet.

2-2-2 Find the U_{AB} in the circuit of Fig. 2-2-7.

(a) situation one (b) situation two

Fig. 2-2-7 for Practice 2-2-2

2-2-3 As shown in Fig. 2-2-8, the reference directions of voltage and current have been given, $R=10\Omega$. Find U or I.

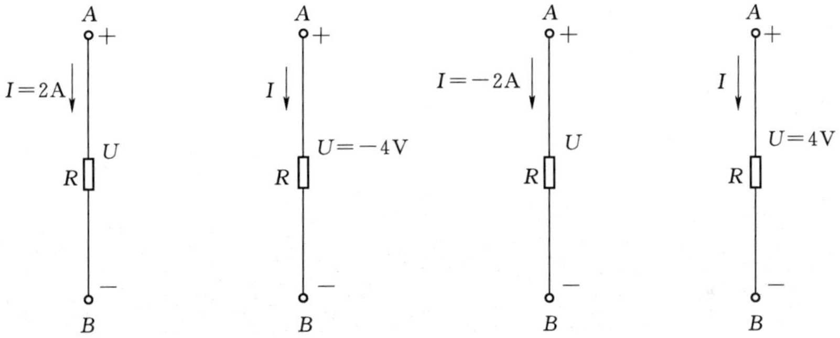

(a) situation one (b) situation two (c) situation three (d) situation four

Fig. 2-2-8 for Practice 2-2-3

2-2-4 A "20kΩ, 10W" resistor, what are the rated current and rated voltage respectively while using it?

2-2-5 A 0.5H coil, an alternating current flowing through it reduces from 40A to 20A within 20ms. Determine:

(1) the magnitude and the direction of self-inductance electromotive force in this coil.

(2) the variation of the magnetic field energy stored in this coil.

2-2-6 Explain the definition of capacitance.

(1) There is a "4V, 2μF" capacitor, find its capacitance.

(2) If the voltage of this capacitor is 12V, find its charge.

2-2-7 Calculate the electric field energy stored in a "100V, 4μF" capacitor.

任务三　探讨基尔霍夫定律

Task 3　Discussing Kirchhoff's Laws

一、相关的电路名词

基尔霍夫定律（Kirchhoff's laws）包括基尔霍夫电流定律（Kirchhoff's current law）和基尔霍夫电压定律（Kirchhoff's voltage law）。它反映了电路中所有支路电流和支路电压所遵循的基本规律，是分析复杂电路的根本依据。基尔霍夫定律与元件特性构成了电路分析的基础。

（1）支路（branch）。电路中具有两个端钮且流过同一电流的每个分支，该分支上至少有一个元件，这个分支称为支路。图 2-3-1 中 $BAFE$、BE、$BCDE$ 均为支路，图 2-3-1 中方框符号表示没有说明具体性质的二端元件。

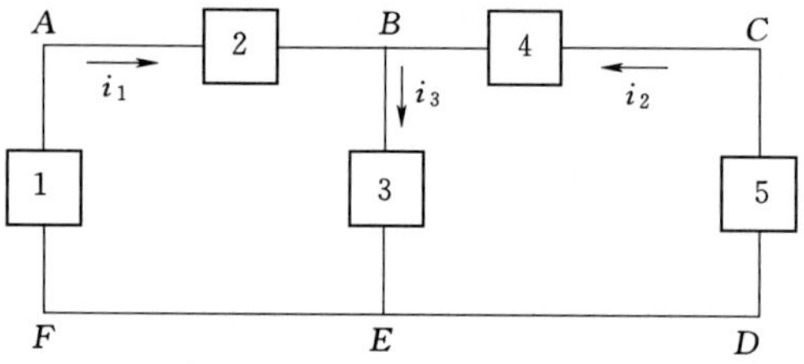

图 2-3-1　电路名词定义用图

（2）结点（node）。三条或三条以上支路的连接点称为结点。图 2-3-1 中，B 点和 E 点都是结点，A、C、D、F 不是结点。

（3）回路（loop）。由支路构成的闭合路径称为回路。图 2-3-1 中，$ABEFA$、$BCDEB$、$ABCDEFA$ 都是回路。

（4）网孔（mesh）。内部不含支路的回路称为网孔。图 2-3-1 中，$ABEFA$、$BCDEB$ 都是网孔，$ABCDEFA$ 不是网孔。

二、基尔霍夫电流定律

基尔霍夫定律是德国科学家基尔霍夫在 1845 年论证的，它由电流定律和电压定律组成。

基尔霍夫电流定律简称 KCL，叙述如下：在任何时刻，任意结点所有支路电流的代数和恒等于零。

KCL 的数学表达式为

$$\sum i=0 \qquad (2-3-1)$$

在式（2-3-1）中，按电流的参考方向列写方程，一般规定流出结点的电流取"+"，流入结点的电流取"−"。直流电路中，KCL 的数学表达式是 $\sum I=0$。

如图 2-3-2 所示，对结点 B，有

$$-i_1-i_2-i_3+i_4+i_5=0$$

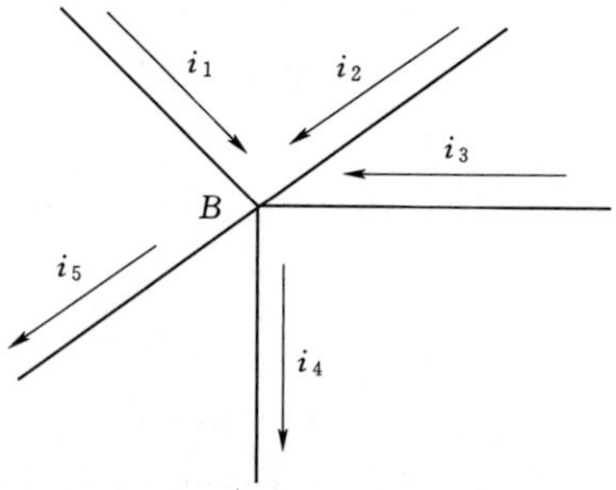

图 2-3-2　KCL 的说明

可写成

$$i_1+i_2+i_3=i_4+i_5 \tag{2-3-2}$$

式（2-3-2）表明：在任何时刻，流入任一结点的电流之和等于流出该结点的电流之和。

电流的连续性原理是指：在电路中任一点上，任何时刻都不会产生电荷的堆积或减少现象。KCL是电流连续性原理（principle of current continuity）在电路结点上的体现，也是电荷守恒定律（law of conservation of charge）在电路中的体现。

[**Example 2-3-1**] As shown in Fig. 2-3-2, given that $i_1=2\text{A}$, $i_2=1\text{A}$, $i_3=-3\text{A}$, $i_4=1\text{A}$, find i_5.

Solution:

Applying KCL

$$-i_1-i_2-i_3+i_4+i_5=0$$

Substituting the delta

$$-2-1-(-3)+1+i_5=0$$

So $$i_5=-1\text{A}$$

The minus result of i_5 means that the reference direction chosen is opposite to its actual direction.

KCL通常用于结点，但对于包围几个结点的封闭面（closed surface）也是适用的，如图2-3-3所示，封闭面S包围了A、B、C三个结点，对这三个结点分别应用KCL，有

$$-i_A+i_{AB}-i_{CA}=0$$
$$-i_B-i_{AB}+i_{BC}=0$$
$$-i_C-i_{BC}+i_{CA}=0$$

以上三式相加，得到

$$-i_A-i_B-i_C=0$$

可见对于封闭面S而言，电流的代数和也是零，KCL同样成立。

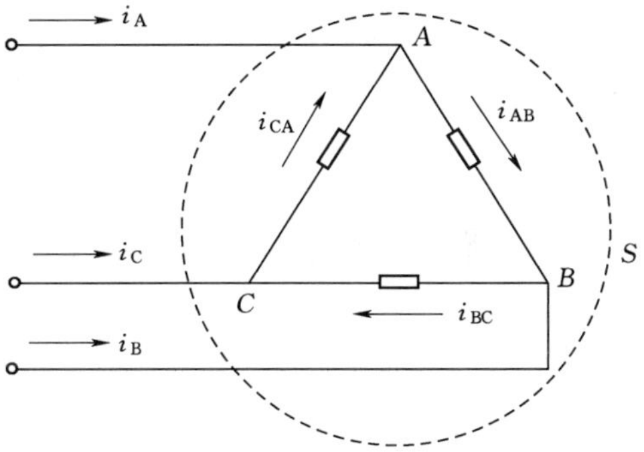

图2-3-3 KCL的推广应用

三、基尔霍夫电压定律

基尔霍夫电压定律简称KVL，叙述如下：在任何时刻，任一回路所有元件电压的代数和恒等于零。

KVL数学表达式为

$$\sum u=0 \tag{2-3-3}$$

根据式（2-3-3），首先需要选定回路的绕行方向，凡元件电压的参考方向与绕行方向一致时，该电压取"+"，反之取"−"。直流电路中，KVL数学表达式是$\sum U=0$。

如图2-3-4所示，对回路$ABCDA$，有

$$-u_1+u_2+u_3-u_4=0$$

即

$$u_2+u_3=u_1+u_4 \qquad (2-3-4)$$

式（2－3－4）表明，KVL 的另一种表述是：在任何时刻，沿任一回路绕行一周，回路中电压降低的和等于电压升高的和。

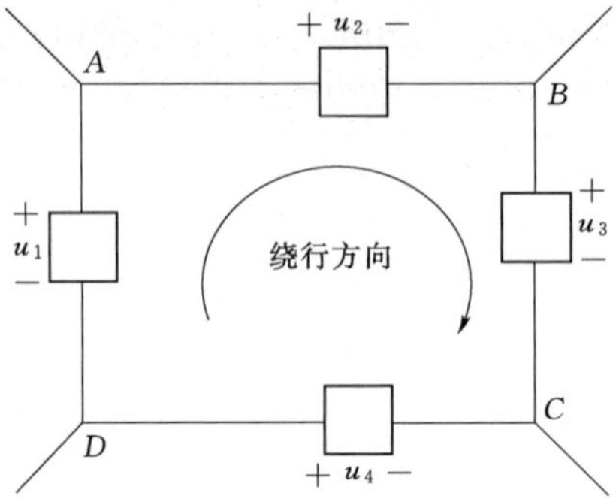

图 2－3－4 KVL 图示

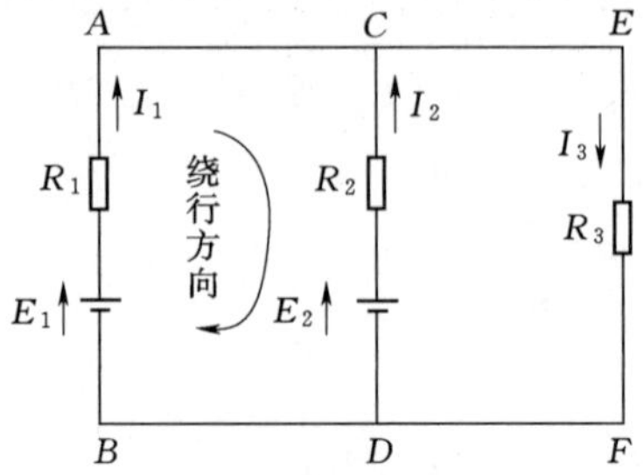

图 2－3－5 有电源回路的 KVL

对于有电源的回路（以直流电路为例），如图 2－3－5 中的回路 $ACDBA$，选取回路的绕行方向为顺时针，沿绕行方向，电位升为 $R_2I_2+E_1$，电位降为 $E_2+R_1I_1$，即

$$R_2I_2+E_1=E_2+R_1I_1$$

移项变为

$$R_1I_1-R_2I_2=E_1-E_2$$

即

$$\sum RI=\sum E \quad 或 \quad \sum U=\sum E \qquad (2-3-5)$$

基尔霍夫电压定律还有一种形式是：对于有电源的回路，在任何时刻，回路中所有元件电压的代数和等于该回路中所有电动势的代数和。

根据式（2－3－5），也需要先选定回路的绕行方向，当元件电压的参考方向与绕行方向相同时，该电压取“＋”，反之取“－”；当电动势的参考方向与绕行方向相同时，该电动势取“＋”，反之取“－”。

KVL 是电压与路径无关这一性质在电路中的体现，也是能量守恒定律（law of conservation of energy）在电路中的体现。

KVL 也可推广到广义回路（即开路回路），如图 2－3－6 所示电路，如果将开路电压 u_{AD} 添上，就形成一个回路。

沿 $ABCDA$ 绕行一周，列出 KVL 方程为

$$u_1+u_2-u_3-u_{AD}=0$$

整理得

$$u_{AD}=u_1+u_2-u_3$$

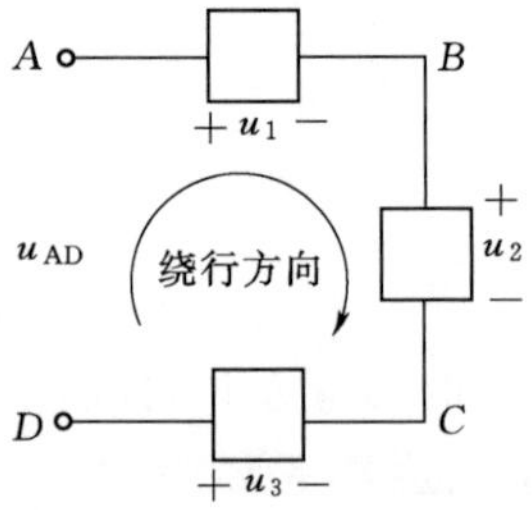

图 2－3－6 KVL 的推广应用

有了 KVL 这个推论就可以很方便地求电路中任意两点间电压。

列写基尔霍夫电压方程的步骤如下：

（1）标出元件电压参考方向，若为电阻元件，可选取电压电流为关联参考方向。

（2）选择回路绕行方向，元件电压参考方向与绕行方向相同，该电压取“+”，反之取“－”。

（3）列出基尔霍夫电压方程。

[**Example 2－3－2**] Determine U_1 and U_2 shown in Fig. 2－3－7.

Solution:

Applying KVL for the loop $ABEFA$, going clockwise, starting at point A, the loop equation is written as

$$20+U_1-10+5=0$$

Then

$$U_1=-15V$$

Similarly, applying KVL for the loop $BCDEB$, going clockwise, starting at point B, the loop equation is written as

$$U_2-20-U_1=0$$

Then

$$U_2=20+U_1=20+(-15)=5(V)$$

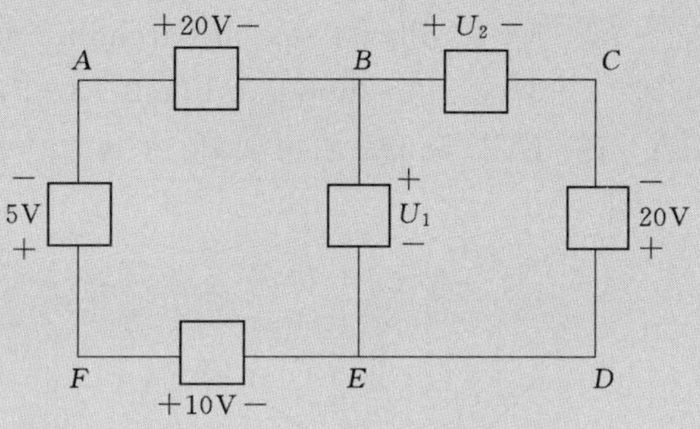

Fig. 2－3－7　for Example 2－3－2

[**Example 2－3－3**] Fig. 2－3－8 presents the principle of the transformer under no－load. When the AC voltage u_1 is applied to the primary winding (N_1 turns) and the secondary winding (N_2 turns) is open, then the $i_2=0A$, the current i_0 is produced at the primary winding. The magnet motive force $N_1 i_0$ produces the main flux Φ in the core, then the electromotive force e_1 and e_2 are also induced in both primary and secondary windings, the open－circuit voltage of the secondary winding is u_{20}, the reference directions of each physical quantity are shown in Fig. 2－3－8. Determine the voltage balance equations of the primary winding and secondary winding respectively (Assuming the resistances of the primary winding and secondary winding respectively are R_1 and R_2).

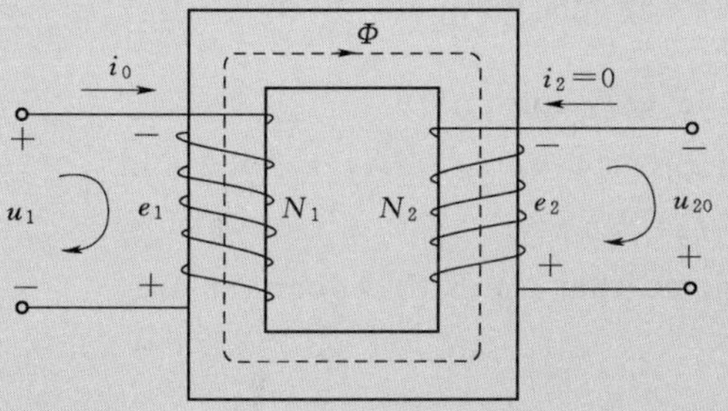

Fig. 2－3－8　for Example 2－3－3

Solution:

The resistance voltage drop of original winding is $R_1 i_0$, its reference direction is associated with i_0, selecting clockwise as the direction of the loop, according to $\sum u=\sum e$, then,

The voltage balance equation of the primary winding is

$$R_1 i_0-u_1=e_1$$

or
$$u_1=-e_1+R_1 i_0$$

Also selecting clockwise as the direction of the loop, due to i_2 is zero, according to $\sum u=\sum e$, then,

The voltage balance equation of the secondary winding is
$$u_{20}=e_2$$

Practice and Thinking

2-3-1 Please search Kirchhoff's introduction in the internet.

2-3-2 As shown in Fig. 2-3-9, there are five branches connected to node A, the KCL equation of node A is
$$i_1-i_2+i_3-i_4+i_5=0$$

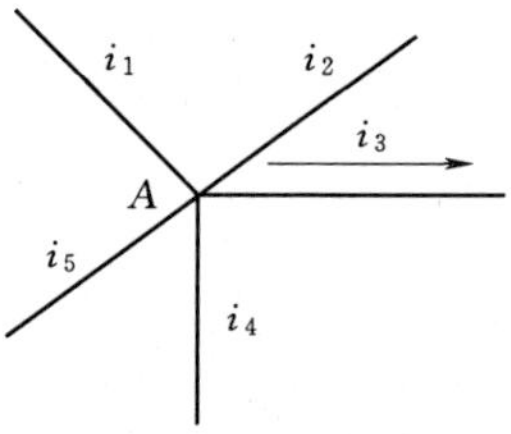

Fig. 2-3-9 for Practice 2-3-2

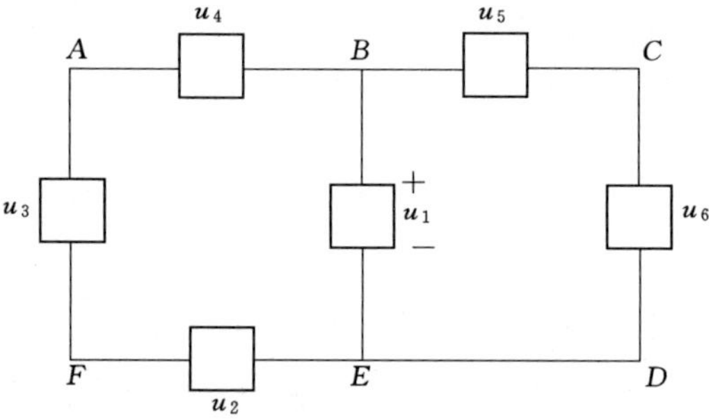

Fig. 2-3-10 for Practice 2-3-3

(1) Mark the reference directions of i_1, i_2, i_4 and i_5.

(2) In the above reference directions, if $i_1=-2$A, $i_2=3$A, $i_3=4$A and $i_4=1$A, find i_5.

2-3-3 As shown in Fig. 2-3-10, given that the KVL equations are
$$u_1-u_2+u_3-u_4=0$$
$$u_5-u_6-u_1=0$$

(1) Mark the reference directions of u_2, u_3, u_4, u_5 and u_6.

(2) Under the reference polarities in Fig. 2-3-10, if $u_1=2$V, $u_2=-3$V, $u_3=6$V and $u_5=5$V, find u_4 and u_6.

(3) If we go clockwise along $ABEFA$, how much is the total potential drop and how much is the total potential rise?

2-3-4 As shown in Fig. 2-3-11, given that $I_A=-0.5$A and $I_C=1$A. Find U_{AB}, U_{BC} and U_{CA}.

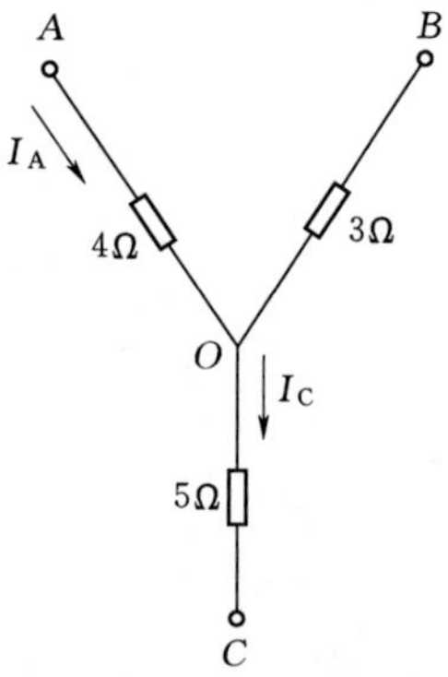

Fig. 2-3-11 for Practice 2-3-4

任务四　电源元件的特性与应用

Task 4　Characteristics and Applications of Power Elements

常用电源包括各类电池（干电池、蓄电池、光电池等）、发电机和各种信号源。如图 2-4-1 所示为常用的几种电源元件，包括独立电源和受控源。电源中能够独立向外提供电能的电源，称为独立电源（independent source），它包括电压源（voltage source）和电流源（current source）；不能独立地向外电路提供电能的电源称为非独立电源（dependent source），又称为受控源（controlled source）。

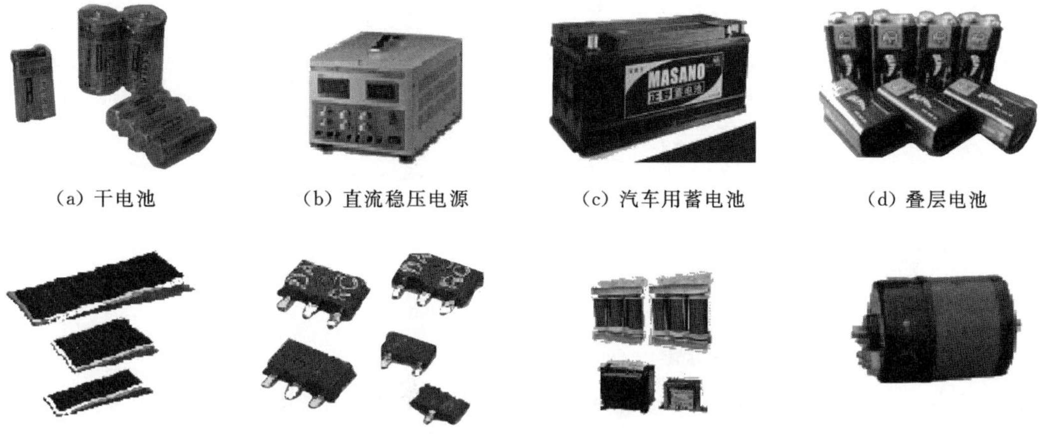

(a) 干电池　(b) 直流稳压电源　(c) 汽车用蓄电池　(d) 叠层电池

(e) 光电池　(f) 三极管　(g) 干式变压器　(h) 直流发电机

图 2-4-1　常用的几种电源元件

一、电压源

（一）理想电压源

理想电压源（ideal voltage source）简称恒压源（steady voltage source）或电压源。其特点是：

(1) 它两端的电压是一个定值 U_S 或是一定的时间函数 $u_S(t)$，与流过它的电流无关。

(2) 流过它的电流由与之相联接的外电路确定。

理想电压源在电路中的图形符号如图 2-4-2（a）所示，其中 U_S 为电压源电压，“+”“-”表示其参考极性。如果电压源的电压是定值 U_S，则称之为直流电压源，图 2-4-2（b）为理想电压源的伏安特性曲线。

（二）实际电压源及其应用

实际上，电源内部总存在一定的内阻，干电池、蓄电池、叠层电池都是实际的直流电压源。为研究的方便，通常用理想电压源 U_S 和内阻 R_S 相串联的电路模型来表示实际电压源，如图 2-4-3（a）所示。

实际电压源的伏安特性（又称外特性）为

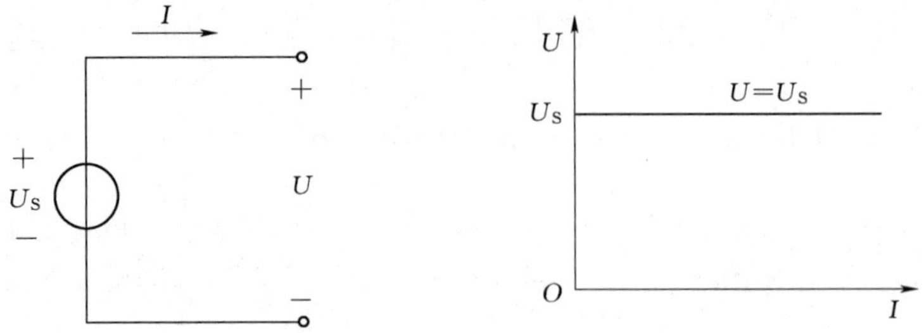

(a) 理想电压源　　(b) 伏安特性曲线

图 2-4-2　理想电压源的图形符号和伏安特性曲线

$$U=U_S-R_SI \qquad (2-4-1)$$

对应的伏安特性曲线如图 2-4-3 (b) 所示。

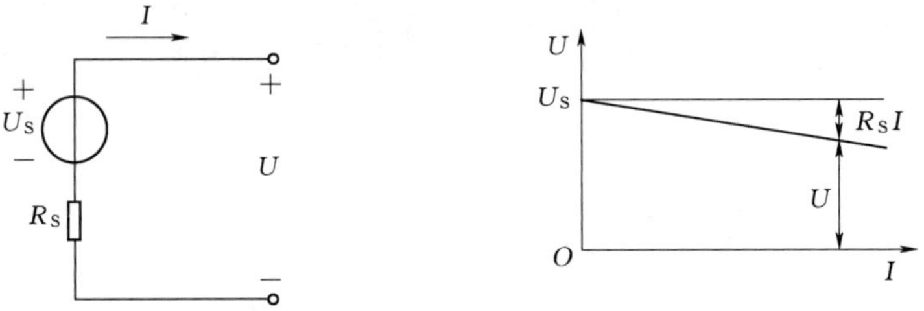

(a) 实际电压源　　(b) 伏安特性曲线

图 2-4-3　实际电压源的电路模型和伏安特性曲线

显然，随着实际电压源输出电流 I 的增大，其输出电压 U 线性下降。若实际电压源的内阻越小，其特性越接近于理想电压源。工程中常用的稳压电源以及大型电网在工作时的输出电压基本不随外电路变化，都可近似地看作理想电压源。

干电池广泛应用在手电筒、半导体收音机、收录机、照相机、电子钟、玩具等，也应用于国防、科研、电信、航海、航空、医学等国民经济中的各个领域。

蓄电池广泛应用在交通运输、通信、电力、铁路、矿山、港口、国防、计算机、科研等国民经济各个领域。

叠层电池广泛应用在防盗遥控器、无线门铃、门磁、报警器遥控器、激光射频笔、电动玩具、电子体温计、手电筒等。

二、电流源

(一) 理想电流源

理想电流源 (ideal current source) 简称恒流源 (steady current source) 或电流源。其特点是:

(1) 它向外输出的电流是定值 I_S 或是一定的时间函数 $i_S(t)$，而与它的端电压无关。

(2) 它的端电压由与之相联接的外电路确定。

理想电流源在电路中的图形符号如图 2-4-4 (a) 所示，其中 i_S 为电流源输出的电流，箭头标出了它的参考方向。如果电流源的电流是定值 I_S，则称之为直流电流源，图 2-4-4（b)是理想电压源的伏安特性曲线。

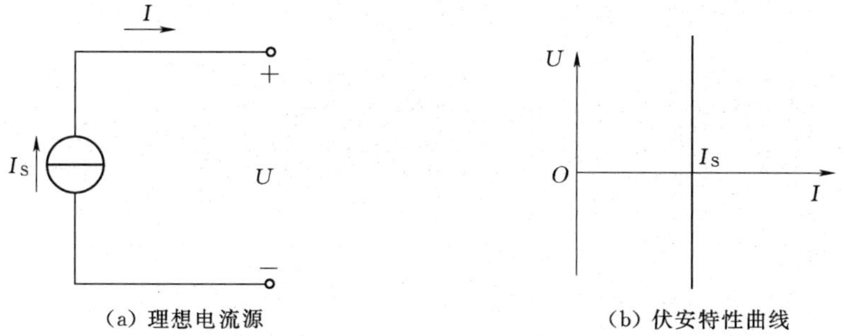

图 2-4-4　理想电流源的图形符号和伏安特性曲线

（二）实际电流源及其应用

在日常生活中，常常看到手表、计算器、热水器等采用光电池作为电源，这些光电池是用硅、砷化镓材料制成的半导体器件。它与干电池不同，当受到太阳光照射时，将激发产生电流，该电流是与入射光强度成正比的，基本上不受外电路影响，因此像光电池这类电源，在电路中可以用电流源模型来表示。实际上，由于内电导的存在，电流源中的电流并不能全部输出，有一部分将从内部分流掉。通常用理想电流源 I_S 与内电导 G_S 相并联的电路模型来表示实际电流源，如图 2-4-5（a）所示。

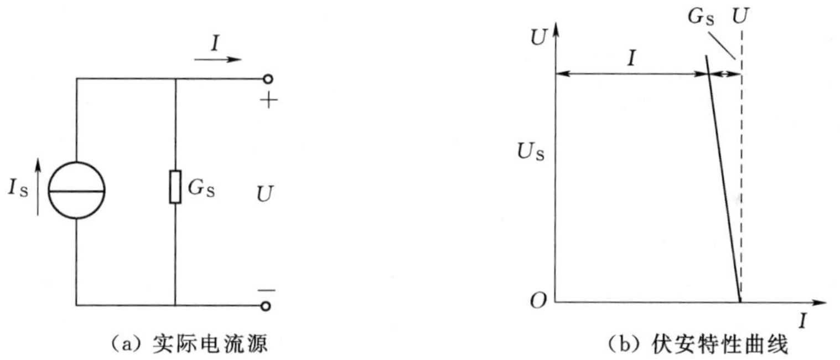

图 2-4-5　实际电流源的电路模型和伏安特性曲线

实际电压源的伏安特性（又称外特性）为

$$I=I_S-\frac{U}{R_S}=I_S-G_SU \tag{2-4-2}$$

对应的伏安特性曲线如图 2-4-5（b）所示。

显然，随着实际电流源输出电压 U 的增大，其输出电流 I 线性下降。若实际电流源的内电导越小，内部分流越小，其特性就越接近于理想电流源。晶体管稳流电源及光电池等器件在工作时可近似地看作理想电流源。

光电池的种类很多，常用有硒光电池、硅光电池和硫化铊、硫化银光电池等。主要用于仪表，自动化遥测和遥控方面，也广泛应用在人造地卫星、灯塔、无人气象站等地方。

[**Example 2-4-1**] As shown in Fig. 2-4-6, analyze the power of each element in the circuit.

Solution:

The voltage source current is determined by the current source in series with the voltage source, it equals 1A. Because the voltage and the current's reference directions of the voltage source are associated, we can get

$P_U = U_S I = 3\times1 = 3(W) > 0$ (absorbing 3W)

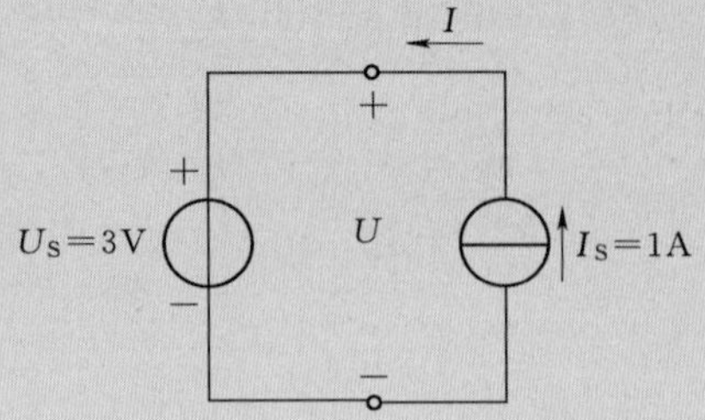

Fig. 2-4-6 for Example 2-4-1

The terminal voltage of the current source is determined by the voltage source which it is connected, it equals 3V. Because the voltage and the current's reference directions of the current source are non-associated, we can get

$$P_I = -UI_S = -3\times1 = -3(W) < 0 \text{(supplying 3W)}$$

三、受控源

在实际应用中经常会接触到某电流或电压受到其他电流或电压控制的设备，如他励直流发电机的输出电压大小要受到励磁线圈电流的控制；晶体三极管的集电极电流受到基极电流的控制等。在对这类电路进行分析时，常把这些设备看做另一种电源——受控源。受电路中另一条支路的电压或电流控制的电源，称为受控源（或非独立源）。

（一）受控源的种类与符号

受控源由两条支路组成：第一条支路是控制支路，呈开路或短路状态；第二条支路是受控支路，它是一个电压源或电流源，但其电压或电流的量值受第一条支路电压或电流的控制。根据控制量和受控量的不同组合，可将受控源分为四类：电流控制电压源（Current Controlled Voltage Source，CCVS）、电压控制电压源（Voltage Controlled Voltage Source，VCVS）、电流控制电流源（Current Controlled Current Source，CCCS）以及电压控制电流源（Voltage Controlled Current Source，VCCS）。它们对应的电路符号如图2-4-7所示。

（二）受控源的控制系数

四种类型受控源可以按顺序和变压器（副边输出电压受控于原边输入电压）、他励直流发电机（输出电压要受励磁线圈电流的控制）、场效应管（栅源极电压控制漏极电流）和三极管（基极电流控制集电极电流）相对应。

各受控源的受控量与控制量之间的关系如下：

电压控制电压源（VCVS），有

$$u_2 = \mu u_1$$

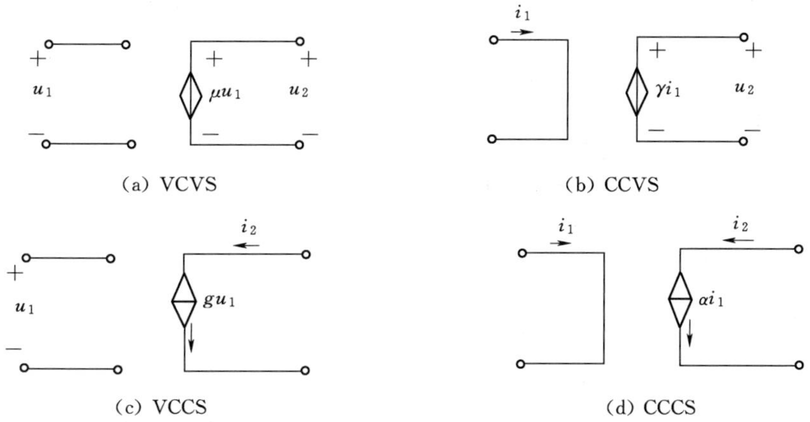

图 2-4-7 四种类型的受控源及其符号

电流控制电压源（CCVS），有

$$u_2=\gamma i_1$$

电压控制电流源（VCCS），有

$$i_2=g u_1$$

电流控制电流源（CCCS），有

$$i_2=\alpha i_1$$

其中 μ（电压放大系数）、γ（转移电阻）、g（转移电导）和 α（电流放大系数）总称受控源的控制系数（control factor）。若控制系数为常数，则为线性受控源。注意 μ、α 无单位，γ 和 g 分别具有电阻单位（Ω）及电导单位（S）。

受控源实际上是有源器件的电路模型，如晶体管、电子管、场效晶体管、运算放大器等。图 2-4-8（a）所示的晶体三极管，即可用图 2-4-8（b）所示的电流控制电流源（CCCS）来表征，其输出特性反映了集电极电流 i_c 与基极电流 i_b 的关系式 $i_c=\beta i_b$，其中 β 为电流放大系数。图中 R_i 为三极管的输入电阻。

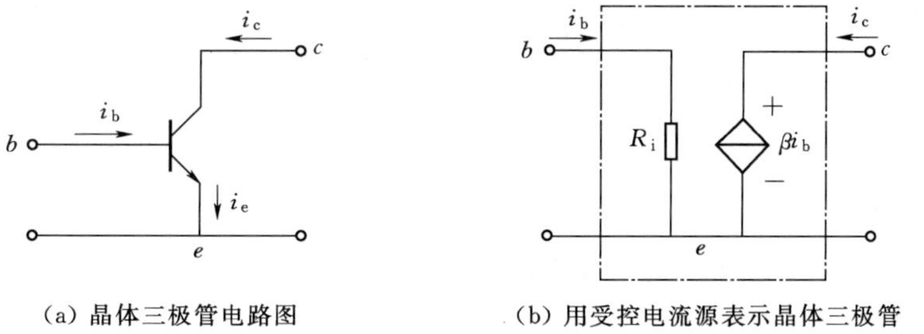

图 2-4-8 受控源举例

[**Example 2-4-2**] Fig. 2-4-9 is a VCCS circuit, given that $I_2=2U_1$ and $I_S=$ 1A. Find the voltage U_2.

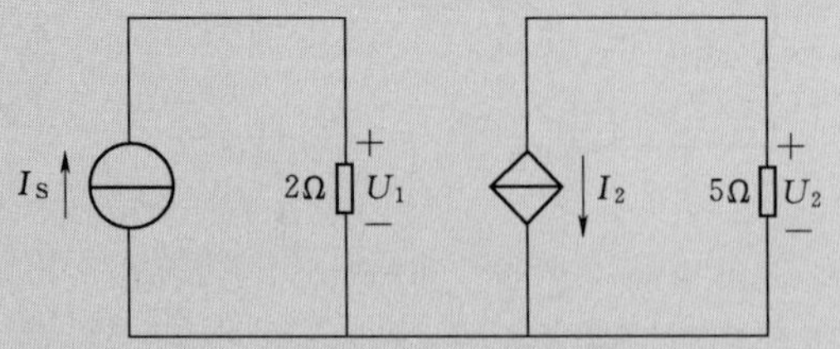

Fig. 2-4-9 for Example 2-4-2

Solution:

From the left side of the circuit, we can get the control voltage U_1

$$U_1=I_S\times 2=1\times 2=2(\text{V})$$

Hence

$$I_2=2U_1=2\times 2=4(\text{A})$$
$$U_2=-5I_2=-5\times 4=-20(\text{V})$$

四、电压源与电流源的等效变换

(一) 等效变换的条件

一个实际电源可以用电压源模型即电压源与电阻串联来表示，也可以用电流源模型即电流源与电阻并联来表示，这两种电源模型等效变换的条件（conditions for equivalent transform）是端口电压电流关系相同，亦即当它们对应的端口具有相同的电压时，端口电流必须相等。在图 2-4-10 中，已给出了电压、电流的参考方向，两种模型对应的端口电压均为 U，则等效变换的条件是端口电流 $I=I'$。

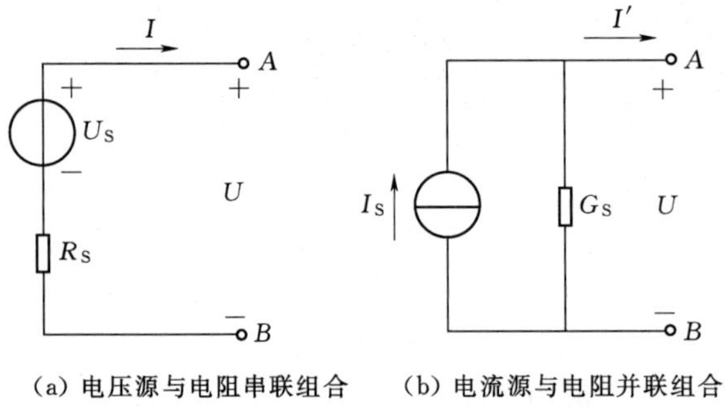

图 2-4-10 两种电源模型的等效变换

在电压源电阻串联模型中，VCR 为

$$U=U_S-R_SI$$

或

$$I=\frac{U_S}{R_S}-\frac{U}{R_S}$$

而在电流源电阻并联模型中，VCR 为

$$I'=I_S-G_SU$$

于是得

$$I_S=\frac{U_S}{R_S},G_S=\frac{1}{R_S} \tag{2-4-3}$$

这就是两种电源模型等效变换必须满足的条件。

（二）等效变换的注意事项

（1）应用式（2－4－3）时，电源的内阻 R_S 的值不变，电压源 U_S 与电流源 I_S 的参考方向如图 2－4－10 所示，I_S 参考方向的箭头应沿 U_S 的负极性指向正极性。

（2）两种等效模型内部功率情况不同，但对外电路，它们吸收或提供的功率一样。

（3）理想电压源和理想电流源之间没有等效关系。

（4）电源模型的等效变换可引申为电源支路的等效变换，即电压源电阻（不限于内阻）串联组合可等效变换成电流源电阻并联组合。

五、电源支路的简化

在电路等效变换时，常常遇到几个电压源支路串联，几个电流源支路并联，或者是若干个电压源支路与电流源支路既有串联又有并联所构成的二端网络。这些网络对外电路而言，都可以根据 KCL、KVL 和电源的等效变换来化简电路。化简的原则是：简化前后，端口处的电压与电流关系不变。

（一）电压源串联支路的简化

几个电压源支路串联时，可以简化为一个等效的电压源。图 2－4－11（a）所示为两个电压源的串联电路，图 2－4－11（b）所示为其等效电路。

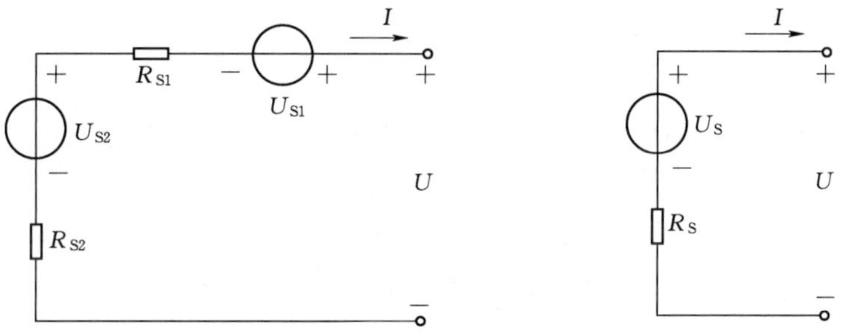

（a）两个电压源的串联电路　（b）等效电路

图 2－4－11　电压源串联支路的简化

对图 2－4－10（a）端口而言，根据 KVL 可得

$$U=U_{S1}-R_{S1}I+U_{S2}-R_{S2}I=(U_{S1}+U_{S2})-(R_{S1}+R_{S2})I$$

对图 2－4－11（b）端口来说，有 $U=U_S-R_SI$。要使两者等效，则满足

$$U_S=U_{S1}+U_{S2},R_S=R_{S1}+R_{S2}$$

（二）电流源并联支路的简化

几个电流源支路并联时，可以简化为一个电流源。图 2－4－12（a）所示为两个电流源的并联电路。同样，根据 KCL 和端口的电压电流关系不变的原则，可将其等效变换为图 2－4－12（b）所示电路。其中

$$I_S=I_{S1}+I_{S2},G_S=G_{S1}+G_{S2}$$

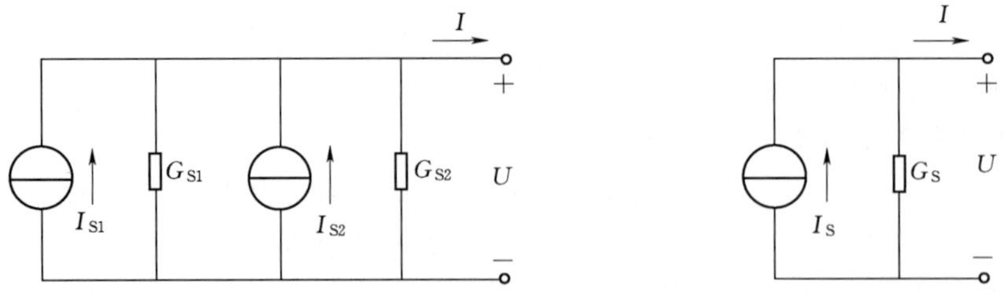

(a) 两个电流源的并联电路　　(b) 等效电路

图 2-4-12　电流源并联支路的简化

（三）电压源并联支路的简化

几个电压源支路并联时，先将各电压源都变换为电流源，这样就把几个电压源的并联电路变换成几个电流源的并联电路，然后再利用电流源并联电路的简化方法解决，最后变换为单一电源的电路。

（四）电流源串联支路的简化

几个电流源支路串联时，先将各电流源都变换为电压源，这样就把几个电流源的串联电路变换成几个电压源的串联电路，然后再利用电压源串联电路的简化方法解决，最后变换为单一电源的电路。

[**Example 2-4-3**] In Fig. 2-4-13 (a), given that $U_{S1}=10V$, $U_{S2}=6V$, $R_1=1\Omega$, $R_2=3\Omega$ and $R=6\Omega$. Find I and U_{AB} using the source equivalent transformation method.

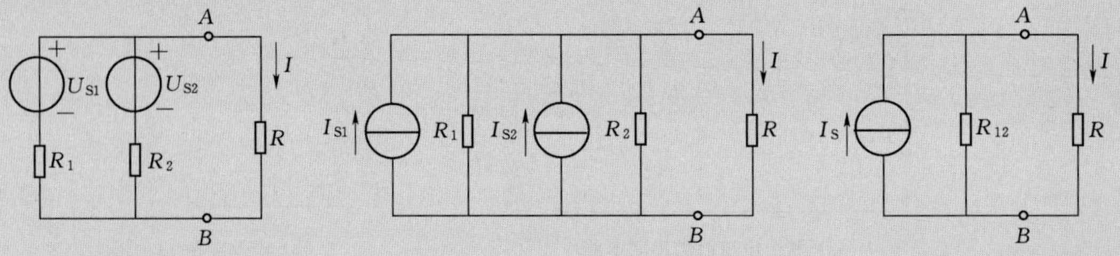

(a) primary circuit　(b) converting voltage sources into current sources　(c) combining two current sources

Fig. 2-4-13　for Example 2-4-3

Solution:

First two parallel voltage source branches in Fig. 2-4-13 (a) are converted into current source branches, the directions of the current source arrow are shown in Fig. 2-4-13 (b).

In Fig. 2-4-13 (b)

$$I_{S1}=\frac{U_{S1}}{R_1}=\frac{10}{1}=10(A)$$

$$I_{S2}=\frac{U_{S2}}{R_2}=\frac{6}{3}=2(A)$$

In Fig. 2-4-13 (b), two parallel current sources can be combined to form an equivalent current source I_S

$$I_S=I_{S1}+I_{S2}=10+2=12(A)$$

The equivalent resistance of R_1 and R_2 in parallel is

$$R_{12}=\frac{R_1R_2}{R_1+R_2}=\frac{1\times3}{1+3}=\frac{3}{4}(\Omega)$$

The circuit is simplified as shown in Fig. 2-4-13 (c).

For the current I in Fig. 2-4-13 (c), apply the current divider rule

$$I=\frac{R_{12}}{R_{12}+R}\times I_S=\frac{\frac{3}{4}}{\frac{3}{4}+6}\times12=\frac{4}{3}(A)$$

Hence

$$U_{AB}=RI=6\times\frac{4}{3}=8(V)$$

注：分流原理（the current divider rule）将在项目三任务一中介绍。

Practice and Thinking

2-4-1 In Fig. 2-4-14, find the powers of each power supply and state whether the power is absorbed or emitted.

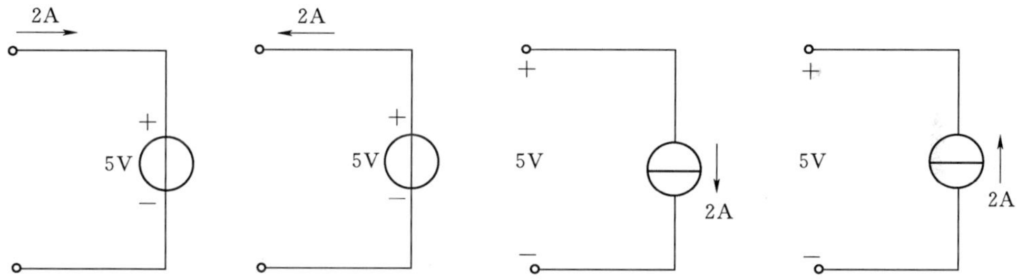

(a) situation one (b) situation two (c) situation three (d) situation four

Fig. 2-4-14 for Practice 2-4-1

2-4-2 As shown in Fig. 2-4-15.

(1) Find the open circuit voltage U_{OC} and the short circuit current I_{SC} of the voltage source shown.

(2) When the load is 18Ω, find the output voltage U, output current I and the load power P.

2-4-3 Given that the external characteristic curve of the power supply is shown in Fig. 2-4-16, find the circuit model of the power supply.

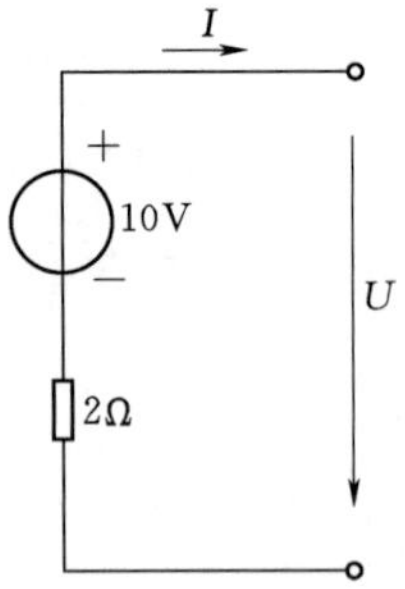

Fig. 2-4-15　for Practice 2-4-2

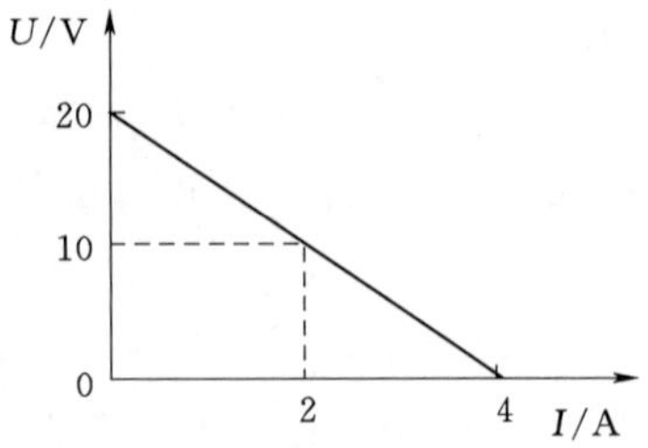

Fig. 2-4-16　for Practice 2-4-3

2-4-4　The circuit is shown in Fig. 2-4-17, find the power of the controlled source and determine the power property.

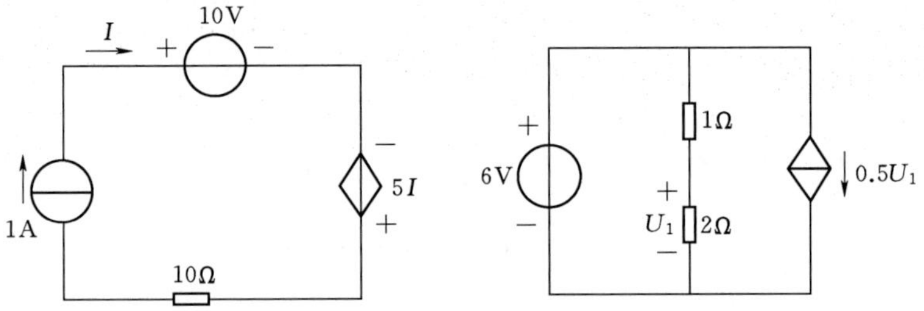

(a) situation one　(b) situation two

Fig. 2-4-17　for Practice 2-4-4

2-4-5　Simplify each one-port network shown in Fig. 2-4-18.

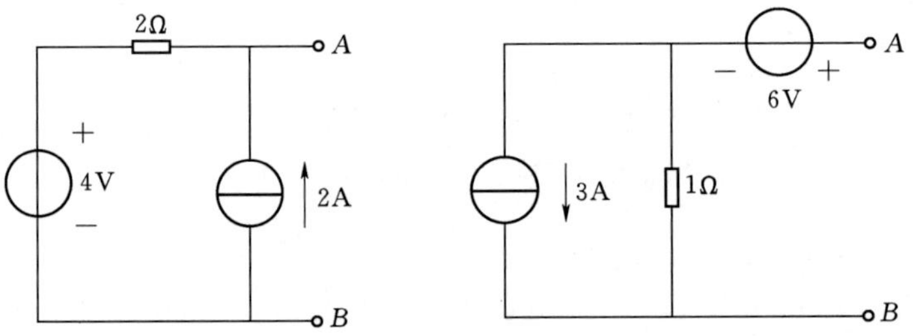

(a) situation one　(b) situation two

Fig. 2-4-18　for Practice 2-4-5

2-4-6　Find the equivalent circuits of each one-port network shown in Fig. 2-4-19.

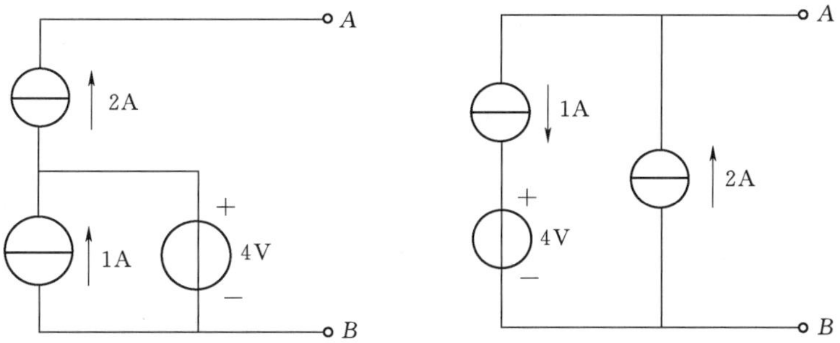

(a) situation one　　(b) situation two

Fig. 2 - 4 - 19　for Practice 2 - 4 - 6

Developing Reading

The Forerunner of Modern Electricity—Introduction of Ohm

Georg Simon Ohm (1787—1854), a German physicist, in1826 experimentally determined the most basic law relating voltage and current for a resistor.

Ohm was born in a poor family in Bavaria, Ohm threw himself into electrical research. Ohm's father was a skilled locksmith with a keen interest in philosophy and mathematics. Ohm studied mathematics under his father's education and received training in mechanical skills, which was of great help to his later research work, especially homemade instruments.

In 1805, Ohm entered the university of Ireland and was forced to drop out of school in 1806 because of his family's financial difficulties. By means of self - study, he returned to the university of Ireland in 1811 and received his doctorate in philosophy in 1813. In 1817, his textbook on geometry was published. In the same year, he was recruited to teach physics and mathematics at the pre - university of cologne. In the university's well - equipped laboratory, Ohm conducted a lot of experimental research and made a series of important inventions. He began studying electrical research since 1820.

Ohm's work was carried out under very difficult conditions. He was not only busy with teaching work, but also lack of books and instruments, so he can only use his spare time to design and make instruments by himself to carry out relevant experiments. In 1826, Ohm's greatest contribution was the discovery of an important law of electricity, Ohm's law. Ohm's law can be expressed in two forms: one is Ohm's law of a partial circuit. The current passing through a partial circuit is equal to the voltage at both ends of the circuit divided by the resistance of the circuit. The second is Ohm's law of the whole circuit, that is, the current passing through the closed circuit is equal to the electromotive force of the power source in the circuit, divided by the total resistance in the circuit.

The discovery of Ohm's law and its formula brings great convenience to the calculation of electricity. In his honor, the unit of resistance is named the ohm.

When his work was first published, it was ignored by the scientific community and attacked by someone. It was not until 1841, when the royal society awarded him the Copley Medal, that his work was generally recognized. The Copley prize was the highest honor in science at the time. In 1852, he was appointed professor at the university of Munich. In July 1854, Ohm died in Mannach, Germany.

The stupid forgive or nor forget; the naive forgive and forget; the wise forgive but do not forget.

—Thomas Szasz

项目三 简单直流电路的分析与应用

Project 3 Analysis and Testing of Simple DC Circuits

Project Objectives

1. Vocational Skills Objectives

After studying this project, you should be able to

(1) Apply the voltage divider rule of resistance series circuits to solve the circuits.

(2) Apply the current divider rule of resistance parallel circuits to solve the circuits.

(3) Simply a bridge circuit with Y -△ conversion formulas.

2. Vocational Knowledge Objectives

After studying this project, you should

(1) Grasp the characteristics of resistance series circuits.

(2) Grasp skillfully the voltage divider rule of resistance series circuits.

(3) Understand the applications of series circuits.

(4) Grasp the characteristics of resistance parallel circuits.

(5) Grasp skillfully the current divider rule of resistance parallel circuits.

(6) Understand the applications of parallel circuits.

(7) Grasp the calculation method of the equivalent resistance of resistance series - parallel circuits.

(8) Know the applications of resistance series - parallel circuits.

(9) Understand the equivalent transformations of Y -△ connected resistances.

3. Professional Quality Objectives

After studying this project, you should

(1) Cultivate professional habits of patience, meticulousness, standardized operation and safety production.

(2) Possess the ability of learning independently, integrating the theory with practice and expanding knowledge.

(3) Possess the team awareness, good communication and coordination skill.

任务一 串联电路的分析与应用

Task 1 Analysis and Applications of Series Circuits

一、电阻串联电路

(一) 电阻串联电路的特点

在电路中，若干个电阻依次联接、中间没有分支的联接方式，叫做电阻的串联（resistances in series)，如图 3-1-1 (a) 所示。

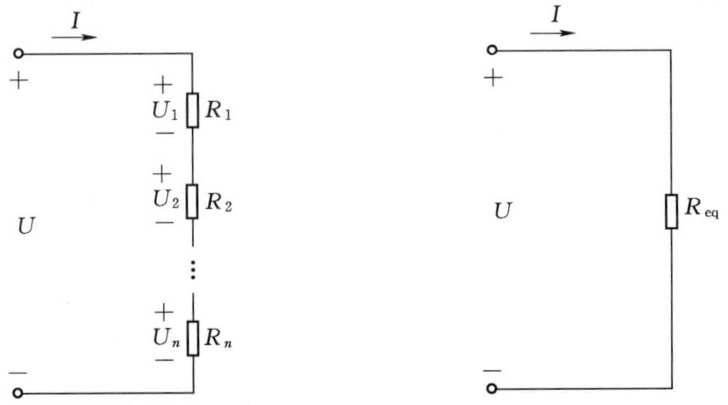

图 3-1-1 电阻的串联及其等效电路

根据欧姆定律和 KVL 定律，电阻串联电路的特点总结如下：

(1) 在电阻的串联电路中，流过各电阻的电流总是相等的，即

$$I=I_1=I_2=\cdots=I_n \tag{3-1-1}$$

(2) 电阻串联电路两端的总电压等于各电阻端电压之和，即

$$U=U_1+U_2+\cdots+U_n \tag{3-1-2}$$

(3) 电源供给的功率等于各个电阻上消耗的功率之和，即

$$P=UI=U_1I+U_2I+\cdots+U_nI=I^2R_1+I^2R_2+\cdots+I^2R_n \tag{3-1-3}$$

(二) 电阻串联电路的等效电阻

图 3-1-1 (a) 所示的电阻串联电路可等效为图 3-1-1 (b)，由图 3-1-1 (a)，得

$$U=U_1+U_2+\cdots+U_n=(R_1+R_2+\cdots+R_n)I$$

由图 3-1-1 (b)，得

$$U=R_{eq}I$$

所以等效电阻 (equivalent resistance) R_{eq}的计算式为

$$R_{eq}=R_1+R_2+\cdots+R_n=\sum_{i=1}^{n}R_i \tag{3-1-4}$$

二、分压原理

图 3-1-1 (a) 所示的电阻串联电路中，各电阻分配的电压与它们的阻值成正比。以第 j 个电阻为例，其分压公式（voltage divider formula）为

$$U_j=R_jI=\frac{R_j}{R_{eq}}U \tag{3-1-5}$$

式（3-1-5）说明，在串联电路中，当外加电压一定时，各电阻端电压的大小与它的电阻值成正比，电阻越大，电阻上的压降就越大，这叫作分压原理（voltage divider rule，VDR），式（3-1-5）叫作分压公式，而图 3-1-1（a）所示电路称为分压电路（voltage divider circuit）。在应用分压原理时，应注意各电压的参考方向。

若分压电路中只有两个电阻串联时，电路图如图 3-1-2 所示。可得

$$\left.\begin{aligned}R_{eq}&=R_1+R_2\\U_1&=\left(\frac{R_1}{R_1+R_2}\right)U\\U_2&=\left(\frac{R_2}{R_1+R_2}\right)U\end{aligned}\right\} \tag{3-1-6}$$

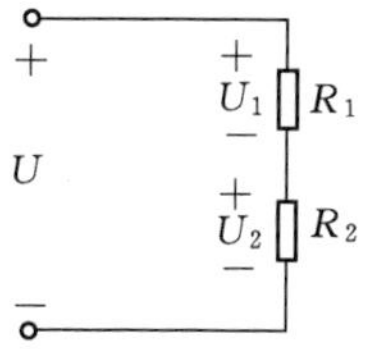

图 3-1-2　两电阻串联分压电路

[Example 3-1-1] In Fig. 3-1-2, given that $U=36$V, $R_1=4$kΩ, $R_2=5$kΩ. Find the U_1 and U_2.

Solution:

Because there are only two resistors, using the voltage divider formula (3-1-6), then

$$U_1=\left(\frac{R_1}{R_1+R_2}\right)U=\frac{4}{4+5}\times36=16(\text{V})$$

$$U_2=\left(\frac{R_2}{R_1+R_2}\right)U=\frac{5}{4+5}\times36=20(\text{V})$$

三、串联电压源

如图 3-1-3 (a) 所示是串联电压源电路，根据 KVL，可以得到其等效电压源，如图 3-1-3 (b) 所示。

$$-U_{AB}+U_{S1}+U_{S2}-U_{S3}=0$$

或

$$U_{AB}=U_{S1}+U_{S2}-U_{S3} \tag{3-1-7}$$

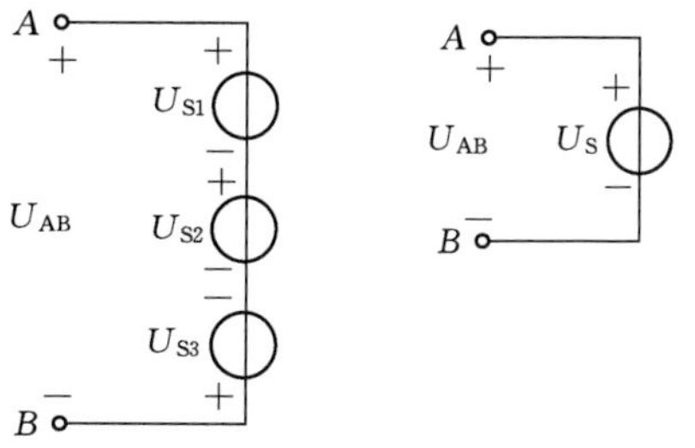

(a) 原始电路　　(b) 等效电路

图 3-1-3　串联电压源

$U_S=U_{AB}=U_{S1}+U_{S2}-U_{S3}$

图 3-1-3（a）中电压源 U_{S3} 是反向联接，对总电压 U_{AB} 产生反向作用。有些元件如二极管或发光二极管（LED）对电路的作用效果与电源反向联接类似。

四、串联电路的应用

电阻串联电路的应用很多。例如，为了扩大电压表的量程，就需要与电压表表头串联分压电阻 R_{fj}，如图 3-1-4 所示；当负载的额定电压低于电源电压时，可以通过串联一个电阻来分压；为了调节电路中的电流，通常可在电路中串联一个变阻器。

如图 3-1-5 所示的发光二极管（LED）电路中，电阻 R 的作用是限制流过二极管中的电流值，若电路中没有串联电阻 R，二极管将会因电流过大而被击穿。因此，限流电路也是串联电路的应用之一。

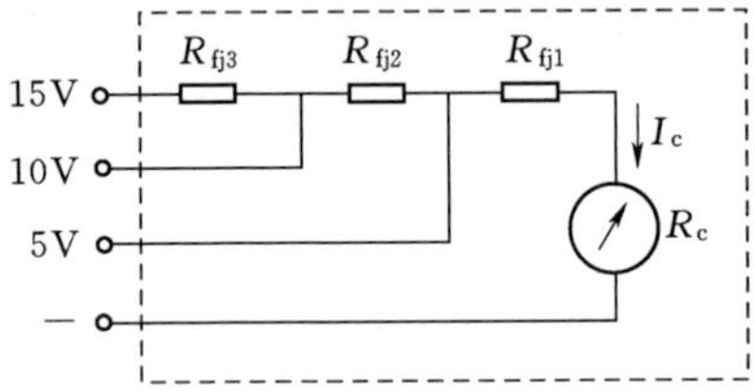

图 3-1-4 串联分压电阻扩大电压表量程

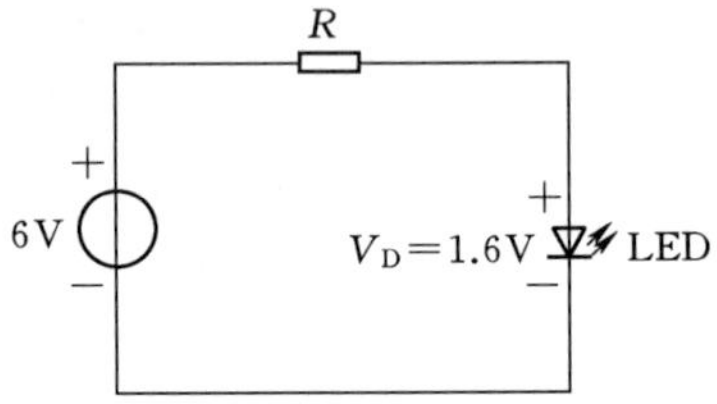

图 3-1-5 电阻串联限流电路

Practice and Thinking

3-1-1 In Fig. 3-1-6, given that $R_1=20\text{k}\Omega$, $R_2=30\text{k}\Omega$. Determine U_1 and U_2 using the voltage divider rule.

3-1-2 Two 110V electric lamps with rated power 30W and 60W are connected in series to a 110V voltage source as shown in Fig. 3-1-7. Determine:

(1) the current I through the electric lamps.

(2) the powers of each electric lamp P_{30} and P_{60} respectively.

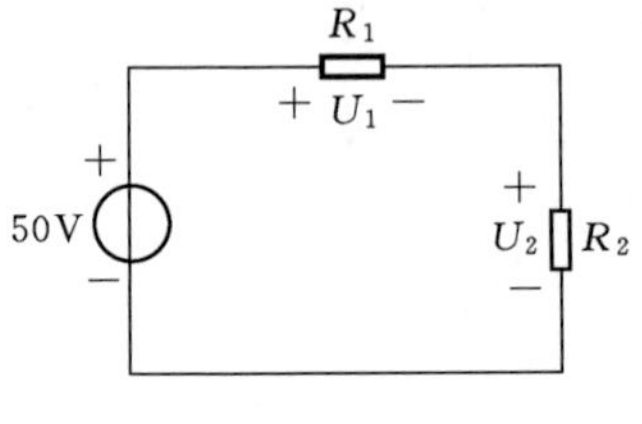

Fig. 3-1-6 for Practice 3-1-1

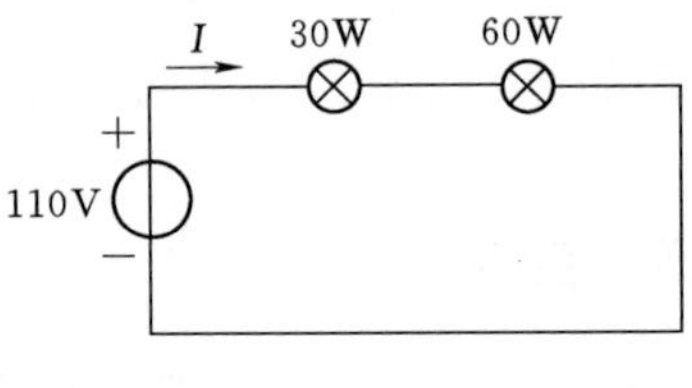

Fig. 3-1-7 for Practice 3-1-2

3-1-3 Fig. 3-1-8 represents a model of a photovoltaic solar panel. Given that $U_S=50\text{V}$, $R_1=30\Omega$ and $I=1\text{A}$, find R_L.

3-1-4 Determine the value of R in Fig. 3-1-9 which will limit the current flow to 2mA. Assume the LED drops 1.6V.

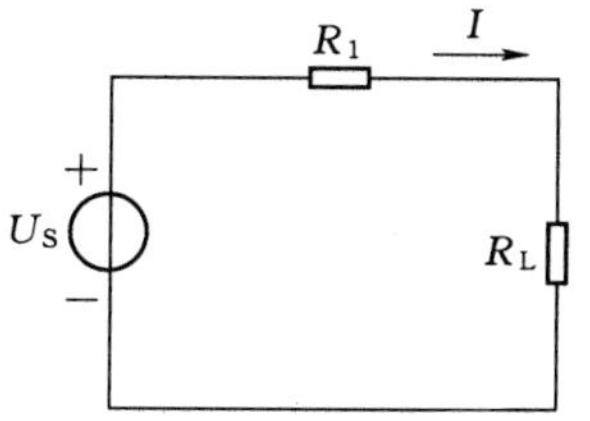

Fig. 3 - 1 - 8　for Practice 3 - 1 - 3

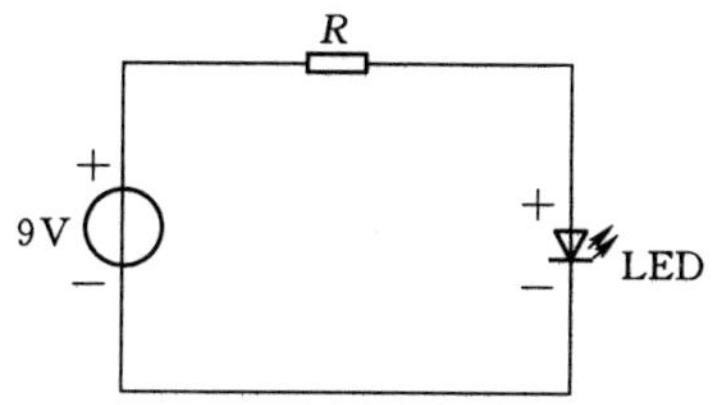

Fig. 3 - 1 - 9　for Practice 3 - 1 - 4

任务二　并联电路及混联电路的分析与应用

Task 2　Analysis and Applications of Parallel Circuits and Hybrid Circuits

一、电阻并联电路

（一）电阻并联电路的特点

在电路中，将若干个电阻进行并排联接，这样的联接方式叫做电阻的并联（resistances in parallel），如图 3 - 2 - 1（a）所示。

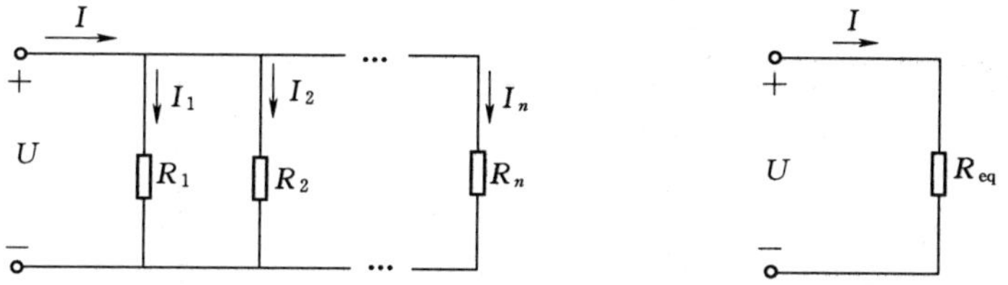

(a) 电阻并联电路　　(b) 等效电路

图 3 - 2 - 1　电阻的并联及其等效电路

根据欧姆定律和 KCL 定律，电阻并联电路的特点总结如下：

（1）在电阻的并联电路中，各电阻的端电压总是相等的，即

$$U=U_1=U_2=\cdots=U_n \tag{3-2-1}$$

（2）电阻并联电路的总电流等于各电阻上的电流之和，即

$$I=I_1+I_2+\cdots+I_n \tag{3-2-2}$$

（3）电源供给的功率等于各个电阻上消耗的功率之和，即

$$P=UI=UI_1+UI_2+\cdots+UI_n=\frac{U^2}{R_1}+\frac{U^2}{R_2}+\cdots+\frac{U^2}{R_n} \tag{3-2-3}$$

（二）电阻并联电路的等效电阻

图 3 - 2 - 1（a）所示的电阻并联电路，可等效为图 3 - 2 - 1（b）。其中等效电阻 R_{eq}

的计算式推导为

$$I=I_1+I_2+\cdots+I_n=\frac{U}{R_1}+\frac{U}{R_2}+\cdots+\frac{U}{R_n}$$

$$=U\left(\frac{1}{R_1}+\frac{1}{R_2}+\cdots+\frac{1}{R_n}\right)=\frac{U}{R_{eq}}$$

其中

$$\frac{1}{R_{eq}}=\frac{1}{R_1}+\frac{1}{R_2}+\cdots+\frac{1}{R_n}=\sum_{i=1}^{n}\frac{1}{R_i}$$

可见，电阻并联电路的等效电阻小于任何一个分电阻。

n 个电阻并联时的等效电阻，通常表示为 $R_{eq}=R_1/\!/R_2/\!/\cdots/\!/R_n$。

若以电导表示，并令

$$G_1=\frac{1}{R_1},G_2=\frac{1}{R_2},\cdots,G_n=\frac{1}{R_n}$$

则有

$$G_{eq}=G_1+G_2+\cdots+G_n=\sum_{i=1}^{n}G_i \tag{3-2-4}$$

式（3－2－4）表明，n 个电导并联时，其等效电导等于各电导之和。

二、分流电路

图 3－2－1（a）所示的电阻并联电路中，各电阻分配的电流与它们的阻值成反比。以第 j 个电阻为例，其分流公式（current divider formula）为

$$I_j=G_jU=\frac{G_j}{G_{eq}}I \tag{3-2-5}$$

若电阻并联电路中只有两个电阻时，电路图如图 3－2－2 所示，可得

$$\left.\begin{aligned} R_{eq}&=\frac{R_1R_2}{R_1+R_2}\\ I_1&=\frac{G_1}{G_1+G_2}I=\frac{R_2}{R_1+R_2}I\\ I_2&=\frac{G_2}{G_1+G_2}I=\frac{R_1}{R_1+R_2}I \end{aligned}\right\} \tag{3-2-6}$$

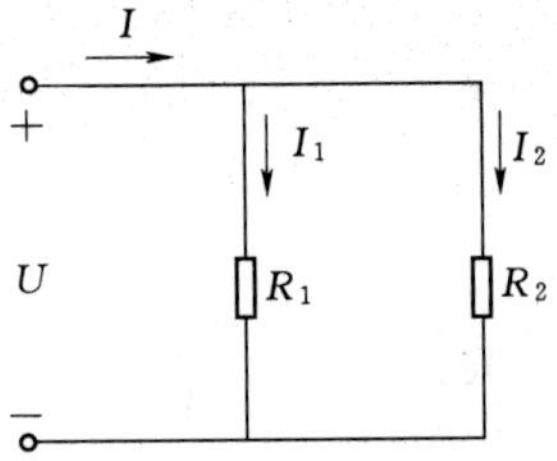

图 3－2－2 两电阻并联分流电路

式（3－2－6）说明总电流 I 被两条支路分流，且各支路电流与其阻值成反比，这个规律称为分流原理（current divider rule，CDR），图 3－2－2 所示电路称为分流电路（current divider circuit）。电阻较小的支路流过的电流较大，且有 $I=I_1+I_2$，满足 KCL。

并联电路分流作用的应用之一是扩大电流表量程。

[Example 3-2-1] As shown in Fig. 3-2-2, given that $I=50\text{mA}$, $R_1=10\text{k}\Omega$.

(1) Find R_2 such that the equivalent resistance is $8\text{k}\Omega$.

(2) Find the currents I_1 and I_2.

Solution:

Because two resistors are connected in parallel, assuming R is in $\text{k}\Omega$, then

$$8=\frac{10R_2}{10+R_2}$$

or

$$80+8R_2=10R_2$$

Solving for R_2

$$R_2=40\text{k}\Omega$$

Applying the current divider rule, then

$$I_1=\frac{R_2}{R_1+R_2}\times 50=\frac{40}{10+40}\times 50=40(\text{mA})$$

$$I_2=\frac{R_1}{R_1+R_2}\times 50=\frac{10}{10+40}\times 50=10(\text{mA})$$

三、电阻混联电路

电阻电路中既含有并联电阻，又含有串联电阻的电路称为电阻混联电路（resistances in series-parallel）。这一类电路可以用串联、并联公式化简，图 3-2-3 所示就是一个电阻混联电路。

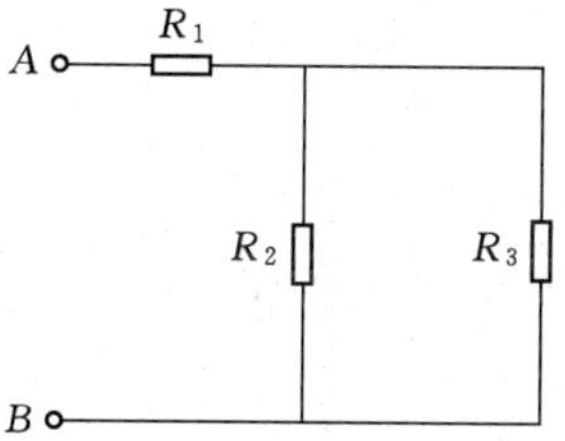

图 3-2-3 电阻混联电路

经过化简，可得其等效电阻为

$$R_{AB}=R_1+\frac{R_2R_3}{R_2+R_3}$$

在计算串联、并联及混联电路的等效电阻时，关键在于判别各电阻的串、并联关系，可从以下方面判别：

(1) 看电路的结构特点。若两电阻是首尾相联就是串联，是首首、尾尾相联就是并联。

(2) 看电压电流关系。若流经两电阻的电流是同一个电流，就是串联；若两电阻上承受的是同一个电压，就是并联。

(3) 对电路作变形等效。如左边的支路可以扭到右边，上面的支路可以翻到下面，弯曲的支路可以拉直等；对电路中的短路线可以任意压缩与伸长；对多点接地可以用短路线相联。

(4) 找出等电位点。对于具有对称特点的电路，若能判断某两点是等电位点，则根据电路等效的概念，一是可以用短接线把等电位点联起来；二是把联接等电位点的支路断开（因支路中无电流），从而得到电阻的串并联关系。

[**Example 3－2－2**] As shown in Fig. 3－2－4 (a). Determine the equivalent resistance R_{AB} between points A and B.

Solution:

In Fig. 3－2－4 (a), this can be simplified to the circuit shown in Fig. 3－2－4 (b). In this circuit, firstly 6Ω and 6Ω are in parallel, then it parallels with 7Ω, at last it parallels with 10Ω, hence the equivalent resistance is

$$R_{AB}=\frac{(3+7)\times 10}{(3+7)+10}=5(\Omega)$$

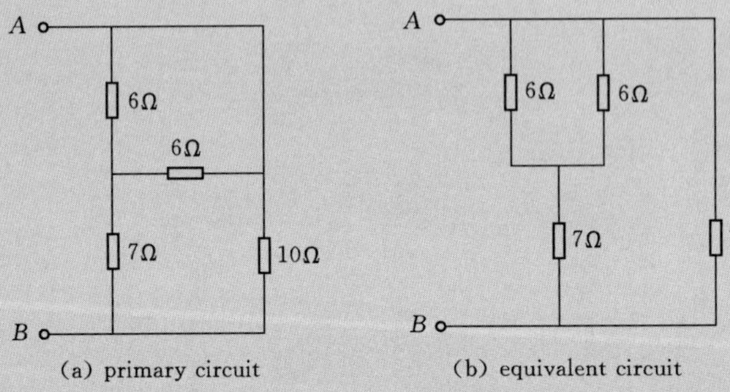

Fig. 3－2－4 for Example 3－2－2

[**Example 3－2－3**] A bridged circuit shown in Fig. 3－2－5 (a), if $I_5=0$A, $R_1=1\Omega$, $R_2=2\Omega$, $R_3=2\Omega$, $R_4=4\Omega$, $R_5=5\Omega$. Determine the equivalent resistance R_{AB} between points A and B.

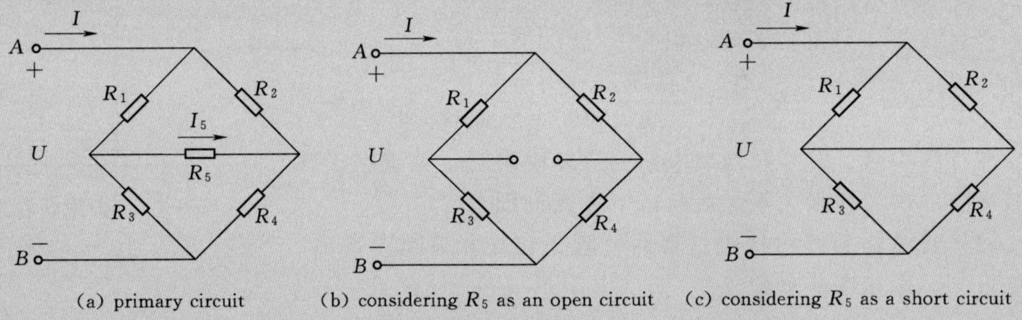

Fig. 3－2－5 for Example 3－2－3

Solution:

From the given $I_5=0$A, hence R_5 branch can be seen an open circuit, so the primary circuit is equivalent to Fig. 3－2－5 (b), from Fig. 3－2－5 (c), we can get

$$R_{AB}=\frac{(R_1+R_3)(R_2+R_4)}{R_1+R_2+R_3+R_4}=\frac{(1+2)(2+4)}{1+2+2+4}=2(\Omega)$$

Or, due to $I_5=0\text{A}$, hence the voltage across the resistance R_5 is also zero, showing both ends of R_5 are equal potential points, thinking of R_5 as a short circuit, so the primary circuit can be equivalent to Fig. 3-2-5 (b), from Fig. 3-2-5 (c), we can get

$$R_{AB}=\frac{R_1R_2}{R_1+R_2}+\frac{R_3R_4}{R_3+R_4}=\frac{1\times2}{1+2}+\frac{2\times4}{2+4}=2(\Omega)$$

Obviously, the results of two methods are same.

四、并联电路及混联电路的应用

并联电路有许多实际应用。例如居民住宅电气布线和汽车照明系统等。

居民住宅电气布线以国家电气规范（National Electrical Code，NEC）为依据，为防止电路出现问题，会采取如熔丝、接地和漏电保护器等防护措施，现代布线标准要求有单独接地线。在居民住宅电气布线中，所有的插座和灯都是并联连接的，如图 3-2-6 所示，图中 S_1 为漏电保护器，S_2、S_3、S_4 为空气断路器，每一个插座都接地。

并联电路的另一个普遍应用是汽车照明系统，其简化电路如图 3-2-7 所示。汽车照明系统是一个直流系统，由 12V 电池供电，所有灯都是并联，每一个灯都与电池、地或外壳连接，若一个灯烧坏了不会影响其他灯。

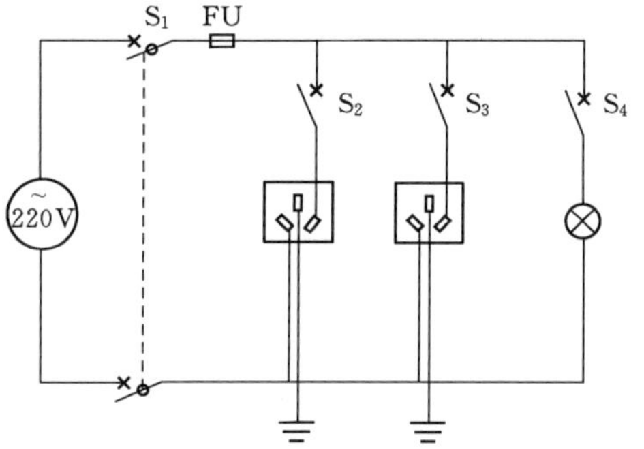

图 3-2-6　居民住宅布线示意图

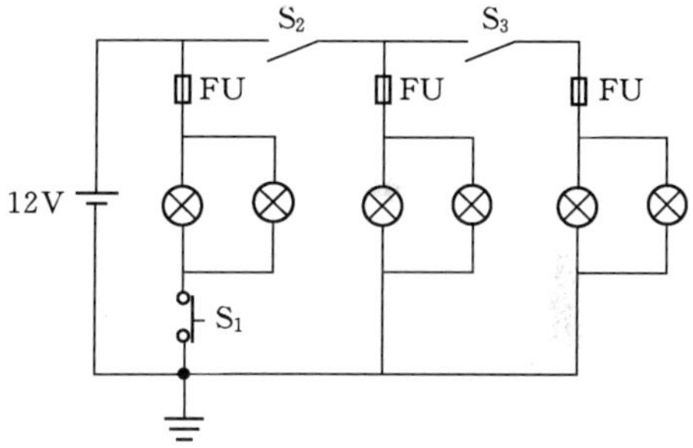

图 3-2-7　汽车照明系统的简化形式

串—并联电路的一个重要应用是惠斯通电桥（Wheatstone bridge）电路。惠斯通电桥是通过调节已知电阻使得测量电流为零，从而确定未知电阻值的电子电路，利用它可以更为精确地测量 1Ω～1MΩ 的中阻值电阻，其测量电阻的电路原理如图 3-2-8 所示。

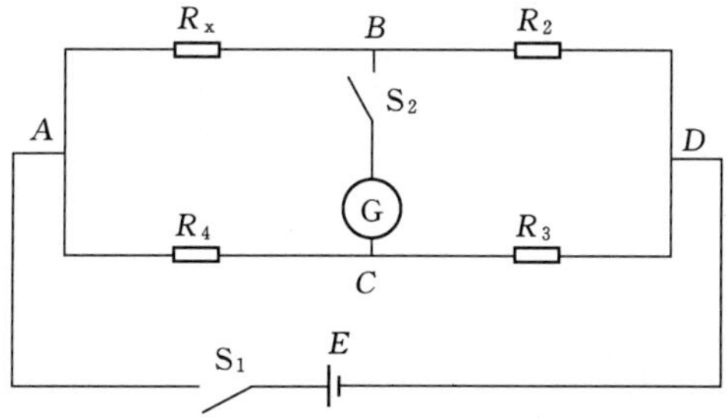

图 3-2-8　惠斯通电桥原理图

图 3-2-8 中包含有 4 个电阻，R_x 为待测电阻，是测量的对象；R_2、R_3 均为已知电阻；R_4 为已知的标准电阻，且具有较大的调节范围。开关 S_1 闭合后，电流从电源的正极出发，

在 A 点分流为两个部分，由左向右，分别经过 B 点和 C 点，在 D 点重新汇合，回到电源负极。整个电路的关键部分在于在 B 点和 C 点之间架了一个“桥”，检流计 G 用来指示“桥”上有没有电流。根据检流计指针的偏转情况，相应地调节电阻 R_4 的值，直到检流计指针指零，“桥”上的电流等于零，电桥处于平衡（balanced）状态。电桥平衡时，B 点和 C 点电位相等，因而 $U_{AB}=U_{AC}$。利用分压原理可得

$$U_{AB}=R_x\frac{E}{R_x+R_2}$$

$$U_{AC}=R_4\frac{E}{R_4+R_3}$$

所以有

$$R_x\frac{E}{R_x+R_2}=R_4\frac{E}{R_4+R_3}$$

简化后可以得到一个简明而重要的关系式

$$R_x=\frac{R_2}{R_3}R_4 \tag{3-2-7}$$

在电桥中常把 R_2 和 R_3 的比值 R_2/R_3 配成固定的比例称为比例臂（ratio arm）；R_4 是用来调节电桥以达到平衡状态的，称为比较臂（comparison arm）；R_x 是待测电阻，称为测量臂（measuring arm）。这样，整个电桥就是由 4 个桥臂和 1 个“桥”共同构成的。由以上讨论可以知道，单臂电桥是否处于平衡状态，取决于 4 个桥臂电阻的值，与电源电压没有关系，这说明电桥线路对电源稳定性的要求可以降低。

Practice and Thinking

3-2-1 Use the current divider rule to find the currents I_1 and I_2 in the circuit of Fig. 3-2-9.

3-2-2 As shown in Fig. 3-2-10, two 110V electric lamps with rated power 40W and 15W respectively are connected in parallel to a 110V DC power.

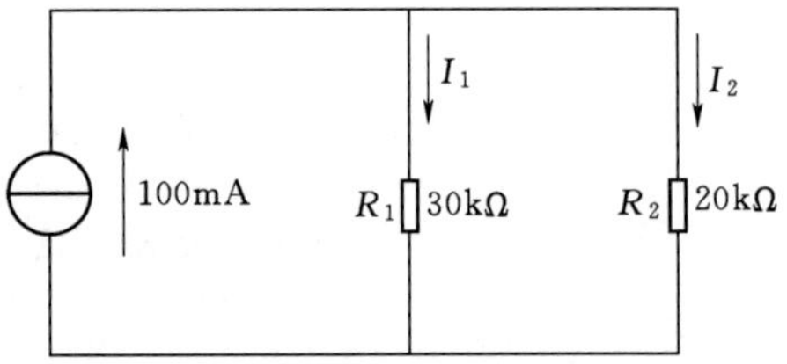

Fig. 3-2-9 for Practice 3-2-1

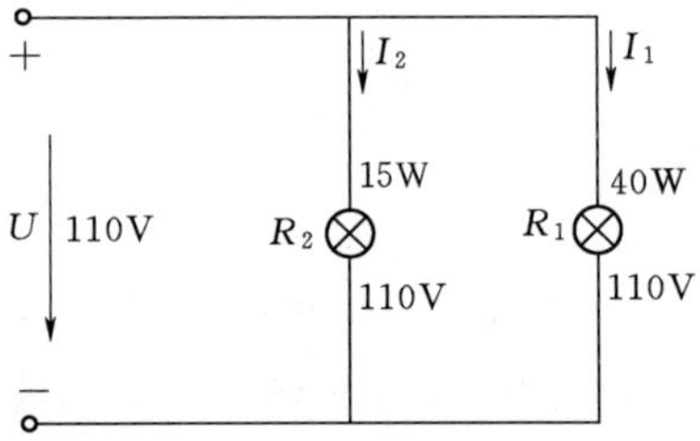

Fig. 3-2-10 for Practice 3-2-2

(1) Find the resistances of each bulb and their rated currents respectively.

(2) Can they be connected in series to a 220V DC power? Why?

3-2-3 In Fig. 3-2-11, determine the equivalent resistance R_{AB} between A and B.

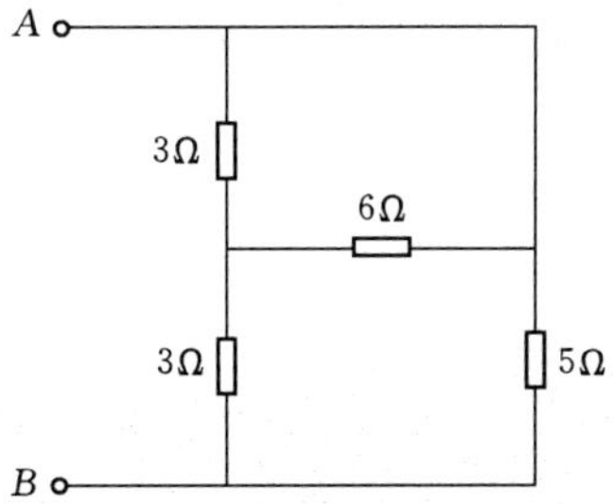

(a) situation one

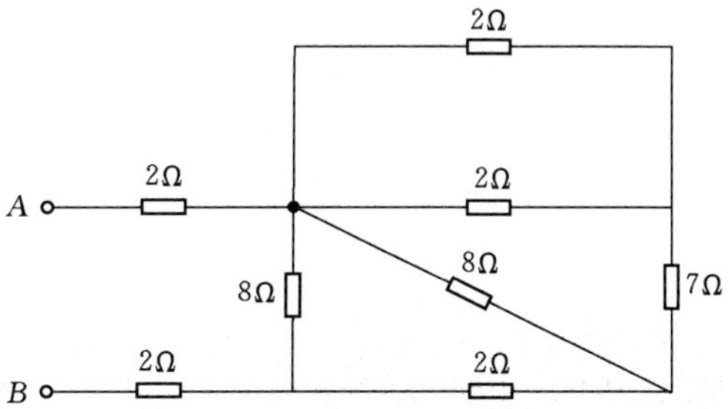

(b) situation two

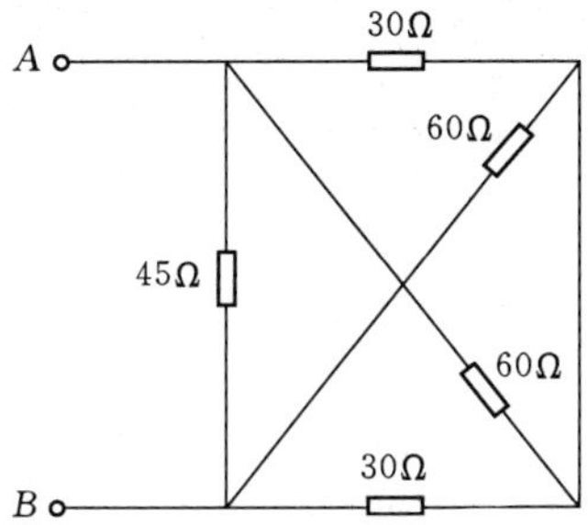

(c) situation three

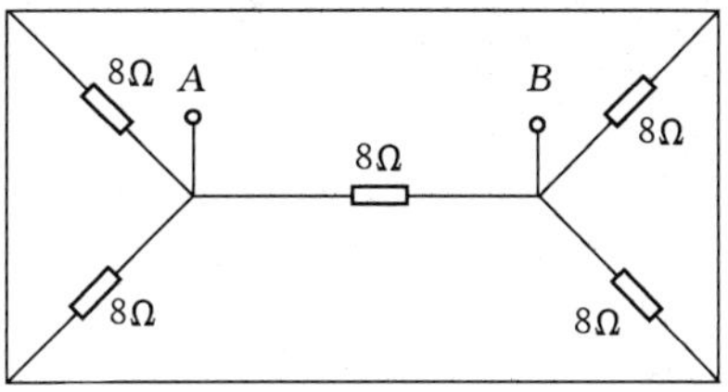

(d) situation four

Fig. 3-2-11 for Practice 3-2-3

任务三 电阻 Y 形联接和△形联接的等效变换

Task 3 Equivalent Transformation of Resistance Y and △ Connections

一、电阻的 Y 形联接和△形联接

在图 3-3-1 (a) 中，将 3 个电阻（R_1、R_2 和 R_3）的一端接在一起，如图中的 O 点，另一端分别与外电路的 3 个端点（3 个点的电位不相等）相联，如图中 1、2、3 点，这种联接方式称为星形联接（star connection）。图 3-3-1 (b) 所示是星形联接电路的另一种画法。星形联接又称为 Y 形联接（wye connection，Y-connected）或 T 形联接。

在图 3-3-2 (a) 中，将 3 个电阻（R_{12}、R_{23} 和 R_{31}）首尾相接，联接成一个三角形，这种联接方式称为三角形联接（delta connection）。图 3-3-2 (b) 所示电路是三角形联接的另一种画法。三角形联接又称为△形联接（△-connected）或 π 形联接。

电阻 Y 形联接与△形联接等效变换的条件是：对应端口电压、电流关系（VCR）相同，即对应端口的等效电阻相等。

Y 形联接电路如图 3-3-1 (a) 所示，△形联接电路如图 3-3-2 (a) 所示，根据等

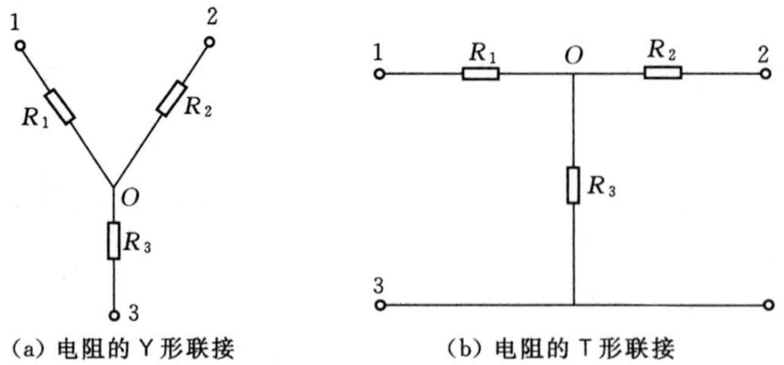

图 3-3-1　电阻的 Y 形联接电路的两种画法

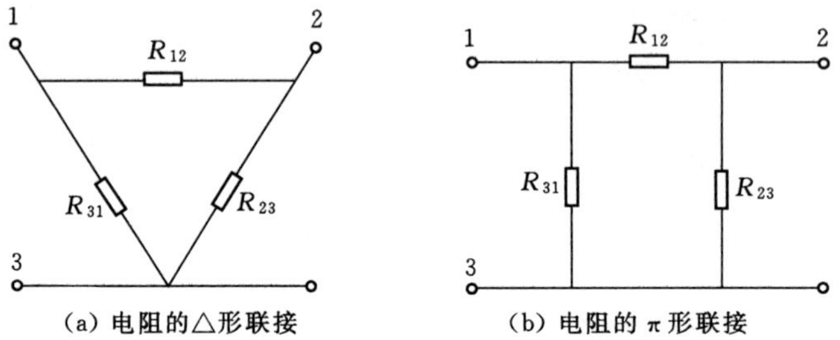

图 3-3-2　电阻△形联接电路的两种画法

效变换条件，则 Y 形联接的三个电阻与△形联接的三个电阻之间的关系为

$$\left.\begin{aligned} R_1+R_2&=\frac{R_{12}(R_{23}+R_{31})}{R_{12}+R_{23}+R_{31}}\\ R_3+R_1&=\frac{R_{31}(R_{12}+R_{23})}{R_{12}+R_{23}+R_{31}}\\ R_2+R_3&=\frac{R_{23}(R_{12}+R_{31})}{R_{12}+R_{23}+R_{31}} \end{aligned}\right\} \tag{3-3-1}$$

二、电阻的 Y 形联接和△形联接的等效变换

（一）△—Y 变换

将△形联接变换为 Y 形联接，就是已知△形联接的 3 个电阻 R_{12}、R_{23}、R_{31}，求等效变换成 Y 形联接时的各电阻 R_1、R_2、R_3。

将式（3-3-1）的 3 个式子联立并相加，再除以 2 得

$$R_1+R_2+R_3=\frac{R_{12}R_{23}+R_{23}R_{31}+R_{31}R_{12}}{R_{12}+R_{23}+R_{31}}$$

然后再将该式分别减去式（3-3-1）的 3 个式子的每一个，从而得到将△形联接变换为 Y 形联接的公式（delta to wye conversion formulas）为

$$\left.\begin{aligned}R_1&=\frac{R_{31}R_{12}}{R_{12}+R_{23}+R_{31}}\\R_2&=\frac{R_{12}R_{23}}{R_{12}+R_{23}+R_{31}}\\R_3&=\frac{R_{23}R_{31}}{R_{12}+R_{23}+R_{31}}\end{aligned}\right\}\tag{3-3-2}$$

为了便于记忆，可将式（3－3－2）的等效变换公式写为

$$\text{Y 形联接电阻}=\frac{\text{△形联接中相邻两电阻的乘积}}{\text{△形联接中的各电阻之和}}$$

若△形联接的 3 个电阻相等，出现 $R_{12}=R_{23}=R_{31}=R_{\triangle}$ 时，则有 $R_1=R_2=R_3=R_{Y}$，并有

$$R_{Y}=\frac{1}{3}R_{\triangle}\tag{3-3-3}$$

（二）Y—△变换

将 Y 形联接变换为△形联接，就是已知 Y 形联接的 3 个电阻 R_1、R_2、R_3，求等效变换成△形联接时的各电阻 R_{12}、R_{23}、R_{31}。

将式（3－3－2）3 个式子分别两两相乘，然后再相加可得

$$R_1R_2+R_2R_3+R_3R_1=\frac{R_{12}R_{23}R_{31}}{R_{12}+R_{23}+R_{31}}$$

再将该式分别除以式（3－3－2）3 个式子中的每一个，就得到将 Y 形联接变换为△形联接的公式（wye to delta conversion formulas）为

$$\left.\begin{aligned}R_{12}&=\frac{R_1R_2+R_2R_3+R_3R_1}{R_3}\\R_{23}&=\frac{R_1R_2+R_2R_3+R_3R_1}{R_1}\\R_{31}&=\frac{R_1R_2+R_2R_3+R_3R_1}{R_2}\end{aligned}\right\}\tag{3-3-4}$$

为了便于记忆，可将式（3－3－4）的等效变换公式写为

$$\text{△形联接电阻}=\frac{\text{Y 形联接中各电阻两两乘积之和}}{\text{Y 形联接中的对角端电阻}}$$

若 Y 形联接的 3 个电阻相等，出现 $R_1=R_2=R_3=R_{Y}$ 时，则有 $R_{12}=R_{23}=R_{31}=R_{\triangle}$，并有

$$R_{\triangle}=3R_{Y}\tag{3-3-5}$$

［**Example 3－3－1**］In Fig. 3－3－3（a），determine the resistance R_{AB} between A and B.

Solution:

Convert the Y－connected resistances composing of three 1Ω to an equivalent △－connected resistances，according the formula $R_{\triangle}=3R_{Y}$，we can get Fig. 3－3－3（b）. Then all branches of two △－connected resistances are in parallel，we can get Fig. 3－3－3（c），hence

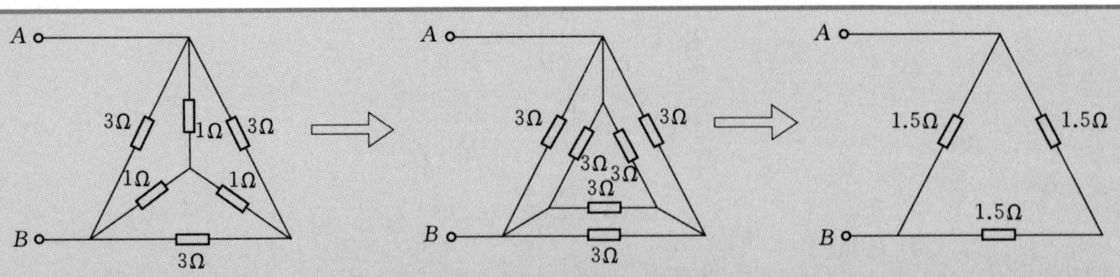

(a) primary circuit (b) after converting Y to △ (c) equivalent circuit

Fig. 3-3-3 for Example 3-3-1

$$R_{AB}=\frac{3\times1.5}{3+1.5}=1(\Omega)$$

Practice and Thinking

3-3-1 Convert the Y-connected resistances in Fig. 3-3-4 (a) and Fig. 3-3-4 (b) to an equivalent △-connected resistances; convert the △-connected resistances in Fig. 3-3-4 (c) and Fig. 3-3-4 (d) to an equivalent Y-connected resistances.

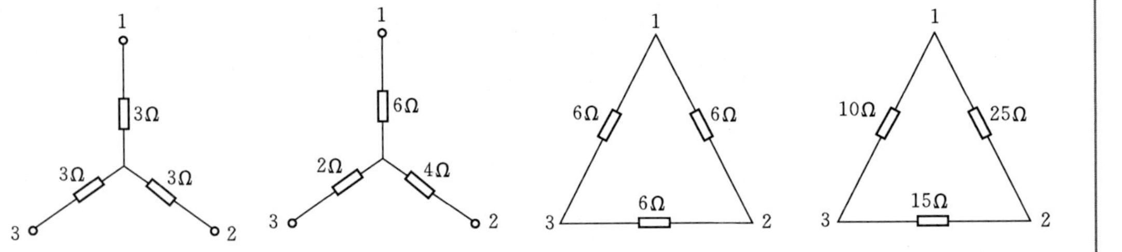

(a) situation one (b) situation two (c) situation three (d) situation four

Fig. 3-3-4 for Practice 3-3-1

3-3-2 Determine the resistances R_{AB} between A and B in Fig. 3-3-5 respectively.

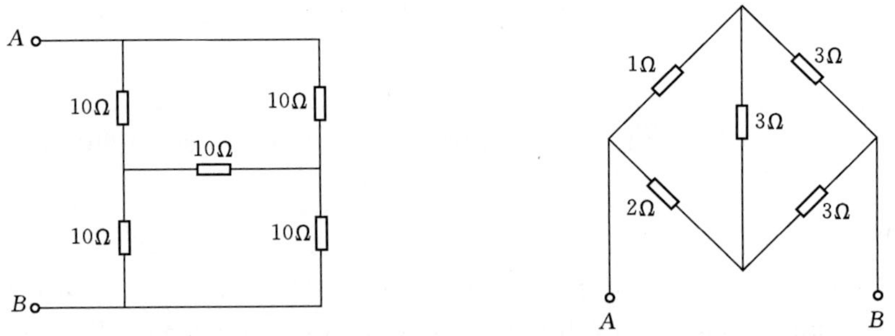

(a) situation one (b) situation two

Fig. 3-3-5 for Practice 3-3-2

Developing Reading

Circuits solver—Introduction of Kirchhoff

Gustav Robert Kirchhoff (1824—1887), was a German physicist, who contributed to the fundamental understanding of electrical circuits, spectroscopy, and the emission of blackbody radiation by heated objects.

Kirchhoff was born on March 12, 1824, in Konigsberg, east Prussia, to a lawyer's family and died in Berlin on October 17, 1887. In 1847, he proposed two circuit laws of the relationship between current, voltage and resistance in the stable circuit network, namely the famous Kirchhoff law of current (KCL) and Kirchhoff law of voltage (KVL), which find the problems in electrical design. Kirchhoff's law and Ohm's law form the basis of circuit analysis theory. Kirchhoff is known as the circuit solver.

Kirchhoff studied physics at the university of Konigsberg. After graduating in 1847, he taught at the university of Berlin. In 1854, he was recommended as professor of Heidelberg university by R. W. E. Bunsen. Kirchhoff also studied the flow and distribution of electricity in the circuit, and thus clarified the consistency of the dimensions and units of the two physical quantities, namely the potential difference between two points in the circuit and the electromotive force of electrostatics, which makes Kirchhoff's circuit law have a broader significance. Working with the German chemist Robert Bunsen on spectroscopy, Kirchhoff discovered elements cesium (1860) and rubidium (1861). Kirchhoff was also credited with the Kirchhoff's Laws of radiation. Thus, Kirchhoff is famous among engineers, chemists and physicists.

A wise man makes his own decisions, an ignorant man follows the public opinion.

——**Chinese Proverb**

项目四 复杂直流电路的分析与测试

Project 4 Analysis and Testing of Complex DC Circuits

Project Objectives

1. Vocational Skills Objectives

After studying this project, you should be able to

(1) Apply Kirchhoff's laws to analyze and solve various complex DC resistance circuits.

(2) Apply Millman's theorem to find the common voltage across any number of parallel branches.

(3) Apply the superposition theorem to find the voltage across two points in a circuit containing more than one power source.

(4) Apply Thevenin's theorem and Norton's theorem in solving for a branch current.

(5) Determine the Thevenin and Norton equivalent circuits with respect to any active two-terminal network.

(6) Verify the superposition theorem and Thevenin's theorem by experimental methods.

2. Vocational Knowledge Objectives

After studying this project, you should

(1) Grasp skillfully branch current analysis, grasp node potential analysis and Millman's theorem, understand the similarities and differences between node potential analysis and mesh current analysis.

(2) Deeply understand the contents of the superposition theorem, Thevenin's theorem and the maximum power transfer theorem respectively.

3. Professional Quality Objectives

After studying this project, you should

(1) Cultivate professional habits of patience, meticulousness, standardized

operation and safety production.

(2) Possess the ability of learning independently, integrating the theory with practice and expanding knowledge.

(3) Possess the team awareness, good communication and coordination skill.

任务一　用基尔霍夫定律分析求解复杂直流电路

Task 1　Applying Kirchhoff's Laws to Analyze and Solve the Complex DC Circuits

简单直流电路指只有一个回路而没有分支的电路，或者虽有分支，但所包含的电路元件可用串联、并联方法将电路化简为无分支的电路。采用欧姆定律进行分析计算简单电路即可。

复杂直流电路是不能用串联、并联方法将电路化简为无分支的电路。欧姆定律和基尔霍夫定律是分析计算复杂直流电路的重要方法之一。

一、支路电流法

支路电流法（branch current analysis）是分析电路最基本的方法，这种方法是以支路电流（branch current）为未知量，直接应用基尔霍夫电流定律（KCL）和基尔霍夫电压定律（KVL）分别对结点和回路列出所需要的结点电流方程及回路电压方程，然后联立求解，得出各支路的电流值。

下面以图 4-1-1 电路为例说明支路电流法。

图 4-1-1 中的电路共有 3 条支路、2 个结点和 3 个回路。已知各电源电压值和各电阻的阻值，求解 3 个未知支路的电流 I_1、I_2 和 I_3，需要列 3 个独立方程联立求解。所谓独立方程是指该方程不能通过已经列出的方程线性变换而来。

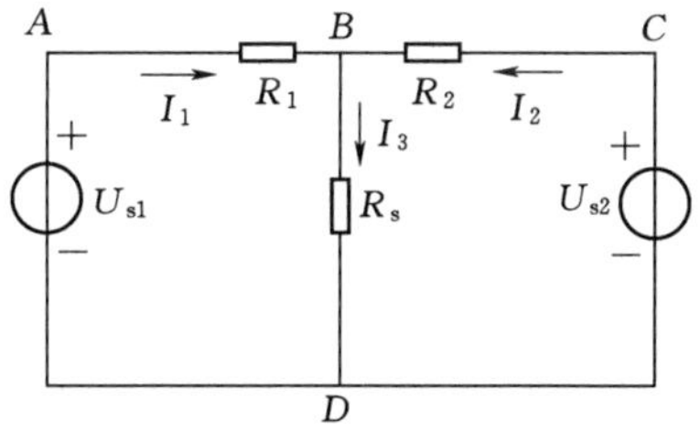

图 4-1-1　支路电流法示例

列方程时，必须先在电路图上选定各支路电流的参考方向，并标明在电路图上，根据 KCL，列出结点 B 和 D 的电流方程分别为

$$-I_1-I_2+I_3=0 \tag{4-1-1}$$

$$I_1+I_2-I_3=0 \tag{4-1-2}$$

显然，式（4-1-1）和式（4-1-2）实际相同，所以只有 1 个方程是独立的，可见 2 个结点只能列 1 个独立的电流方程。

可以证明：若电路中有 n 个结点，则应用 KCL 只能列出（$n-1$）个独立的结点电流方程。

其次，选定回路绕行方向，一般选顺时针方向，并标明在电路图上。根据 KVL，列出各回路的电压方程。

对回路 $ABDA$，可列出

$$R_1I_1+R_3I_3-U_{S1}=0 \tag{4-1-3}$$

对回路 $BCDB$，可列出

$$-R_2I_2+U_{S2}-R_3I_3=0 \tag{4-1-4}$$

对回路 $ABCDA$，可列出

$$R_1I_1-R_2I_2+U_{S2}-U_{S1}=0 \tag{4-1-5}$$

从式（4-1-3）～式（4-1-5）可以看出，这三个方程中任何一个方程都可以从其他两个方程中导出，所以只有两个方程是独立的。这正好是求解三个未知电流所需要的其余方程的数目。

同样可以证明，对于 m 个网孔的平面电路，必含有 m 个独立的回路，且 $m=b-(n-1)$。网孔是最容易选择的独立回路。

总之，对于具有 b 条支路、n 个结点、m 个网孔的电路，应用 KCL 可以列出（$n-1$）个独立结点（independent node）的电流方程，应用 KVL 可以列出 m 个网孔电压（mesh voltage）方程，而独立方程（independent equation）总数为（$n-1$）$+m$，恰好等于支路数 b，所以方程组有唯一解。如图 4-1-1 所示，可以联立式（4-1-1）、式（4-1-3）及式（4-1-4），有

$$\left.\begin{aligned}&-I_1-I_2+I_3=0\\&R_1I_1+R_3I_3-U_{S1}=0\\&-R_2I_2+U_{S2}-R_3I_3=0\end{aligned}\right\}$$

解方程组就可以求得 I_1、I_2 和 I_3。

支路电流法的一般步骤如下：

（1）选定支路电流的参考方向，标明在电路图上，b 条支路共有 b 个未知变量。

（2）根据 KCL 列出结点电流方程，n 个结点可列（$n-1$）个独立方程。

（3）选定网孔绕行方向，标明在电路图上，根据 KVL 列出网孔电压方程，网孔数就等于独立回路数，所以可列 m 个独立电压方程。

（4）联立求解上述 b 个独立方程，求得各支路电流。

二、结点电位法及弥尔曼定理

（一）结点电位法

图 4-1-2 电路中有三个结点 A、B 和 C。假设 C 点为参考结点，则 $V_C=0$，A、B 点的电位就称为结点电位（node potential），用 V_A、V_B 表示。

[**Example 4-1-1**] In the circuit shown in Fig. 4-1-1, given that $U_{S1}=14V$, $R_1=2\Omega$, $R_2=3\Omega$, $R_3=8\Omega$, $U_{S2}=2V$. Use branch current analysis to find each branch current I_1, I_2 and I_3 respectively.

Solution:

The reference directions of each branch current I_1, I_2 and I_3 are selected and marked as shown in Fig. 4-1-1. Applying KCL to node A, then

$$-I_1-I_2+I_3=0$$

Going clockwise, applying KVL to two meshes respectively, then

$$2I_1+8I_3-14=0, -3I_2+2-8I_3=0$$

From above three simultaneous equations, solving for them, then

$$I_1=3(A), I_2=-2(A), I_3=1(A)$$

结点电位法（node potential analysis）是以结点电位为未知量，将各支路电流用结点电位表示，根据KCL定律列出独立结点的电流方程，联立方程解出结点电位，再根据结点电位与各支路电流关系求得各支路电流的方法。

该方法适宜在结点数较少，而支路数较多的电路中应用。

1. 各支路电流与结点电位的关系

设各支路电流的参考方向如图4-1-2所示，根据欧姆定律列出无源支路电流的关系式为

$$I_3=\frac{V_A}{R_3}=V_AG_3$$

$$I_5=\frac{V_B}{R_5}=V_BG_5$$

由KVL定律列出含源支路电流的关系式为

$$I_2=\frac{V_A-V_B-U_{S2}}{R_2}=(V_A-V_B-U_{S2})G_2$$

$$I_4=\frac{V_B-U_{S4}}{R_4}=(V_B-U_{S4})G_4$$

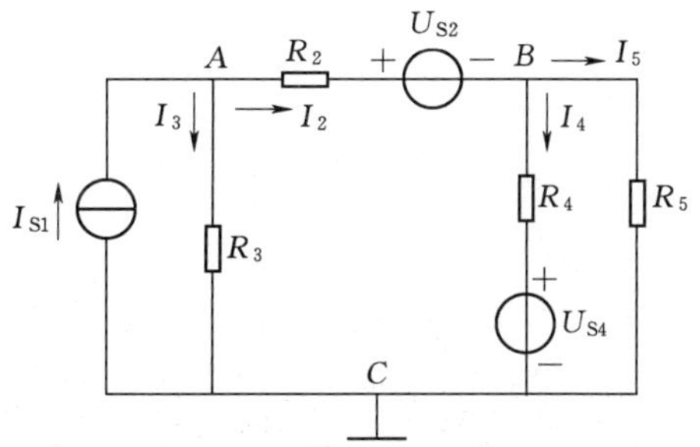

图4-1-2　三个结点的电路

2. 结点电位法

由KCL定律列出结点A、B的结点电流方程，即

结点A　　$I_2+I_3=I_{S1}$

结点B　　$I_4+I_5-I_2=0$

将支路电流代入结点电流方程，经整理后有

$$\left.\begin{aligned}(G_2+G_3)V_A-G_2V_B&=I_{S1}+U_{S2}G_2\\-G_2V_A+(G_2+G_4+G_5)V_B&=U_{S4}G_4-U_{S2}G_2\end{aligned}\right\}$$

将结点电流方程写成一般式，即

$$\left.\begin{array}{l}G_{AA}V_A+G_{AB}V_B=I_{SA}\\G_{BA}V_A+G_{BB}V_B=I_{SB}\end{array}\right\} \quad (4-1-6)$$

式（4-1-6）是具有两个独立结点的结点电流方程的一般形式，有如下规律：

（1）G_{AA}、G_{BB}分别称为结点 A、B 的自电导（self-conductance），$G_{AA}=G_2+G_3$，$G_{BB}=G_2+G_4+G_5$，其数值等于各独立结点所连接的各支路的电导之和，它们总取正值。

（2）G_{AB}、G_{BA}称为结点 A、B 的互电导（mutual conductance），$G_{AB}=G_{BA}=-G_2$，其数值等于 A、B 两点间的各支路电导之和，它们总取负值。

（3）I_{SA}、I_{SB}分别称为流入结点 A、B 的所有电流源的代数和（algebraic sum of current sources），若是电压源与电阻串联支路，则看成是已变换了的电流源与电导相并联的支路。当电流源的电流方向指向相应结点时取"+"，反之，则取"−"。

3. 解题步骤

（1）选定参考结点 O，用"⊥"符号表示，并以独立结点的结点电位作为电路变量。

（2）根据式（4-1-6）列出结点电流方程。

（3）联立并求解方程组，求出各结点电位。

（4）根据欧姆定律和 KVL 定律，求出各支路电流。

［**Example 4-1-2**］ The circuit shown in Fig. 4-1-3, each conductance in the circuit all is 1S, $I_{S2}=5A$, $U_{S4}=10V$, find V_A, V_B and each branch current respectively.

Solution:

The circuit has three nodes, node C is used for the reference point, the potentials of independent node are respectively set V_A and V_B, according to the formula (4-1-6), the node current equations are written as

$$\left.\begin{array}{l}(G_1+G_3)V_A-G_3V_B=I_{S2}\\G_3V_A+(G_3+G_4+G_5)V_B=G_4U_{S4}\end{array}\right\}$$

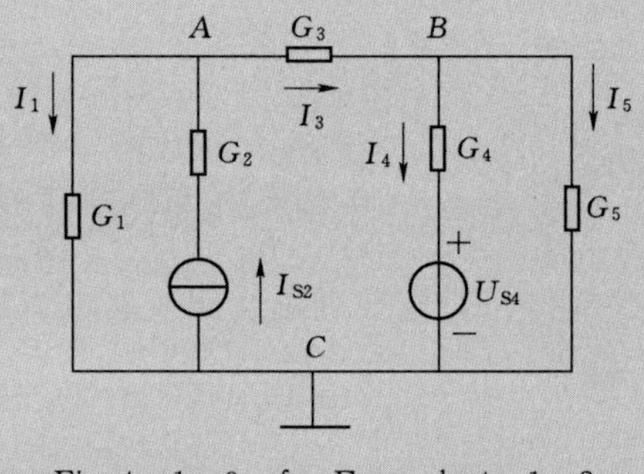

Fig. 4-1-3 for Example 4-1-2

Resistance in series with the current source does not work, not included in the equations. substituting the data into equations, then

$$\left.\begin{array}{l}2V_A-V_B=5\\-V_A+3V_B=10\end{array}\right\}$$

So

$$V_A=5(V), V_B=5(V)$$

Then

$$I_1=V_AG_1=5\times1=5(A)$$
$$I_3=(V_A-V_B)G_3=(5-5)\times1=0(A)$$
$$I_4=(V_B-U_{S4})G_4=(5-10)\times1=-5(A)$$
$$I_5=V_BG_5=5\times1=5(A)$$

（二）弥尔曼定理

图 4－1－4 是仅含有两个结点（A、O）的电路，用结点电位法时，因为只有一个独立结点，所以只需列一个方程，即

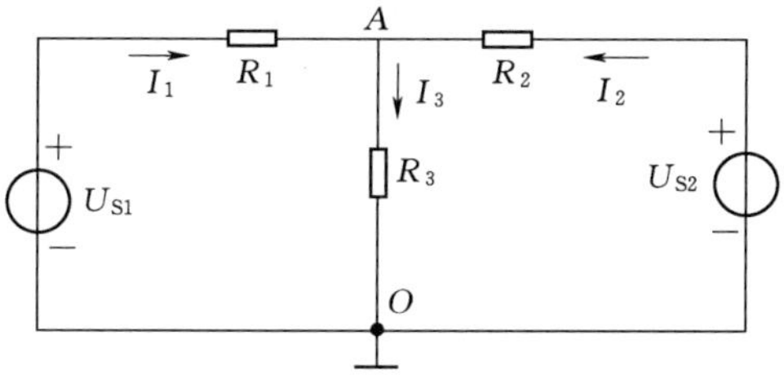

图 4－1－4 弥尔曼定理图例

$$\left(\frac{1}{R_1}+\frac{1}{R_3}+\frac{1}{R_2}\right)V_A=\frac{U_{S1}}{R_1}+\frac{U_{S2}}{R_2}$$

$$U_{AO}=V_A=\frac{\dfrac{U_{S1}}{R_1}+\dfrac{U_{S2}}{R_2}}{\dfrac{1}{R_1}+\dfrac{1}{R_3}+\dfrac{1}{R_2}}$$

推广到一般情况，则有

$$U_{AO}=\frac{\sum_{j=1}^{n_1}U_{Sj}G_j}{\sum_{k=1}^{n_2}G_k}=\frac{\sum_{j=1}^{n_1}I_{Sj}}{\sum_{k=1}^{n_2}G_k} \tag{4-1-7}$$

式中 n_1——电流源的个数；

n_2——并联电阻的个数；

I_{Sj}——流入正极性结点的电流为“＋”。

式（4－1－7）称为弥尔曼定理（Millman's theorem）。

［**Example 4－1－3**］ The circuit in Fig. 4－1－5, applying Millman's theorem to find each branch current I_1, I_2 and I_3 respectively.

Solution:

Assuming the reference directions of each branch current are shown in Fig. 4－1－5, applying Millman's theorem, then

$$V_A=\frac{\dfrac{5}{2}+\dfrac{4}{10}-\dfrac{8}{10}}{\dfrac{1}{2}+\dfrac{1}{10}+\dfrac{1}{10}}=3(\text{V})$$

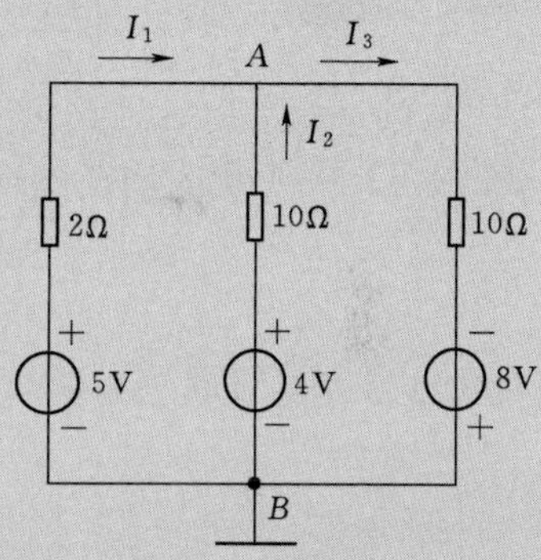

Fig. 4－1－5 for Example 4－1－3

Applying KVL and Ohm's law

$$I_1=\frac{5-V_A}{2}=\frac{5-3}{2}=1(\text{A})$$

$$I_2=\frac{4-V_A}{10}=\frac{4-3}{10}=0.1(\text{A})$$

$$I_3=\frac{V_A+8}{10}=\frac{3+8}{10}=1.1(\text{A})$$

From above example, we can get: For a circuit with only two nodes (single－node dual circuit), it is simpler by Millman's theorem.

三、网孔电流法

1. 原理

网孔电流法（mesh current analysis）也是分析电路的基本方法。这种方法是以假想的网孔电流（mesh current）为未知量，应用 KVL 列出网孔电压方程，联立方程求得各网孔电流，再根据网孔电流与支路电流的关系式，求得各支路电流。

现以图 4－1－6 所示电路为例来说明网孔电流法。

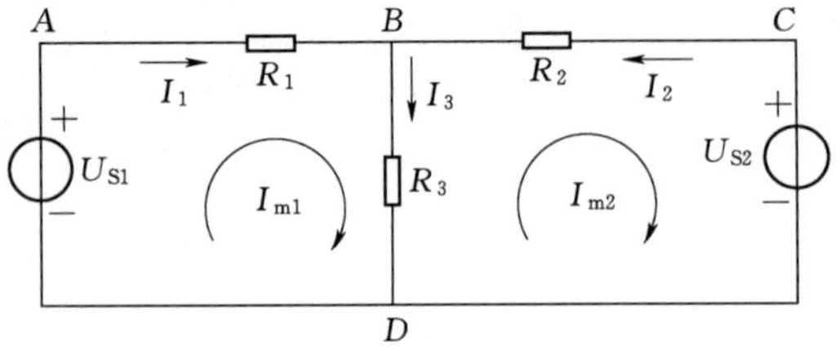

图 4－1－6　网孔电流法示例

为了求得各支路电流，先选择一组独立回路，这里选择的是 2 个网孔。假想每个网孔中，都有一个网孔电流沿着网孔的边界流动，如 I_{m1}、I_{m2}，需要指出的是，I_{m1}、I_{m2}是假想的电流，电路中实际存在的电流仍是支路电流 I_1、I_2 和 I_3。从图 4－1－6 中可以看出 2 个网孔电流与 3 个支路电流之间存在的关系式为

$$\left.\begin{aligned} I_1 &= I_{m1} \\ I_2 &= -I_{m2} \\ I_3 &= I_{m1} - I_{m2} \end{aligned}\right\} \tag{4-1-8}$$

图 4－1－6 所示电路中，选取网孔绕行方向与网孔电流参考方向一致，根据 KVL 可列网孔电压方程，即

$$\left.\begin{aligned} R_1 I_1 + R_3 I_3 - U_{S1} = 0 \\ -R_2 I_2 + U_{S2} - R_3 I_3 = 0 \end{aligned}\right\}$$

将式（4－1－8）代入网孔电压方程，整理得

$$\left.\begin{aligned} (R_1 + R_3) I_{m1} - R_3 I_{m2} = U_{S1} \\ -R_3 I_{m1} + (R_2 + R_3) I_{m2} = -U_{S2} \end{aligned}\right\}$$

将网孔电压方程写成一般形式

$$\left.\begin{aligned} R_{11} I_{m1} + R_{12} I_{m2} = U_{S11} \\ R_{21} I_{m1} + R_{22} I_{m2} = U_{S22} \end{aligned}\right\} \tag{4-1-9}$$

式（4－1－9）是具有 2 个网孔电路的网孔电压方程一般形式，有如下规律：

（1）R_{11}、R_{22}分别称为网孔 1、2 的自电阻（self－resistance），其值等于各网孔中所有支路的电阻之和，它们总取正值，$R_{11}=R_1+R_3$，$R_{22}=R_2+R_3$。

（2）R_{12}、R_{21}称为网孔 1、2 之间的互电阻（mutual resistance），$R_{12}=-R_3$，$R_{21}=-R_3$，可以看出，$R_{12}=R_{21}$，其绝对值等于这两个网孔的公共支路的电阻。当两个网孔电流流过公共支路的参考方向相同时，互电阻取“＋”，否则取“－”。

（3）U_{S11}、U_{S22}分别称为网孔 1、2 中所有电压源的代数和（algebraic sum of voltage sources），$U_{S11}=U_{S1}$，$U_{S22}=-U_{S2}$。当电压源电压的参考方向与网孔电流方向一致时取“－”，否则取“＋”。

式（4－1－9）可以推广到多网孔电路。

2. 解题步骤

根据以上分析，可归纳网孔电流法的一般步骤如下：

（1）选定网孔电流的参考方向，标明在电路图上，并以此方向作为网孔的绕行方向。m 个网孔就有 m 个网孔电流。

（2）根据式（4－1－9）列出网孔电压方程。

（3）联立并求解方程组，求出网孔电流。

（4）根据支路电流与网孔电流的关系，求出各支路电流。

[**Example 4－1－4**] In Fig. 4－1－6, given that $U_{S1}=10V$, $R_1=1k\Omega$, $R_2=1.5k\Omega$, $R_3=1k\Omega$, $U_{S2}=15V$. Use mesh current analysis to find each branch current respectively.

Solution:

Assuming there ference directions of mesh current I_{m1} and I_{m1} as shown in Fig. 4－1－6, according to the formula（4－1－9）, the mesh voltage equations are written as

$$\left.\begin{aligned}(R_1+R_3)I_{m1}-R_3I_{m2}&=U_{S1}\\-R_3I_{m1}+(R_2+R_3)I_{m2}&=-U_{S2}\end{aligned}\right\}$$

Substituting the data into equations, then

$$\left.\begin{aligned}2I_{m1}-I_{m2}&=10\\-I_{m1}+2.5I_{m2}&=-15\end{aligned}\right\}$$

So

$$I_{m1}=2.5(\text{mA}),I_{m2}=-5(\text{mA})$$

Each branch current I_1, I_2 and I_3 are

$$I_1=I_{m1}=2.5(\text{mA})$$

$$I_2=-I_{m2}=5(\text{mA})$$

$$I_3=I_{m1}-I_{m2}=2.5-(-5)=7.5(\text{mA})$$

Practice and Thinking

4－1－1 In the circuit shown in Fig. 4－1－7, use branch current analysis to find each branch current I_1, I_2 and I_3 respectively.

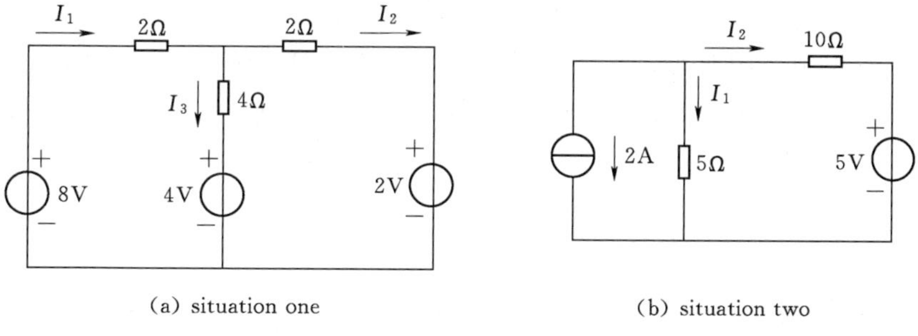

Fig. 4－1－7 for Practice 4－1－1

4-1-2 Use mesh current analysis to analyze Fig. 4-1-7.

4-1-3 In the circuit shown in Fig. 4-1-8, use mesh current analysis to find each branch current I_1, I_2 and I_3 respectively.

4-1-4 Use node potential analysis to analyze Fig. 4-1-8.

4-1-5 In the circuit shown in Fig. 4-1-9, apply Millman's theorem to find each branch current respectively in two cases:

(1) When the switch S is opened.

(2) When the switch S is closed.

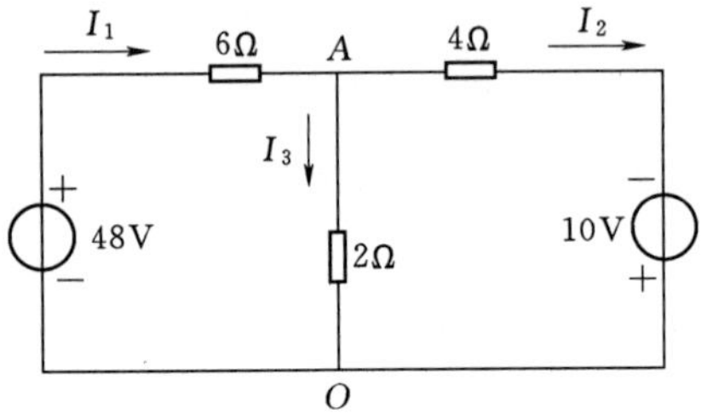

Fig. 4-1-8 for Practice 4-1-3

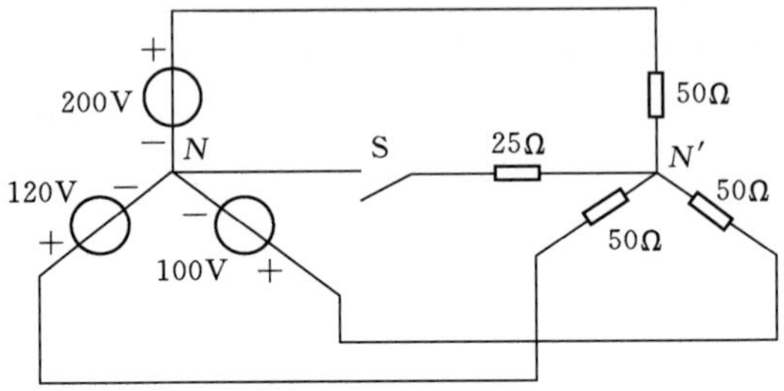

Fig. 4-1-9 for Practice 4-1-5

任务二 用叠加定理分析求解复杂直流电路

Task 2 Applying the Superposition Theorem to Analyze and Solve the Complex DC Circuits

一、叠加定理的内容

叠加定理（superposition theorem）是分析线性电路的一个重要定理。利用叠加定理，可以将一个含有多个独立电源的线性电路，等效变换为只含单一独立电源的线性电路，从而使电路得到简化。

叠加定理的内容可表述为：在含有多个独立电源的线性电路中，各支路的电流或电压等于各电源分别单独作用时在该支路中所产生的电流或电压的叠加。

下面以图 4-1-1 所示电路说明线性电路的叠加性，为分析方便，现重画于图 4-2-1 (a)。

图 4-2-1 (a) 电路，由弥尔曼定理得

$$U_{AO}=\frac{\frac{U_{S1}}{R_1}+\frac{U_{S2}}{R_2}}{\frac{1}{R_1}+\frac{1}{R_2}+\frac{1}{R_3}}=\frac{R_2R_3}{R_1R_2+R_1R_3+R_2R_3}U_{S1}+\frac{R_1R_3}{R_1R_2+R_1R_3+R_2R_3}U_{S2}$$

$$=U_{AO}^{(1)}+U_{AO}^{(2)} \qquad (4-2-1)$$

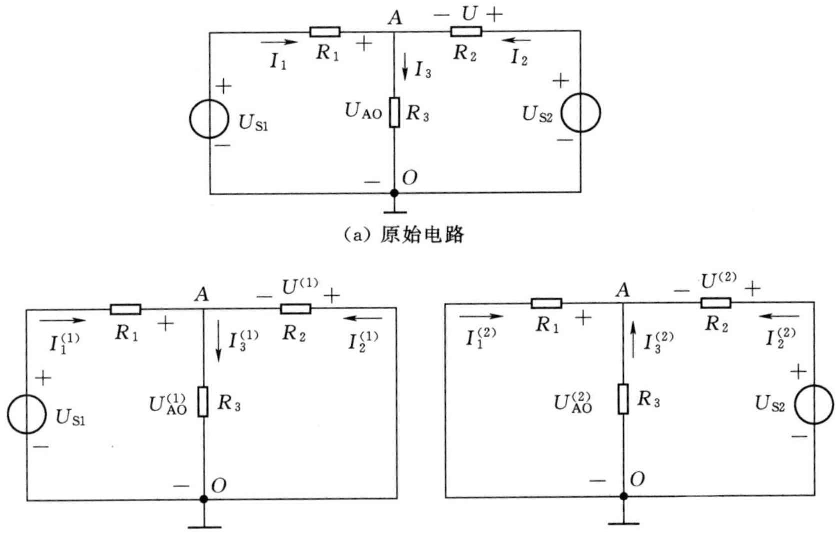

(a) 原始电路

(b) U_{S1} 单独作用　　(c) U_{S2} 单独作用

图 4-2-1　叠加定理图例

由式（4-2-1）可知，U_{AO} 由两项组成，其中第一项 $U_{AO}^{(1)}=\dfrac{R_2R_3}{R_1R_2+R_1R_3+R_2R_3}U_{S1}$，是当 $U_{S2}=0$ 时，电压源 U_{S1} 单独作用时的结果，如图 4-2-2（b）所示；第二项 $U_{AO}^{(2)}=\dfrac{R_1R_3}{R_1R_2+R_1R_3+R_2R_3}U_{S2}$，是当 $U_{S1}=0$ 时，电压源 U_{S2} 单独作用时的结果，如图 4-2-3（c）所示。电路中其他处的电压和电流也具有相同的性质，即

$$\left.\begin{array}{l} I_1=I_1^{(1)}+I_1^{(2)},I_2=I_2^{(1)}+I_2^{(2)} \\ I_3=I_3^{(1)}-I_3^{(2)},U=U^{(1)}+U^{(2)} \end{array}\right\} \qquad (4-2-2)$$

这就是电路的叠加性。注意式（4-2-2）是代数和叠加。

二、叠加定理的应用

叠加定理一般不直接用来作为解题的方法。因为当多个独立电源同时作用在某一电路时，应用叠加定理来求各支路的电流（或电压）不但不简单，而且很繁琐。该定理主要用来分析线性电路的特性，推导其他定理和化简更复杂的电路，例如戴维宁定理的推导，非正弦周期电流电路的分析，或者分析某一电源在电路中所起的作用等。当电路中存在受控源时，叠加定理仍然适用。

1. 解题步骤

（1）将一个独立电源之外的其他所有独立电源关闭，利用电路定律（欧姆定律、基尔霍夫定律、分压原理和分流原理等）计算出单个独立电源作用于电路时的输出（电压或电流）。

（2）对其他各个独立电源重复步骤（1）。

（3）将各个独立电源单独作用于电路时产生的响应进行代数求和，从而得到电路的总响应。

2. 应用叠加定理的注意事项

（1）叠加定理仅适用于线性电路（linear circuit），不适用于非线性电路（nonlinear circuit）。

（2）当一个独立电源单独作用（alone acting）时，其他的独立电源关闭（turning off），即独立电压源用短路代替，独立电流源用开路代替，其他元件的连接方式都不应有变动。

（3）叠加时要注意电流和电压的参考方向。若分电流（或分电压）与原电路待求的电流（或电压）的参考方向一致时取正号；相反时取负号。

（4）叠加定理不能用于计算电路的功率，因为功率是电流或电压的二次函数。

[**Example 4-2-1**] The circuit is shown in Fig. 4-2-2, apply the superposition theorem to find the current I and the current source voltage U.

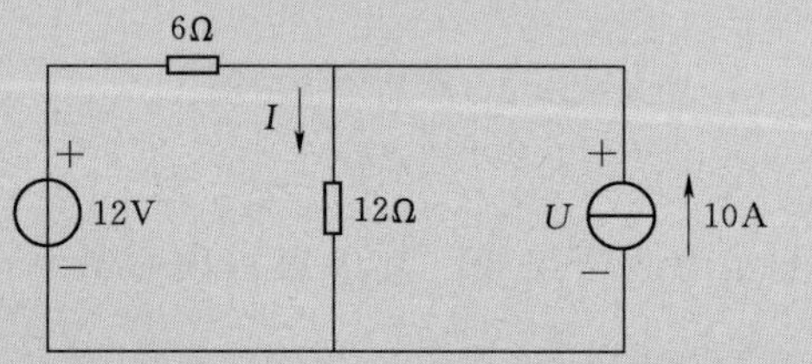

(a) the voltage source and the current source supplying in parallel

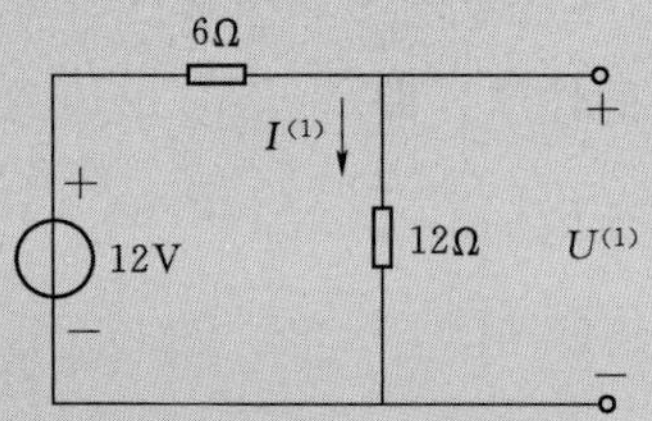

(b) the voltage source alone acting

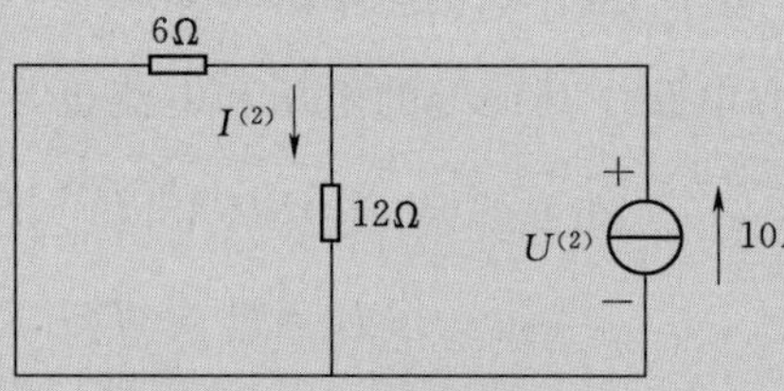

(c) the current source alone acting

Fig. 4-2-2 for Example 4-2-1

Solution:

According to the superposition theorem, the circuits of two power sources alone acting separately are shown in Fig. 4-2-2 (b) and Fig. 4-2-2 (c).

In Fig. 4-2-2 (b), then

$$I^{(1)}=\frac{12}{6+12}=\frac{2}{3}(\mathrm{A}) \quad U^{(1)}=12\times I^{(1)}=8(\mathrm{V})$$

In Fig. 4-2-2 (c), then

$$I^{(2)}=\frac{6}{6+12}\times 10=\frac{10}{3}(\text{A})\quad U^{(2)}=12\times I^{(2)}=12\times\frac{10}{3}=40(\text{V})$$

Hence

$$I=I^{(1)}+I^{(2)}=\left(\frac{2}{3}+\frac{10}{3}\right)=4(\text{A})$$

$$U=U^{(1)}+U^{(2)}=(8+40)=48(\text{V})$$

Practice and Thinking

4 - 2 - 1 Apply the superposition theorem to calculate the voltage U in the circuit of Fig. 4 - 2 - 3.

4 - 2 - 2 The circuit shown in Fig. 4 - 2 - 4, apply the superposition theorem to find the voltage U.

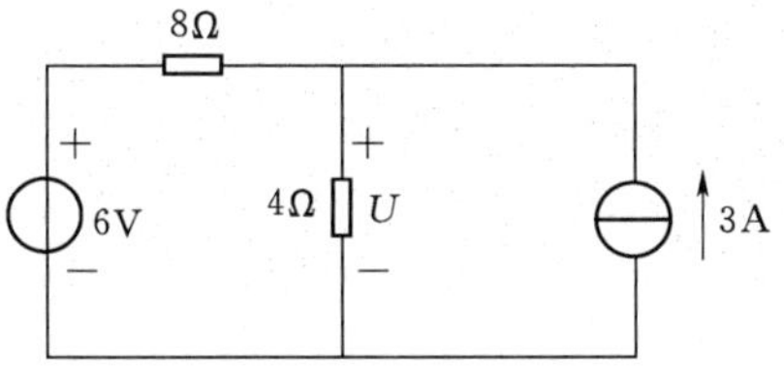

Fig. 4 - 2 - 3 for Practice 4 - 2 - 1

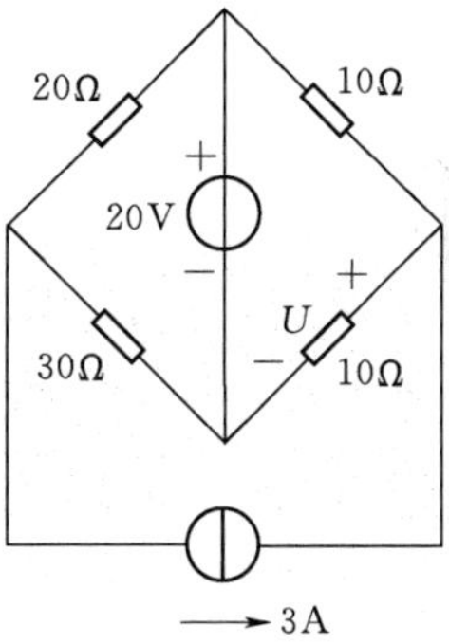

Fig. 4 - 2 - 4 for Practice 4 - 2 - 2

任务三 用戴维宁定理分析求解复杂直流电路

Task 3 Applying Thevenin's Theorem to Analyze and Solve the Complex DC Circuits

一、戴维宁定理

（一）戴维宁定理的内容

运用支路电流法、结点电位法、网孔电流法和叠加定理可以把电路中所有支路的电流全部求解出来，但在实际情况中，有时只需计算电路中某一支路的电流、电压，采用上述方法就比较麻烦，在这种情况下，将所求支路以外的部分（二端网络）进行化简，可以将电路结构化简，从而简化电路的分析计算。戴维宁定理（Thevenin's theorem）就是求解线性有源二端网络（active two - terminal network）等效电路的重要定理，并由叠加定理推导而得（推导过程省略）。

戴维宁定理指出：任何一个线性有源二端网络 N_S，对外电路来说，都可以用一个理想电压源和电阻串联的电路模型等效替代。理想电压源的电压等于该线性有源二端网络的开路电压（open - circuit voltage）U_{OC}；电阻等于该线性有源二端网络变成无源二端网络（passive two - terminal network）N_O 后的等效电阻 R_{eq}。用电路表示如图 4 - 3 - 1 所示。用戴维宁定理求出的理想电压源与电阻的串联模型称为戴维宁等效电路（Thevenin equivalent circuit）。当电路中存在受控源时，戴维宁定理仍然适用。

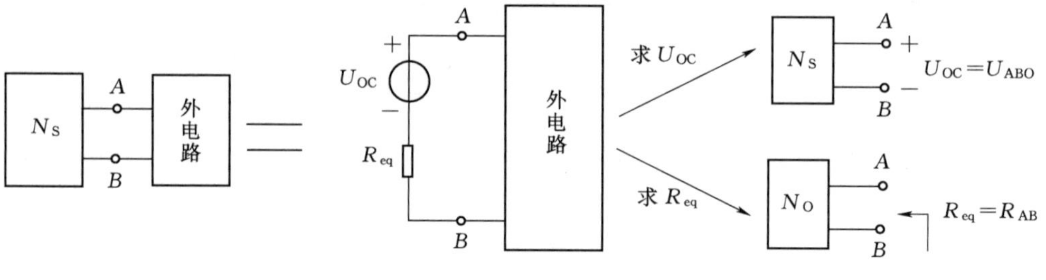

(a) 整体电路　　(b) 电压源电路　　(c) 分解电路

图 4 - 3 - 1　戴维宁定理图例

（二）戴维宁定理的应用

1. 解题步骤

（1）将待求支路从原电路中移开，求余下的有源二端网络 N_S 的开路电压 U_{OC}。

（2）将有源二端网络 N_S 变换为无源二端网络 N_O，即将理想电压源用短路代替，理想电流源用开路代替，内阻保留，求出该无源二端网络 N_O 的等效电阻 R_{eq}。

（3）将待求支路接入理想电压源 U_{OC} 与电阻 R_{eq} 串联组成的戴维宁等效电路，再求解所需的电流或电压。

2. 注意事项

（1）戴维宁定理只适用线性电路，不适用于非线性电路。

（2）在一般情况下，应用戴维宁定理分析电路，要画出三个电路，即求 U_{OC} 电路、求 R_{eq} 电路和戴维宁等效电路，并注意电路变量的标注。

（三）戴维宁定理等效参数的测量

根据戴维宁定理，确定一个线性有源二端网络的等效串联模型，并不要求一定知道网络内部的情况，因为其开路电压 U_{OC} 和等效电阻 R_{eq} 可以通过实验测定。

测量开路电压 U_{OC} 最简单的方法是用高内阻的电压表直接测量，如图 4 - 3 - 2（a）所示。选用高内阻电压表的目的是为了减少测量误差。

如果该二端网络允许短路，则再用电流表测量其端口的短路电流（short - circuit current）I_{SC}，如图 4 - 3 - 2（b）所示。电流表必须是低内阻的电流表，否则误差比较大。从图 4 - 3 - 2（b）可以看出，输出电阻为

$$R_{eq}=\frac{U_{OC}}{I_{SC}} \tag{4-3-1}$$

上述方法常称为“开路电压、短路电流法”。

若二端网络不允许短路，则可以采用其他的方法，比如外接电阻法，电路如图 4 - 3 -

2（c）所示，则等效电阻为

$$R_{eq}=\frac{U_{OC}}{I_L}-R_L \tag{4-3-2}$$

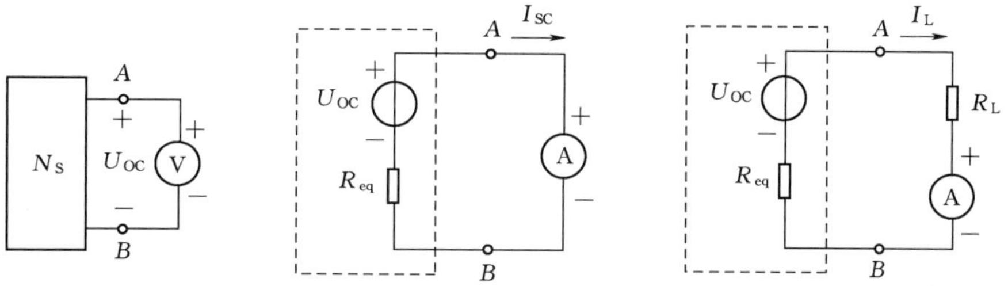

（a）测开路电压　（b）测短路电流　（c）外接电阻法

图 4-3-2　等效串联模型参数的测定

［**Example 4-3-1**］ Determine the Thevenin equivalent circuit for the circuit to the left of terminals $A-B$ in Fig. 4-3-3 (a).

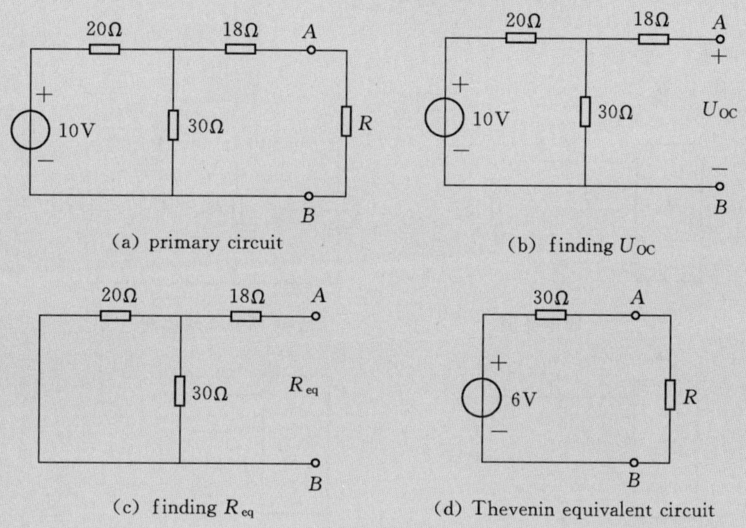

Fig. 4-3-3　for Example 4-3-1

Solution:

We need to find U_{OC} and R_{eq} at terminals $A-B$ with resistor R removed.

(1) To find open-circuit voltage U_{OC}. We consider the open-circuit voltage between terminals $A-B$, as shown in the circuit of Fig. 4-3-3 (b). Because no current flows through the 18Ω resistor, applying voltage divider rule to get U_{OC}.

$$U_{OC}=\frac{30}{20+30}\times 10=6(\text{V})$$

(2) To find equivalent resistance R_{eq}. Setting the voltage source to zero by replacing it with a short circuit as shown in Fig. 4-3-3 (c).

$$R_{eq}=18+\frac{20\times 30}{20+30}=18+12=30(\Omega)$$

(3) To draw the Thevenin equivalent circuit. The Thevenin equivalent circuit with the resistor R in place is shown in Fig. 4-3-3 (d).

二、诺顿定理

线性有源二端网络，除了用电压源与电阻串联的模型等效替代外，还可以用一个电流源与电阻并联的模型来等效替代。电流源的电流等于线性有源二端网络的短路电流 I_{SC}，电阻等于将有源二端网络变成无源二端网络的等效电阻 R_{eq}，这就是诺顿定理（Norton's theorem），该电路模型称为诺顿等效电路（Norton equivalent circuit），如图 4-3-4 所示。

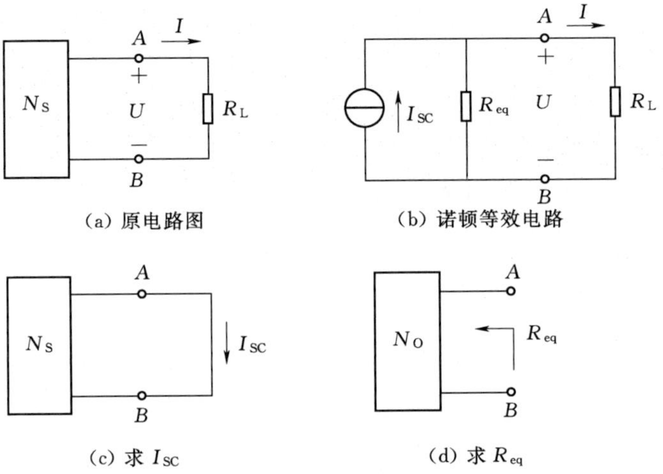

(a) 原电路图　(b) 诺顿等效电路　(c) 求 I_{SC}　(d) 求 R_{eq}

图 4-3-4　诺顿定理的图解说明

图 4-3-4（b）就是图 4-3-4（a）的诺顿等效电路，I_{SC}、R_{eq} 分别在图 4-3-4（c）、图 4-3-4（d）中求得。

戴维宁等效电路与诺顿等效电路，可以通过电源模型之间的等效变换得到。

戴维宁定理与诺顿定理统称为等效电源定理（equivalent source theorem），应用等效电源定理进行解题的方法，称为等效电源法（equivalent source method）。该方法适用于分析计算电路中某一支路的电流、电压的情况。使用时应特别注意等效变换的等效性，否则计算结果是错误的。

三、最大功率传输定理

在电子技术中经常希望负载能获得最大功率，比如一台扩音机希望所接的喇叭能放出的声音最大。电力公司重点关注电力的生产、传输并将其分配给不同的用户，因而考虑效率和经济因素，在传输和分配过程中减少损失具有关键性意义。

给定线性有源二端网络，输出端接不同负载，所获得的功率也不同。那么，负载应满足什么条件才能获得最大功率呢？

图 4-3-5（a）表示线性有源二端网络 N_S 向负载 R_L 传输功率，设 N_S 可以用戴维宁等效电路替代，如图 4-3-5（b）所示。

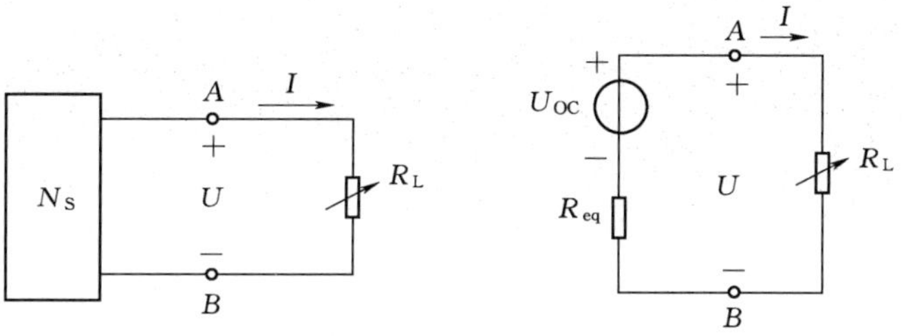

（a）线性有源二端网络　　（b）戴维宁等效电路

图 4-3-5　最大功率传输定理图解说明

负载所获得的功率为

$$P=I^2R_L=\frac{U_{OC}^2}{(R_{eq}+R_L)^2}R_L=f(R_L)$$

由此可见，负载得到的功率是关于可变负载 R_L 的非线性函数。要使 P 为最大，应使 $\frac{dP}{dR_L}=0$。因此可得负载获得最大功率的条件为

$$R_L=R_{eq} \tag{4-3-3}$$

负载获得的最大功率为

$$P_{max}=\frac{U_{OC}^2R_{eq}}{(2R_{eq})^2}=\frac{U_{OC}^2}{4R_{eq}} \tag{4-3-4}$$

一般常把负载获得最大功率的条件称为最大功率传输定理（maximum power transfer theorem）。在工程上，把满足最大功率传输的条件称为阻抗匹配（impedance matching）。

功率传输效率（transfer efficiency）η 为

$$\eta=\frac{P_{out}}{P_{in}}=\frac{I^2R_L}{I^2R_L+I^2R_{eq}}=\frac{R_L}{R_L+R_{eq}} \tag{4-3-5}$$

值得注意的是，当实现最大功率传输时，即 $R_L=R_{eq}$ 时，传输效率只有 50%。当负载电阻 R_L 增大至无穷时，传输效率提高到 100%。

[**Example 4-3-2**] The circuit is shown in Fig. 4-3-6, find the power obtained from the load when the load $R_L=1\Omega$, 2Ω and 4Ω respectively and determine the source power transfer efficiency η.

Solution:

(1) When $R_L=1\Omega$

$$I=\frac{12}{2+1}=4(A)$$

$$P_L=4^2\times1=16(W)$$

$$P_{U_S}=-4\times12=-48(W)$$

$$\eta=\left|\frac{P_L}{P_{U_S}}\right|=\frac{16}{48}=33.3\%$$

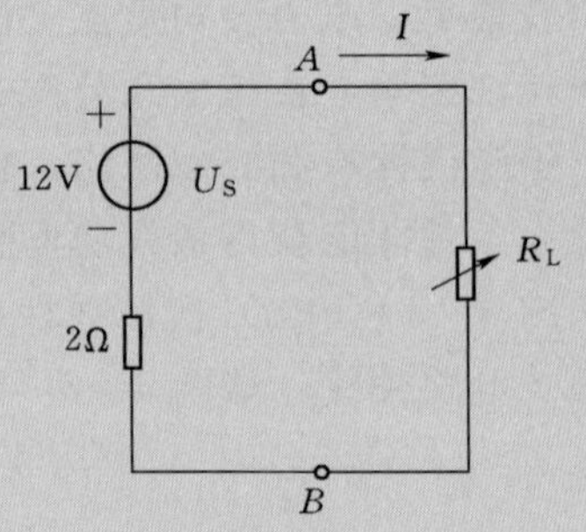

Fig. 4-3-6 for Example 4-3-2

(2) When $R_L=2\Omega$

$$I=\frac{12}{2+2}=3(A)$$

$$P_L=3^2\times2=18(W)$$

$$P_{U_S}=-3\times12=-36(W)$$

$$\eta=\left|\frac{P_L}{P_{U_S}}\right|=\frac{18}{36}=50\%$$

(3) When $R_L=4\Omega$

$$I=\frac{12}{2+4}=2(A)$$

$$P_L=2^2\times4=16(W)$$

$$P_{U_S}=-2\times12=-24(W)$$

$$\eta=\left|\frac{P_L}{P_{U_S}}\right|=\frac{16}{24}=66.7\%$$

比较上面的 3 种情况，进一步验证了电路最大功率传输的条件。在电力系统中要求尽可能提高电源的效率，以便充分地利用能源，因而不要求阻抗匹配；但是在电子技术中，常常注重将微弱信号进行放大，而不注重效率的高低，因此常使用最大功率传输的条件，要求负载与电源之间实现阻抗匹配。

[**Example 4-3-3**] As shown in Fig. 4-3-7 (a). Find the value of load R_L for maximum power transfer and calculate the maximum power.

Solution:

(1) Firstly remove the load, find the Thevenin equivalent circuit of the remaining portion circuit, as shown in Fig. 4-3-7 (b), then

$$U_{OC}=\frac{2}{2+2}\times10=5(V)$$

$$R_{eq}=\frac{2\times2}{2+2}=1(\Omega)$$

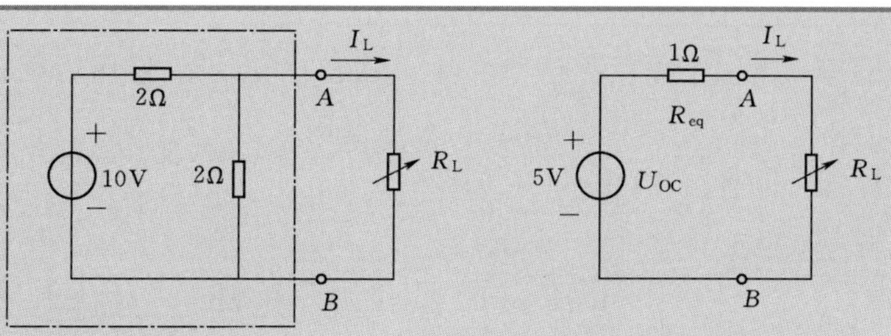

(a) primary circuit (b) equivalent circuit

Fig. 4-3-7 for Example 4-3-3

(2) In Fig. 4-3-7 (b), according to the maximum power transfer theorem, when $R_L = R_{eq} = 1\Omega$, the load obtains the maximum power, that is

$$P_{max} = \frac{U_{OC}^2}{4R_{eq}} = \frac{5^2}{4\times 1} = 6.25(\mathrm{W})$$

Practice and Thinking

4-3-1 Determine the Thevenin equivalent circuits and the Norton equivalent circuits of the circuits shown in Fig. 4-3-8.

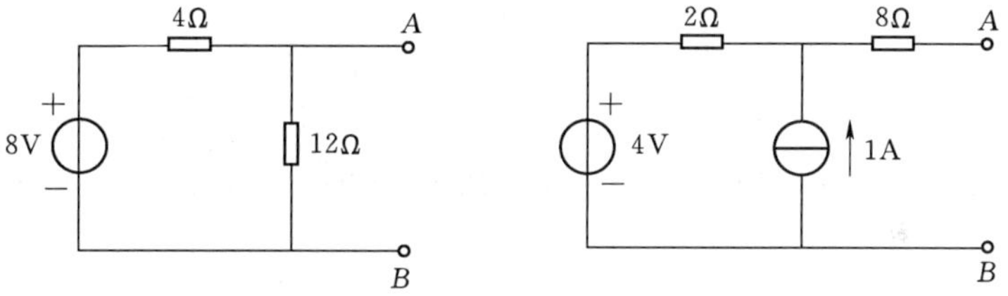

(a) situation one (b) situation two

Fig. 4-3-8 for Practice 4-3-1

4-3-2 As shown in Fig. 4-3-9, known $U_{S1} = 40\mathrm{V}$, $U_{S2} = 20\mathrm{V}$, $R_1 = R_2 = 4\Omega$, $R_3 = 13\Omega$, apply Thevenin's theorem to find the current I_3.

4-3-3 As shown in Fig. 4-3-10, apply Thevenin's theorem to find the current I_3.

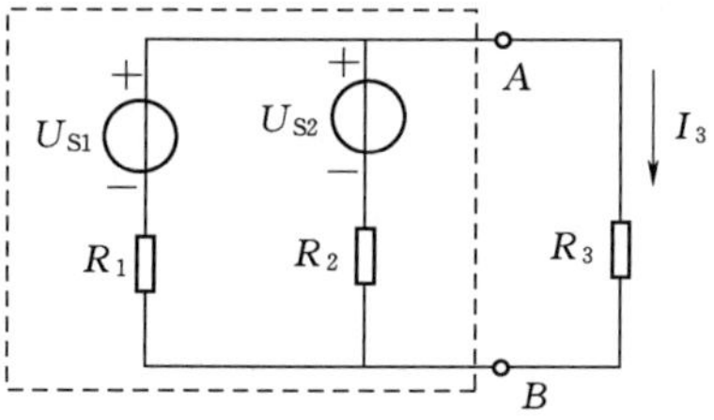

Fig. 4-3-9 for Practice 4-3-2

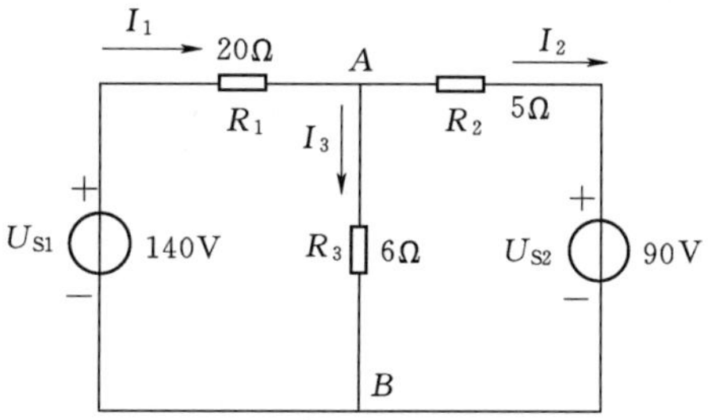

Fig. 4-3-10 for Practice 4-3-3

4 - 3 - 4 As shown in Fig. 4 - 3 - 11, apply Thevenin's theorem to find the current I.

4 - 3 - 5 As shown in Fig. 4 - 3 - 12.

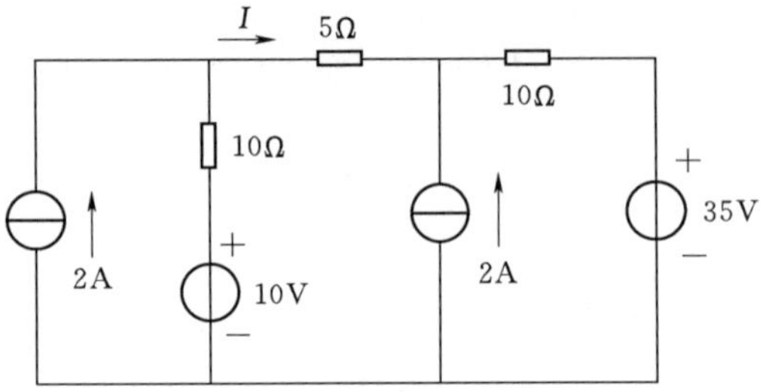

Fig. 4 - 3 - 11 for Practice 4 - 3 - 4

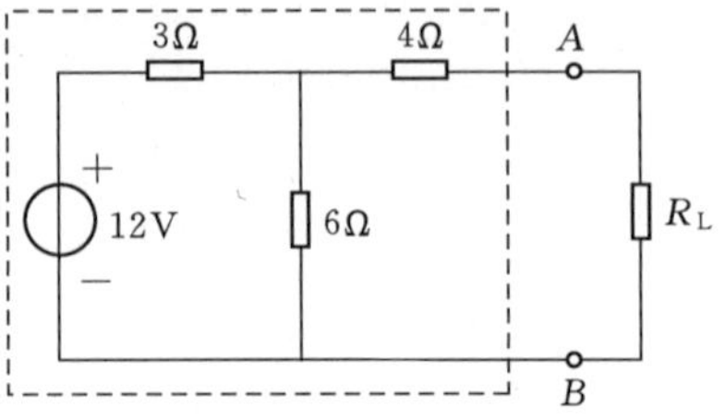

Fig. 4 - 3 - 12 for Practice 4 - 3 - 5

(1) Determine the Thevenin equivalent circuit for the circuit to the left of terminals $A - B$.

(2) Find the value of R_L for maximum power transfer in the circuit of Fig. 4 - 3 - 12.

(3) Calculate the maximum power.

任务四 含受控源电路的分析

Task 4 Analysis of Circuits Containing Controlled Sources

对含有受控源的线性电路，结点电流和回路电压仍然遵循基尔霍夫定律。但要注意到受控电压源的电压和受控电流源的电流不是独立的，而是受电路中某支路的电压或电流控制，且要看到当控制量存在时，受控源对电路能起激励作用，能对外输出能量。

复杂直流电路的各种分析方法，如等效变换法、支路电流法、网孔电流法、结点电位法、叠加定理、戴维宁定理和诺顿定理等都可以用来分析含受控源的电路。

[**Example 4 - 4 - 1**] The circuit is shown in Fig. 4 - 4 - 1 (a), use the equivalent transformation method to find the current I.

Solution:

Using the source equivalent transformation method, transforming VCCS to VCVS, as shown in Fig. 4 - 4 - 1 (b), selecting clockwise as the direction of the loop, applying KVL, then

$$-U-10-6U+3I+3I=0$$

Another

$$U=-2I$$

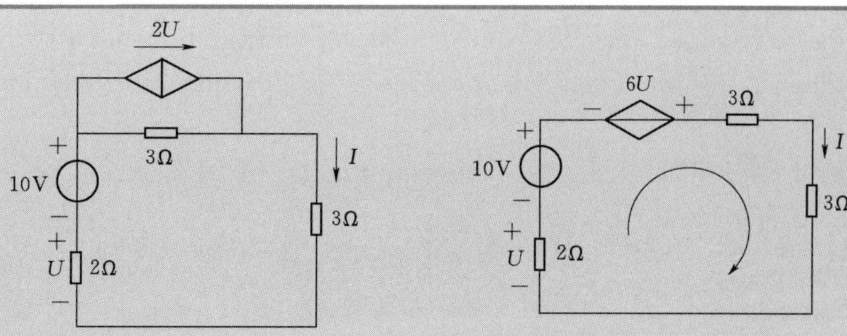

(a) primary circuit (b) transforming VCCS to VCVS

Fig. 4-4-1 for Example 4-4-1

Substituting $U=-2I$ into the equation, then

$$-(-2I)-10-6\times(-2I)+6I=0$$

Hence $$I=0.5(\text{A})$$

For the equivalent transformation of the circuit containing dependent source, that should be kept controlling branch remaining unchanged, so as to keep the control variable unchanged.

[**Example 4-4-2**] The circuit is shown in Fig. 4-4-2, use mesh current analysis to find the mesh currents and the branch current I.

Solution:

The reference directions of mesh current are shown in Fig. 4-4-2, according to the formula (4-1-9), the mesh voltage equations are written as

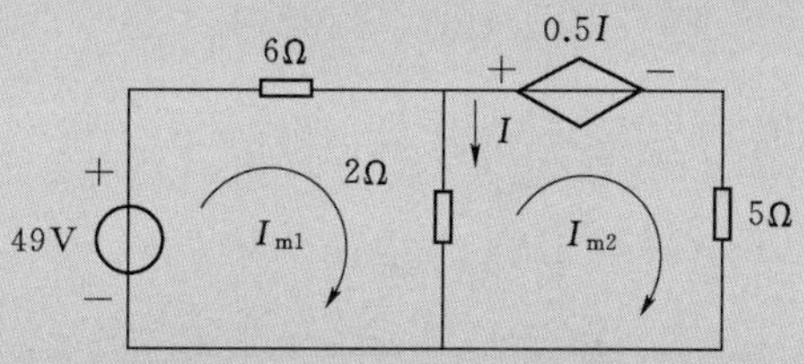

Fig. 4-4-2 for Example 4-4-2

$$\left.\begin{aligned}(6+2)I_{m1}-2I_{m2}=49\\ -2I_{m1}+(2+5)I_{m2}=-0.5I\end{aligned}\right\}$$

The circuit contains a dependent voltage source, and the controlling quantity is not mesh current but branch current, an additional equation should be written by mesh current representing the control quantity.

$$I=I_{m1}-I_{m2}$$

There are three variables (I_{m1}, I_{m2} and I) and three equations, that can be found

$$I_{m1}=6.5(\text{A}),I_{m2}=1.5(\text{A}),I=5(\text{A})$$

While using mesh current analysis to analyze the circuit containing the controlled source, the controlled source can be regarded as an independent source temporarily, the mesh voltage equations are written according to the normal method, and then finding out the relation between the control quantity and the branch current, substituting the data to the mesh voltage equations, solving for them then getting the mesh currents.

[**Example 4-4-3**] The circuit is shown in Fig. 4-4-3, use node potential analysis to find the current I.

Solution:

Applying node potential analysis, node O is used for the reference point, the potentials of node A and node B are respectively set V_A and V_B, the node current equations are written as

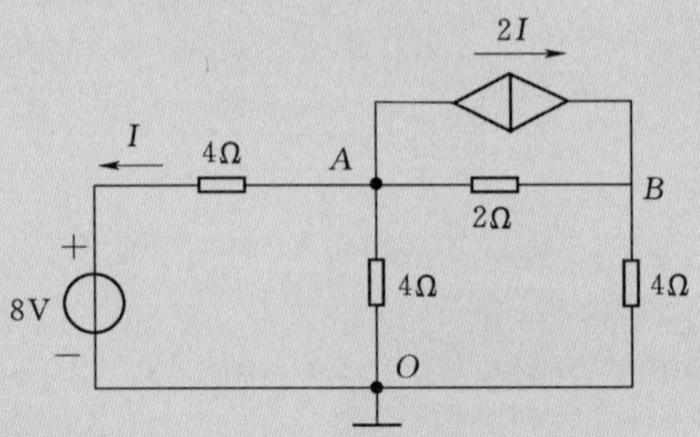

Fig. 4-4-3 for Example 4-4-3

At node A:

$$\left(\frac{1}{4}+\frac{1}{4}+\frac{1}{2}\right)V_A-\frac{1}{2}V_B=\frac{8}{4}-2I$$

At node B:

$$-\frac{1}{2}V_A+\left(\frac{1}{2}+\frac{1}{4}\right)V_B=2I$$

The relations between the control variable I and the node potential is used as an auxiliary equation, applying KVL, then

$$V_A=4I+8$$

There are three variables (V_A, V_B and I) and three equations, we can get

$$I=-1\text{A}$$

[**Example 4-4-4**] The circuit shown in Fig. 4-4-4 (a), use the superposition theorem to find the current I.

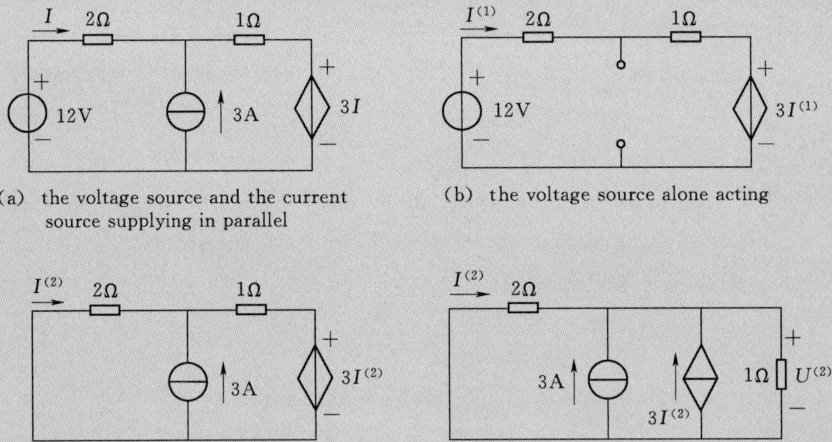

(a) the voltage source and the current source supplying in parallel

(b) the voltage source alone acting

(c) the current source alone acting

(d) controlled source model transformation

Fig. 4-4-4 for Example 4-4-4

Solution:

Fig. 4 - 4 - 4 (a) contains a voltage source, a current source and a controlled source CCVS. Applying the superposition theorem, the circuits of two sources alone acting are shown in Fig. 4 - 4 - 4 (b) and Fig. 4 - 4 - 4 (c).

In Fig. 4 - 4 - 4 (b), the voltage source acts alone, the current source is replaced by an open circuit, and CCVS remains in the circuit, this circuit is a single - loop circuit. Applying KVL, then

$$(2+1)I^{(1)}+3I^{(1)}-12=0$$

So

$$I^{(1)}=2(\mathrm{A})$$

In Fig. 4 - 4 - 4 (c), the current source acts alone, the voltage source is replaced by a short circuit, and CCVS remains in the circuit. Transforming equivalently a CCVS in series with a resistance to a CCCS in parallel with a resistance, we can get Fig. 4 - 4 - 4 (d), this circuit is a single - node dual circuit. Assuming node voltage as $U^{(2)}$, and applying KCL, then

$$-I^{(2)}-3-3I^{(2)}+\frac{U^{(2)}}{1}=0$$

Applying Ohm's law, we can get

$$U^{(2)}=-2I^{(2)}$$

Then

$$I^{(2)}=-0.5(\mathrm{A})$$

So when the voltage source and the current source acting together

$$I=I^{(1)}+I^{(2)}=2-0.5=1.5(\mathrm{A})$$

[**Example 4 - 4 - 5**] The circuit shown in Fig. 4 - 4 - 5 (a), apply Thevenin's theorem to find the current I.

Solution:

(1) Moving the 500Ω resistor in Fig. 4 - 4 - 5 (a), getting Fig. 4 - 4 - 5 (b), and finding U_{OC}

$$U_{OC}=10\mathrm{V}$$

(2) The equivalent resistance R_{eq} of the left active two - terminal network is calculated by applied voltage method. The method is: closing all independent sources in the network, the controlled source cannot be closed because it is controlled by circuit variable, it remains in the circuit. Applying voltage source U_0 at port A and B, calculate or measure the current I_0 at the input port, then the equivalent resistance $R_{eq}=\frac{U_0}{I_0}$.

From Fig. 4 - 4 - 5 (c), then

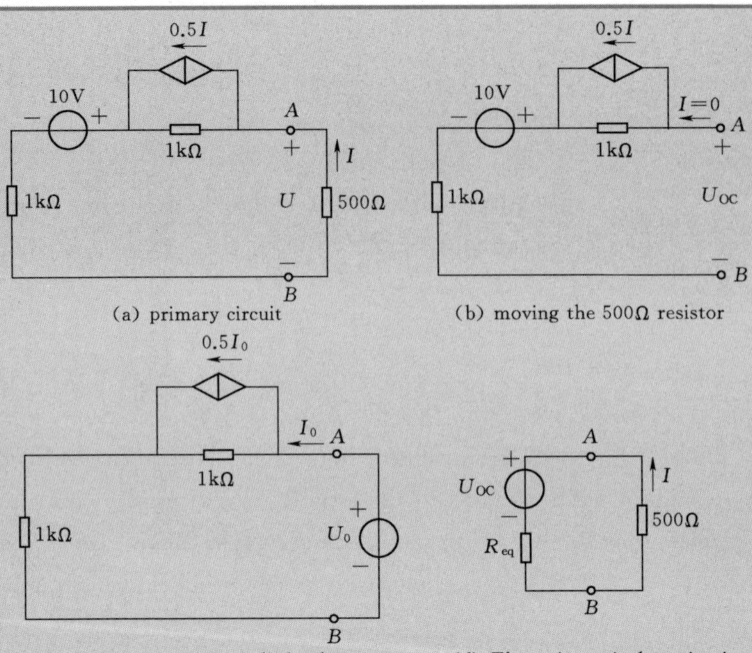

Fig. 4 - 4 - 5　for Example 4 - 4 - 5

$$U_0 = 0.5I_0 + I_0 = 1.5I_0$$

So

$$R_{eq} = \frac{U_0}{I_0} = 1.5\text{k}\Omega = 1500\Omega$$

(3) Draw up the Thevenin equivalent circuit, and connecting the 500Ω resistor, then we can get Fig. 4 - 4 - 5 (d), therefore

$$I = -\frac{U_{OC}}{R_{eq}+500} = -\frac{10}{1500+500} = -0.005(\text{A})$$

Practice and Thinking

4 - 4 - 1　As shown in Fig. 4 - 4 - 6, find the voltage U and the current I.

4 - 4 - 2　As shown in Fig. 4 - 4 - 7, find the voltage U_2 using node potential analysis, the superposition theorem and Thevenin's theorem respectively.

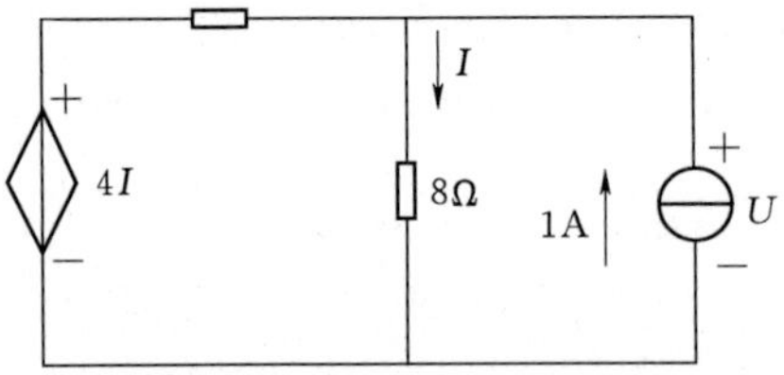

Fig. 4 - 4 - 6　for Practice 4 - 4 - 1

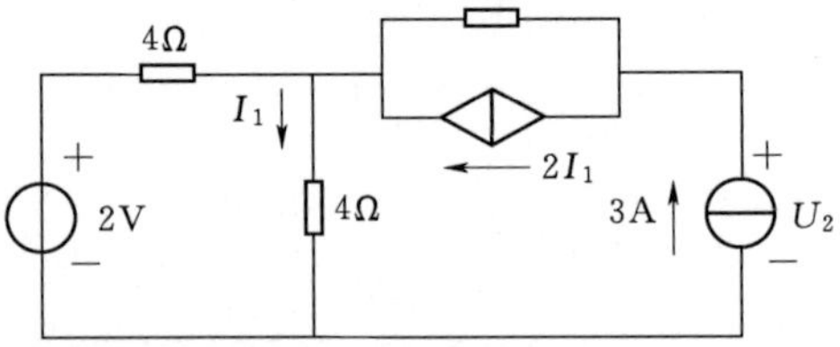

Fig. 4 - 4 - 7　for Practice 4 - 4 - 2

Developing Reading

Introduction of Thevenin

Leon Charles Thevenin (1857—1926), a scientist and a French telegraph engineer. He used Ohm's law to analyze complex circuits, he proposed the Thevenin's theorem in 1883.

Thevenin was born in Motown, France, and he graduated from the polytechnique DE Paris in 1876. In 1878 he joined the corps of telecommunications engineers (the predecessor of the French PTT), originally tasked with building long - distance underground telegraph lines.

In 1882, Thevenin became a lecturer in the comprehensive college of higher learning. He had a strong interest in circuit measurement. After studying Kirchhoff's circuit laws and Ohm's law, he discovered the famous Thevenin's theorem, which made it possible to calculate currents in more complex electrical circuits and allowing people to reduce complex circuits into simpler circuits called Thevenin's equivalent circuits. Thevenin's theorem firstly was used to calculate the current in complex DC circuits, It was published in the journal of French academy of sciences in 1883. It was put forward under the condition of DC power supply and resistance. In fact, it was applicable to other unknown conditions at that time, such as circuits containing current sources, controlled sources, sinusoidal AC and complex frequency domains. At present Thevenin's theorem has become an important circuit theorem.

In addition, after assuming the post of President of the college of telegraph, he often taught other subjects outside the university, such as mechanics at the Institut National Agronomique, Paris. In 1896, He was appointed director of the telegraph engineering school. And then in 1901, he became a chief engineer of the telegraph workshop.

He was a talented violin player. Another favorite pastime of his was angling. He remained single but shared his home with a widowed cousin of his mother's and her two children whom he later adopted. In September 1926, He died in Paris. Shortly before his death he was visited by a friend of his, J. B. Pomey, and was surprised to hear that his theorem had been accepted all over the world.

The dual form of the theorem was first proposed more than 50 years later by the American bell telephone laboratory engineer Norton, namely Norton's theorem.

Stay hungry, stay foolish.

—**Steve Jobs**

项目五

日光灯电路的安装与测试

Project 5

Installation and Testing of Fluorescent Circuits

Project Objectives

1. Vocational Skills Objectives

After studying this project, you should be able to

(1) Know how to use an oscilloscope to observe the waveform of a sine AC and measure its amplitude and frequency.

(2) Know how to use a two - signal oscilloscope to observe the phase relations of two sine voltages at the same frequency.

(3) Analyze the characteristics of R, L and C components in the sine AC circuits.

(4) Install a fluorescent lamp circuit completely, how to use the "three - wattmeter method" to measure it and calculate its parameters.

(5) Know how to measure the active power of a single - phase AC circuit.

(6) Know how to improve the power factor of a fluorescent lamp circuit.

(7) Carry out the operation of sinusoidal quantities by phasor, draw up skillfully the phasor diagrams of simple circuits.

(8) Know how to use the "phasor method" to analyze the sine AC circuits.

2. Vocational Knowledge Objectives

After studying this project, you should

(1) Grasp skillfully the three elements of sine AC (amplitude, frequency and phase), grasp the concept of effective value of periodic quantity, grasp skillfully the relation between the effective value and the maximum value of sine AC.

(2) Know the composition of a fluorescent lamp circuit, understand its working principle. Grasp skillfully the phasor representation of a sine quantity.

(3) Grasp skillfully the phasor forms of Kirchhoff's laws in sine AC circuits.

(4) Grasp skillfully the phasor relations of voltage and current of resistors, inductors and capacitors and their phasor models respectively in sine AC circuits.

(5) Grasp the three properties of RLC series circuits (inductance, capacitance and resistance).

(6) Grasp the concept of complex impedance. Understand the relations among impedance triangle, voltage triangle and power triangle.

(7) Grasp the concepts and calculation methods of active power, reactive power, apparent power, power factor and complex power in sine AC circuits.

(8) Grasp the methods of improving power factor.

3. Professional Quality Objectives

After studying this project, you should

(1) Cultivate professional habits of patience, meticulousness, standardized operation and safety production.

(2) Possess the ability of learning independently, integrating the theory with practice and expanding knowledge.

(3) Possess the team awareness, good communication and coordination skill.

任务一　认识正弦交流电的三要素

Task 1　Understanding the Three Elements of Sine AC Currents

一、正弦交流电的定义

正弦交流电（sinusoidal alternating current）是正弦交流电动势、电压和电流的统称，其中 alternating current 简写为 AC，所以正弦交流电又通常写成 sine AC。电力系统中，电源为工频正弦交流电源，供电、用电设备的电压和电流也是工频正弦交流量，这类电路称为正弦交流电路（sinusoidal alternating current circuit）。

电路中的电压和电流，其大小和方向随时间变化的称为时变（time varying）电压和电流；若时变的电压和电流其大小和方向均随时间做周期性的变化，则这种时变的电压和电流便称为周期电压和周期电流，统称为周期量（periodic quantity），如图 5－1－1（a）所示；若周期量其正半周期和负半周期的波形面积相等，即一个周期内波形面积平均值为零，则称为交流量（alternating quantity），如图 5－1－1（b）所示；若交流量随时间按正弦规律变化，则称为正弦交流量，简称正弦量（sinusoidal quantity），如图 5－1－1（c）所示，否则称为非正弦量（non－sine quantity）。

二、正弦交流电的三要素

以电流为例，选择其参考方向如图 5－1－2（a）所示，正弦交流电流的数学表达式是一个关于时间 t 的正弦函数，其解析式为

$$i(t)=I_{\mathrm{m}}\sin(\omega t+\psi) \qquad (5-1-1)$$

式（5－1－1）中，$i(t)$ 表示任一时刻的电流值，称为瞬时值（instantaneous

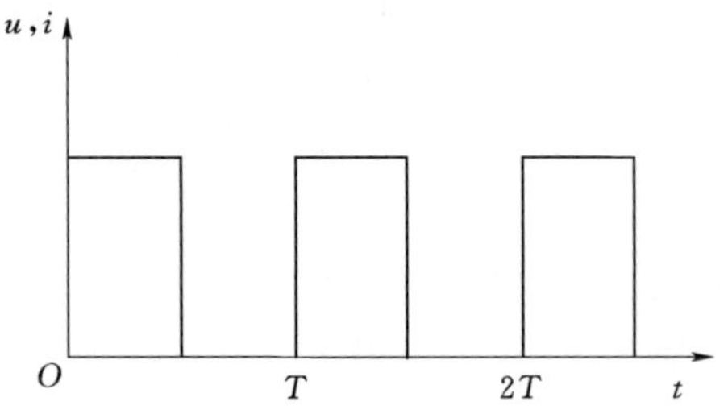

(a) 周期量

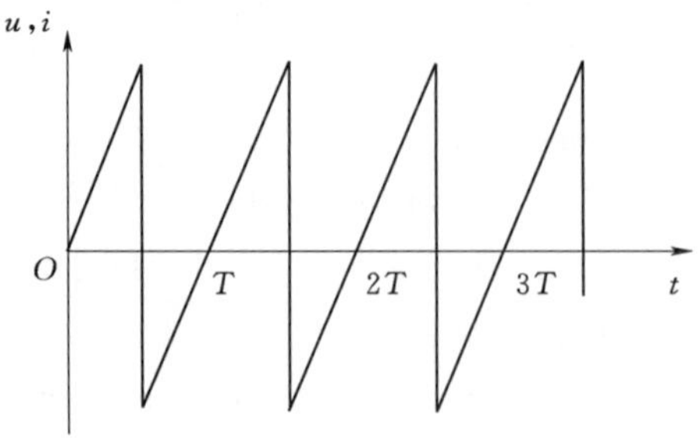

(b) 交流量

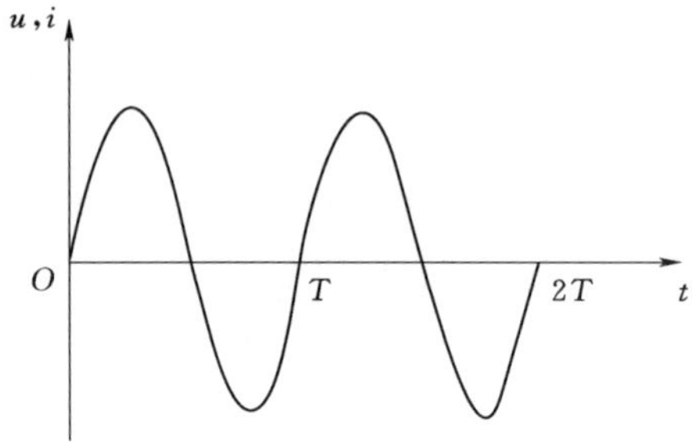

(c) 正弦量

图 5-1-1　时变的电压和电流

value)，简写为 i，其波形图如图 5-1-2（b）所示（设 $\psi>0$），其中 I_m 为幅值（amplitude）、ω 为角频率（angular frequency）和 ψ 为初相位（initial phase），幅值、角频率和初相位称为正弦交流电的三要素（three elements of a sinusoidal quantity）。若 $i(t)>0$，表示电流实际方向与参考方向一致；若 $i(t)<0$，表示电流实际方向与参考方向相反。

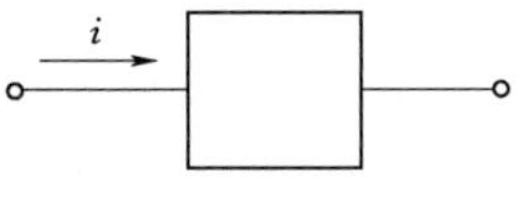

(a) 电流的参考方向

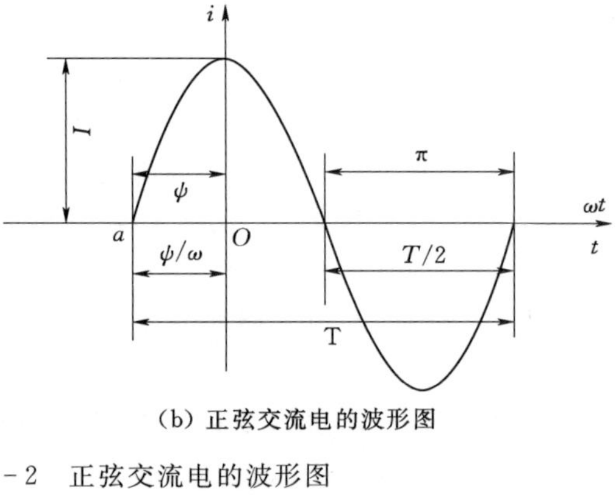

(b) 正弦交流电的波形图

图 5-1-2　正弦交流电的波形图

（一）最大值和有效值

正弦交流电在变化过程中，瞬时值的最大数值就称为最大值（maximum value），从波形上看为波形的最高点，所以又称为幅值。对一个确定的正弦量来说，其幅值是一个常数，因此，幅值用带下标 m 的大写字母表示，如 I_m、U_m 和 E_m。由波形图如图 5-1-2（b）可以看出，正弦量在一个周期内两次达到大小相同的最大值，而方向相反。

电路的主要作用是能量转换，而周期量的瞬时值和最大值都不能准确反映，因此，引入有效值（effective value），用大写字母表示，如 U、I 和 E 等。以电流为例介绍有效值的物理意义和计算方法如下。

有效值是基于电流的热效应原理定义的一种物理量。将周期性变化的电流 i 和直流电流 I 分别作用于相同的电阻 R，若在一个周期 T 内产生的热量相等，则将直流电流 I 叫做周期电流 i 的有效值。表达式为

$$\int_0^T i^2 R\mathrm{d}t = I^2 RT$$

从而得出周期电流的有效值为

$$I = \sqrt{\frac{1}{T}\int_0^T i^2 \mathrm{d}t} \qquad (5-1-2)$$

即周期量的有效值等于其瞬时值平方在一个周期内的平均值的平方根，又称方均根值（root - mean - square value），简称 rms 值。式（5－1－2）中，i 为任意随时间变化的周期量。若 i 为正弦交流电流，见式（5－1－1），则其有效值为

$$I = \sqrt{\frac{1}{T}\int_0^T [I_{\mathrm{m}}\sin(\omega t + \psi)]^2 \mathrm{d}t}$$

而

$$\int_0^T \sin^2(\omega t + \psi)\mathrm{d}t = \int_0^T \frac{1-\cos2(\omega t + \psi)}{2}\mathrm{d}t = \frac{1}{2}\int_0^T \mathrm{d}t - \frac{1}{2}\int_0^T \cos2(\omega t + \psi)\mathrm{d}t = \frac{T}{2}$$

所以

$$I = \sqrt{\frac{1}{T}I_{\mathrm{m}}^2 \frac{T}{2}} = \frac{I_{\mathrm{m}}}{\sqrt{2}} \qquad (5-1-3)$$

同理

$$U = \frac{U_{\mathrm{m}}}{\sqrt{2}}, \quad E = \frac{E_{\mathrm{m}}}{\sqrt{2}} \qquad (5-1-4)$$

当采用有效值时，式（5－1－1）也可以写成

$$i(t) = \sqrt{2}I\sin(\omega t + \psi)$$

需要注意的是：①只有周期性交流电才有有效值的概念，而非周期性交流电没有有效值的概念；②只有正弦交流电的最大值才等于有效值的$\sqrt{2}$倍。

实际应用中，所说的正弦交流电的大小，都是指有效值。如民用交流电的电压是220V，低压动力用电电压是380V，都是有效值。各种交流电机、电气设备铭牌标注的电压、电流，交流电压表、电流表的指示值等也是有效值。一般只有在分析电气设备和电路元件的耐压、绝缘能力时，才采用最大值。当工作的实际电压超过耐压值时，就会使元件的绝缘材料击穿损坏。因此，交流电路中的元器件和电气设备，其耐压值应高于交流电压的最大值。

[**Example 5－1－1**] Given that $u(t)=U_m\sin(\omega t+30°)$，$U_m=311V$，$f=50Hz$，find：the effective value U and the instantaneous value at $t=0.005s$ respectively.

Solution：

$$U=\frac{U_m}{\sqrt{2}}=\frac{311}{\sqrt{2}}=220(V)$$

Data

$$f=50Hz, \omega=2\pi f=314(rad/s)$$

Hence

$$u(t)=U_m\sin(\omega t+30°)=311\sin(314t+30°)(V)$$

At $t=0.005s$，we can get

$$u(0.005)=311\sin(314\times0.005+30°\div57.3°)=269.5(V)$$

（二）角频率

式（5－1－1）中的角度（$\omega t+\psi$）称为正弦量的相位角（phase angle），简称相位（phase），它的单位是弧度（rad）。正弦量在不同的时刻 t，其相位角不同，相应的正弦值（包括大小和方向）也不同，相位反映了正弦量每一瞬间的状态。随着时间的推移，相位逐渐增大，相位每增加 2π 弧度（即 360°），正弦量就经历了一个周期。

正弦量相位随时间的变化速率叫做正弦量的角频率，即正弦量在 1s 时间内变化的电角度，其单位是弧度/秒（rad/s）。

$$\frac{d}{dt}(\omega t+\psi)=\omega$$

1. 周期

所谓周期（period），就是指正弦量完成一次周期性变化所需的时间，用 T 表示，其单位为秒（s）。因为正弦量的相位每增加 2π 弧度，正弦量就经历了一个周期 T，即

$$\omega=\frac{2\pi}{T} \tag{5-1-5}$$

若正弦量变化越快，则 ω 越大，T 越小；若正弦量变化越慢，则 ω 越小，T 越大。

2. 频率

所谓频率（frequency），就是指正弦量在 1s 时间内变化的周期数，用 f 表示，其单位为赫兹（Hertz，Hz）。根据上述定义可知频率和周期互为倒数，即

$$f=\frac{1}{T} \tag{5-1-6}$$

由式（5－1－6）可知，若正弦量周期 $T=1s$，则正弦量在 1s 时间内变化的周期数为 1，也就是频率为 1Hz；若正弦量周期 $T=0.1s$，则正弦量在 1s 时间内变化的周期数为 10，也就是频率为 10Hz……

总之，角频率 ω、周期 T 和频率 f 都是用来表征正弦量随时间变化快慢的，三者的关系为

$$\omega=\frac{2\pi}{T}=2\pi f$$

对于直流量来说，其大小、方向均不变，可以看作是 $\omega=0$、$f=0$、$T=\infty$ 的正弦量。

我国和大多数国家，发电厂提供的正弦交流电频率是50Hz，其周期是0.02s，这一频率为工业标准频率（industry standard frequency），简称工频。少数国家（如美国、日本）的工频为60Hz。在其他技术领域中也用到各种不同的频率，如声音信号的频率为20～20000Hz，广播中波段载波频率为535～1605kHz，电视用的频率以MHz计。

（三）相位

1. *初相位*

$t=0$ 时刻正弦量的相位叫做正弦量的初相位，简称初相，用 ψ 表示，即 $\psi=(\omega t+\psi)|_{t=0}$，单位为弧度（rad），而工程中习惯以度（°）为单位，实际应用时 ωt 和 ψ 单位应一致。初相反映了正弦量在计时起点（即 $t=0$）的状态，对应的初始值为 $i(0)=I_m\sin\psi$。

因为正弦量是随时间作周期变化的，所以研究时应选择一个计时起点。正弦量的相位和初相与计时起点有关，计时起点不同，则相位和初相也不同。如图5-1-2（b）所示，若以坐标原点0为计时起点，则初相为 ψ；若以 a 点为计时起点，则初相为零。

虽然计时起点可任意选择，但在同一个问题中只能有一个计时起点。表5-1-1中列出了式（5-1-1）选择不同计时起点的相位和初相，对应的波形图如图5-1-3所示。

表5-1-1　　不同计时起点的相位和初相

计时起点	初相位	相　位	波形图
正弦量到达零点	0	ωt	图5-1-3（a）
瞬时值为 I_m	$\frac{\pi}{2}$	$\omega t+\frac{\pi}{2}$	图5-1-3（b）
瞬时值为 $\frac{I_m}{2}$	$\frac{\pi}{6}$	$\omega t+\frac{\pi}{6}$	图5-1-3（c）
瞬时值为 $-\frac{I_m}{2}$	$-\frac{\pi}{6}$	$\omega t-\frac{\pi}{6}$	图5-1-3（d）

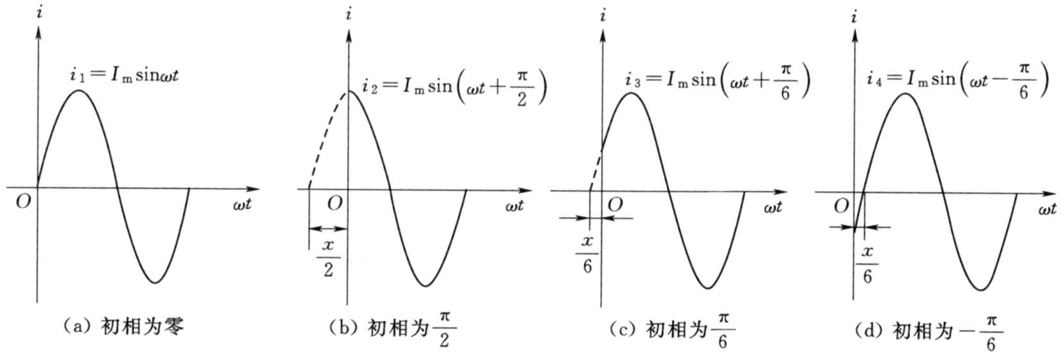

图5-1-3　不同计时起点的电流波形图

习惯上，规定正弦交流电瞬时值由负变正经过的零点，到计时起点间的电角度为初相。由于正弦交流电是周期性变化的，所以初相绝对值不超过 π，即 $|\psi|\leqslant\pi$。图5-1-3（b）和图5-1-3（c）中，$i(0)>0$，初相 $\psi>0$，计时起点之前达到零点；图5-1-

3（d）中，$i(0)<0$，初相 $\psi<0$，计时起点之后达到零点；图 5-1-3（a）中，$i(0)=0$，初相 $\psi=0$，计时起点达到零点。因此，对于同一正弦量，所取计时起点不同，初相则不同，初始值也就不同。

图 5-1-3（a）中，若参考方向反向，则式（5-1-1）变为

$$i(t)=-I_m\sin(\omega t+\psi)=I_m\sin(\omega t+\psi\pm\pi)$$

即改变参考方向，相当于把正弦量的初相加上或减去 π，而最大值和角频率则与参考方向选择无关。

2. 相位差

在同一线性交流电路中，若电源都是同频率的正弦量，则各支路电流、电压也都是同频率的正弦量，但它们随时间变化的过程不一样。为了描述同频率正弦量随时间变化的先后关系，引入了相位差（phase difference）。

相位差是两个同频率正弦量相位之差，用 φ 表示。设有两个同频率正弦量

$$u=U_m\sin(\omega t+\psi_u)$$

$$i=I_m\sin(\omega t+\psi_i)$$

则 u 和 i 的相位差为

$$\varphi=(\omega t+\psi_u)-(\omega t+\psi_i)=\psi_u-\psi_i \tag{5-1-7}$$

可见，两同频率正弦量的相位差等于它们的初相之差，与时间无关。若两正弦量频率不同，则相位差不再是常数，而是随时间变化的量。因此，只有两个同频率的正弦量比较相位差才有意义。值得注意的是，两同频率正弦量的计时起点改变时，它们的初相也跟着变化，但两者的相位差保持不变。

在多个同频率正弦量比较时，只能选择一个计时起点，为方便计，常选一个正弦交流电量的初相角为零，称为参考正弦量，然后再根据相位差确定其他正弦量的初相。

如果 $\varphi=\psi_u-\psi_i>0$（图 5-1-4），则电压 u 的相位超前电流 i 的相位一个角度 φ，简称电压超前（lead）电流，即电压 u 比电流 i 先到达零点。换种说法，也就是电流滞后（lag）电压，电流 i 比电压 u 后到达零点。

如果 $\varphi=\psi_u-\psi_i<0$，则电压 u 的相位滞后电流 i 的相位一个角度 φ，简称电压滞后电流，即电压 u 比电流 i 后到达零点。换种说法，也就是电流超前电压，电流 i 比电压 u 先到达零点。

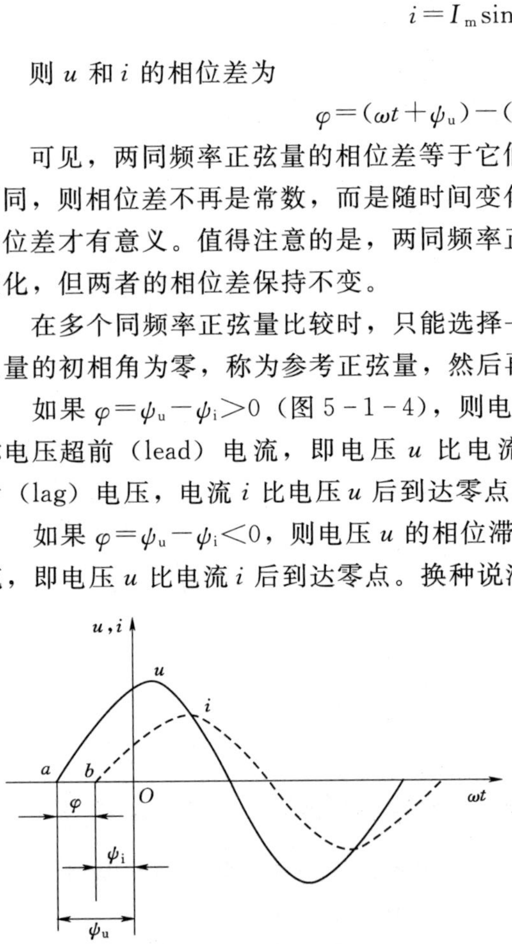

图 5-1-4 电压和电流波形图

如果 $\varphi=\psi_u-\psi_i=0$ [图 5-1-5（a）]，则电压 u 和电流 i 相位差为零，称为同相位，简称同相（in phase），此时，电压和电流同时到达正的最大值，也同时通过零点，变化过程一致。

如果 $\varphi=\psi_u-\psi_i=\frac{\pi}{2}$ [图 5-1-5（b）]，则称电压和电流正交（orthogonality）。

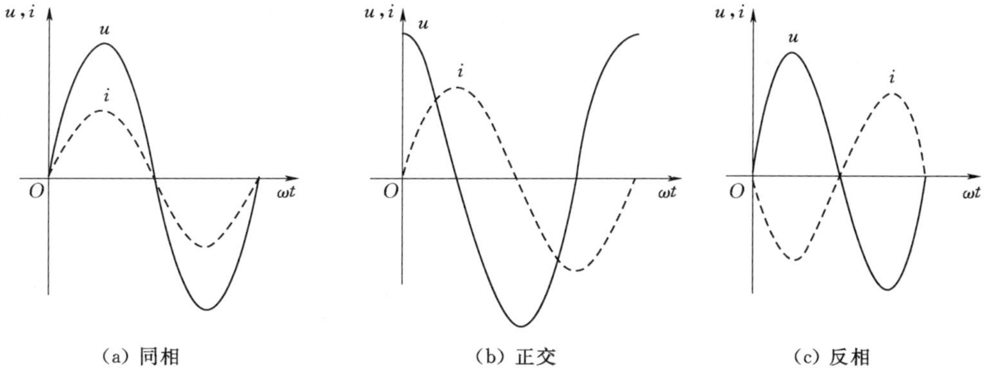

图 5-1-5　不同相位差时的 u，i 波形图

如果 $\varphi=\psi_u-\psi_i=\pm\pi$ [图 5-1-5 (c)]，电压 u 和电流 i 大小相等，方向相反，称为反相 (antiphase)。

在多个同频率正弦量比较时，只能选择一个计时起点，为方便计，常选一个正弦交流电量的初相角为零，称为参考正弦量，然后再根据相位差确定其他正弦量的初期。

[**Example 5-1-2**] It is known that the current flowing through an electrical appliance and its voltage at two terminals are power frequency sine quantities, the maximum value of current is 10A, the maximum value of voltage is 100V, and the voltage leads the current by 30°.

(1) Write out the analytical formulas of the sine AC current and sine AC voltage respectively.

(2) Sketch their waveform diagrams.

Solution:

The angular frequency of the sine AC current and voltage is

$$\omega=2\pi f=2\times 3.14\times 50=314(\text{rad/s})$$

Here, the current is chosen as the reference sine quantity, that is $\psi_i=0$, the initial phase of the voltage is $\psi_u=30°=\frac{\pi}{6}$.

Therefore, the analytical formulas of the sine AC current and the sine AC voltage are given respectively.

$$i=10\sin(314t)\text{A},u=100\sin\left(314t+\frac{\pi}{6}\right)\text{V}$$

The waveforms are shown in Fig. 5-1-6.

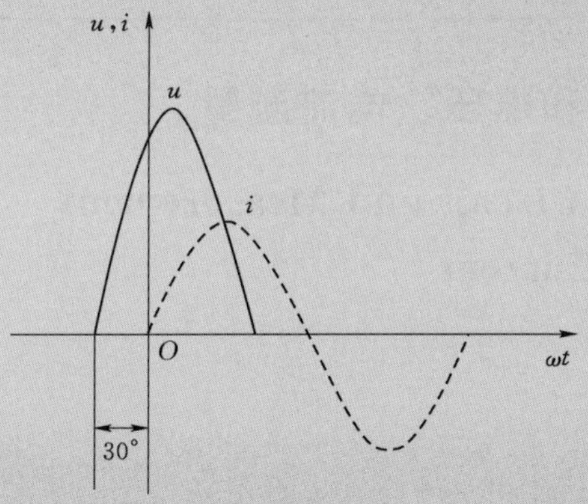

Fig. 5-1-6　for Example 5-1-2 waveforms of voltage and current

综上所述，在正弦交流电流的解析式中，I_m 反映了正弦交流电流变化的幅度，ω 反映了正弦交流电流变化的快慢，ψ 反映了正弦交流电流在 $t=0$ 时的状态，确定了一个正

弦交流电流的 I_m、ω、ψ，也就确定了这个正弦交流电流。因此，幅值 I_m（或有效值 I）、角频率 ω（或频率 f 或周期 T）、初相位 ψ 统称为正弦交流电流的三要素。

Practice and Thinking

5-1-1 Given the sine AC voltage $u(t)=100\sin(100\pi t+60°)$V.

(1) Find its frequency, period and angular frequency respectively.

(2) Calculate its instantaneous values at 0.0025s and at 0.01s respectively.

5-1-2 The maximum value of a power frequency sine AC voltage is 311V and $u(0)$ is 269.3V. Write out its analytic formula and sketch its waveform.

5-1-3 Given that: $i(t)=7.07\sin(200\pi t-70°)$A, $u(t)=311\sin(200\pi t+130°)$V.

(1) How many degrees does it lead or lag comparing $i(t)$ and $u(t)$?

(2) How long is it sooner or later to zero comparing $i(t)$ and $u(t)$?

5-1-4 The effective values of two sine voltages $u_1(t)$, $u_2(t)$ at the same frequency are 40V and 30V respectively. Under what circumstances respectively, the effective values of the sum of these data are:

(1) 70V.

(2) 10V.

(3) 50V.

5-1-5 It is known that the maximum of a power frequency sine AC voltage u_{ab} is 311V and its initial phase is $-40°$.

(1) Find its effective value.

(2) Write out its instantaneous value analytic formula and sketch its waveform.

(3) Write out the instantaneous value analytic formula of u_{ba} and sketch its waveform.

任务二　日光灯电路的安装和电压、电流测量

Task 2　Installation a Fluorescent Circuit and Measurement Its Voltage and Current

一、日光灯电路

1. 日光灯工作原理

传统的电感式日光灯工作原理图如图 5-2-1 所示，构成日光灯电路（fluorescent circuit）的基本元件是日光灯管（fluorescent tube）、镇流器（ballast）和启辉器（starter）。启辉器由一个热开关和一个小电容组成，热开关则由双金属片（U 形触片）和固定电极构成，它封装在充有氖气的玻璃泡内，如图 5-2-1（b）所示。启辉器在常态下电极间处于断开状态。开关 S 闭合时，日光灯不导电，全部电压通过镇流器和灯管的两

侧灯丝加在启辉器两触片之间，于是启辉器中氖气击穿，产生气体放电，此放电产生的一定热量使双金属片受热膨胀与定片接通，于是有电流通过日光灯管两端的灯丝和镇流器；短时间后双金属片冷却收缩，使动片与定片断开，电路中电流突然减少，根据电磁感应定律，这时镇流器两端产生一定的感应电动势，使日光灯管两端产生 400～500V 的高压，灯管汞气体电离，产生放电，日光灯的“电阻”进入负阻区，日光灯开始工作发光。

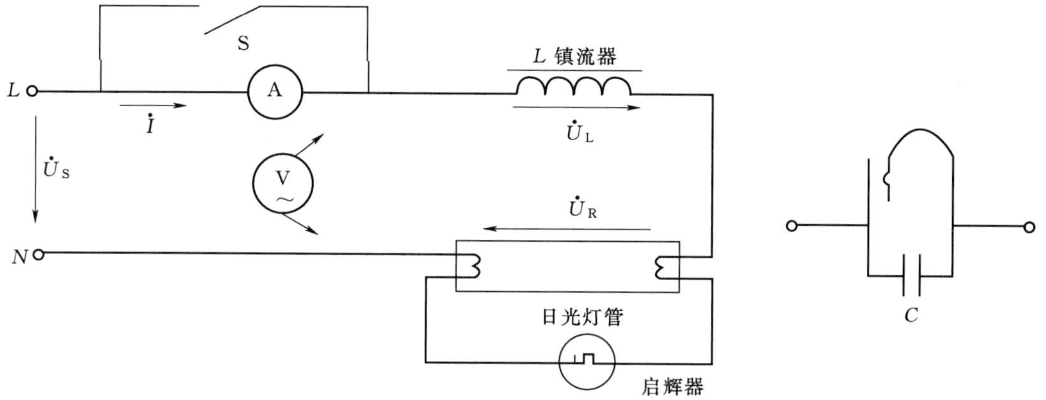

(a) 日光灯电路图　　(b) 启辉器结构

图 5-2-1　日光灯工作原理图

日光灯正常发光后，由于交流电不断通过镇流器的线圈，线圈中产生自感电动势，自感电动势阻碍线圈中的电流变化，这时镇流器起限流的作用，使电流稳定在灯管的额定电流范围内，灯管两端电压也稳定在额定工作电压范围内。由于这个电压低于启辉器的电离电压，所以并联在灯管两端的启辉器也就不再起作用了。

2. 日光灯电路的安装和电压、电流测量

按图 5-2-1 接线，在实验台上完成日光灯电路的安装。然后，闭合短路开关 S，合上电源开关，观察日光灯启动情况。日光灯正常工作后，断开短路开关 S，用交流电流表测量电路电流，用万用表交流电压档分别测量电源、灯管和镇流器两端的电压并将结果记录在表 5-2-1 中，观察电源电压 U_S、灯管电压 U_R 和镇流器电压 U_L 三者是否满足关系式 $U_S=U_R+U_L$ 或者 $U_S=\sqrt{U_R^2+U_L^2}$。

表 5-2-1　日光灯电路电压、电流测量记录

项目	电路电流 I/A	电源电压 U_S/V	灯管电压 U_R/V	镇流器电压 U_L/V
测量值				

图 5-2-1 (a) 中的符号 $\dot{I}$、$\dot{U}_S$、$\dot{U}_R$ 和 $\dot{U}_L$，它们被称为正弦量的相量符号，其中 $\dot{U}_S$、$\dot{U}_R$ 和 $\dot{U}_L$ 三者有关系式：$\dot{U}_S=\dot{U}_R+\dot{U}_L$。相量将是任务二中重点讨论的问题。

二、复数

(一) 复数的四种表示形式

在数学中常用 $A=a+bi$ 表示复数 (complex number)，其中 i 称为虚数单位，在电工技术中，为了区别于电流的符号，虚单位用 j 表示。

1. 直角坐标形式

$$A=a+\mathrm{j}b$$

$A=a+\mathrm{j}b$ 称为复数的直角坐标形式（rectangular form），也称为复数的代数形式。

2. 三角形式

$$A=r\cos\theta+\mathrm{j}r\sin\theta$$

这样，复数在复平面上可以用矢量表示，如图 5-2-2 所示。图 5-2-2 中矢量 OA 的长度就是复数 A 的模值（module value）r，矢量 OA 与实轴正方向的夹角就是辐角（argument）θ。OA 在实轴的投影就是 A 的实部 a，在虚轴上的投影就是 A 的虚部 b。

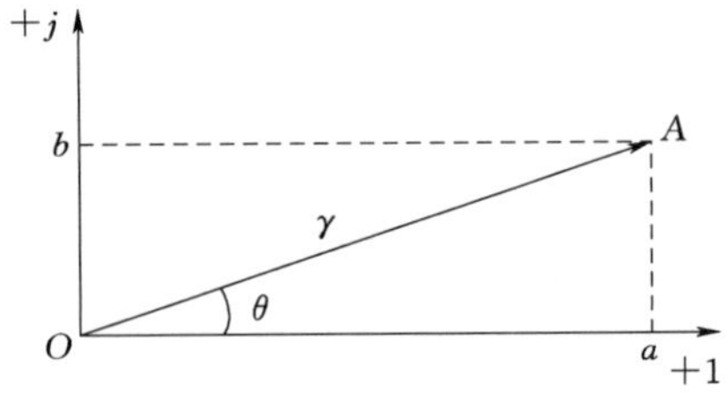

图 5-2-2　复数的矢量表示

3. 指数形式

$$A=r\mathrm{e}^{\mathrm{j}\theta}$$

利用欧拉（Euler）公式 $\mathrm{e}^{\mathrm{j}\theta}=\cos\theta+\mathrm{j}\sin\theta$，可将复数 A 的指数形式变换为三角形式，即

$$A=r\mathrm{e}^{\mathrm{j}\theta}=r\cos\theta+\mathrm{j}r\sin\theta$$

从欧拉公式可得

$$\cos\theta=\mathrm{Re}(\mathrm{e}^{\mathrm{j}\theta})$$

$$\sin\theta=\mathrm{Im}(\mathrm{e}^{\mathrm{j}\theta})$$

其中，Re 与 Im 分别表示求实部（real part）运算和求虚部（imaginary part）运算。

4. 极坐标形式

在电工中常用到复数的极坐标形式（polar form），即

$$A=r\angle\theta$$

极坐标形式与代数形式间的转换关系是

$$A=r\angle\theta=r(\cos\theta+\mathrm{j}\sin\theta)$$

（二）复数的运算

1. 复数的加减运算

复数的加减运算必须用代数形式进行。设

$$A_1=a_1+\mathrm{j}b_1\quad A_2=a_2+\mathrm{j}b_2$$

则

$$A_1\pm A_2=(a_1\pm a_2)+\mathrm{j}(b_1\pm b_2)$$

复数相加减也可用平行四边形或三角形法则在复平面上用作图法进行。

2. 复数的乘除运算

复数的乘除用指数形式或极坐标形式则比较方便。

$$A_1A_2=r_1\mathrm{e}^{\mathrm{j}\theta_1}r_2\mathrm{e}^{\mathrm{j}\theta_2}=r_1r_2\mathrm{e}^{\mathrm{j}(\theta_1+\theta_2)},A_1A_2=r_1\angle\theta_1 r_2\angle\theta_2=r_1r_2\angle(\theta_1+\theta_2)$$

$$\frac{A_1}{A_2}=\frac{r_1\mathrm{e}^{\mathrm{j}\theta_1}}{r_2\mathrm{e}^{\mathrm{j}\theta_2}}=\frac{r_1}{r_2}\mathrm{e}^{\mathrm{j}(\theta_1-\theta_2)},\frac{A_1}{A_2}=\frac{r_1\angle\theta_1}{r_2\angle\theta_2}=\frac{r_1}{r_2}\angle(\theta_1-\theta_2)$$

（三）共轭复数

如果两个复数的实部相等，虚部互为相反数，那么这两个复数称为共轭复数（conjugate complex numbers)。例：$A=a+\mathrm{j}b=r\angle\psi$ 的共轭复数是 $A^*=a-\mathrm{j}b=r\angle-\psi$。表示两个共轭复数 $a+\mathrm{j}b$、$a-\mathrm{j}b$（$b\neq0$）的点，对于实轴是对称的，如图 5-2-3 所示。

两共轭复数的乘积是一个实数

$$AA^*=(a+\mathrm{j}b)(a-\mathrm{j}b)=a^2+b^2=r^2$$

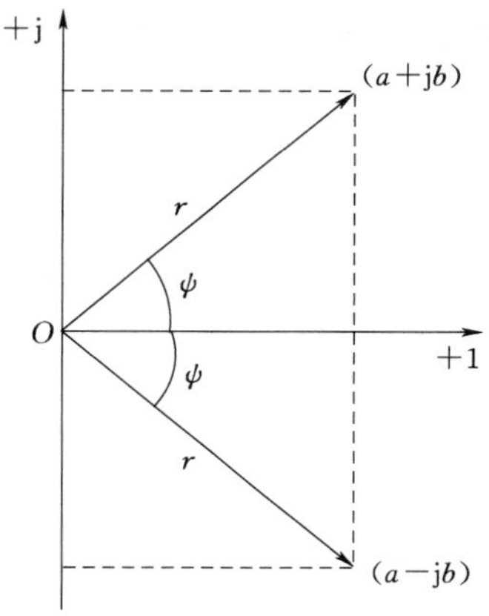

图 5-2-3　共轭复数

三、正弦量的相量表示法

对一个正弦交流电来说，可以用解析式来表达，如式（5-1-1），这是正弦量的基本表示方法，它完整地表达了正弦量变化的规律，只要知道正弦量的三要素，就可以计算出任一时刻的值。根据解析式，可以画出正弦量的波形图，用波形图表示正弦量形象、直观。虽然上述两种表示方法用于分析正弦量有其优点，但计算起来，用解析式实际上是三角函数的运算，计算量大；用波形图计算又难以直接获得准确的结果。因此，引入一种简便的表示方法来分析交流电路，即相量表示法（phasor representation）。

在正弦交流电路中，各个电压、电流响应与激励都是同频率的正弦量，正弦量的三要素集中在幅值（或有效值）和初相两个要素。一个复数可以同时反映一个正弦量的有效值和初相，相量表示法就是用复数表示正弦量的方法。相量表示的依据是欧拉公式。

（一）相量表示法

设有正弦量

$$\begin{aligned} i &= I_{\mathrm{m}}\sin(\omega t+\psi) \\ &= \mathrm{Im}[I_{\mathrm{m}}\mathrm{e}^{\mathrm{j}(\omega t+\psi)}] \end{aligned}$$

因此

$$i(t)=\mathrm{Im}(\dot{I}_m\mathrm{e}^{\mathrm{j}\omega t}) \qquad (5-2-1)$$

其中，$\dot{I}_{\mathrm{m}}=I_{\mathrm{m}}\mathrm{e}^{\mathrm{j}\psi}=I_{\mathrm{m}}\angle\psi$ 称为正弦量 $i(t)$ 的相量表示（phasor representation）。换句话说，相量是一个表示正弦量的幅度和相位的复数。相量还可以看作是省略了时间依赖关系的正弦量的等效数学表达式。

理解式（5-2-1）的一种方法是在复平面上画出正弦矢量（sinor）$\dot{I}_{\mathrm{m}}\mathrm{e}^{\mathrm{j}\omega t}=I_{\mathrm{m}}\mathrm{e}^{\mathrm{j}(\omega t+\psi)}$，如图 5-2-4（a）所示。先画初始矢量 OA（长度为 I_{m}，与 x 轴正向夹角为 ψ），随着时间的增加，该正弦矢量在半径为 I_{m} 的圆周上，沿逆时针方向以角速度 ω 做圆周运动。所以正弦矢量可以看作一个旋转相量（rotating phasor）。

从上述表示过程看，正弦矢量 $\dot{I}_{\mathrm{m}}\mathrm{e}^{\mathrm{j}\omega t}$ 是时间的函数。虽然它不是正弦量，但它的三个特征参数（长度、转速、与 x 轴正向夹角）分别表示正弦量的三要素（最大值、角频率和相位角），通过将 $\dot{I}_{\mathrm{m}}$ 在虚轴上进行投影，可方便地找到正弦量对应的瞬时值。

正弦矢量 $\dot{I}_{\mathrm{m}}\mathrm{e}^{\mathrm{j}\omega t}$ 在复平面初始位置时对应的复数为 $\dot{I}_{\mathrm{m}}=I_{\mathrm{m}}\mathrm{e}^{\mathrm{j}\psi}$，在 t 时刻对应的复数为 $\dot{I}_{\mathrm{m}}=I_{\mathrm{m}}\mathrm{e}^{\mathrm{j}(\omega t+\psi)}$。由于正弦交流电路中所有的电流和电压都是同频率的正弦量，表示它们的

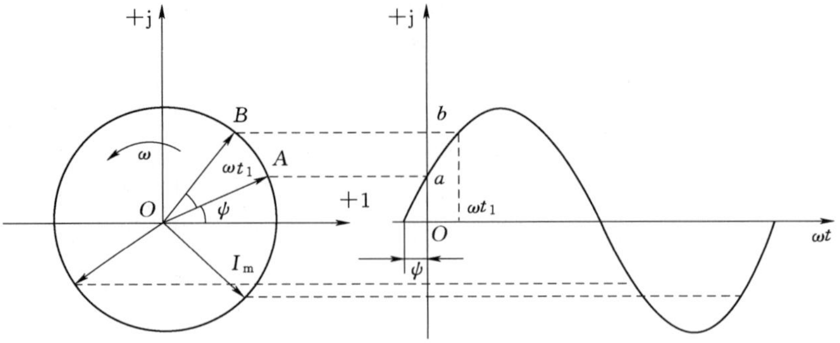

(a) 正弦矢量 (b) 正弦量

图 5-2-4 正弦矢量与正弦量的对应关系

旋转矢量的角速度相同，相对位置始终不变，所以可以不考虑它们的旋转，只用初始位置的矢量就能表示这些正弦量。所谓相量表示法就是用模值等于正弦量的最大值（或有效值），辐角等于正弦量的初相的复数表示相应的正弦量。这样的复数又叫做正弦量的相量（sinusoidal quantity's phasor）。

相量的模等于正弦量的有效值时，叫做有效值相量（effective value's phasor），用 $\dot{I}$、$\dot{U}$ 等表示；相量的模等于正弦量的最大值时，叫做最大值相量（maximum value's phasor），用 $\dot{I}_m$、$\dot{U}_m$ 等表示。表示符号上面的小圆点用来与普通复数相区别，这种命名和记法的目的是强调它是正弦量，但计算时与普通复数并无区别。

以上用电流相量表示正弦电流的方法同样适用于其他正弦量，如电压、电动势、磁通等。如已知正弦电压瞬时值表达式为

$$u=220\sqrt{2}\sin(314t+\psi_u)\text{V}$$

其相量表达式的指数形式为

$$\dot{U}_m=220\sqrt{2}\,e^{j\psi_u}\,\text{V} \quad 或 \quad \dot{U}=220e^{j\psi_u}\,\text{V}$$

习惯上多用正弦量的有效值相量的极坐标形式，即

$$\dot{U}=220\angle\psi_u\text{V} \qquad (5-2-2)$$

将同频率正弦量的相量画在复平面上所得的图叫做相量图（phasor diagram）。作相量图较为熟练以后，复平面的实轴和虚轴可以省略而不画出来。

需要注意的是，相量表示法是表示正弦量的一种方法，但两者并不相等，即 $i=\sqrt{2}\times I\sin(\omega t+\psi)\neq\dot{I}=I\angle\psi$。采用相量法表示正弦量，目的是简化运算，即将正弦交流电路分析时的三角函数运算转变为较简单的复数运算。但是，由于在相量表示法中并没反映正弦量的频率，因此只有在同频率的正弦量之间才能进行复数运算，画相量图时也只有同频率的正弦量才能画在同一图中。

在分析正弦交流电路时，常用电压或电流的相量形式 $\dot{U}$ 或 $\dot{I}$ 标注参考方向，用来代

替同一参考方向的正弦量 u 或 i。

[**Example 5-2-1**] In Fig. 5-2-5 (a), sinusoidal alternating current and sinusoidal alternating voltage are

$$i(t)=100\sqrt{2}\sin(\omega t-60°)\text{A}$$

$$u(t)=220\sqrt{2}\sin(\omega t+30°)\text{V}$$

Express the $i(t)$ and the $u(t)$ as phasors and draw up the phasor diagram.

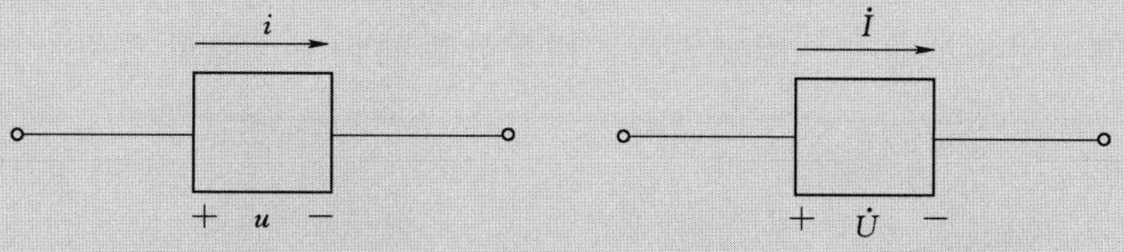

(a) the instantaneous value reference directions of current and voltage　(b) the phasor reference directions of current and voltage

Fig. 5-2-5　for Example 5-2-1

Solution:

In Fig. 5-2-5 (a), the instantaneous current and voltage can be expressed as phasors, accordingly, the reference directions can also be expressed as phasors, as shown in Fig. 5-2-5 (b).

For the reference directions of Fig. 5-2-5 (b), the phasor forms of $i(t)$ and $u(t)$ are

$$\dot{I}=100\angle-60°\text{A},\dot{U}=220\angle 30°\text{V}$$

Phasor diagram is shown as in Fig. 5-2-6. The phase relation between current and voltage can be clearly seen from Fig. 5-2-6, the voltage $\dot{U}$ leads the current $\dot{I}$ by 90°.

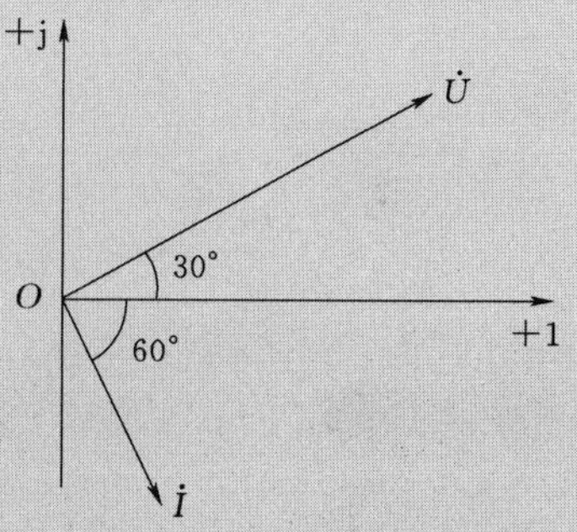

Fig. 5-2-6　phasor diagram for Example 5-2-1

(二) 同频率正弦量的运算

在电路的分析计算中，会碰到求正弦量的和差问题，利用三角函数进行计算时，其计算过程繁琐，引入相量表示法后，正弦量间的相加减转换成了复数运算，求解过程就比较方便了。

由数学知识可知：同频率的正弦量相加或相减所得结果仍是一个同频率的正弦量，即有定理：正弦量的和（差）的相量等于正弦量的相量和（差）。

设正弦量 i_1、i_2 的相量分别为 $\dot{I}_1$、$\dot{I}_2$，则 $i=i_1\pm i_2$ 的相量为

$$\dot{I}=\dot{I}_1\pm\dot{I}_2 \tag{5-2-3}$$

这个定理可用复数运算进行证明。

式（5-2-3）表明：正弦量用相量表示后，相同频率正弦量的相加（或相减）运算

就变成相应的相量相加（或相减）的运算，相量之间的相加减可按复数的和差或复平面上矢量的和差进行，交流电路中的计算问题就比较简便。

一般地，在进行交流电路分析计算时，用相量图做定性分析，由复数运算计算具体结果，再转换成对应的瞬时值表达式。

掌握用计算器进行复数运算，掌握复数的直角坐标形式（Rectangular form，Rec）和复数的极坐标形式（Polar form，Pol）的互换，在后面正弦交流电路的分析计算中很重要。

下面举例说明相量的一个重要应用：用于计算同频率正弦量之和。

［**Example 5-2-2**］ Two sine AC currents of the same frequency are:

$i_1=20\sin(\omega t+45°)\text{A}, i_2=10\sqrt{2}\sin(\omega t-30°)\text{A}$. Determine: $i=i_1+i_2$.

Solution:

Express i_1 and i_2 as phasors

$$\dot{I}_1=\frac{20}{\sqrt{2}}\angle 45°=14.14\angle 45°(\text{A}), \quad \dot{I}_2=10\angle -30°(\text{A})$$

Then

$$\begin{aligned}\dot{I} &=\dot{I}_1+\dot{I}_2=(14.14\angle 45°+10\angle -30°)\\ &=(10+\text{j}10+8.66-\text{j}5)\\ &=18.66+\text{j}5=19.3\angle 15°(\text{A})\end{aligned}$$

Therefore

$$i(t)=19.3\sqrt{2}\sin(\omega t+15°)\text{A}$$

相量 $\dot{I}_1$ 和 $\dot{I}_2$ 相加也可以用平行四边形法作图求出［图 5-2-7（a）］，也可以用更简便的三角形法作图求出［图 5-2-7（b）］。通常并不要求准确地作图，只是近似地画出相量的相位和模，得出定性的结果，以便于与以上的计算结果进行比较。

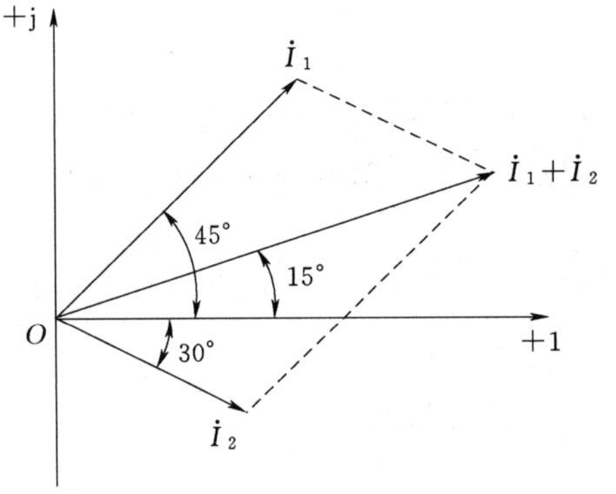

(a) 用平行四边形法作 $\dot{I}_1+\dot{I}_2$

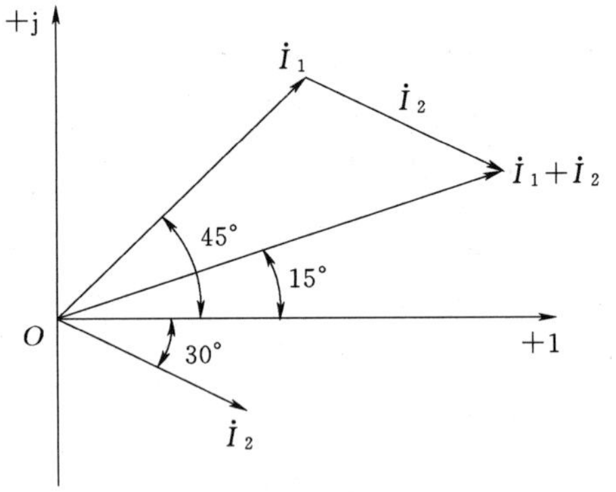

(b) 用三角形法作 $\dot{I}_1+\dot{I}_2$

图 5-2-7 用相量图求 $\dot{I}_1+\dot{I}_2$

这里需要指出两点：①两个正弦量相加减所得的正弦量有效值不等于每个正弦量的有效值相加减，如 $\dot{I}_1=\frac{20}{\sqrt{2}}\angle 45°\text{A}$，$\dot{I}_2=10\angle -30°\text{A}$，而 $\dot{I}_1+\dot{I}_2=19.3\angle 15°\text{A}$，则有 $19.3\neq\frac{20}{\sqrt{2}}+10$；②作相量图分析问题，是本课程要求培养的一项基本能力，学生从现在起就要注意这一点。

四、相量形式的基尔霍夫定律

（一）相量形式的基尔霍夫电流定律

基尔霍夫电流定律的实质是电流的连续性原理，适用于电路的任一瞬间，与元件性质无关。在正弦交流电路中，任一瞬间连接在电路任一结点（或闭合面）的各支路电流瞬时值的代数和为零，即

$$\sum i=0$$

既然适用于瞬时值，那么对正弦电流的解析式也同样适用，即连接在电路任一结点的各支路的正弦电流代数和为零。

正弦交流电路中各电流都是与电源同频率的正弦量，将这些正弦量用相量表示，便有：联接在电路任一结点的各支路电流的相量的代数和为零，即

$$\sum \dot{I}=0 \tag{5-2-4}$$

这就是适用于正弦交流电路的相量形式的基尔霍夫电流定律（Kirchhoff's current law in phasor form），也简称 KCL。应用 KCL 时，一般对参考方向流出结点的电流相量取“＋”，流入结点的电流相量取“－”。

由式（5-2-4）可知，正弦交流电路中连接在一个结点的各支路电流的相量组成一个闭合多边形。

（二）相量形式的基尔霍夫电压定律

根据能量守恒定律，基尔霍夫电压定律也同样适用于交流电路的任一瞬间，与元件性质无关。在正弦交流电路中，任一瞬间任一回路的各支路电压瞬时值的代数和为零，即

$$\sum u=0$$

既然适用于瞬时值，那么对正弦电压的解析式也同样适用，即任一回路的各支路的正弦电压代数和为零。

正弦交流电路中各支路电压都是与电源同频率的正弦量，将这些正弦量用相量表示，便有：在正弦交流电路中，任一回路的各支路电压的相量的代数和为零，即

$$\sum \dot{U}=0 \tag{5-2-5}$$

这就是适用于正弦交流电路的相量形式的基尔霍夫电压定律（Kirchhoff's voltage law in phasor form），也简称 KVL。应用 KVL 时，先对回路选一绕行方向，各支路电压参考方向与绕行方向一致时取“＋”，反之取“－”。

由式（5-2-5）可知，正弦交流电路中一个回路的各支路电压的相量组成一个闭合多边形。

Practice and Thinking

5-2-1 The phasors of several sine quantities at 50Hz are

$$\dot{U}=20\angle 0°\text{V}, \dot{I}_{\text{R}}=5\angle 0°\text{A}, \dot{I}_{\text{C}}=\text{j}6\text{A} \text{ and } \dot{I}=5.4\angle 63.5°\text{A}.$$

(1) Draw up the phasor diagrams.

(2) Write out the analytical formulas of each sine quantity respectively.

5-2-2 Given that $u_1(t)=33\sqrt{2}\sin(\omega t-30°)\text{V}$, $u_2(t)=44\sqrt{2}\sin(\omega t+60°)\text{V}$. Find the results of $\dot{U}_1+\dot{U}_2$, $\dot{U}_1-\dot{U}_2$ and draw up their phasor diagrams respectively.

5-2-3 Given the current $i(t)=0.3\sqrt{2}\sin 314t\text{A}$, the ballast voltage $u_{\text{L}}=180\sqrt{2}\sin(314t+90°)\text{V}$ and the lamp voltage $u_{\text{R}}=110\sqrt{2}\sin 314t\text{V}$ in the fluorescent lamp circuit. Find the power supply voltage $u(t)$ and draw up the phasor diagram.

任务三 单元件的正弦交流电路

Task 3 Sine AC Circuits of Single Component

一、电阻元件的正弦交流电路

（一）电压和电流的关系

在项目二任务二中知道，当选取电阻元件的电流 i、电压 u 的参考方向为关联参考方向，如图 5-3-1（a）所示，根据欧姆定律，有

$$u=Ri$$

即电阻元件上电压、电流的瞬时值仍遵循欧姆定律，是线性关系。

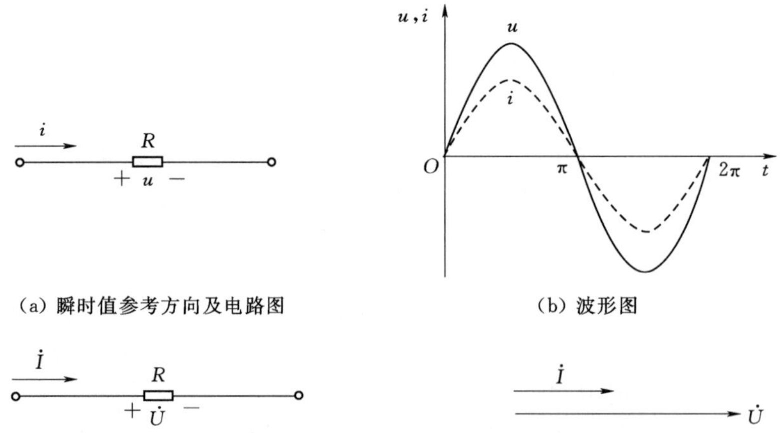

（a）瞬时值参考方向及电路图 （b）波形图

（c）相量参考方向及相量模型 （d）相量图

图 5-3-1 电阻元件中电流和电压的波形图、相量模型与相量图

设流过电阻元件的电流为

$$i(t)=\sqrt{2}I\sin(\omega t+\psi_i)$$

则电阻元件的电压为

$$u(t)=Ri(t)=\sqrt{2}RI\sin(\omega t+\psi_i)=\sqrt{2}U\sin(\omega t+\psi_u)$$

从而可得

$$U=RI \quad 或 \quad U_m=RI_m, \psi_u=\psi_i \tag{5-3-1}$$

结论 1：关联参考方向下电阻中的电压和电流同相，且有效值（或最大值）仍遵循欧姆定律。

将式（5－3－1）写成相量的形式，即

$$U\angle\psi_u=RI\angle\psi_i \quad 或 \quad \dot{U}=R\dot{I} \tag{5-3-2}$$

这就是正弦交流电路中电阻元件的电压和电流相量关系式，也可写作

$$\dot{I}=G\dot{U} \tag{5-3-3}$$

相应地，可画出正弦交流电路中电阻元件的相量模型（phasor model of resistance component）[图 5－3－1（c）]。

图 5－3－1（b）和图 5－3－1（d）分别画出了电阻元件中电流、电压的波形图和相量图，因电压和电流同相，为了简化，设 $\psi_u=\psi_i=0$。

（二）功率

在交流电路中，通过电阻元件的电流及其两端的电压是交变的，故电阻各瞬间消耗的功率也必定随时间变化。电阻元件在任一瞬间吸收或消耗的功率称为瞬时功率（instantaneous power），用小写字母 p 表示，单位为瓦特（W）。当电压和电流选择关联参考方向时，它等于同一瞬时电压和电流瞬时值的乘积，即

$$p(t)=u(t)i(t)$$

设

$$u=\sqrt{2}U\sin\omega t, i=\sqrt{2}I\sin\omega t$$

则瞬时功率为

$$\begin{aligned} p &= ui=\sqrt{2}U\sin\omega t\times\sqrt{2}I\sin\omega t \\ &=2UI\sin^2\omega t=UI-UI\cos2\omega t \end{aligned} \tag{5-3-4}$$

式（5－3－4）表明：瞬时功率是随时间变化的，由两部分组成。第一部分是电压和电流有效值的乘积 UI，是常量；第二部分是幅值为 UI，角频率为 2ω 的交变量 $-UI\cos2\omega t$。电阻元件瞬时功率 p 的波形图如图 5－3－2 所示。

由于电阻元件的电压和电流同相位，它们的瞬时值总是同时为正或为负，所以瞬时功率 p 总为正，从波形图上看，p 在横轴以上。或者说，对于任何瞬间，恒有 $p\geqslant0$。

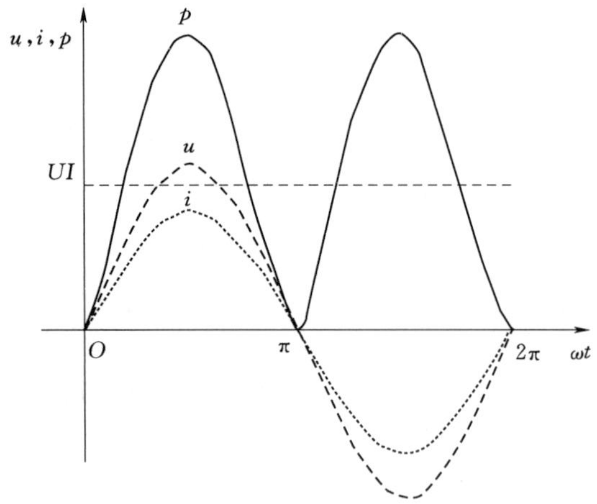

图 5-3-2 电阻元件瞬时功率波形图

结论 2：电阻是耗能元件（energy dissipation component）。

瞬时功率 p 随时间变化，不能表示电阻元件的实际耗能效果。为此，取瞬时功率 p 在一个周期内的平均值，称为平均功率（average power），用大写字母 P 表示，单位为瓦特（W）。平均功率又称为有功功率（active power）。

根据上述定义，有

$$P=\frac{1}{T}\int_0^T p(t)\mathrm{d}t$$

将电阻的瞬时功率表达式（5-3-4）代入，得

$$\begin{aligned}P&=\frac{1}{T}\int_0^T (UI-UI\cos 2\omega t)\mathrm{d}t\\&=\frac{1}{T}\int_0^T UI\mathrm{d}t-\frac{1}{T}\int_0^T UI\cos 2\omega t\,\mathrm{d}t\end{aligned}$$

式中第二项为零，故

$$P=UI=I^2R=\frac{U^2}{R}=GU^2=\frac{I^2}{G} \tag{5-3-5}$$

式（5-3-5）的形式与直流电路中的完全相同，但各符号的意义与直流电路中的完全不同。此处，式中的 U、I 均指正弦量的有效值。

［**Example 5-3-1**］An electric iron with nominal value of “220V，75W” and its voltage is $u=220\sqrt{2}\sin(100\pi t+30°)$V. Calculate：

（1） Its current effective value and active power.

（2） Its power consumption in 20 hours.

Solution：

（1） Its current effective value is

$$I=\frac{P}{U}=\frac{75}{220}=0.34(\mathrm{A})$$

Because its voltage is rated，its active the power consumed is 75W.

（2） Its power consumption in 20 hours is

$$W=75\times 20\mathrm{W}\cdot\mathrm{h}=1500\mathrm{W}\cdot\mathrm{h}=1.5\mathrm{kW}\cdot\mathrm{h}$$

二、电感元件的正弦交流电路

（一）电压和电流的关系

在项目二任务二中知道，当选取电感元件的电流 i、电压 u 的参考方向为关联参考方

向，如图 5 - 3 - 3（a）所示，根据电磁感应定律，有

$$u=L\frac{\mathrm{d}i}{\mathrm{d}t}$$

设流过电感元件的电流为

$$i(t)=\sqrt{2}I\sin(\omega t+\psi_{\mathrm{i}})$$

则电感元件两端的电压为

$$\begin{aligned}u(t)&=L\frac{\mathrm{d}}{\mathrm{d}t}[\sqrt{2}I\sin(\omega t+\psi_{\mathrm{i}})]\\&=\sqrt{2}\omega LI\cos(\omega t+\psi_{\mathrm{i}})\\&=\sqrt{2}\omega LI\sin(\omega t+\psi_{\mathrm{i}}+90^\circ)\\&=\sqrt{2}U\sin(\omega t+\psi_{\mathrm{u}})\end{aligned}$$

则有

$$\left.\begin{aligned}U&=\omega LI\\ \text{或}\quad U_{\mathrm{m}}&=\omega LI_{\mathrm{m}},\psi_{\mathrm{u}}=\psi_{\mathrm{i}}+90^\circ\end{aligned}\right\}\tag{5-3-6}$$

可见，关联参考方向下，电感元件电压的相位超前电流 90°，它们的有效值关系为 $U=\omega LI$，用相量形式表示为

$$U\angle\psi_{\mathrm{u}}=\omega LI\angle(\psi_{\mathrm{i}}+90^\circ)$$

或

$$\dot{U}=\mathrm{j}\omega L\dot{I}\tag{5-3-7}$$

这就是正弦交流电路中电感元件的电压和电流相量关系式。式（5 - 3 - 6）中，电压和电流的有效值之比为

$$\frac{U}{I}=\omega L=X_{\mathrm{L}}\tag{5-3-8}$$

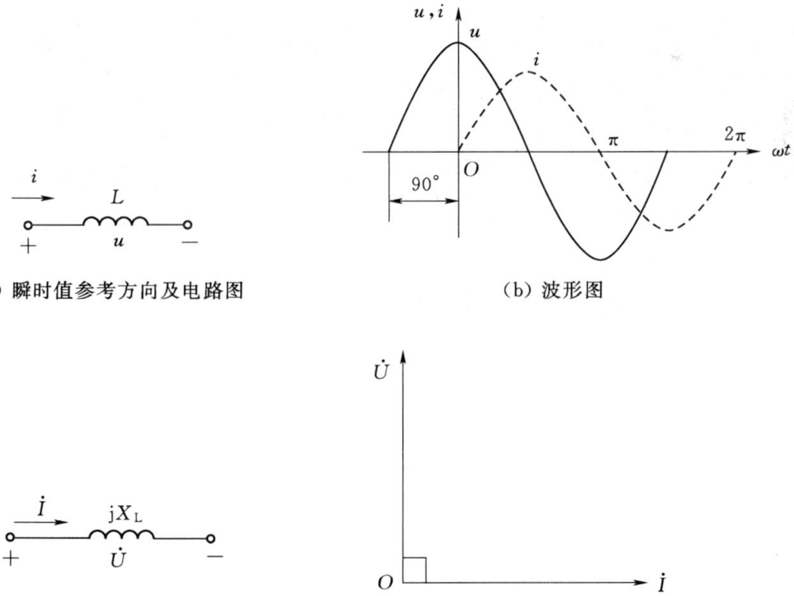

（a）瞬时值参考方向及电路图　（b）波形图

（c）相量参考方向及相量模型　（d）相量图

图 5 - 3 - 3　电感元件中电流和电压的波形图、相量模型与相量图

其中
$$X_L = \omega L = 2\pi f L$$

式中 X_L——感抗（inductive reactance），具有电阻的量纲，而且带有对抗电流流过的性质，Ω。

结论 1：引入感抗 X_L 以后，电感元件电压和电流的有效值（或最大值）之间具有欧姆定律的形式。

由式（5-3-8）看出，电感元件的感抗与其电感 L 及电源的频率 f 成正比。在电感 L 一定的情况下，电感元件的感抗与频率成正比，频率越高，X_L 越大，在一定电压下，I 愈小；在直流情况下，$\omega=0$，$X_L=0$，电感元件相当于短路。

结论 2：电感元件在交流电路中具有通低频阻高频的特性。

引入感抗后，式（5-3-7）可写作

$$\dot{U} = \mathrm{j} X_L \dot{I} \tag{5-3-9}$$

有时要用到感抗的倒数，记为

$$B_L = \frac{1}{X_L} = \frac{1}{\omega L} \tag{5-3-10}$$

式中 B_L——感纳（inductive susceptance），S。

于是式（5-3-9）可写成

$$\dot{I} = -\mathrm{j} B_L \dot{U} \tag{5-3-11}$$

相应地，可画出正弦交流电路中电感元件的相量模型（phasor model of inductance component）［图 5-3-3（c）］。

图 5-3-3（b）和图 5-3-3（d）分别画出了电感元件中电流、电压的波形图和相量图，电压相位超前电流相位 90°，为了简化，设 $\psi_i=0$。

［**Example 5-3-2**］In the circuit shown in Fig. 5-3-4（a），the reading of Ⓐ₁ and Ⓐ₂ in the ammeter are 5A respectively. Find the readings of Ⓐ in the ammeter.

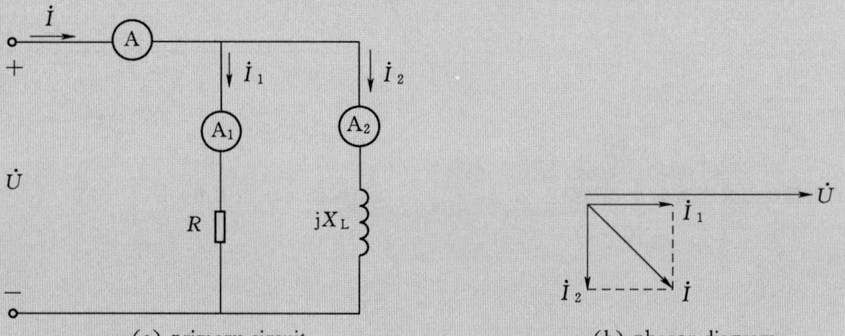

(a) primary circuit (b) phasor diagram

Fig. 5-3-4 for Example 5-3-2

Solution:

Assuming the terminal voltage as the reference phasor, that is $\dot{U}=U\angle 0°\mathrm{V}$

Method 1:

Draw up the corresponding phasor diagram as shown in Fig. 5-3-4 (b), which is obtained from the phasor diagram.

The Ⓐ reading in the ammeter is

$$I=\sqrt{I_1^2+I_2^2}=\sqrt{5^2+5^2}=5\sqrt{2}(A)$$

Method 2:

Setting the reference directions of the voltage and current are shown in Fig. 5-3-4 (a), similarly assuming $\dot{U}=U\angle 0°V$, then

$$\dot{I}_1=5\angle 0°A \quad \text{(in same phase with voltage)}$$

$$\dot{I}_2=5\angle -90°A \quad \text{(lagging the voltage by 90°)}$$

Applying KCL in phasor form

$$\dot{I}=\dot{I}_1+\dot{I}_2=5\angle 0°+5\angle -90°=5-5j=5\sqrt{2}\angle -45°(A)$$

Then the Ⓐ reading in the ammeter is $5\sqrt{2}$ A.

(二) 功率

只含电感元件的交流电路中，电感电压和电流瞬时值的乘积也称为该电路的瞬时功率，用 p 表示，当电压和电流的参考方向关联时，并设电流初相为零，即 $\psi_i=0$，则有

$$\begin{aligned}p(t)&=u(t)i(t)=\sqrt{2}U\sin(\omega t+90°)\sqrt{2}I\sin\omega t\\&=2UI\sin\omega t\cos\omega t=UI\sin 2\omega t\end{aligned} \tag{5-3-12}$$

图 5-3-5 画出了电感元件 p 的波形图。它按正弦规律变化，最大值为 UI，频率为电流或电压频率的两倍。

从波形图可以看出，在第 1 个和第 3 个 $\frac{1}{4}$ 周期内，电感电压和电流同时为正或为负，瞬时功率为正。在此期间，由于电感电流绝对值 $|i|$ 从零增长到最大值，这时电感元件从电源吸收电能转换成磁场能储存在磁场中，当电流绝对值达到最大值时，它所储存的磁场能也达到最大值，且有

$$W_L=\frac{1}{2}LI_m^2=LI^2$$

在第 2 个和第 4 个 $\frac{1}{4}$ 周期内，电感电压和电流一个为正值，另一个为负值，瞬时功率为负。在此期间，由于电感电流绝对值 $|i|$ 从最大值下降到零，这时电感元件中所建立的磁场也随时间在消失，电感中储存的磁场能量释放出来，转换为电能返还给电源，释放的能量等于吸收的能量，故它是储能元件，只与外电路进行能量交换，本身不消耗能量，即它在一个周期内的平均功率为零。

$$P=\frac{1}{T}\int_0^T p(t)\mathrm{d}t=\frac{1}{T}\int_0^T UI\sin 2\omega t\,\mathrm{d}t=0$$

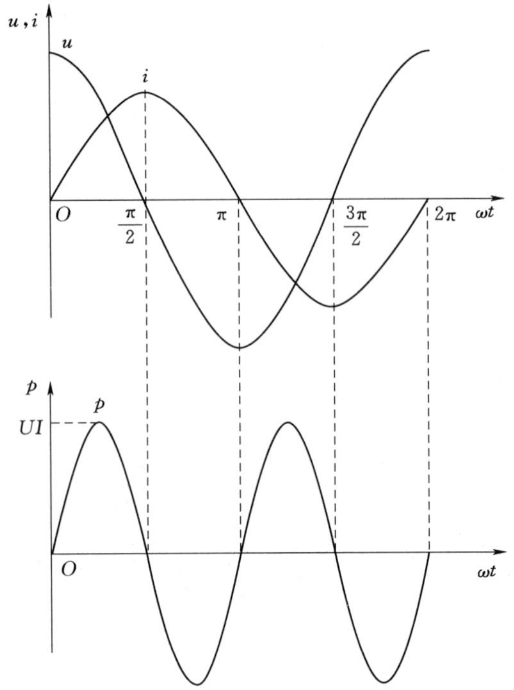

图 5-3-5 电感元件瞬时功率波形图

由上述可知，电感元件在交流电路中，虽然不消耗电能，但它还要和电源不断地进行能量交换。为了衡量能量交换的规模，取瞬时功率的最大值 UI 作为能量交换规模的大小，引入无功功率（reactive power），即

$$Q_L = UI = I^2 X_L = \frac{U^2}{X_L} \qquad (5-3-13)$$

无功功率反映了储能元件（电感元件和电容元件）与其外部交换能量的规模。“无功”的含义是“功率交换而不消耗”，并不是“无用”。无功功率的单位用乏（vol-ampere reactive，var）表示，区别于有功功率的单位瓦特。电感元件吸收的无功功率是感性无功功率（inductive reactive power）无功功率，感性无功功率在电力系统中占有很重要的地位。电力系统中具有电感的设备如变压器、电动机等，没有磁场就不能工作，而它们的磁场能量是由电源供应的，电源必须和具有电感的设备进行一定规模的能量交换，或者说电源必须向具有电感的设备供应一定数量的感性无功功率。与无功功率相对应，工程上还常把平均功率称为有功功率。

[**Example 5-3-3**] A 0.6H inductor is connected to a power supply with a voltage of $u(t)=220\sqrt{2}\sin(314t-60°)$V.

(1) Determine the current analytic formula of the inductor $i(t)$ and the reactive power Q_L absorbed by it.

(2) If the frequency of the power supply is changed to 150 Hz, the voltage effective value remains unchanged, how much are the current effective value of the inductor and the reactive power absorbed?

Solution:

(1) The voltage phasor is $\dot{U}=220\angle-60°$ V, the inductive reactance of this inductor is

$$X_L=\omega L=314\times0.6=188.4(\Omega)$$

$$\dot{I}=\frac{\dot{U}}{jX_L}=\frac{220\angle-60°}{j188.4}=\frac{220\angle-60°}{188.4\angle90°}=1.17\angle-150°(\text{A})$$

The current analytic formula is

$$i(t)=1.17\sqrt{2}\sin(314t-150°)\text{A}$$

The reactive power absorbed by this inductor is

$$Q_L = UI = 220\times 1.17 = 257.49(\text{var})$$

(2) The inductive reactance is proportional to the frequency, the frequency will be three times of the original one, or $\frac{150}{50}=3$, and the inductive reactance is also three times of the original one. Supposing the voltage effective value remains unchanged, according

$$I = \frac{U}{X_L}$$

The current I changes to the one third of the original one, that is

$$I' = \frac{1}{3}\times 1.17 = 0.39(\text{A})$$

The absorbed reactive power is also reduced to one third of the original one, that is

$$Q_L' = \frac{1}{3}\times 257.49 = 85.8(\text{var})$$

三、电容元件的正弦交流电路

(一) 电压和电流的关系

在项目二任务二中知道，当选取电容元件的电压 u、电流 i 的参考方向为关联参考方向，如图 5-3-6 (a) 所示，则有

$$i = C\frac{\mathrm{d}u}{\mathrm{d}t}$$

设电容元件的电压为

$$u(t) = \sqrt{2}U\sin(\omega t + \psi_u)$$

则电容元件的电流为

$$\begin{aligned} i(t) &= C\frac{\mathrm{d}}{\mathrm{d}t}[\sqrt{2}U\sin(\omega t + \psi_u)] \\ &= \sqrt{2}\omega CU\cos(\omega t + \psi_u) \\ &= \sqrt{2}\omega CU\sin(\omega t + \psi_u + 90^\circ) \\ &= \sqrt{2}I\sin(\omega t + \psi_i) \end{aligned}$$

则有

$$I = \omega CU$$

或

$$\left.\begin{array}{c} I_m = \omega CU_m, \psi_i = \psi_u + 90^\circ \end{array}\right\} \quad (5-3-14)$$

可见，关联参考方向下，电容元件电流的相位超前电压 90°，它们的有效值关系为 $I=\omega CU$，用相量形式表示为

$$I\angle\psi_i = \omega CU\angle(\psi_u + 90^\circ)$$

或

$$\dot{I} = \mathrm{j}\omega C\dot{U} \quad (5-3-15)$$

这就是正弦交流电路中电容元件的电压和电流相量关系式。式（5-3-15）中，电压和电流的有效值之比为

$$\frac{U}{I}=\frac{1}{\omega C}=X_C \tag{5-3-16}$$

其中

$$X_C=\frac{1}{\omega C}=\frac{1}{2\pi fC}$$

式中 X_C——容抗（capacitive reactance），具有电阻的量纲，而且带有对抗电流流过的性质，Ω。

结论1：引入容抗 X_C 以后，电容电压和电流的有效值（或最大值）之间具有欧姆定律的形式。

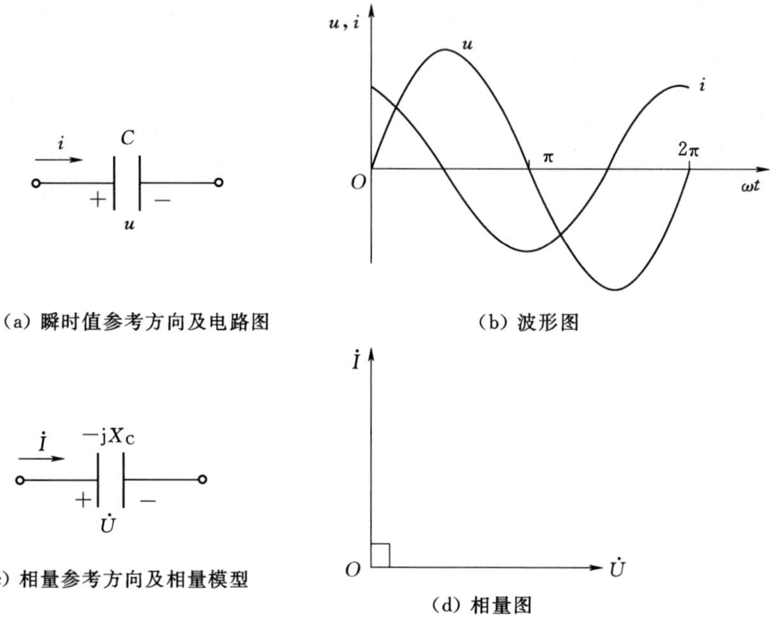

(a) 瞬时值参考方向及电路图　(b) 波形图

(c) 相量参考方向及相量模型　(d) 相量图

图 5-3-6 电容元件中电流和电压的波形图、相量模型与相量图

由式（5-3-16）看出，电容元件的容抗与其电容 C 及电源的频率 f 成反比。在电容 C 一定的情况下，电容元件的感抗与频率成反比，频率愈高，X_C 愈小，在一定电压下，I 愈大；在直流情况下，$\omega=0$，$X_C=0$，电容元件相当于开路。

结论2：电容元件在交流电路中具有隔直通交和通高频阻低频的特性。

引入容抗后，式（5-3-15）可写作

$$\dot{I}=\mathrm{j}\frac{1}{X_C}\dot{U}$$

或

$$\dot{U}=-\mathrm{j}X_C\dot{I} \tag{5-3-17}$$

有时要用到容抗的倒数，记为

$$B_C=\frac{1}{X_C}=\omega C \tag{5-3-18}$$

式中　B_C——容纳（capacitive susceptance），S。

于是式（5-3-17）可写成

$$\dot{I}=\mathrm{j}B_C\dot{U} \tag{5-3-19}$$

相应地，可画出正弦交流电路中电容元件的相量模型（phasor model of capacitance component）[图5-3-6（c）]。

图5-3-6（b）和图5-3-6（d）分别画出了电容元件中电流、电压的波形图和相量图，电流相位超前电压90°，为了简化，设 $\psi_u=0$。

（二）功率

只含电容元件的交流电路中，电容电压和电流瞬时值的乘积也称为该电路的瞬时功率，用 p 表示，当电压和电流的参考方向关联时，并设电压初相为零，即 $\psi_u=0$，则有

$$\begin{aligned}p(t)&=u(t)i(t)=\sqrt{2}U\sin\omega t\sqrt{2}I\sin(\omega t+90°)\\&=2UI\sin\omega t\cos\omega t=UI\sin2\omega t\end{aligned} \tag{5-3-20}$$

图5-3-7画出了电容元件 p 的波形图。它按正弦规律变化，最大值为 UI，频率为电流或电压频率的两倍。

从波形图可以看出，在第1个和第3个 $\frac{1}{4}$ 周期内，电容电压和电流同时为正或为负，瞬时功率为正。在此期间，由于电容电压绝对值 $|u|$ 从零增长到最大值，电容元件进行充电，这时电容元件从电源吸收电能转换成电场能储存在电场中，当电压绝对值达到最大值时，它所储存的电场能也达到最大值，且有

$$W_C=\frac{1}{2}CU_m^2=CU^2$$

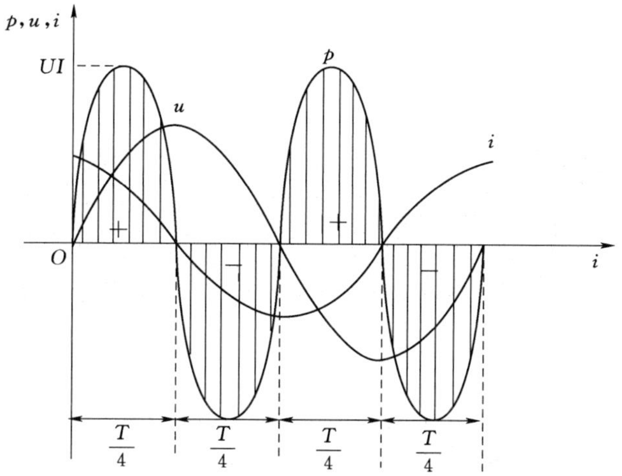

图5-3-7　电容元件瞬时功率波形图

在第2个和第4个 $\frac{1}{4}$ 周期内，电容电压和电流一个为正值，另一个为负值，瞬时功率为负。在此期间，由于电容电压绝对值 $|u|$ 从最大值下降到零，电容元件进行放电，这时电容元件中所建立的电场也随时间在消失，电容中储存的电场能量释放出来，转换为电能返还给电源，释放的能量等于吸收的能量，故它也是储能元件，只与外电路进行能量交换，本身不消耗能量，即它在一个周期内的平均功率为零。

$$P=\frac{1}{T}\int_0^T p(t)\mathrm{d}t=\frac{1}{T}\int_0^T UI\sin2\omega t\,\mathrm{d}t=0$$

由上可知，电容元件在交流电路中，虽然不消耗电能，但它还要和电源不断地进行能量交换。为了衡量能量交换的规模，取瞬时功率的最大值作为能量交换规模的大小，引入无功功率，即

$$Q_C = UI = I^2 X_C = \frac{U^2}{X_C} \tag{5-3-21}$$

式中 Q_C——容性无功功率（capacitive reactive power），var 或 kvar。

［**Example 5-3-4**］ A 10μF capacitance element is connected to the sine AC power supply（$f=50$Hz，$U=220$V）. Determine：

（1） the capacitive reactance X_C， current I and reactive power Q_C.

（2） if the power supply frequency is increased to 150Hz， how much are the capacitive reactance， current and reactive power respectively?

Solution：

（1） The capacitive reactance is

$$X_C = \frac{1}{\omega C} = \frac{1}{2\pi \times 50 \times 10 \times 10^{-6}} \approx 318.3(\Omega)$$

The capacitive current is

$$I = \frac{U}{X_C} = \frac{220}{318.3} \approx 0.69(\mathrm{A})$$

The reactive power is

$$Q_C = UI = 220 \times 0.69 = 151.8(\mathrm{var})$$

（2） The capacitive reactance is inversely proportional to the frequency， and when the frequency is three times of the original one， the capacitive reactance becomes one third of the original one， that is

$$X'_C = \frac{1}{3} \times 318.3 = 106.1(\Omega)$$

Supposing the voltage effective value remains unchanged， according

$$I = \frac{U}{X_C}$$

The current is three times as large as the original one， that is

$$I' = 3 \times 0.69 = 2.07(\mathrm{A})$$

The absorbed reactive power is also three times as much as the original one， that is

$$Q'_C = 3 \times 151.8 = 455.4(\mathrm{var})$$

由此可见，电源电压一定时，频率越高，容抗越小，电容电流越大。

以上分别分析了电阻元件、电感元件、电容元件在正弦交流电路中的特性。这三种单一元件中电压电流的大小和相位关系以及功率特性，是今后分析计算正弦交流电路的基础。现将三种元件电路的交流特性总结于表 5-3-1 中。

表 5-3-1　　R、L、C 元件的电压电流关系和功率特性

电路元件		R	L	C
电路图	瞬时值关系	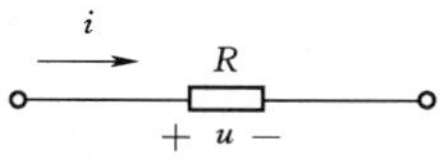 $u=Ri$	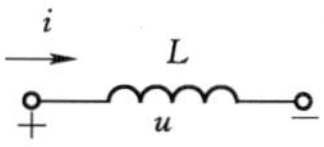 $u=L\frac{di}{dt}$	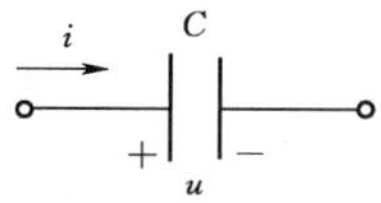 $i=C\frac{du}{dt}$
	相量模型及相量关系	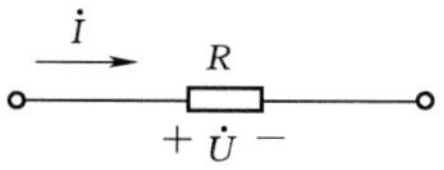 $\dot{U}=R\dot{I}$	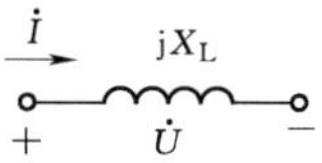 $\dot{U}=jX_L\dot{I}$	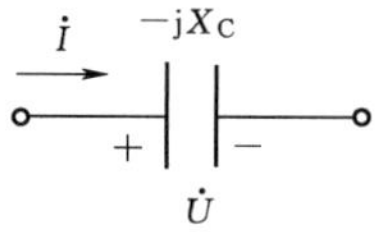 $\dot{U}=-jX_C\dot{I}$
瞬时值表达式		$i=\sqrt{2}I\sin\omega t$ $u=\sqrt{2}RI\sin\omega t$	$i=\sqrt{2}I\sin\omega t$ $u=\sqrt{2}X_LI\sin(\omega t+90°)$ 感抗 $X_L=\omega L=2\pi f$	$i=\sqrt{2}I\sin(\omega t+90°)$ $u=\sqrt{2}X_CI\sin\omega t$ 容抗 $X_C=\frac{1}{\omega C}=\frac{1}{2\pi fC}$
电压电流关系	相位关系（相量图）	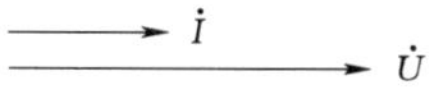	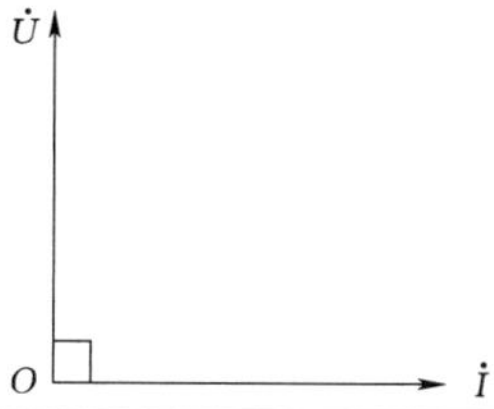	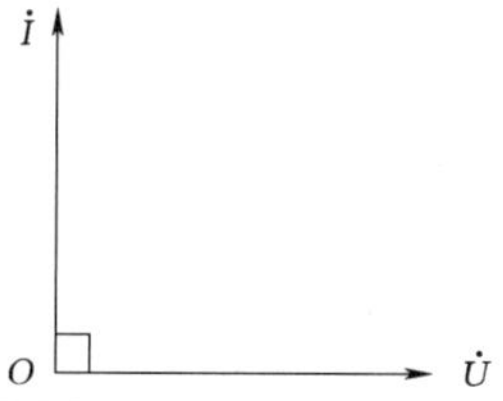
	有效值关系	$U=RI$	$U=X_LI$	$U=X_CI$
平均功率（有功功率）		$P=UI=I^2R=\frac{U^2}{R}$	$P=0$	$P=0$
无功功率		$Q=0$	$Q_L=UI=I^2X_L=\frac{U^2}{X_L}$	$Q_C=UI=I^2X_C=\frac{U^2}{X_C}$

四、电容与电感的联接

（一）电容的联接

1. 并联

使用实际的电容器，当电容量不够时可将几个电容器并联使用。图 5-3-8（a）所示的是三个电容并联，设端口电压为 u，当各个电容充电结束后，它们的两极板间电压都相等，并等于端口电压 u。因此，三个电容元件的电荷量分别为 $q_1=C_1u$、$q_2=C_2u$、$q_3=C_3u$。若用一个等效电容来代替，则等效电容的电荷量应是三个电容元件电荷量之和，即

$$q=q_1+q_2+q_3=C_1u+C_2u+C_3u=(C_1+C_2+C_3)u$$

故得并联的等效电容为

$$C=C_1+C_2+C_3 \tag{5-3-22}$$

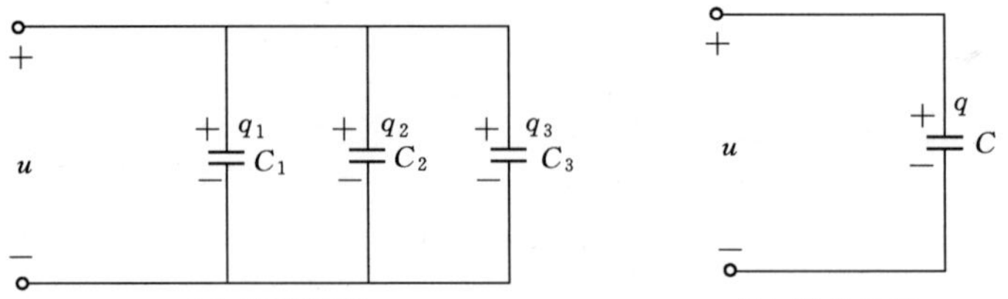

(a) 电容并联　　(b) 等效电容

图 5-3-8　电容的并联

2. 串联

若单个电容耐压不够，可以将几个电容串联使用。图 5-3-9（a）所示的是三个电容串联。如果将这一组电容接到电压为 u 的电源上，电容就会被充电。充电结束后，与外界相联的两极板充有等量的异性电荷 q，中间的各极板因静电感应而产生等量异号的感应电荷。这样，每个电容极板的电荷相等，都为 q，每个电容的电压分别为 u_1、u_2、u_3，由 KVL 得总电压为

$$u=u_1+u_2+u_3=\frac{q}{C_1}+\frac{q}{C_2}+\frac{q}{C_3}$$

$$=\left(\frac{1}{C_1}+\frac{1}{C_2}+\frac{1}{C_3}\right)q$$

故得串联的等效电容为

$$C=\frac{q}{u}=\frac{1}{\frac{1}{C_1}+\frac{1}{C_2}+\frac{1}{C_3}}$$

即

$$\frac{1}{C}=\frac{1}{C_1}+\frac{1}{C_2}+\frac{1}{C_3} \tag{5-3-23}$$

同时由于

$$C_1u_1=C_2u_2=C_3u_3=q$$

所以有

$$u_1:u_2:u_3=\frac{1}{C_1}:\frac{1}{C_2}:\frac{1}{C_3} \tag{5-3-24}$$

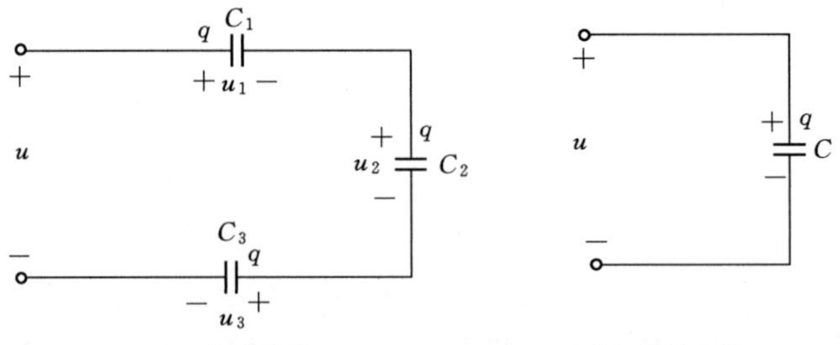

(a) 电容串联　　(b) 等效电容

图 5-3-9　电容的串联

即串联电容的电压与电容量成反比，电容值小的电容元件承受的电压较高，在实际应用中应注意，以免电容的电介质被击穿。

（二）无互感电感的联接

图 5-3-10（a）为电感串联电路，各电压电流参考方向相关联，由电感元件的电压电流关系得

$$u_1=L_1\frac{\mathrm{d}i}{\mathrm{d}t},u_2=L_2\frac{\mathrm{d}i}{\mathrm{d}t},u_3=L_3\frac{\mathrm{d}i}{\mathrm{d}t}$$

由 KVL，端口电压为

$$u=u_1+u_2+u_3=(L_1+L_2+L_3)\frac{\mathrm{d}i}{\mathrm{d}t}=L\frac{\mathrm{d}i}{\mathrm{d}t}$$

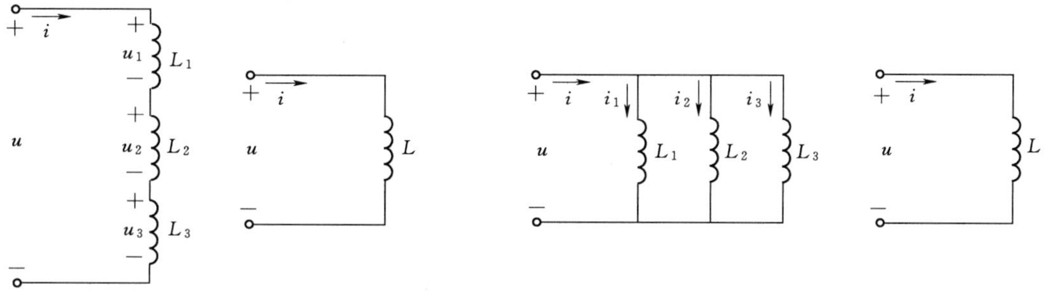

（a）电感串联电路　　（b）电感并联电路

图 5-3-10　无互感电感的联接

即电感串联后的等效电感为各串联电感之和，即

$$L=L_1+L_2+L_3 \tag{5-3-25}$$

电感并联电路如图 5-3-10（b）所示，利用电感元件上电压、电流的积分关系可得，电感并联电路等效电感的倒数等于并联电感倒数之和，即

$$\frac{1}{L}=\frac{1}{L_1}+\frac{1}{L_2}+\frac{1}{L_3} \tag{5-3-26}$$

Practice and Thinking

5-3-1　There is an incandescent lamp, its voltage is 220V and its power is 60W.

(1) Find its resistance.

(2) If the initial phase of the current is 60°, write out its analytical formula of current and voltage, furthermore, draw up its phasor diagram.

5-3-2　There is a light bulb labeled “220V, 25W”, connected it to a 220V power supply.

(1) Find the resistance of the light bulb and the current I through the light bulb.

(2) If it is used for 4 hours every night, how much energy is consumed in a month? (30 days a month)

5－3－3 The voltage of an inductor（$L=0.6\text{H}$）is $u(t)=220\sqrt{2}\times\sin 100\pi t\ \text{V}$. Find：

（1）The current $i(t)$ and the reactive power Q_L of the inductor element.

（2）The maximum of magnetic field energy W_{Lm} in the inductor element.

5－3－4 It is known that the readings of A_1 and A_2 in the ammeter of the circuits shown in Fig. 5－3－11 are 10A respectively. Determine the Ⓐ reading in the ammeter respectively.

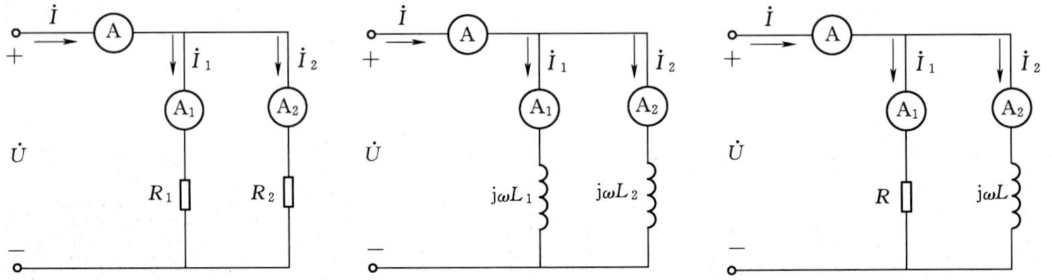

Fig. 5－3－11 for Practice 5－3－4

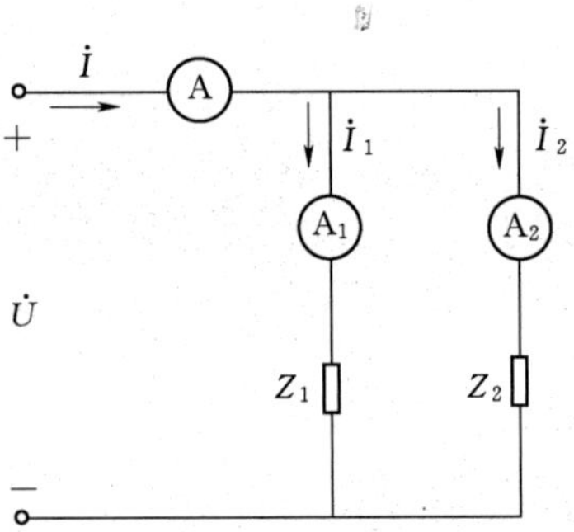

Fig. 5－3－12 for Practice 5－3－6

5－3－5 There is an industrial capacitor（$C=20\mu\text{F}$），the voltage between its two poles is $u(t)=4000\sqrt{2}\sin 100\pi t$. Find：

（1）the current $i(t)$ and reactive power Q_C of the capacitor element.

（2）the maximum of electric field energy W_{Cm} in the capacitor element.

5－3－6 As shown in Fig. 5－3－12，the readings of A_1 and A_2 in the ammeter are $I_1=3\text{A}$，$I_2=4\text{A}$ respectively.

（1）If $Z_1=R$，$Z_2=-\text{j}X_C$，what should the Ⓐ reading in the ammeter?

（2）If $Z_1=R$，what parameters of Z_2 can be used to maximize the Ⓐ reading in the ammeter? What is the reading?

（3）If $Z_1=\text{j}X_L$，what parameters of Z_2 can be used to minimize the Ⓐ reading at ammeter? What is the reading?

5－3－7 Find the equivalent capacitances and port voltages of those circuits shown in Fig. 5－3－13 respectively.

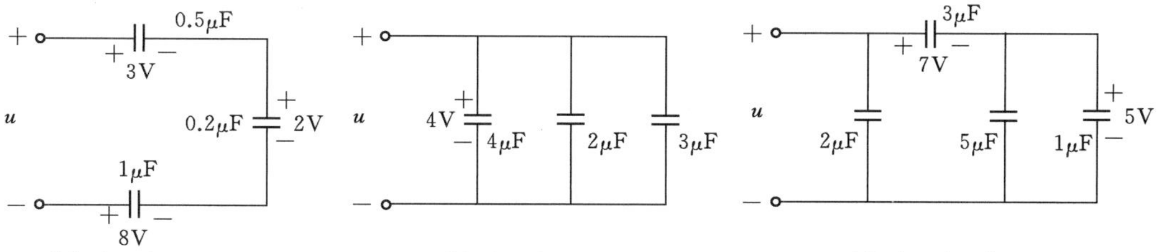

(a) situation one (b) situation two (c) situation three

Fig. 5-3-13 for Practice 5-3-7

任务四 RLC 串联电路的分析

Task 4 Analysis of RLC Series Circuits

一、RLC 串联电路的电压电流关系

RLC 串联电路如图 5-4-1 (a) 所示，设电路中的电流为 $i=\sqrt{2}I\sin(\omega t+\psi_i)$，对应的相量为 $\dot{I}=I\angle\psi_i$，通过 R、L 和 C 元件，分别产生电压降为 u_R、u_L 和 u_C，相应的相量为 $\dot{U}_R$、$\dot{U}_L$ 和 $\dot{U}_C$，每个元件的电压电流关系为

$$\left.\begin{aligned}\dot{U}_R&=R\dot{I}\\ \dot{U}_L&=jX_L\dot{I}\\ \dot{U}_C&=-jX_C\dot{I}\end{aligned}\right\} \tag{5-4-1}$$

而端口总电压为 $u=u_R+u_L+u_C$，对应的相量形式为

$$\dot{U}=\dot{U}_R+\dot{U}_L+\dot{U}_C$$

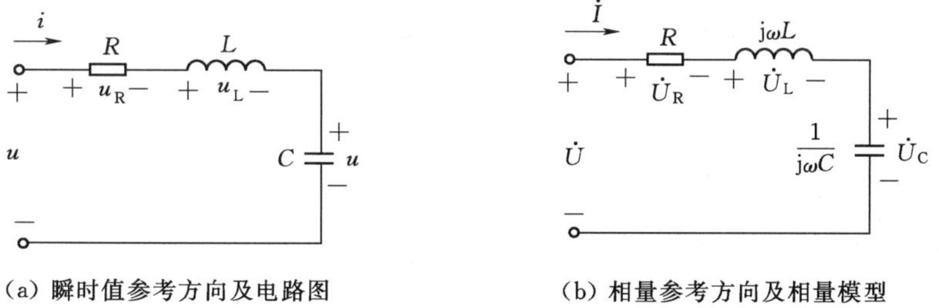

(a) 瞬时值参考方向及电路图 (b) 相量参考方向及相量模型

图 5-4-1 RLC 串联电路

将式 (5-4-1) 代入整理得

$$\dot{U}=[R+j(X_L-X_C)]\dot{I}$$

定义复阻抗 (complex impedance) 等于端口电压相量与端口电流相量 (它们为关联

参考方向）的比值，单位为欧姆（Ω），即 $Z=\dfrac{\dot{U}}{\dot{I}}$。则有

$$Z=R+\mathrm{j}(X_{\mathrm{L}}-X_{\mathrm{C}})=R+\mathrm{j}X \tag{5-4-2}$$

可见，复阻抗是电路的一个复数参数，而不是表示正弦量的相量，为了区别起见，复阻抗只用大写字母表示，而不加点。式（5-4-2）为复阻抗的代数形式，其实部 R 就是所研究电路的电阻（resistance），虚部 $X=X_{\mathrm{L}}-X_{\mathrm{C}}$，称为电抗（reactance），单位为 Ω。

引入复阻抗 Z 后，端口电压相量与端口电流相量关系可简写为

$$\dot{U}=Z\dot{I} \tag{5-4-3}$$

式（5-4-3）称为相量形式的欧姆定律（Ohm's law in phasor form），RLC 串联电路相量模型如图 5-4-1（b）所示。

复阻抗也可以用极坐标形式表示为

$$Z=|Z|\angle\varphi \tag{5-4-4}$$

其中

$$\left.\begin{aligned}|Z|&=\sqrt{R^2+X^2}\\ \varphi&=\arctan\left(\frac{X}{R}\right)=\arctan\left(\frac{X_{\mathrm{L}}-X_{\mathrm{C}}}{R}\right)\end{aligned}\right\}$$

且

$$\left.\begin{aligned}R&=|Z|\cos\varphi\\ X&=|Z|\sin\varphi\end{aligned}\right\}$$

式中 $|Z|$——复阻抗的模（modulus of complex impedance），总为正，Ω；

φ——复阻抗的辐角（argument of complex impedance），称为阻抗角（impedance angle）。φ 可能为正，可能为负，也可能为零，取决于 X 的取值：当 $X_{\mathrm{L}}>X_{\mathrm{C}}$ 时，$X>0$，$\varphi>0$，电路是电感性（inductive）；当 $X_{\mathrm{L}}<X_{\mathrm{C}}$ 时，$X<0$，$\varphi<0$，电路是电容性（capacitive）；当 $X_{\mathrm{L}}=X_{\mathrm{C}}$ 时，$X=0$，$\varphi=0$，电路是电阻性（resistive），此时电路发生谐振（resonance）。

R、X、$|Z|$ 和 φ 之间的关系可用阻抗三角形（impedance triangle）表示，如图 5-4-2 所示。

复阻抗用极坐标形式表示后，式（5-4-3）可改写为

$$\dot{U}=Z\dot{I}=|Z|\angle\varphi I\angle\psi_{\mathrm{i}}=|Z|I\angle(\varphi+\psi_{\mathrm{i}})=U\angle\psi_{\mathrm{u}}$$

其瞬时值表达式为

$$u=\sqrt{2}|Z|I\sin(\omega t+\psi_{\mathrm{i}}+\varphi)=\sqrt{2}U\sin(\omega t+\psi_{\mathrm{u}}) \tag{5-4-5}$$

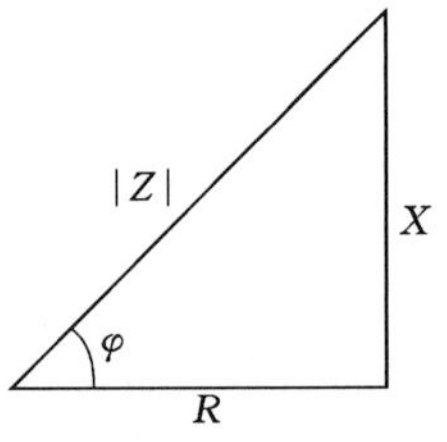

图 5-4-2 RLC 串联电路的阻抗三角形

式（5-4-5）中，$\varphi=\psi_{\mathrm{u}}-\psi_{\mathrm{i}}$，为关联参考方向下电压相量超前电流相量的角度，等于阻抗角。$\varphi>0$ 时，电流滞后于电压，电路呈电感性；$\varphi<0$ 时，电流超前于电压，电路呈电容性；$\varphi=0$ 时，电流和电压同相位，电路呈电阻性。

二、RLC 串联电路的相量图

RLC 串联电路的相量图如图 5-4-3 所示。作相量图时，选取电流 $\dot{I}$ 为参考相量，设初相 $\psi_{\mathrm{i}}=0$，然后作 R、L 和 C 各元件的电压相量，电阻电压 $\dot{U}_{\mathrm{R}}$ 与电流 $\dot{I}$ 同相位，电

感电压 $\dot{U}_L$ 超前于电流 $\dot{I}$ 90°，电容电压 $\dot{U}_C$ 滞后于电流 $\dot{I}$ 90°，所以 $\dot{U}_L$ 与 $\dot{U}_C$ 的相位差为 180°，两者合并成 $\dot{U}_X$。画图时采用多边形加法，这种加法是根据首尾相接的原则进行的。具体画法是：先画出第一个相量 $\dot{U}_R$，再在 $\dot{U}_R$ 的尾端直接画出第二个相量 $\dot{U}_L$，在 $\dot{U}_L$ 的尾端再画出第三个相量 $\dot{U}_C$。求和的结果是从第一个相量的首端指向最后一个相量的尾端，得出相量 $\dot{U}$。图 5-4-3（a）中，$U_L>U_C$，是电感性电路，所以 $\dot{U}$ 超前 $\dot{I}$，$\varphi>0$；图 5-4-3（b）中，$U_L<U_C$，是电容性电路，所以 $\dot{U}$ 滞后 $\dot{I}$，$\varphi<0$；图 5-4-3（c）中，$U_L=U_C$，是电阻性电路，所以 $\dot{U}$ 和 $\dot{I}$ 同相位，$\varphi=0$。

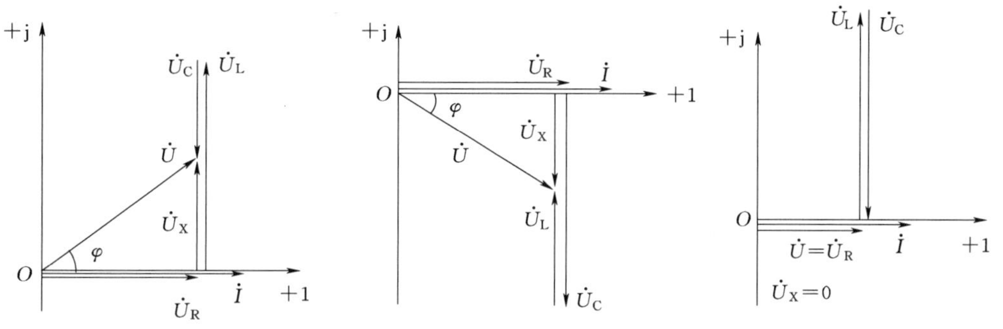

（a）$\varphi>0$，电感性电路　（b）$\varphi<0$，电容性电路　（c）$\varphi=0$，电阻性电路

图 5-4-3　RLC 串联电路的相量图

图 5-4-3 中将 $\dot{U}_L$ 和 $\dot{U}_C$ 合并成 $\dot{U}_X$ 后，则有

$$\dot{U}=\dot{U}_R+\dot{U}_L+\dot{U}_C=\dot{U}_R+\dot{U}_X \qquad (5-4-6)$$

或

$$Z\dot{I}=R\dot{I}+jX\dot{I} \qquad (5-4-7)$$

可见，电压 U_R、U_X 和 U 组成一直角三角形，称为电压三角形（voltage triangle）。由式（5-4-2）看出，将阻抗三角形的各条边乘以 I，即可得到电压三角形。因此，两个三角形是相似的，如图 5-4-4 所示。

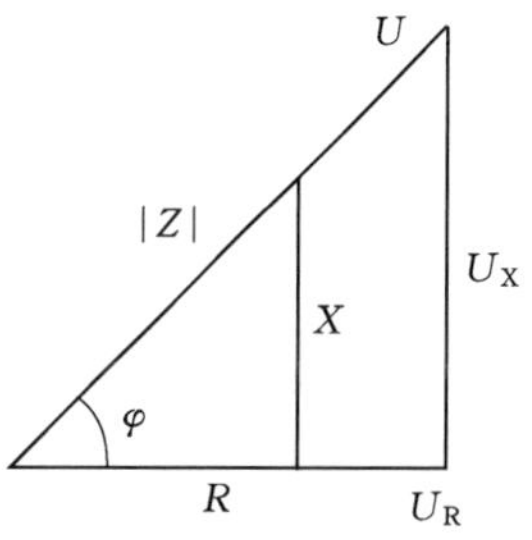

图 5-4-4　电压三角形和阻抗三角形

［**Example 5-4-1**］After a fluorescent lamp is turned on, the ballast and the lamp tube are connected in series, its circuit model is a resistance and a inductance in series, in a fluorescent lamp circuit, given that $R=300\Omega$, $L=1.6H$, and the power frequency power supply voltage is 220V. Determine:

(1) the lamp current and the phase difference between the lamp current with the power supply voltage.

(2) the lamp voltage.

(3) the ballast voltage.

Solution:

(1) The inductive reactance of the ballast is

$$X_L=\omega L=314\times 1.6=502.4(\Omega)$$

The complex impedance of the circuit is

$$Z=R+jX_L=300+j502.4=585.2\angle 59.2^\circ(\Omega)$$

Then the power supply voltage leads the lamp current 59.2°.

The lamp current is

$$I=\frac{U}{|Z|}=\frac{220}{585.2}A=0.376(A)$$

(2) The lamp voltage is

$$U_R=RI=300\times 0.376=112.8(V)$$

(3) The ballast voltage is

$$U_L=X_LI=502.4\times 0.376=188.9(V)$$

[**Example 5-4-2**] In the circuit shown in Fig. 5-4-5 (a), the voltmeter readings of Ⓥ1, Ⓥ2, Ⓥ3 are all 50V respectively, find the voltmeter Ⓥ reading.

Solution:

Assuming the terminal current as the reference phasor, that is $\dot{I}=I\angle 0^\circ A$

Method 1:

Draw up the corresponding phasor diagram as shown in Fig. 5-4-5 (b), which is obtained from the phasor diagram.

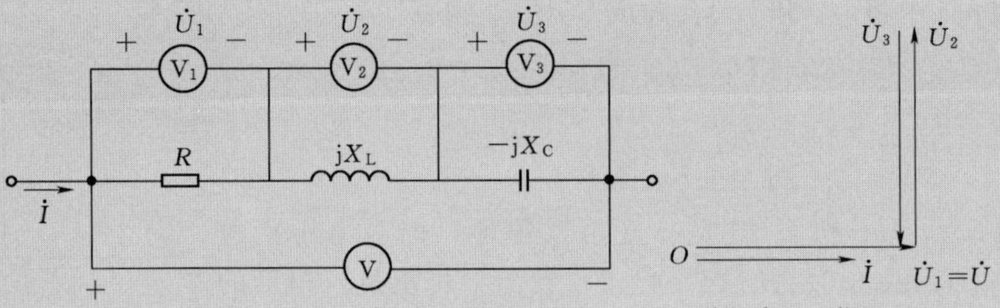

(a) Primary circuit (b) Phasor diagram

Fig. 5-4-5 for Example 5-4-2

The voltmeter Ⓥ reading is

$$U=\sqrt{U_1^2+(U_2-U_3)^2}=\sqrt{50^2+(50-50)^2}=50(V)$$

Method 2:

The reference direction of the selected components' voltage is shown in Fig. 5-4-5 (a), similarly, assuming $\dot{I}=I\angle 0^\circ A$, then

$$\dot{U}_1=50\angle 0^\circ V \quad \text{(in phase with same voltage)}$$

$$\dot{U}_2=50\angle 90^\circ V \quad \text{(leading the current by 90°)}$$

$$\dot{U}_3=50\angle-90°\text{V} \quad \text{(lagging the current 90°)}$$

Applying KVL in phasor form, then

$$\dot{U}=\dot{U}_1+\dot{U}_2+\dot{U}_3=50\angle0°+50\angle90°+50\angle-90°=50+50\text{j}-50\text{j}=50(\text{V})$$

Then, the Ⓥ reading in the voltmeter is 50V.

Practice and Thinking

5-4-1 A coil ($R=15\Omega$, $L=4\text{mH}$) and a capacitor ($C=5\mu\text{F}$) are connected in series to the sine AC power supply ($\omega=5000\text{rad/s}$, $U=100\text{V}$).

(1) Determine the voltage of the capacitor.

(2) Determine the voltage of the coil.

(3) Draw up its phasor diagram of the circuit.

5-4-2 Given that the port voltage ($\dot{U}=48\angle70°\text{V}$) of the one-port network without independent source, its port current is $\dot{I}=8\angle100°\text{A}$.

(1) Determine the equivalent complex impedance.

(2) Determine the equivalent complex admittance.

(3) Draw up the series equivalent circuit and the parallel equivalent circuit respectively.

5-4-3 Given that the impedance $Z_1=2\Omega$ and $Z_2=(2+\text{j}3)\Omega$ are in series, then is connected to the power supply with voltage ($\dot{U}=10\angle0°\text{V}$).

(1) Determine the circuit current $\dot{I}$.

(2) Determine the voltage $\dot{U}_1$ and $\dot{U}_2$ of each impedance.

(3) Draw up the phasor diagrams of the circuit using $\dot{I}$ and $\dot{U}$ as the reference phasor respectively.

5-4-4 Find the readings of unknown voltmeters in Fig. 5-4-6 (a) and Fig. 5-4-6 (b) respectively.

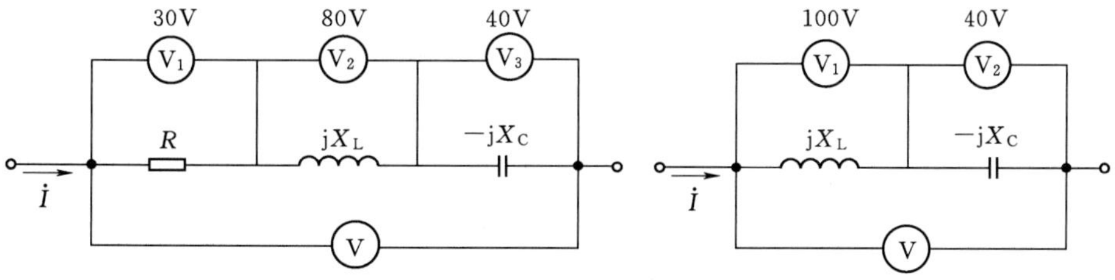

(a) situation one (b) situation two

Fig. 5-4-6 for Practice 5-4-4

任务五　单相正弦交流电路的功率分析

Task 5　Power Analysis of Single - Phase Sine AC Circuits

一、有功功率表及其使用

电动系功率表是用来测量交流电路有功功率的电工仪表，又称瓦特表（wattmeter），用 W 表示。电动系功率表具有两组线圈，一组与负载串联，反映流过负载的电流，称为电流线圈（current coil）；另一组与负载并联，反映负载两端的电压，称为电压线圈（voltage coil）。电动系功率表测量原理如图 5 - 5 - 1（b）所示。根据国家标准规定，在测量线路中，用一个圆加一条水平粗实线来表示电流线圈，用一条竖直细实线来表示电压线圈。

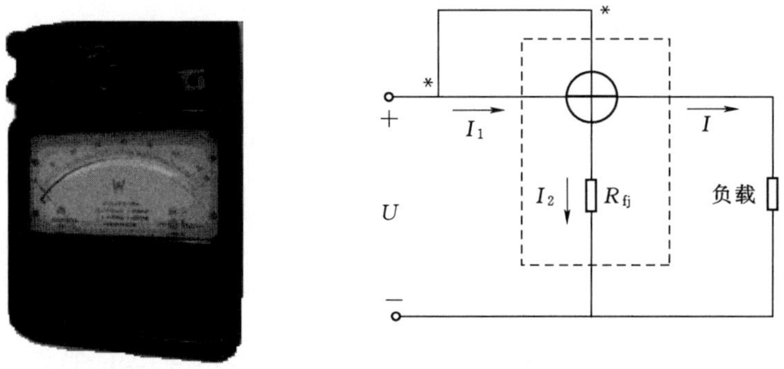

（a）外形图　　（b）测量原理图

图 5 - 5 - 1　电动系功率表

由图 5 - 5 - 1（b）可见，通过电流线圈的电流 I_1 等于被测电路负载电流的有效值，即 $I_1=I$，而电压线圈中的 I_2 可由欧姆定律确定，即 $I_2=\dfrac{U}{Z}$，Z 为电压线圈的总阻抗。由于附加电阻 R_{fj}总是比较大，如果工作频率不太高，则电压线圈的感抗可以忽略不计。因此，可以近似认为电压线圈电流与负载电压同相，且 $I_2=\dfrac{U}{R}$，R 为电压线圈电阻和附加电阻 R_{fj}的总和。因此，测量机构指针偏转角为

$$\alpha=KI_1I_2\cos\varphi=KI\frac{U}{R}\cos\varphi=K_PP$$

即偏转角与负载功率 $P=UI\cos\varphi$ 成正比。所以，电动系功率表的标度尺刻度是均匀的。

便携式电动系功率表一般是多量程的，通常有两个电流量程，两个或三个电压量程。电压量程是改变电压线圈串联不同的附加分压电阻来实现的，如图 5 - 5 - 2 所示；电流量程是改变电流线圈的串联或并联来实现的，如图 5 - 5 - 3 所示，∗ 表示公共端钮。功率表的量程是选择不同的电流和电压量程组合来实现的。

电动系功率表在使用时的注意事项如下：

（1）必须保证被测电路的电压、电流不超过功率表的电压量限、电流量限。

（2）功率表接线必须遵循发电机端原则，即标有“＊”的电流端必须接至电源一端，另一电流端则接至负载，电流线圈是串联接入电路中的；标有“＊”的电压端则可接至电流端的任意一端，另一端则跨接至负载的另一端，电压支路是并连接入电路的，如图 5－5－4 所示。

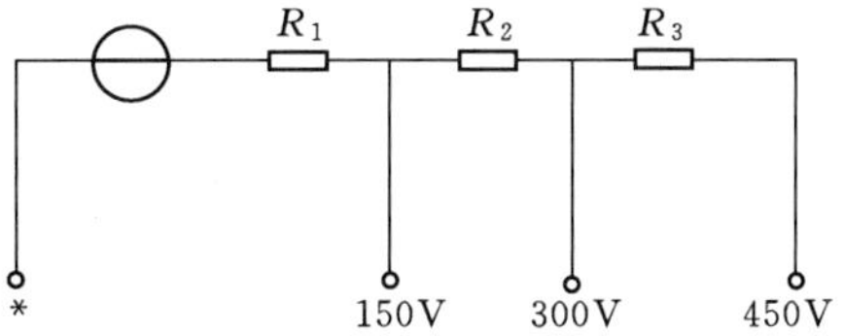

图 5－5－2　多量程功率表的电压支路接线图

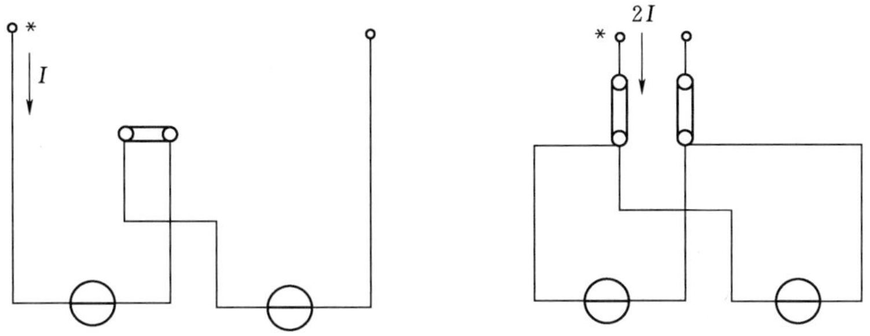

（a）线圈串联　　（b）线圈并联

图 5－5－3　用连接片改变功率表电流量程接线图

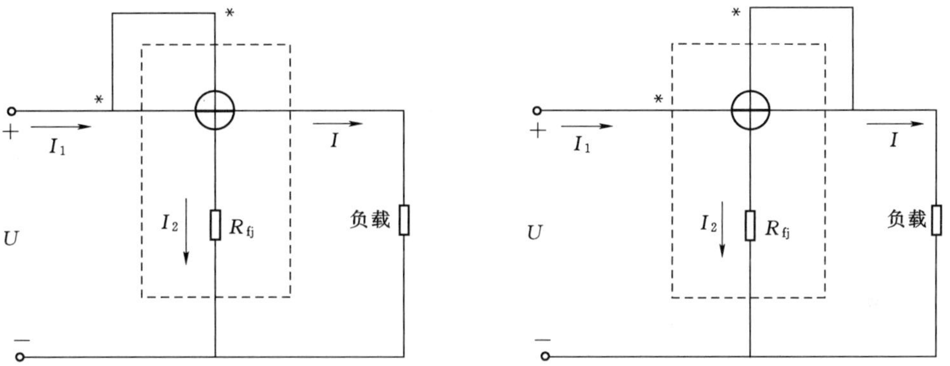

（a）电压线圈前接法　　（b）电压线圈后接法

图 5－5－4　电动系功率表的前接法与后接法接线图

（3）功率表接法的选择。当负载电阻远大于电流线圈的电阻时，宜采用前接法，如图 5－5－4（a）所示；当负载电阻远小于电压支路的电阻时，宜采用后接法，如图 5－5－4（b）所示。在功率表接线正确的情况下，如果指针反偏，是由于负载端实际含有电源向外输出功率的缘故。发生这种现象时应换接电流线圈的两个端钮，但决不能换接电压端钮。

（4）功率表的正确读数。由于功率表一般都是多量程的，而且共用一条或几条标度尺，所以功率表上刻度尺只标分格数，而不标瓦特数。一般功率表的说明书上会给出不同量程下每格所代表的瓦特数，即分格常数。测量时，读取指针偏转格数后再乘以分格常

数，就得出被测功率数值。如果功率表的分格常数没有给出，则按下式计算

$$C=\frac{U_m I_m}{N}\quad (\text{W/格}) \tag{5-5-1}$$

式中 U_m——所使用功率表的电压量程；

I_m——所使用功率表的电流量程；

N——功率表标尺的满刻度的格数。

二、单相交流电路中的功率与功率因数

在分析单一参数正弦交流电路时已经知道：电阻元件是消耗能量的元件，其平均功率（即有功功率）为 $P=UI=I^2R$；电感元件和电容元件是储能元件，它们不消耗能量，而是与电源进行能量交换，交换的规模即为无功功率 $Q_L=UI=I^2X_L$ 或 $Q_C=UI=I^2X_C$。那么，在由不止一种元件构成的交流电路中，功率又如何计算呢？

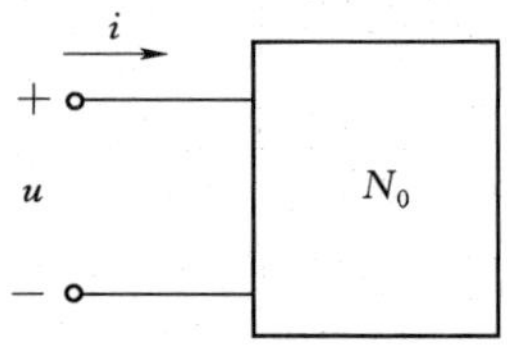

图 5-5-5 无源一端口网络

设无源一端口网络的电压和电流参考方向相关联，如图 5-5-5 所示，为了分析方便，取电路电流为参考正弦量，并设 $\psi_i=0$，$\psi_u=\varphi$，即

$$\left.\begin{aligned}u(t)&=\sqrt{2}U\sin(\omega t+\varphi)\\ i(t)&=\sqrt{2}I\sin\omega t\end{aligned}\right\}$$

式中 φ——关联参考方向下电压超前电流的相位，即该无源一端口网络等效阻抗的阻抗角。

则瞬时功率为

$$\begin{aligned}p&=ui=\sqrt{2}UI\sin(\omega t+\varphi)\times\sqrt{2}I\sin\omega t=UI\cos\varphi-UI\cos(2\omega t+\varphi)\\ &=UI\cos\varphi(1-\cos2\omega t)+UI\sin\varphi\sin2\omega t=p_a+p_r\end{aligned} \tag{5-5-2}$$

式（5-5-2）表明，瞬时功率是由有功分量（active component）p_a 和无功分量（reactive component）p_r 组成的，其中有功分量 $p_a=UI\cos\varphi(1-\cos2\omega t)$ 与电阻元件的瞬时功率相似，以两倍于电流频率变化，也总是正值，它是电路接受能量的瞬时功率，其波形如图 5-5-6（a）所示；无功分量 $p_r=UI\sin\varphi\sin2\omega t$ 与电感和电容元件的瞬时功率相似，是一个以两倍于电流频率变化的正弦函数，是电路与外部交换能量的瞬时功率，它的最大值为 $UI\sin\varphi$，其波形如图 5-5-6（b）所示。

1. *有功功率*

有功功率为瞬时功率在一个周期内的平均功率，也称平均功率，用 P 表示，单位为瓦（W）。即

$$P=\frac{1}{T}\int_0^T p\,\mathrm{d}t=\frac{1}{T}\int_0^T[UI\cos\varphi-UI\cos(2\omega t+\varphi)]\mathrm{d}t=UI\cos\varphi$$

定义

$$\lambda=\cos\varphi \tag{5-5-3}$$

式中 λ——一端口网络的功率因数（power factor）；

φ——功率因数角（power-factor angle），等于一端口网络的等效阻抗的阻抗角。

得

$$P = UI\cos\varphi = UI\lambda \tag{5-5-4}$$

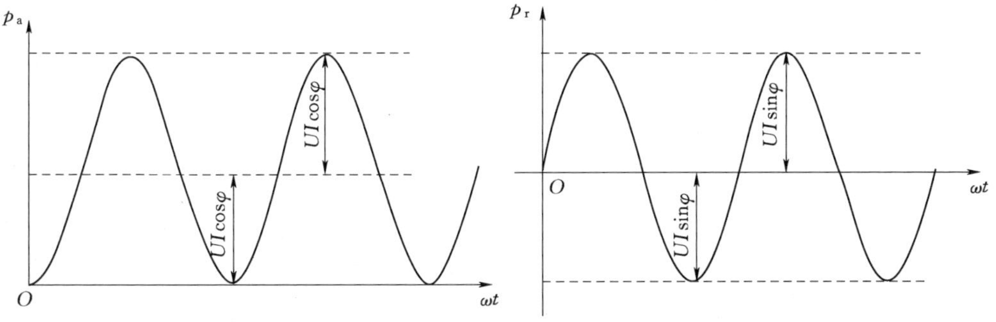

(a) 有功分量 p_a　　(b) 无功分量 p_r

图 5-5-6　一端口网络瞬时功率的有功分量 p_a 和无功分量 p_r 波形图

对于纯电阻电路 $\varphi=0$，$\cos\varphi=1$，则其有功功率为 $P=UI$。所以说电阻总是消耗电能的，其平均功率的表达式和直流电路中功率的表达式相同。

对于纯电感电路 $\varphi=90°$，$\cos\varphi=0$，则其有功功率为 $P=0$。对于纯电容电路 $\varphi=-90°$，$\cos\varphi=0$，则其有功功率为 $P=0$。因此，理想电感元件和理想电容元件不消耗电能，其平均功率为 0。

有功功率反映了电路实际消耗的功率，实际上也就是电路中所有电阻消耗的功率之和。

2. 无功功率

一端口网络不仅从外电路吸收有功功率，而且还与外电路进行能量交换。能量交换的规模显然与一端口网络瞬时功率无功分量 p_r 的最大值 $UI\sin\varphi$ 有关，如图 5-5-6（b）所示。因此定义一端口网络吸收的无功功率为

$$Q = UI\sin\varphi \tag{5-5-5}$$

对单个电感元件，$\varphi=90°$，$\sin\varphi=1$，则其无功功率为 $Q_L=U_L I_L>0$；对单个电容元件，$\varphi=-90°$，$\sin\varphi=-1$，则其无功功率为 $Q_C=-U_C I_C<0$。这与前面得出的结论是一致的。

若一端口网络中既有电感又有电容，则它们首先在网络内部进行能量交换，其差额再与外电路进行交换，因而一端口网络由外电路吸收的无功功率等于电感吸收的无功功率与电容吸收的无功功率的差，即

$$Q = Q_L - Q_C \tag{5-5-6}$$

式（5-5-6）中，Q_L 和 Q_C 总是正的，而 Q 为代数量，可正可负。

虽然无功功率在平均意义上并不做功，但在电力工程中也把无功功率看作可以“产生”或“消耗”的。对于感性一端口网络，Q 为正值，习惯上把它看作吸收（消耗）无功功率；而对于容性一端口网络，Q 为负值，习惯上把它看作提供（产生）无功功率。显然，这里的无功功率都是指感性无功功率，在电力工程中无功功率的产生或消耗一般都是对感性无功功率而言的。

3. 视在功率

变压器、电动机等交流电气设备的容量由它们的额定电压和额定电流决定，所以引入

视在功率的概念。对于一个一端口网络，定义其端口电压、端口电流有效值的乘积为视在功率（apparent power），即

$$S=UI \tag{5-5-7}$$

视在功率的单位为伏安（VA），工程上常用的是千伏安（kVA）和兆伏安（MVA）。

视在功率与有功功率、无功功率的关系可由式（5－5－4）和式（5－5－5）推出

$$P^2+Q^2=(UI\cos\varphi)^2+(UI\sin\varphi)^2=(UI)^2=S^2$$

所以

$$S=\sqrt{P^2+Q^2} \tag{5-5-8}$$

因此，P、Q 和 S 也构成一个直角三角形，如图 5－5－7 所示，此三角形称为功率三角形（power triangle），它与阻抗三角形、电压三角形和电流三角形也是相似的。由功率三角形可得出下列关系

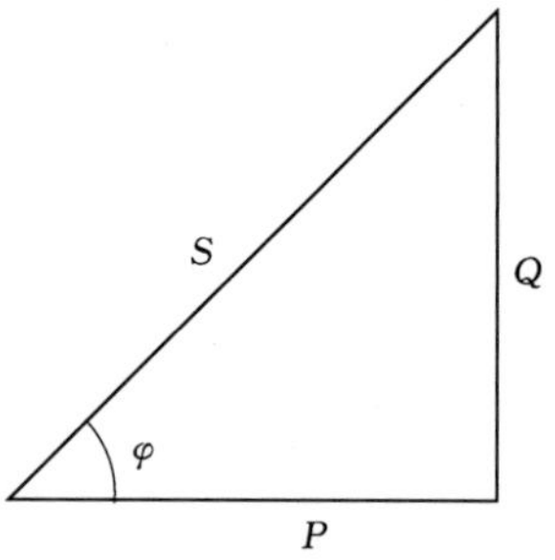

图 5－5－7　功率三角形

$$\left.\begin{aligned}\tan\varphi=\frac{Q}{P},\cos\varphi=\frac{P}{S}=\lambda\\ Q=P\tan\varphi,P=S\cos\varphi=\lambda S\end{aligned}\right\} \tag{5-5-9}$$

[**Example 5－5－1**] As shown in Fig. 5－5－8, determine:

(1) the active power and reactive power and apparent power of each branch in the circuit respectively.

(2) total active power, total reactive power, total apparent power and total power factor of the circuit respectively.

Solution:

(1) The first branch

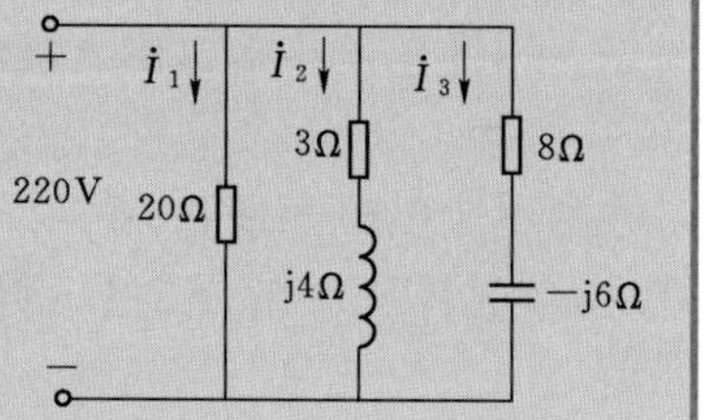

Fig. 5－5－8　for Example 5－5－1

Assuming $\dot{U}=220\angle 0°$V, so that

$$\dot{I}_1=\frac{220\angle 0°}{20}=11\angle 0°(\text{A})$$

$$P_1=UI_1\cos\varphi_1=220\times 11\times 1\text{W}=2.42\text{kW}$$

$$Q_1=0$$

$$S_1=UI_1=220\times 11\text{VA}=2.42\text{kVA}$$

The second branch

$$\dot{I}_2=\frac{220\angle 0°}{3+\text{j}4}=\frac{220\angle 0°}{5\angle 53.1°}=44\angle -53.1°(\text{A})$$

$$P_2=UI_2\cos\varphi_2=220\times 44\times\cos 53.1°\text{W}=5.81\text{kW}$$

$$Q_2=UI_2\sin\varphi_2=220\times 44\times\sin 53.1°\text{var}=7.74\text{kvar}$$

$$S_2=UI_2=220\times 44(\text{VA})=9.68(\text{kVA})$$

The third branch

$$\dot{I}_3=\frac{220\angle 0^\circ}{8-j6}=\frac{220\angle 0^\circ}{10\angle -36.9^\circ}=22\angle 36.9^\circ(\mathrm{A})$$

$$P_3=UI_3\cos\varphi_3=220\times 22\times\cos(-36.9^\circ)\mathrm{W}=3.87\mathrm{kW}$$

$$Q_3=UI_3\sin\varphi_3=220\times 22\times\sin(-36.9^\circ)\mathrm{var}=-2.9\mathrm{kvar}$$

$$S_3=UI_3=220\times 22\mathrm{VA}=4.84\mathrm{kVA}$$

(2) From the above calculations, then

$$P=P_1+P_2+P_3=2.42+5.81+3.87=12.1(\mathrm{kW})$$

$$Q=Q_1+Q_2+Q_3=0+7.74-2.9=4.84(\mathrm{kvar})$$

$$S=\sqrt{P^2+Q^2}=\sqrt{12.1^2+4.84^2}=13.0(\mathrm{kVA})$$

$$\varphi=\arctan\frac{Q}{P}=\arctan\frac{4.84}{12.1}=21.8^\circ$$

$$\lambda=\cos\varphi=\cos 21.8^\circ=0.93$$

4. 复功率

一端口网络的电压 $\dot{U}$、电流 $\dot{I}$ 为关联参考方向，吸收的有功功率为 P，无功功率为 Q。取 P 为实部，Q 为虚部，定义一端口网络吸收的复功率（complex power）为

$$\tilde{S}\xlongequal{\mathrm{def}}P+\mathrm{j}Q \tag{5-5-10}$$

则

$$\tilde{S}=UI\cos\varphi+\mathrm{j}UI\sin\varphi=UIe^{\mathrm{j}\varphi}=UI\angle\varphi$$

$$=UI\angle(\psi_u-\psi_i)=U\angle\psi_u\cdot I\angle-\psi_i=\dot{U}\dot{I}^* \tag{5-5-11}$$

其中

$$\dot{I}^*=I\angle-\psi_i$$

$$\dot{I}=I\angle\psi_i$$

式（5-5-11）中，$\dot{I}^*$ 为 $\dot{I}$ 的共轭复数。电压有效值相量 $\dot{U}$ 与电流有效值相量的共轭复数 $\dot{I}^*$ 之积为复功率。复功率的单位也用伏安（VA）表示。引入复功率的概念后，可以直接利用电压与电流的有效值相量计算有功功率和无功功率。

复功率与复阻抗相似，它们都是一个计算用的复数量，并不代表正弦量。乘积 $\dot{U}\dot{I}$ 是没有意义的。

对于正弦交流电路，由于有功功率 P 和无功功率 Q 都是平衡的，所以复功率也应平衡，即在整个电路中某些支路吸收的复功率应等于其他支路发出的复功率。此结论可用来校验电路计算结果。整个电路的视在功率一般不平衡。

[**Example 5 - 5 - 2**] In Fig. 5 - 5 - 9, given that $R_1=100\Omega$, $X_L=200\Omega$, $R_2=200\Omega$, $X_C=300\Omega$, $\dot{U}=220\angle 30°$ V. Determine:

(1) total current $\dot{I}$ of the circuit.

(2) total active power, total reactive power, total apparent power and total complex power of the circuit respectively.

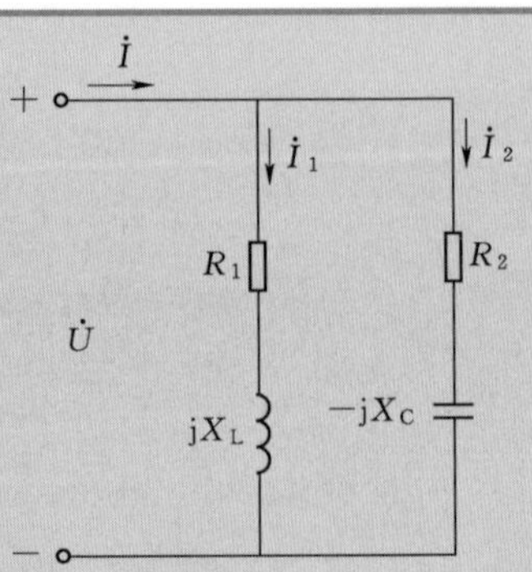

Fig. 5 - 5 - 9 for Example 5 - 5 - 2

Solution:

(1)

$$\dot{I}_1=\frac{\dot{U}}{R_1+jX_L}=\frac{220\angle 30°}{100+j200}=\frac{220\angle 30°}{223.6\angle 63.4°}=0.98\angle -33.4°(\text{A})$$

$$\dot{I}_2=\frac{\dot{U}}{R_2-jX_C}=\frac{220\angle 30°}{200-j300}=\frac{220\angle 30°}{360.6\angle -56.3°}=0.61\angle 86.3°(\text{A})$$

$$\dot{I}=\dot{I}_1+\dot{I}_2=0.98\angle -33.4°+0.61\angle 86.3°=0.86\angle 4.7°(\text{A})$$

(2)

$$\tilde{S}=\dot{U}\dot{I}^*=220\angle 30°\times 0.86\angle -4.7°=189.2\angle 25.3°\text{VA}=(171+j81)\text{VA}$$

Then, total active power, total reactive power, total apparent power and total complex power of the circuit are:

$$P=171\text{W}, Q=81\text{var}, S=189.2\text{VA}, \tilde{S}=189.2\angle 25.3°\text{VA}$$

Practice and Thinking

5 - 5 - 1 In the phase - shifting circuit shown in Fig. 5 - 5 - 10, with capacitance $C=0.2\mu$F and input voltage $u_1=\sqrt{2}\sin(100\pi t)$ V. If the phase angle of the output voltage u_2 lags u_1 60°, how much resistance R should be matched? What is the effective value of u_2 at this time?

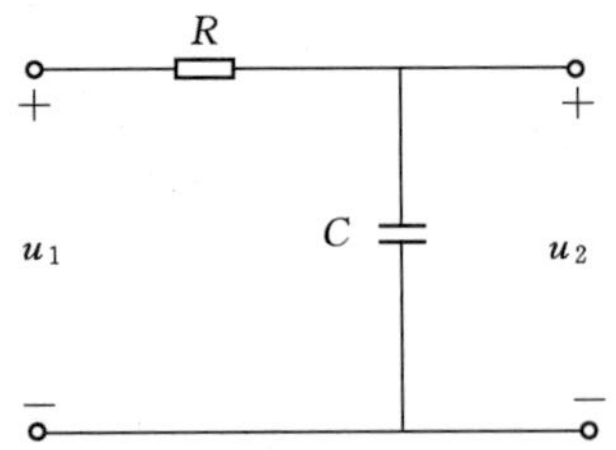

Fig. 5 - 5 - 10 for Practice 5 - 5 - 1

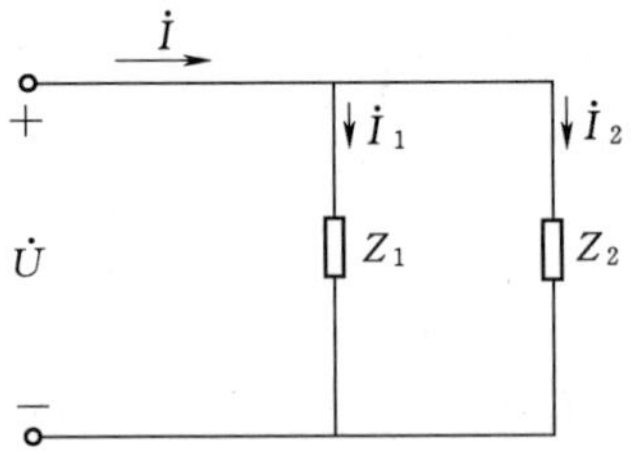

Fig. 5 - 5 - 11 for Practice 5 - 5 - 2

5-5-2 In the circuit shown in Fig. 5-5-11, given that $Z_1=(1+j2)\Omega$, $Z_2=(3+j4)\Omega$, $\dot{I}_1=0.6\angle 0°A$. Find the $\dot{U}$, $\dot{I}_2$ and $\dot{I}$.

5-5-3 In the sine AC current circuit shown in Fig. 5-5-12, known $R_1=\sqrt{3}X_L$, $R_2=\sqrt{3}X_C$, the voltage is $\dot{U}=100\angle 0°V$. Find the $\dot{U}_{AB}$.

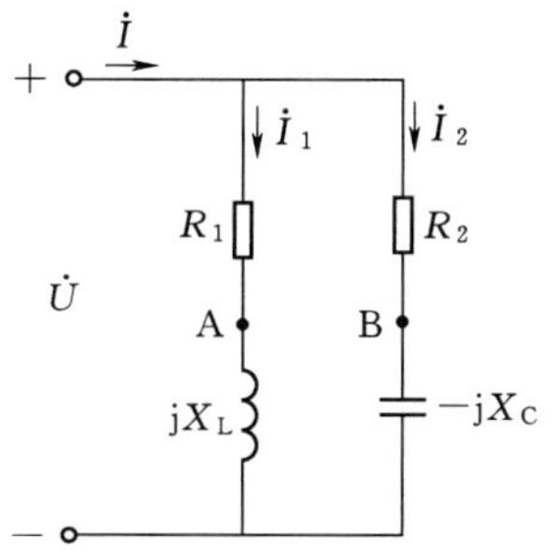

Fig. 5-5-12 for Practice 5-5-3

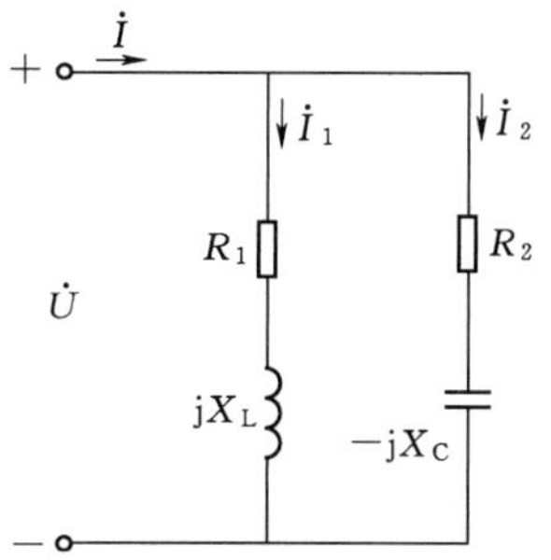

Fig. 5-5-13 for Practice 5-5-6

5-5-4 There is a coil with resistance 20Ω and inductance 0.4H, added 220V sinusoidal voltage, the voltage's frequency is 50Hz. Find the apparent power, active power, reactive power and power factor of the coil respectively.

5-5-5 A fluorescent lamp with a power factor of 0.5 and a fan with a power factor of 0.65 are connected to the line with a voltage of 220V. Find total active power, total reactive power, total apparent power, total power factor and total current of the circuit respectively.

5-5-6 A sine AC circuit shown in Fig. 5-5-13, given that $R_1=15\Omega$, $X_L=40\Omega$, $R_2=40\Omega$, $X_C=20\Omega$, and its supply voltage $U=220V$. Determine:

(1) total current $\dot{I}$ of the circuit.

(2) total active power, total reactive power, total apparent power and total complex power of the circuit respectively.

任务六　提高日光灯电路的功率因数

Task 6　Increasing the Power Factor of Fluorescent Circuits

一、提高功率因数的意义

由前面知道，正弦交流电路的功率因数 $\lambda=\cos\varphi$，其中 φ 是电压和电流之间的相位差或负载的阻抗角，功率因数介于 0 和 1 之间。当功率因数不等于 1 时，电路中发生能量交换，出现无功功率，φ 角越大，功率因数越低，电源设备发出的有功功率越小，而无功功率就越大。无功功率越大，也就是电路中能量交换的规模越大，被负载所吸收的有功功率就越小，电源设备的容量就不能得到充分利用。

例如：容量为 1000kVA 的变压器，如果 $\cos\varphi=1$，则能够发出 1000kW 的有功功率；如果 $\cos\varphi=0.7$，则只能够发出 700kW 的有功功率。

负载的功率因数过低，在供电线路上将引起较大的能量损耗和电压降。当电源电压和输出的有功功率一定时，负载的功率因数越低，流过线路的电流 $I=\dfrac{P}{U\cos\varphi}$ 越大，导线电阻的功率损耗 $\Delta P=I^2R$ 和导线阻抗的电压降 $\Delta U=IR$ 越大。线路电压降增大，引起负载电压降低，影响负载的正常工作，如电灯不够亮，电动机转速降低等。

总之，提高电源设备的功率因数，能使电源设备的容量得到合理的利用，减少输电线路损耗，还能改善供电的电压质量。

二、提高功率因数的方法

电力负载中，绝大部分是感性负载，如企业中大量使用的电动机、照明用的日光灯、控制电路中的接触器等都是感性负载。感性负载的电流滞后于电压 φ 角，φ 角总不为零，所以 $\cos\varphi$ 总是小于 1，也就是负载本身总需要一定的无功功率。提高功率因数，也就是如何才能减少电源与负载之间能量的交换，又要使感性负载能获得所需的无功功率，常用的方法是采用电容器和负载并联，其电路图和相量图如图 5-6-1 所示。

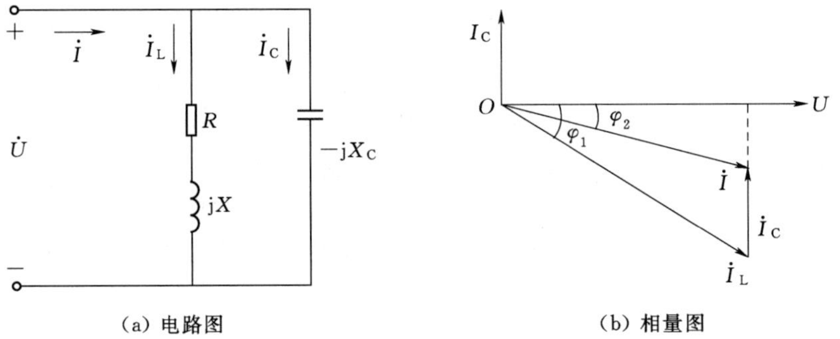

图 5-6-1 感性负载并联电容提高功率因数

图 5-6-1（b）中，未并入电容 C 时，感性负载的电流 $\dot{I}_L$ 滞后于电源电压 $\dot{U}$ 的相位为 φ_1；在电源电压不变的情况下，并入电容 C，并不会影响感性负载电流的大小和相位，但总电流由原来的 $\dot{I}_L$ 变成了 $\dot{I}$，即 $\dot{I}=\dot{I}_L+\dot{I}_C$，且 $\dot{I}$ 与电源电压相位差由原来的 φ_1 减小为 φ_2，$\cos\varphi_2>\cos\varphi_1$，功率因数提高了。据此，可导出所需并联电容 C 的计算公式为

$$C=\frac{P}{\omega U^2}(\tan\varphi_1-\tan\varphi_2) \tag{5-6-1}$$

需要注意的是：这里所讨论的提高功率因数是指提高电源或电网的功率因数，而某个感性负载的功率因数并没有改变。另外，并联电容器后，电路中的有功功率也不变，因为电容器是不消耗电能的。

感性负载并联电容器以后，感性负载所需的无功功率，大部分或全部是就地供给（由电容器供给），能量的交换主要或完全发生在感性负载与电容器之间，减小了电源与负载之间的能量交换，因而电源容量能得到充分利用。其次，由相量图看出，并联电容器后线路电流也减小了，从而减小了线路的功率损耗。

[**Example 5-6-1**] An inductive load is connected to a 220V and power frequency power supply. Its power factor is 0.6 (lagging), and its power consumption is 20kW. What components should be used to increase the power factor to 0.9? What is the component value?

Solution:

A shunt capacitor shall be connected as shown in Fig. 5-6-1 (a). Supposing the power factor angle of inductive load before paralleling capacitors is φ_1, the power factor angle of the circuit after paralleling capacitors is φ_2.

$$\text{From}\quad \cos\varphi_1 = 0.6, \text{then}\quad \varphi_1 = 53.13°$$

$$\text{From}\quad \cos\varphi_2 = 0.9, \text{then}\quad \varphi_2 = 25.84°$$

Then

$$C = \frac{P}{\omega U^2}(\tan\varphi_1 - \tan\varphi_2) = \frac{20\times 10^3}{314\times 220^2}(\tan 53.13° - \tan 25.84°) = 1117.3(\mu\text{F})$$

Practice and Thinking

5-6-1 What is the significances of improving power factor? Does the power factor of load increase after paralleling capacitors to the load?

5-6-2 Draw up a phasor diagram and use it to analyze how to improve the power factor of fluorescent lamp by paralleling capacitors, and point out the change of total current and the active power in the process of increasing the shunt capacitors.

5-6-3 There is a load with power frequency and 220V voltage, 10kW active power and 0.6 power factor, in order to increase it's power factor to 0.88. Find the capacitance paralleled with the circuit.

5-6-4 A 60W power and 0.5 power factor fluorescent lamp load and the 100W incandescent lamps (total 30) are connected in parallel to a 220V power frequency power supply. If the power factor of the circuit is to be increased to 0.9, what size of capacitance should be connected in parallel?

5-6-5 There is a single-phase asynchronous motor, its input power is 1.21kW, it is connected to an AC power supply with 220 V and power frequency, the motor current is 11A.

(1) Find the power factor of the motor.

(2) If the power factor of the circuit is to be increased to 0.92, how large capacitor should be connected in parallel to the motor?

(3) After the shunt capacitor is connected, will the power factor of the motor, the current in the motor, the line current, active power and reactive power of the circuit be changed?

任务七 用相量法分析正弦交流电路

Task 7 Analyzing the Sine AC Circuits by Phasor Method

综前所述，只要把正弦交流电路用相量模型表示，就可以像分析计算直流电路那样，来分析计算正弦交流电路，这种方法称为相量法（phasor method）。其一般步骤如下：

（1）作出相量模型，将电路中的电压、电流都写成相量形式，每个元件或无源二端网络都用复阻抗或复导纳表示。

（2）应用直流电路所介绍的定律、定理和分析方法进行计算，得出正弦量的相量值。

（3）根据需要，写成正弦量的解析式或计算出其他量。

[Example 5-7-1] The circuit shown in Fig. 5-7-1 (a), given that $C=200\mu F$, $R_2=2\Omega$, $R_3=3\Omega$, $L=4mH$, $u_{s1}=20\sqrt{2}\sin 10^3 t\,V$, $u_{s2}=50\sqrt{2}\sin(10^3 t-20°)V$.

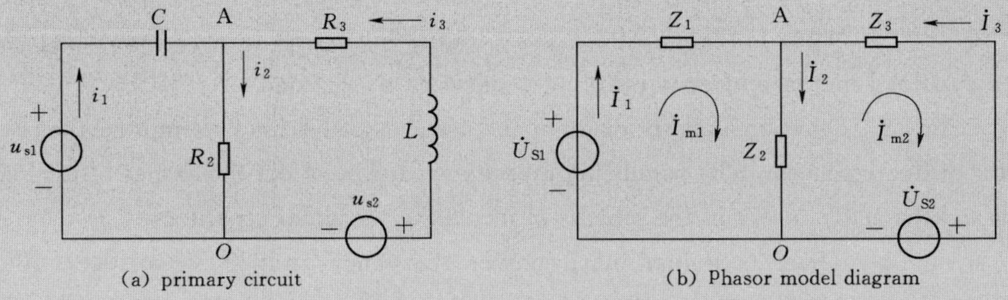

(a) primary circuit　　(b) Phasor model diagram

Fig. 5-7-1 for Example 5-7-1

(1) Determine the phasor model of the circuit.

(2) Write out the equations of the mesh voltage using mesh current method.

(3) Find the branch currents respectively using node potential method.

Solution:

(1) Determine the phasor model of the circuit.

The phasor model of Fig. 5-7-1 (a) is presented as shown in Fig. 5-7-1 (b). Among

$$Z_1=-j\frac{1}{\omega C}=-j\frac{1}{1000\times 200\times 10^{-6}}=-j5\Omega,Z_2=2\Omega$$

$$Z_3=R_3+j\omega L=3+j1000\times 4\times 10^{-3}=(3+j4)\Omega$$

$$\dot{U}_{S1}=20\angle 0°V,\dot{U}_{S2}=50\angle -20°V$$

(2) Write out the equations of the mesh voltage using mesh current method.

Selecting two meshes current reference directions as shown in Fig. 5 - 7 - 1 (b), and the mesh voltage equations are written as

$$\left.\begin{array}{l}(Z_1+Z_2)\dot{I}_{m1}-Z_2\dot{I}_{m2}=\dot{U}_{S1}\\ -Z_2\dot{I}_{m1}+(Z_2+Z_3)\dot{I}_{m2}=-\dot{U}_{S2}\end{array}\right\}$$

Substituting the data in it, we can get

$$\left.\begin{array}{l}(2-j5)\dot{I}_{m1}-2\dot{I}_{m2}=20\angle 0°\\ -2\dot{I}_{m1}+(5+j4)\dot{I}_{m2}=-50\angle -20°\end{array}\right\}$$

(3) Find the currents of branch respectively using node potential method.

As shown in Fig. 5 - 7 - 1 (b), node O is used for reference node, and the two voltage source branches are replaced with two current source branches, then the current equation of node A is written as

$$\dot{V}_A\left(\frac{1}{Z_1}+\frac{1}{Z_2}+\frac{1}{Z_3}\right)=\frac{\dot{U}_{S1}}{Z_1}+\frac{\dot{U}_{S2}}{Z_3}$$

Substituting the data in it, we can get

$$\dot{V}_A\left(\frac{1}{-j5}+\frac{1}{2}+\frac{1}{3+j4}\right)=\frac{20\angle 0°}{-j5}+\frac{50\angle -20°}{3+j4}$$

Solution

$$\dot{V}_A=\frac{\dfrac{20\angle 0°}{-j5}+\dfrac{50\angle -20°}{3+j4}}{\dfrac{1}{-j5}+\dfrac{1}{2}+\dfrac{1}{3+j4}}$$

$$=\frac{4\angle 90°+10\angle -73.13°}{0.2\angle 90°+0.5+0.2\angle -53.13°}=10.2\angle -66.3°(V)$$

Applying KVL and Ohm's law, the currents of each branch respectively are

$$\dot{I}_1=\frac{\dot{U}_{S1}-\dot{V}_A}{Z_1}=\frac{20\angle 0°-10.2\angle -66.3°}{-j5}=3.7\angle 120.4°(A)$$

$$\dot{I}_2=\frac{\dot{V}_A}{Z_2}=\frac{10.2\angle -66.3°}{2}=5.1\angle -66.3°(A)$$

$$\dot{I}_3=\frac{\dot{U}_{S2}-\dot{V}_A}{Z_3}=\frac{50\angle -20°-10.2\angle -66.3°}{3+j4}=8.7\angle -63.4°(A)$$

[**Example 5-7-2**] As shown in Fig. 5-7-2, it is known that $\dot{U}_{S1}=50\angle 0°V$, $\dot{I}_{S2}=10\angle 30°A$, $X_L=5\Omega$, $X_C=3\Omega$. Find the voltage $\dot{U}_C$.

Solution:

(1) Solution using the superposition theorem.

Firstly, when the voltage source acts alone, the current source is equal to an open circuit, as shown in Fig. 5-7-3 (a).

$$\dot{U}_C^{(1)}=\frac{\dot{U}_{S1}}{jX_L-jX_C}\times(-jX_C)=\frac{50\angle 0°}{j5-j3}\times(-j3)=-75(V)$$

Secondly, when the current source acts alone, the voltage source is equal to a short circuit, as shown in Fig. 5-7-3 (b).

$$\dot{U}_C^{(2)}=\dot{I}_{S2}\times\frac{jX_L(-jX_C)}{jX_L-jX_C}=10\angle 30°\times\frac{j5(-j3)}{j5-j3}=75\angle -60°(V)$$

So that

$$\dot{U}_C=\dot{U}_C^{(1)}+\dot{U}_C^{(2)}=(-75+75\angle -60°)=(-75+37.5-j64.9)=75\angle -120°(V)$$

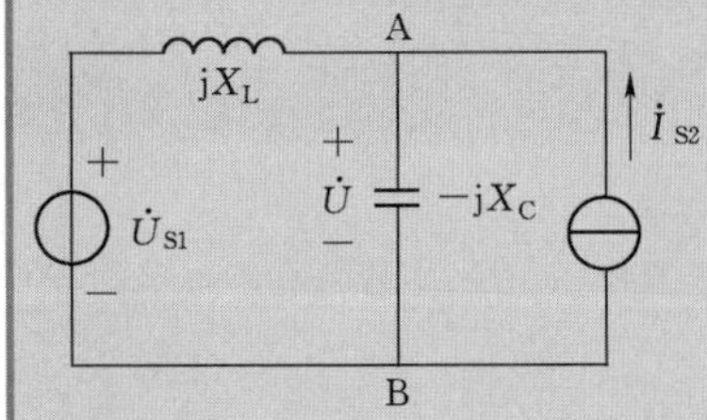

Fig. 5-7-2 for Example 5-7-2

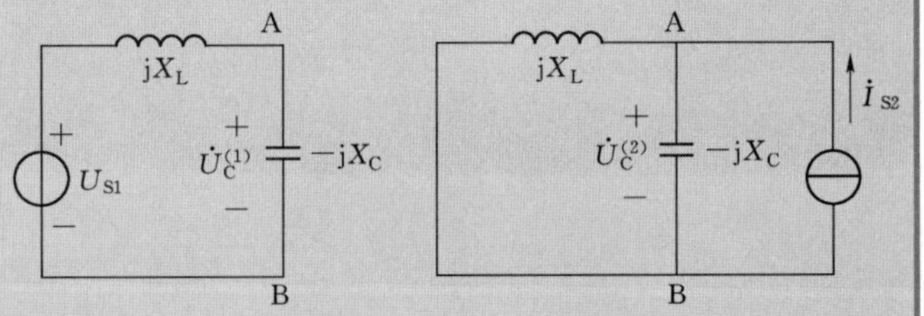

(a) voltage source acting alone (b) current source acting alone

Fig. 5-7-3 for Example 5-7-2 equivalent circuit diagram of the superposition theorem

(2) Solution using Thevenin's theorem.

For the port AB, disconnect the capacitor and calculate the open-circuit voltage, as shown in Fig. 5-7-4 (a).

$$\dot{U}_{OC}=jX_L\dot{I}_{S2}+\dot{U}_{S1}=(j5\times 10\angle 30°+50\angle 0°)=50\angle 60°V$$

The input impedance of port AB or equivalent impedance (except source) is

$$Z_0=jX_L=j5\Omega$$

Thus the equivalent circuit is obtained as shown in Fig. 5-7-4 (b).

$$\dot{U}_C=\frac{\dot{U}_{OC}}{Z_0-jX_C}(-jX_C)=\frac{50\angle 60°}{j5-j3}\times(-j3)=75\angle -120°V$$

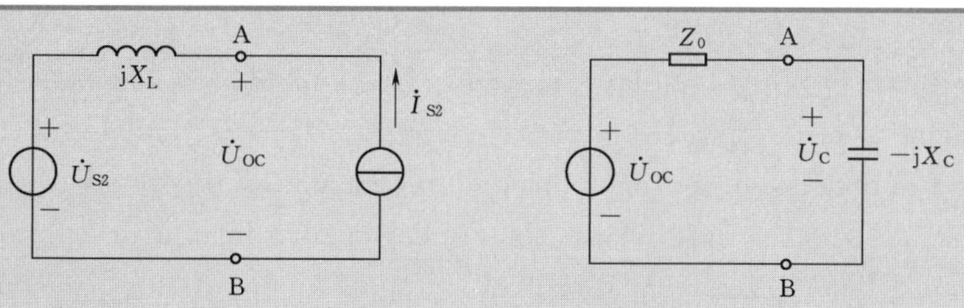

(a) open - circuit voltage of port AB (b) Thevenin equivalent circuit diagram

Fig. 5 - 7 - 4 Thevenin equivalent circuit diagram for Example 5 - 7 - 2

Practice and Thinking

5 - 7 - 1 In the circuit shown in Fig. 5 - 7 - 5, $\dot{I}_1 = 1\text{A}$, $\dot{I}_2 = j2\text{A}$, $Z_1 = (0.866 + j0.5)\Omega$, $Z_2 = -j1\Omega$, the impedance of the ammeter can be neglected. Use the source equivalent transformation method to calculate the reading of ammeter.

5 - 7 - 2 Find the Thevenin equivalent circuit of the circuit shown in Fig. 5 - 7 - 6.

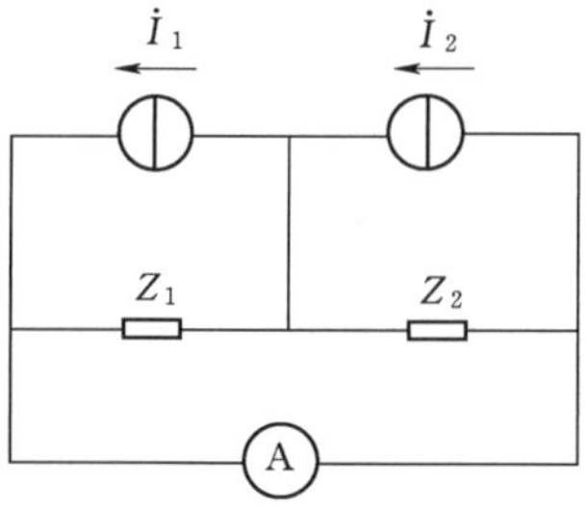

Fig. 5 - 7 - 5 for Practice 5 - 7 - 1

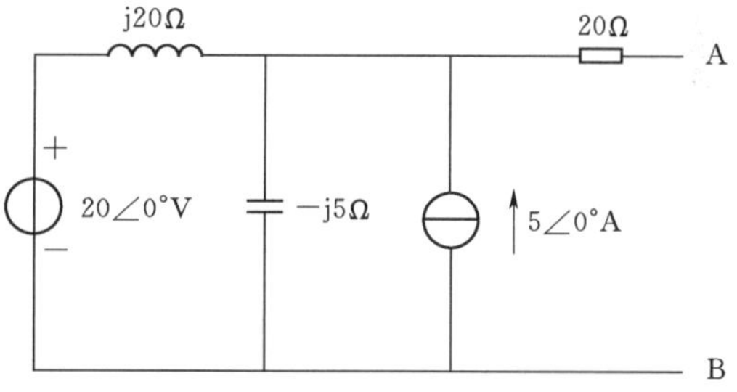

Fig. 5 - 7 - 6 for Practice 5 - 7 - 2

Developing Reading

The Founder of Phasor—Introduction of Steinmetz

Charles Proteus Steinmetz (1865—1923), was a German - born American electrical engineer. And he also was a fellow of the American academy of arts and sciences.

He was born on April 9, 1865 in Breslau, Germany (now Wroclaw, Poland). He moved to the United States in 1889. He was born disabled and mocked from a young age. But he was strong - willed and studied hard, he entered Breslau University in 1882. In 1888, he was admitted to the Federal Polytechnic

School in Zurich for further study. He went to the United States in 1889. In January 1892, at the meeting of the American society of electrical engineers, Steinmetz presented two papers, proposing a formula for calculating the hysteresis loss of AC motors, which was the first - class achievement in AC research at that time. Later, he developed the phasor method, a practical method for calculating AC circuits. And in 1893 to the international electrical conference report, warmly welcomed and quickly promoted.

At same year, he joined General Electric Company to build generators for the Niagara Falls power plant. A generator capable of generating a current of 10 kiloamperes and a high voltage of 100 kilovolts was designed. He developed lightning arrester and high voltage capacitor. In his later years, he developed an artificial lightning device. During his lifetime, he had obtained nearly 200 patents in the fields of power generation, transmission, distribution, electrical lighting, electrical machinery, electrochemistry and so on. Steinmetz was President of the American institute of electrical engineers from 1901 to 1902.

Steinmetz is passionate about education. During his time as chief engineer at general electric company, he was also a professor of electrical engineering at union university in Schenectady, where he offered revolutionary advice on university education at the time, emphasizing the importance of student experimentation.

Steinmetz holds a doctorate from Schenectady union college and he was an honorary doctor of Harvard University. He was awarded the cressen gold medal of the Franklin society. Steinmetz died on October 26, 1923 in Schenectady, New York.

Technology feeds on itself. Technology makes more technology possible.

—**Alvin Toffler**

项目六 谐振电路的分析与应用

Project 6 Analysis and Applications of Resonance Circuits

Project Objectives

1. Vocational Skills Objectives

After studying this project, you should be able to know how to connect a R, L and C series resonance circuit and measure its amplitude - frequency characteristic curve and its circuit quality factor.

2. Vocational Knowledge Objectives

After studying this project, you should

(1) Understand the concept of series resonance and the conditions of series resonance circuits. Grasp the characteristics of series resonance circuits. Know the applications of series resonance circuits.

(2) Understand the concept of parallel resonance and the conditions of parallel resonance circuits. Grasp the characteristics of parallel resonance circuits. Know the applications of parallel resonance circuits.

3. Professional Quality Objectives

After studying this project, you should

(1) Cultivate professional habits of patience, meticulousness, standardized operation and safety production.

(2) Possess the ability of learning independently, integrating the theory with practice and expanding knowledge.

(3) Possess the team awareness, good communication and coordination skill.

任务一 RLC 串联谐振电路的分析与应用

Task 1 Analysis and Applications of RLC Series Resonance Circuits

谐振（resonance）是正弦交流电路中可能发生的一种特殊现象，对谐振电路有其相应的分析方法。研究电路的谐振，要让强电类专业学生理解在电力工程中避免过电压与过电流现象的出现；让弱电类（电子、自动化控制类）专业学生理解并且将谐振应用于实际工程技术中，例如收音机中的中频放大器，电视机或收音机输入回路的调谐电路，各类仪器仪表中的滤波电路、LC 振荡回路，利用谐振特性制成的 Q 表等。

一、谐振现象

在正弦交流电路中，感抗与容抗的大小随频率变化并有相互补偿的作用，因此在某一频率下，含有电感和电容的电路会出现电流与电压同相的情况，这种现象称为谐振。

二、串联电路的谐振条件

RLC 串联电路（图 6-1-1）中，在正弦交流电压作用下的复阻抗为

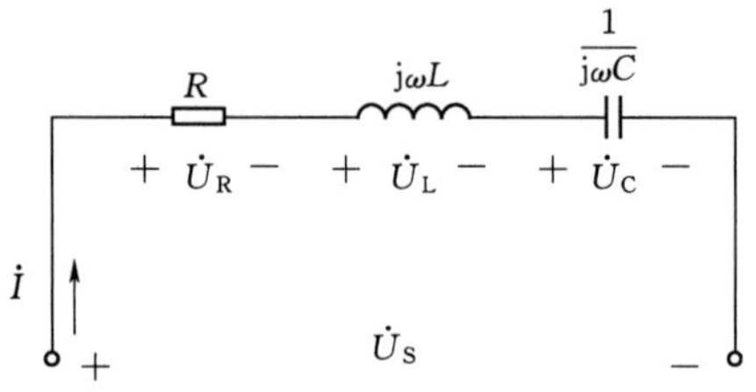

图 6-1-1 RLC 串联电路

$$Z=R+\mathrm{j}\left(\omega L-\frac{1}{\omega C}\right)=R+\mathrm{j}(X_L-X_C)=|Z|\angle\varphi$$

其中

$$|Z|=\sqrt{R^2+X^2}$$

$$\varphi=\arctan\frac{X_L-X_C}{R}$$

若电源电压与电流同相位，则 $\varphi=0$，电路发生串联谐振（series resonance），则有 $X_L-X_C=0$，即

$$\omega L=\frac{1}{\omega C} \tag{6-1-1}$$

即串联谐振的条件是：感抗等于容抗。

由串联谐振条件得出谐振时的谐振角频率（resonant angular frequency）、谐振频率（resonant frequency）为

$$\omega_0=\frac{1}{\sqrt{LC}} \tag{6-1-2}$$

$$f_0=\frac{1}{2\pi\sqrt{LC}} \tag{6-1-3}$$

谐振的发生既与电路参数有关也与角频率有关。避免电路谐振的方法称为失谐（mismatching），实现电路谐振的方法称为调谐（tuning）。失谐与调谐可以从以下三个方面考虑实现。

（1）L、C 固定，调节 ω，得 $\omega_0=\dfrac{1}{\sqrt{LC}}$。

（2）L、ω 固定，调节 C，得 $C=\dfrac{1}{\omega_0^2 L}$。

（3）C、ω 固定，调节 L，得 $L=\dfrac{1}{\omega_0^2 C}$。

三、串联谐振的基本特征

（1）串联谐振时，由于 $X=0$，$|Z|=\sqrt{R^2+X^2}=R$，电路中阻抗最小且为纯电阻

R。即

$$Z_0=R \tag{6-1-4}$$

(2) 串联谐振时，由于 $X=0$，感抗与容抗相等并等于电路的特性阻抗（characteristic impedance），即

$$\omega_0 L=\frac{1}{\omega_0 C}=\sqrt{\frac{L}{C}}=\rho \tag{6-1-5}$$

特性阻抗 ρ 仅与电路参数有关。

(3) 若串联谐振电路中的电压一定，由于阻抗最小，因此电流达到最大，且与电压同相位，即

$$\dot{I}_0=\frac{\dot{U}_S}{Z_0}=\frac{\dot{U}_S}{R} \tag{6-1-6}$$

谐振时电流值最大。$\dot{U}_L$、$\dot{U}_C$ 大小相等，方向相反，如图 6－1－2 所示。

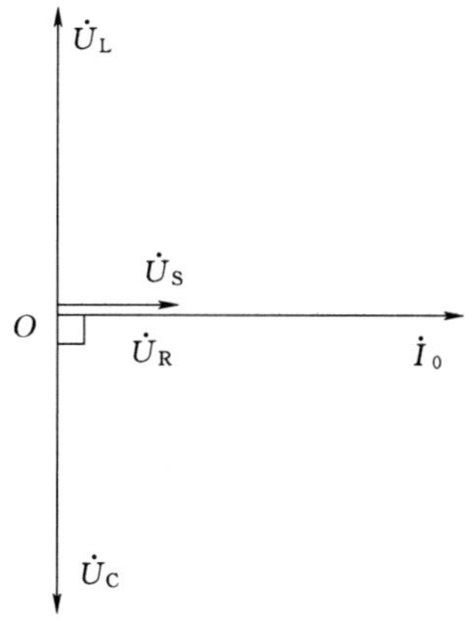

图 6－1－2 串联谐振的相量图

(4) 串联谐振时，在 L 和 C 两端出现过电压现象，即 $U_{L0}=U_{C0}=QU_S$。

定义串联谐振的品质因数（quality factor）Q 值等于感抗 $\omega_0 L$ 或容抗 $\frac{1}{\omega_0 C}$ 与回路总电阻 R 的比值。

$$Q=\frac{\omega_0 L}{R}=\frac{1}{\omega_0 CR}=\frac{\rho}{R} \tag{6-1-7}$$

品质因数 Q 是表征电路选择性能好坏的指标，仅与电路参数有关。

$$U_{L0}=U_{C0}=I\omega_0 L=\frac{U_S}{R}\omega_0 L=\frac{\omega_0 L}{R}U_S=QU_S \tag{6-1-8}$$

$$U_{R0}=U_S \tag{6-1-9}$$

可见，当 $Q>1$ 时，$U_{L0}=U_{C0}=QU_S$，出现部分电压大于总电压现象，串联谐振也称“电压谐振”（voltage resonance）。

(5) 串联谐振时，电路的无功功率为零，电源提供的电能全部消耗在电阻上。

LC 串联部分对外电路而言，可以用短路表示，如图 6－1－3 所示。

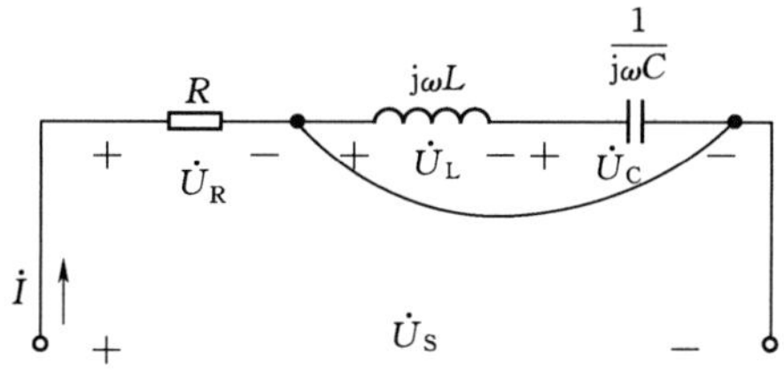

图 6－1－3 串联谐振时 LC 相当于短路

[**Example 6 - 1 - 1**] In a series resonance circuit, given that $R=20\Omega$, $L=250\text{H}$ and $C=10\text{pF}$. Find the resonant frequency, characteristic impedance and quality factor of series circuit. If the effective value of sine AC power source at the port is 10mV, find the current effective value, inductance voltage and capacitance voltage respectively at resonance.

Solution:

The resonant frequency of the circuit is

$$f_0=\frac{1}{2\pi\sqrt{LC}}=\frac{1}{2\pi\sqrt{250\times10^{-6}\times10\times10^{-12}}}$$
$$=3.2\times10^6(\text{Hz})$$

The characteristic impedance is

$$\rho=\sqrt{\frac{L}{C}}=\sqrt{\frac{250\times10^{-6}}{10\times10^{-12}}}=5\times10^3(\Omega)$$

The quality factor is

$$Q=\frac{\rho}{R}=\frac{5\times10^3}{20}=250$$

When the power source voltage is 10mV, the resonant current effective value is

$$I_0=\frac{U_S}{R}=\frac{10\times10^{-3}}{20}=0.5(\text{mA})$$

The inductance voltage and capacitance voltage are

$$U_{L0}=U_{C0}=QU_S=250\times10\times10^{-3}=2.5(\text{V})$$

四、RLC 串联电路的频率特性与选择性

1. RLC 串联电路的频率特性

在 RLC 串联电路中，感抗 $X_L(\omega)=\omega L$、容抗 $X_C(\omega)=\frac{1}{\omega C}$、电抗 $X=X_L-X_C$ 随频率的变化曲线称为 RLC 串联电路的频率特性曲线，如图 6 - 1 - 4 所示。另外，由 $Z=R+\text{j}\left(\omega L-\frac{1}{\omega C}\right)$得

$$|Z(\omega)|=\sqrt{R^2+(X_L-X_C)^2}=\sqrt{R^2+\left(\omega L-\frac{1}{\omega C}\right)^2}$$

当 $\omega=0$，$|Z(\omega)|\to+\infty$；当 $\omega<\omega_0$，$\omega\to\omega_0$，$|Z(\omega)|\downarrow$；当 $\omega=\omega_0$，$|Z(\omega_0)|=R=|Z(\omega)|_{\min}$；当 $\omega>\omega_0$，$\omega\to\infty$，$|Z(\omega)|\to\infty$。

2. RLC 串联电路的电流谐振曲线

当外部施加激励的电压一定时，电路的电流为

$$I=\frac{U}{|Z|}=\frac{U}{\sqrt{R^2+\left(\omega L-\frac{1}{\omega C}\right)^2}}$$

如图 6-1-5 所示，$I-\omega$ 谐振曲线反映 I 随 ω 的变化关系。

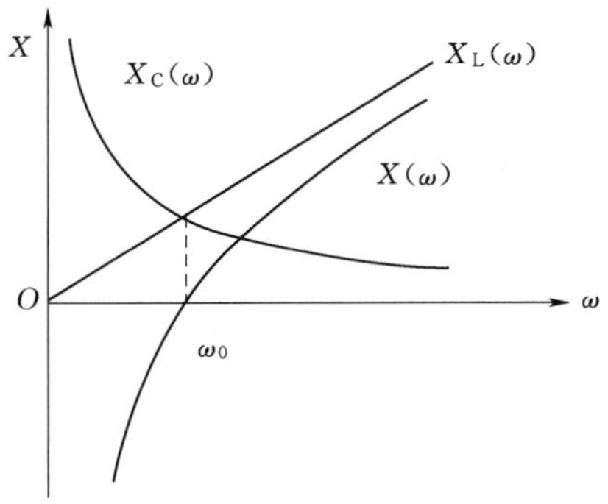

图 6-1-4　RLC 串联电路频率特性曲线

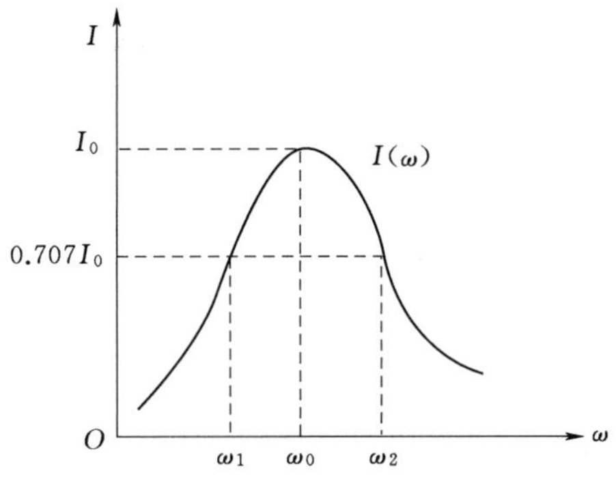

图 6-1-5　$I-\omega$ 谐振曲线

3. RLC 串联电路的选择性

根据

$$I(\omega)=\frac{U}{\sqrt{R^2+\left(\omega L-\frac{1}{\omega C}\right)^2}}=\frac{I(\omega_0)}{\sqrt{1+\frac{1}{R^2}\left(\frac{\omega_0 L\omega}{\omega_0}-\frac{\omega_0}{\omega_0 C\omega}\right)^2}}$$

$$=\frac{I(\omega_0)}{\sqrt{1+Q^2\left(\eta-\frac{1}{\eta}\right)^2}}$$

定义电流抑制比为

$$\frac{I(\omega)}{I(\omega_0)}=\frac{1}{\sqrt{1+Q^2\left(\eta-\frac{1}{\eta}\right)^2}}$$

其中

$$\eta=\frac{\omega}{\omega_0}$$

如图 6-1-6 所示，电流谐振曲线反映 RLC 电路的选择性（selectivity）。RLC 电路的选择性是指电路对某一频率响应而排斥所有其他频率的能力。从图 6-1-6 可以理解：谐振电路的品质因数 Q 可以用来反映谐振电路选择性能的好坏，Q 值越大，谐振时电路的电流越大，曲线越尖锐，电路的选择性越好；反之电路的选择性则差。但注意区别：线圈的品质因数 Q_L 值是线圈的感抗 ωL 与线圈的铜耗电阻 R 之比值，其感抗 ωL 中的 ω 可以是任意的理论值。

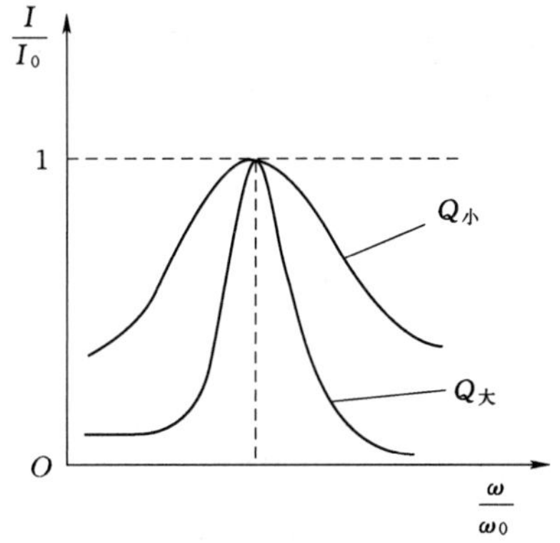

图 6-1-6　电流谐振曲线的选择性

当电路的品质因数大于或者等于 10 时，就称为高 Q 电路（high-Q-circuit）。

五、串联谐振电路的应用与防护

(一) 串联谐振电路的应用

串联谐振电路在电子技术中的应用是很广泛的。例如，收音机的调谐电路、电视机的中频抑制电路及Q表的原理等。

1. 收音机的调谐电路

收音机天线的调谐电路如图 6-1-7 所示，线圈绕在磁棒上，两端与可变电容 C 相接。调节 C，可以使调谐电路对某个电台信号发生谐振，以便收听此台的广播。

图 6-1-7 的等效电路如图 6-1-8 所示。R 和 L 分别为线圈的等效电阻和等效电感，e_1、e_2、e_3 表示三个电台发出的电磁波在天线中感应出的电动势，它们的频率不同，其大小也有差别。

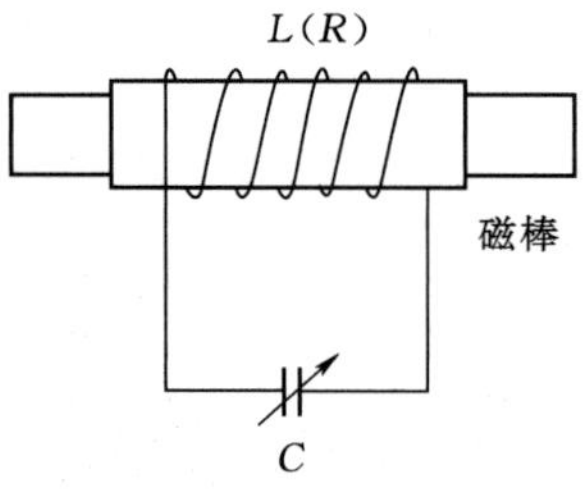

图 6-1-7　收音机天线的调谐电路

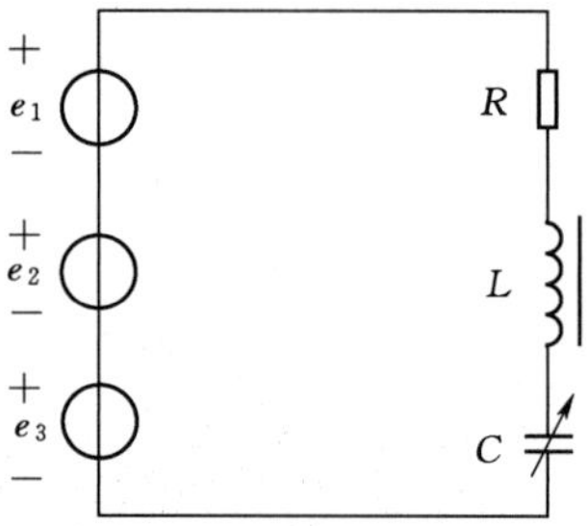

图 6-1-8　等效谐振电路

经过分析和计算知道，当某一个电台的信号频率和收音机调谐电路的谐振频率一致时，收音机调谐电路的品质因数 Q 最高，同时该调谐电路中的电流 I_0 最大，收音机就选中了该电台的信号。

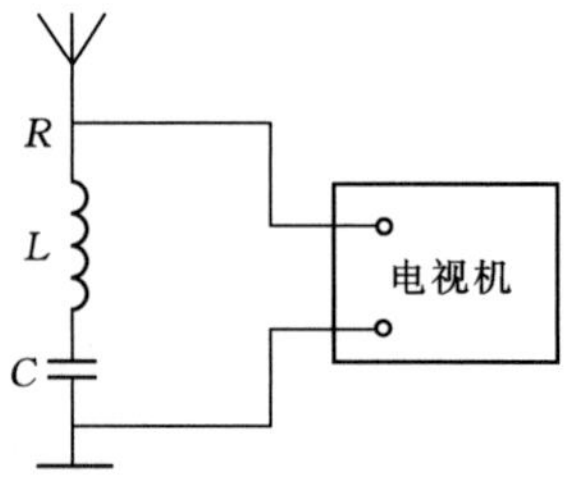

图 6-1-9　中频抑制电路

2. 电视机的中频抑制电路

为了提高电视机中的高频头对中频干扰的抑制能力，往往在输入电路中接入中频抑制电路，如图 6-1-9 所示。该串联谐振电路是与电视机的输入端并联的，若将该串联谐振电路调谐于中频 38MHz，则它对于中频干扰信号呈现出一个很小的阻抗（等于线圈的电阻），也就是说，该串联谐振回路将吸收中频干扰信号，不让它进入电视机。同时该串联谐振电路对于远离谐振点的电视信号呈现的阻抗很大，不会影响电视机的正常工作。

3. Q表的原理

Q表是在高频范围内测量 Q 值、电感和电容等参数的重要仪器。它的原理是在串联谐振回路中，当 $Q \geqslant 10$ 时，认为 U_C 的最大值（$u_C = Qu_S$）出现在 ω_0 处。Q表的原理线路图如图 6-1-10 所示。高频信号发生器产生高频正弦信号，它的频率可变，输出电压也可以调节，以保证串联谐振回路的输入电压 u_S 为规定的数值，每次测量前，应先调节 u_S，使电压表指示到规定的数值。

测量时，将被测线圈接在 L_X 接线柱上，调节标准电容 C_N，使电路达到谐振，这时 C_N 的端电压（$u_C=Qu_S$）为最大。如果将 u_C 的电压转换成 Q 的数值刻度，即 $Q=\frac{u_C}{u_S}$，那么在测量时就可以用电压表直接指示出被测线圈的 Q 值。

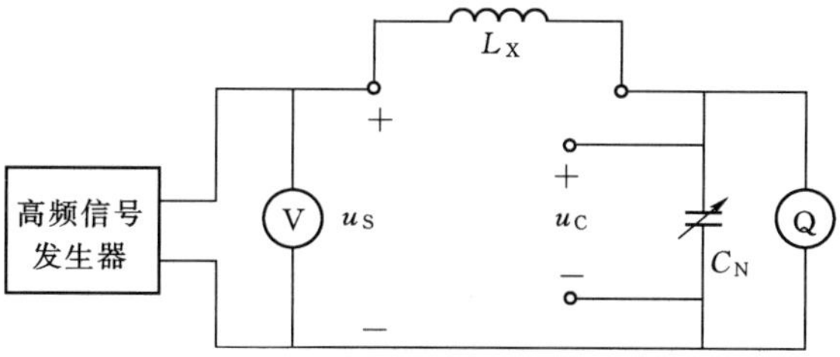

图 6-1-10　Q 表的原理

（二）电力系统对谐振的防护

在电力系统中，电网中能量的转化与传递所产生的电网电压升高，称内过电压，内过电压对供电系统的危害是很大的。常见的内过电压有：切、合空载变压器的过电压；切、合空载线路的过电压；电弧接地过电压；铁磁谐振过电压等。其中，铁磁谐振过电压事故最频繁的发生在 3～330kV 电网中，严重威胁电网的安全运行。因此电力系统必须对谐振过电压加以防护。

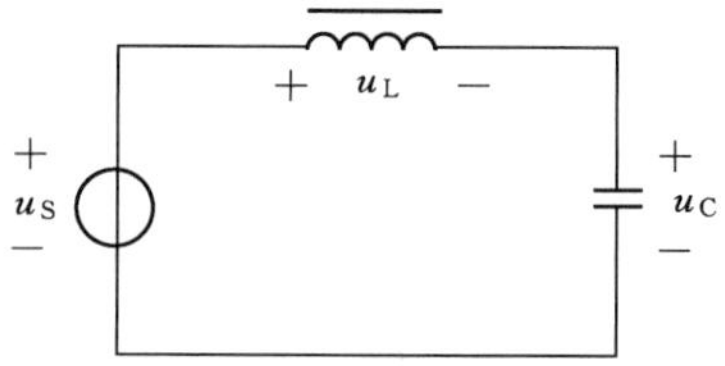

图 6-1-11　LC 串联谐振电路

如图 6-1-11 所示为 LC 串联谐振电路，若 L、C 为定值，该电路的固有谐振频率为 $f_0=\frac{1}{2\pi\sqrt{LC}}$，当外加电源的频率 f 与固有谐振频率 f_0 相等时，电路中就会出现电压谐振现象，产生谐振过电压。

复杂的电感电容电路则有一系列固有谐振频率，而非正弦电源则含有一系列谐波。只要电路的固有谐波频率之一与电源谐振频率之一相等，就会出现谐振。

因此，电网的等效电路参数设计要避开电源的谐振频率，以防止谐振过电压发生。

Practice and Thinking

6-1-1　What is the series resonance? What are the important characteristics in series resonance circuits?

6-1-2　What is the meaning of Q value of quality factor in series resonance circuits? Explain the influence of Q value on resonance curve.

6-1-3　In a series resonance circuit, known the parameters: $R=10\Omega$, $L=0.26\text{mH}$, $C=279\text{pF}$, and the applied voltage is $U=10\text{mV}$. Find its current, quality factor and inductance voltage and capacitance voltage of the circuit in resonance.

6-1-4　The parameters of a coil known: $R=1\Omega$, $L=4\text{mH}$, this coil is connected to a voltage source ($U=20\text{V}$, angular frequency $\omega=2500\text{rad/s}$). Find the value of capacitance C when resonating. Find the current I_0, quality factor Q, capacitor voltage U_{C0} and coil voltage U_{RL0} when resonating.

任务二　RLC 并联谐振电路的分析与应用

Task 2　Analysis and Applications of RLC Parallel Resonance Circuits

一、RLC 并联电路的电压电流关系

RLC 并联电路如图 6-2-1（a）所示，设加到电路的电压为 $u=\sqrt{2}U\sin(\omega t+\psi_u)$，对应的相量为 $\dot{U}=U\angle\psi_u$，通过 R、L、C 元件，分别产生电流为 i_R、i_L、i_C，相应的相量为 $\dot{I}_R$、$\dot{I}_L$、$\dot{I}_C$，每个元件的电压电流关系为 $\dot{I}_R=\dfrac{\dot{U}}{R}$，$\dot{I}_L=\dfrac{\dot{U}}{j\omega L}$，$\dot{I}_C=\dfrac{\dot{U}}{\frac{1}{j\omega C}}$，而端口总电流为 $i=i_R+i_L+i_C$，对应的相量形式为 $\dot{I}=\dot{I}_R+\dot{I}_L+\dot{I}_C$，所以有

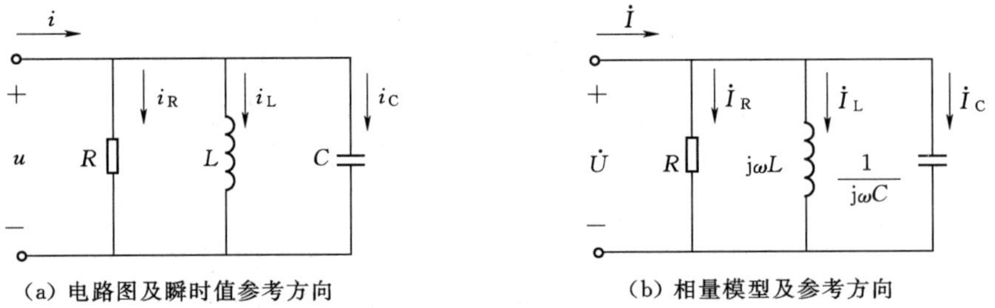

图 6-2-1　RLC 并联电路

$$\dot{I}=\left[\frac{1}{R}+j\left(-\frac{1}{\omega L}+\omega C\right)\right]\dot{U}=Y\dot{U} \tag{6-2-1}$$

式（6-2-1）也称为相量形式的欧姆定律，RLC 并联电路的相量模型如图 6-2-1（b）所示。式（6-2-1）中复数 Y 称为复导纳（complex admittance），等于端口电流相量与端口电压相量（它们为关联参考方向）的比值，单位为西门子（西，S），即 $Y=\dfrac{\dot{I}}{\dot{U}}$。则有

$$Y=\frac{1}{R}+j\left(-\frac{1}{\omega L}+\omega C\right)=G+j(B_C-B_L)=G+jB \tag{6-2-2}$$

式（6-2-2）为复导纳的代数形式，其实部 G 就是该电路的电导，虚部 $B=B_C-B_L$，称为电纳（electrical susceptance），单位为西门子（西，S）。根据复数运算可以证明 $ZY=1$，即 Z 和 Y 互为倒数。

复导纳也可以用极坐标形式表示为

$$Y=|Y|\angle\varphi' \tag{6-2-3}$$

其中

$$|Y|=\sqrt{G^2+B^2}$$

$$\varphi'=\arctan\left(\frac{B}{G}\right)=\arctan\left(\frac{B_C-B_L}{G}\right)$$

$$G=|Y|\cos\varphi'$$

$$B=|Y|\sin\varphi'$$

式中 $|Y|$——复导纳的模（modulus of complex admittance），总为正，S；

φ'——复导纳的辐角（argument of complex admittance），称为导纳角（admittance angle）。φ'可能为正，可能为负，也可能为零，取决于 B 的取值。当 $B_C>B_L$ 时，$B>0$，$\varphi'>0$，电路是电容性的；当 $B_C<B_L$ 时，$B<0$，$\varphi'<0$，电路是电感性的；当 $B_C=B_L$ 时，$B=0$，$\varphi'=0$，电路是电阻性的。G、B、$|Y|$ 和 φ'之间的关系可用导纳三角形（admittance triangle）表示，如图 6－2－2 所示。

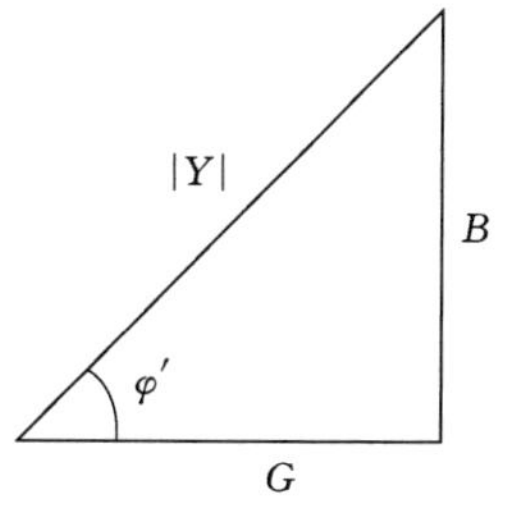

图 6－2－2 导纳三角形

复导纳用极坐标形式表示后，式（6－2－1）可改写为

$$\dot{I}=Y\dot{U}=|Y|\angle\varphi' U\angle\psi_u=|Y|U\angle(\varphi'+\psi_u)=i\angle\psi_i$$

其瞬时值表达式为

$$i=\sqrt{2}\,|Y|U\sin(\omega t+\psi_u+\varphi')=\sqrt{2}\,I\sin(\omega t+\psi_i) \tag{6-2-4}$$

其中
$$\varphi'=\psi_i-\psi_u$$

式中 φ'——关联参考方向下电流相量超前电压相量的角度，等于导纳角。

$\varphi'>0$ 时，电流超前于电压，电路呈电容性；$\varphi'<0$ 时，电流滞后于电压，电路呈电感性；$\varphi'=0$ 时，电压和电流同相位，电路呈电阻性。

RLC 并联电路的相量图如图 6－2－3 所示。作相量图时，选取电压 $\dot{U}$ 为参考相量，设初相 $\psi_u=0$，然后作 R、L、C 各元件的电流相量，电阻中的电流 $\dot{I}_R$ 与电压 $\dot{U}$ 同相位，电感中的电流 $\dot{I}_L$ 滞后于电压 $\dot{U}$90°，电容中的电流 $\dot{I}_C$ 超前于电压 $\dot{U}$90°，所以 $\dot{I}_L$ 与 $\dot{I}_C$ 的相位差为 180°，两者合并成 $\dot{I}_B$。采用多角形法求各支路电流的相量和得出电流 $\dot{I}$。图 6－2－3（a）中，$I_C>I_L$，是电容性电路，所以 $\dot{I}$ 超前 $\dot{U}$，$\varphi'>0$；图 6－2－3（b）中，$I_C<I_L$，是电感性电路，所以 $\dot{I}$ 滞后 $\dot{U}$，$\varphi'<0$；图 6－2－3（c）中，$I_C=I_L$，是电阻性电路，所以 $\dot{U}$ 和 $\dot{I}$ 同相位，$\varphi'=0$。

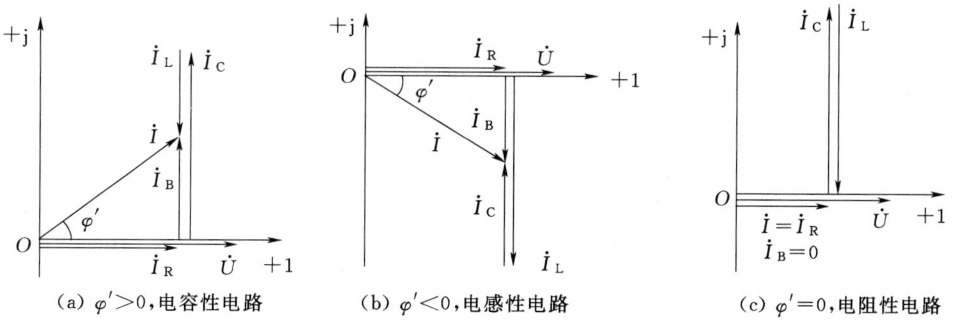

图 6－2－3 RLC 并联电路相量图

图 6-2-3 中，将 $\dot{I}_L$ 和 $\dot{I}_C$ 合并成 $\dot{I}_B$ 后，则有

$$\dot{I}=\dot{I}_R+\dot{I}_L+\dot{I}_C=\dot{I}_R+\dot{I}_B \tag{6-2-5}$$

或

$$Y\dot{U}=G\dot{U}+\mathrm{j}B\dot{U} \tag{6-2-6}$$

可见，电流 I_R、I_B 和 I 组成一直角三角形，称为电流三角形（current triangle）。由式（6-2-6）看出，将导纳三角形的各条边乘以 U，即可得到电流三角形。因此，两个三角形是相似的，如图 6-2-4 所示。

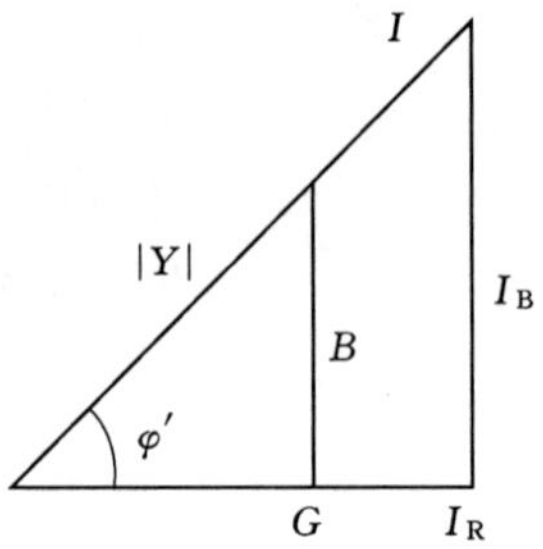

图 6-2-4 电流三角形和导纳三角形

二、并联电路的谐振条件

当串联谐振的电阻较大时，会使串联谐振电路的品质因数大大降低，影响谐振电路的选择性。所以要考虑采用并联谐振（parallel resonance）电路，如图 6-2-5（a）所示。

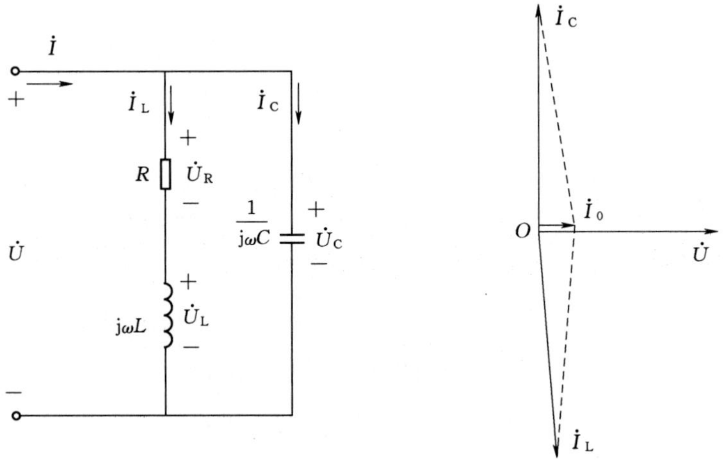

(a) 电路图　　(b) 谐振相量图

图 6-2-5 并联谐振图

RL 串联再与 C 并联的电路中，在正弦交流电压作用下的复导纳为

$$\begin{aligned}Y&=\frac{1}{R+\mathrm{j}\omega L}+\mathrm{j}\omega C\\&=\frac{R}{R^2+(\omega L)^2}+\mathrm{j}\left[-\frac{\omega L}{R^2+(\omega L)^2}+\omega C\right]\\&=G+\mathrm{j}(-B_L+B_C)\\&=G+\mathrm{j}B=|Y|\angle\varphi'\end{aligned}$$

其中

$$\varphi'=\arctan\frac{B}{G},\ |Y|=\sqrt{G^2+B^2}$$

若电源电压与电流同相位，则 $\varphi'=0$，电路发生并联谐振，则有 $-B_L+B_C=0$，即 $-\dfrac{\omega L}{R^2+(\omega L)^2}+\omega C=0$，即并联谐振的条件是感纳等于容纳。

由并联谐振条件得出并联谐振的角频率为

$$\omega_0=\sqrt{\frac{1}{LC}-\frac{R^2}{L^2}}=\frac{1}{\sqrt{LC}}\sqrt{1-\frac{CR^2}{L}} \tag{6-2-7}$$

若电阻很小，$R\ll\omega_0 L$，则谐振的条件简化为

$$\omega_0\approx\frac{1}{\sqrt{LC}}\quad \text{即}\quad \omega_0 L\approx\frac{1}{\omega_0 C} \tag{6-2-8}$$

由谐振条件导出谐振时的电路频率为

$$f_0\approx\frac{1}{2\pi\sqrt{LC}} \tag{6-2-9}$$

此时并联谐振的频率仅与 L、C 有关，即在小损耗条件下，并联谐振电路的谐振频率与串联谐振电路的谐振频率的计算公式相同。

三、并联谐振的基本特征

（1）并联谐振时，电路中阻抗最大，电路呈高阻抗特性。由于 $B=0$，$Z_0=\frac{1}{G}=\frac{L}{RC}$，当 $R\to 0$ 时，$Z_0=\infty$。

（2）并联谐振时，谐振特性阻抗为

$$\rho=\omega_0 L=\frac{1}{\omega_0 C}=\sqrt{\frac{L}{C}} \tag{6-2-10}$$

（3）并联谐振时，若并联电路中的端电压一定时，由于电路呈高阻抗，电路总电流最小，且与电压同相位，即

$$I_L=\frac{U}{\sqrt{R^2+(\omega_0 L)^2}}\quad \left(\text{当 } R\ll\omega_0 L \text{ 时}, I_L\approx\frac{U}{\omega_0 L}\right)$$

$$I_C=U\omega_0 C$$

总电流为

$$I_0=GU=\frac{RU}{R^2+(\omega_0 L)^2}$$

当 $R\ll\omega_0 L$ 时，$\frac{1}{\omega_0 L}\approx\omega_0 C\gg G$，于是可得 $I_L\approx I_C\gg I_0$。

并联谐振时电压、电流的相量图如图 6－2－5（b）所示。

（4）并联谐振时，电感支路电流与电容支路电流近似相等并为总电流的 Q 倍，即 $I_L\approx I_C=QI_0$。

并联谐振的品质因数定义为谐振时的容纳（或感纳）与输入电导 G 的比值，即

$$Q=\frac{\omega_0 C}{G}=\frac{R}{\omega_0 L}=\frac{1}{G}\sqrt{\frac{C}{L}} \tag{6-2-11}$$

品质因数 Q 反映电路选择性能好坏的指标，也仅与电路参数有关。

谐振时支路电流与 Q 值的关系可推导为

$$Q=\frac{\omega_0 C}{G}=\frac{\omega_0 CU}{GU}=\frac{I_C}{I_0}$$

由此可得

$$I_L\approx I_C=QI_0 \tag{6-2-12}$$

可见，当 $Q>1$ 时，出现部分电流大于总电流现象，并联谐振也称电流谐振（current resonance）。

（5）若电源为电流源，则并联谐振时，由于谐振阻抗最大，故回路端电压最大。

当 $R=0$，如果发生并联谐振，则 LC 并联部分对外电路而言，可以用开路表示，如图 6-2-6 所示。

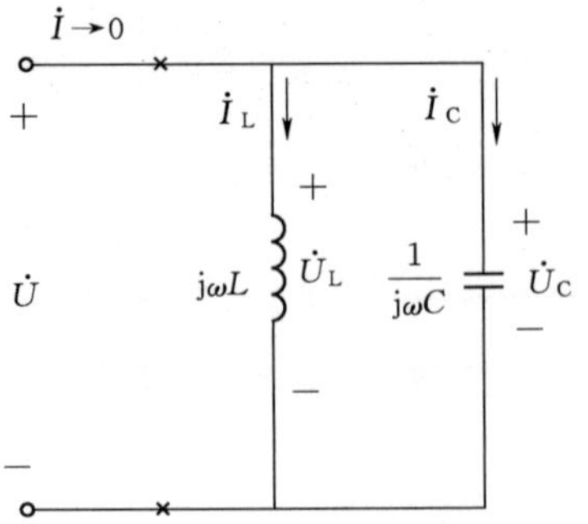

图 6-2-6　LC 并联谐振时相当于开路

四、并联谐振的应用

电感三点式和电容三点式正弦波振荡电路是并联谐振电路的典型应用，图 6-2-7 所示为电感三点式和电容三点式振荡电路的等效电路。

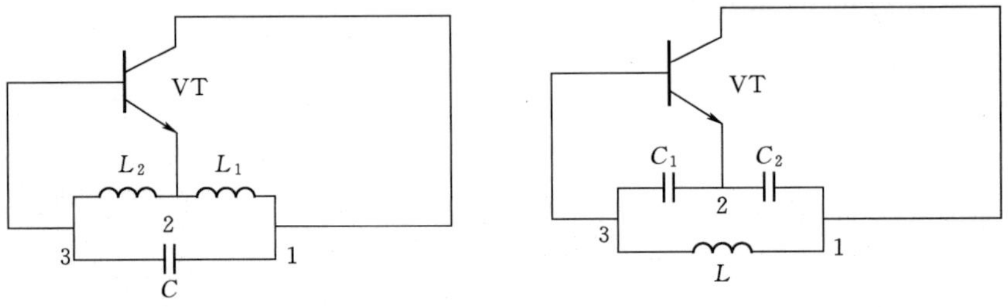

(a) 电感三点式振荡电路　　(b) 电容三点式振荡电路

图 6-2-7　三点式振荡电路的等效电路

电感三点式振荡电路的振荡频率为

$$f_0=\frac{1}{2\pi\sqrt{LC}}=\frac{1}{2\pi\sqrt{(L_1+L_2)C}} \tag{6-2-13}$$

电容三点式振荡电路的振荡频率为

$$f_0=\frac{1}{2\pi\sqrt{LC}}=\frac{1}{2\pi\sqrt{L\dfrac{C_1C_2}{C_1+C_2}}} \tag{6-2-14}$$

Practice and Thinking

6-2-1　Supposing $\psi_u=0$，$I_C>I_L$，draw up the phasor diagram of the RLC parallel circuit.

6-2-2　What is the parallel resonance? What are the characteristics of parallel resonance (changes in impedance，current and voltage)?

6-2-3　An inductance coil with $R=13.7\Omega$ and $L=0.25\text{mH}$ is connected to a capacitor with $C=100\text{pF}$ in series resonance and in parallel resonance respectively. Find the resonant frequency and the impedance of the circuit under two resonant conditions respectively.

Developing Reading

Inventor of the Modern Steam Engine—Introduction of James Watt

James Watt (1736—1819), a Scottish inventor and mechanical engineer, is renowned for his improvements to the steam engine.

James Watt was of humble lineage, born in Greenock, Scotland on January 19, 1736. Greenock was then a little Scotch fishing village that became a busy town with a fleet of steamships during Watt's lifetime. His grandfather, Thomas Watt, was a well known mathematician and local schoolmaster. His father was a prominent citizen of Greenock, and was at various times chief magistrate and treasurer of the town.

James Watt was intelligent, however, because of poor health he had little formal education. His early education was given by his parents. Tools from his father's carpenter bench provided Watt's with manual dexterity and familiarity with their use gave the boy an early education in the basics of engineering and tooling.

James Watt went to London to study instrument-making for a year, and then he went to Glasgow to set up shop, but the Guild denied permit because he hadn't apprenticed for seven years. He was given a workshop under university auspices. There he established his own instrument-making business, and later developed his interest in steam engines.

James Watt was also a renowned civil engineer, making several surveys of canal routes. In 1785, James Watt was elected Fellow of the Royal Society. The unit of power, the watt, is named in his honor.

Try hard to win, but don't expect to be successful.

—**Michael Faraday**

项目七 三相电路的联接与测量

Project 7 Connection and Measurement of Three - Phase Circuits

Project Objectives

1. Vocational Skills Objectives

After studying this project, you should be able to

(1) Connect a three - phase Y - connected load and a three - phase △- connected load and measure their voltages and currents respectively.

(2) Determine the phase sequence of the power supply of the experimental bench by experimental method.

(3) Use "three - wattmeter method" and "two - wattmeter method" to measure the powers of a three - phase AC circuit respectively.

2. Vocational Knowledge Objectives

After studying this project, you should

(1) Grasp the analytical formulas, waveform diagrams, phase expressions and phasor diagrams of symmetrical three - phase sine quantities.

(2) Grasp the relations between the line voltage and the phase voltage of symmetrical three - phase Y - connected power supplies.

(3) Grasp the relations between the line current and the phase current of symmetrical three - phase △- connected loads.

(4) Grasp the analysis and calculation method of symmetrical three - phase circuits.

(5) Understand the concept of asymmetric three - phase circuits and its analysis method. Understand the applications of "symmetric component method" .

(6) Grasp the power calculations of symmetrical three - phase circuits.

3. Professional Quality Objectives

After studying this project, you should

(1) Cultivate professional habits of patience, meticulousness, standardized operation and safety production.

(2) Possess the ability of learning independently, integrating the theory with practice and expanding knowledge.

(3) Possess the team awareness, good communication and coordination skill.

任务一 对称三相交流电源的分析

Task 1 Analysis of Symmetric Three – Phase AC Power Supplies

一、对称三相交流电源

目前，世界各国的电力系统普遍采用由三相交流电源组成的供电系统，称为三相交流电路。与前面介绍的单相交流电路相比，三相交流供电系统在电能的产生、传输、分配以及应用方面都具有显著的优点。

三相交流电源通常都是由三相交流发电机（generator）产生的。图 7－1－1（a）所示为三相交流发电机的原理图。

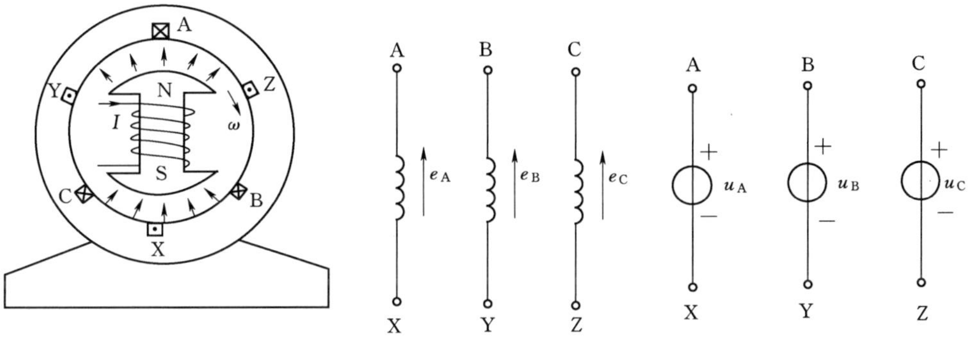

(a) 三相交流发电机原理图 (b) 三相电动势 (c) 三相电压源

图 7－1－1 三相交流发电机

可以看出，三相交流发电机主要由电枢和磁极组成。电枢是固定的，也称为定子，由定子铁芯和三相绕组组成。定子铁芯是用内圆表面冲有槽的硅钢片叠成，槽内放置三组匝数相等、空间上彼此相隔 120°的对称绕组，称为三相绕组。按国标，三相绕组分别用 U1U2、V1V2 和 W1W2 标注，而按惯例，则称为 AX、BY 和 CZ 绕组，本书采用习惯用法，其中 A、B、C 是绕组的始端，X、Y、Z 是绕组的末端。

发电机的磁极是旋转的，也称转子。转子铁芯上绕有励磁绕组，通有直流电产生磁场。发电机转子由原动机（如水轮机、汽轮机、柴油机等）带动，按顺时针方向匀速旋转，每相绕组依次切割磁力线，产生频率相同、幅值相等的正弦波电动势，分别用 e_A、e_B、e_C 表示，参考方向由线圈的末端指向始端，如图 7－1－1（b）所示。

分析三相交流电路时，通常用电压源表示三相电压，如图 7－1－1（c）所示，A、B、

C 端为正极性，而 X、Y、Z 端为负极性。每个电压源称为（电源的）一相（phase），依次称为 A 相、B 相、C 相，其电压分别记为 u_A、u_B、u_C。

由于结构上采取的措施，一般发电机产生的三相电动势和三相电压总是近乎对称的，而且也尽量做到是正弦的，因此，它们是频率相同、有效值相等而相位彼此相差 120°的三相正弦量，称为对称三相交流电源（symmetrical three - phase AC power supplies）。

以 u_A 为参考量，对称三相正弦电压的瞬时值表达式为

$$\left.\begin{aligned} u_A &= \sqrt{2}U\sin\omega t \\ u_B &= \sqrt{2}U\sin(\omega t-120°) \\ u_C &= \sqrt{2}U\sin(\omega t-240°)=\sqrt{2}U\sin(\omega t+120°) \end{aligned}\right\} \quad (7-1-1)$$

波形图如图 7-1-2（a）所示，它们的相量表达式为

$$\left.\begin{aligned} \dot{U}_A &= U\angle 0° \\ \dot{U}_B &= U\angle -120°=\alpha^2\dot{U}_A \\ \dot{U}_C &= U\angle 120°=\alpha\dot{U}_A \end{aligned}\right\} \quad (7-1-2)$$

其中 $$\alpha=1\angle 120°=e^{j120°}=-\frac{1}{2}+j\frac{\sqrt{3}}{2}$$

$$\alpha^2=1\angle 240°=1\angle -120°=e^{-j120°}=-\frac{1}{2}-j\frac{\sqrt{3}}{2}$$

式中 α，α^2——工程上为了方便而引入的单位相量算子。

图 7-1-2（b）是它们的相量图。画三相电路的相量图时，习惯上把参考相量画在垂直方向，如图 7-1-2（c）所示。

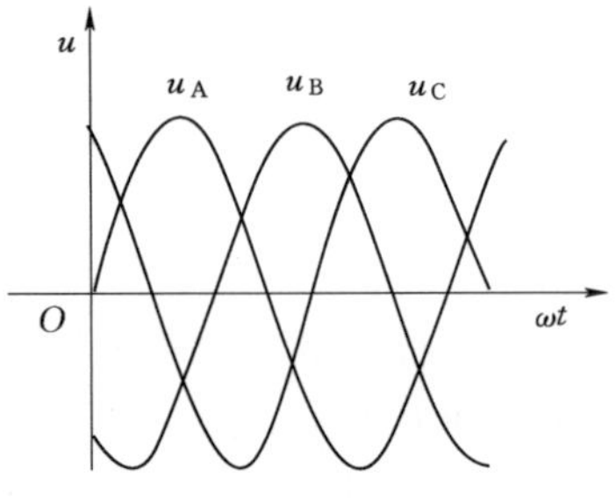

(a) 波形图

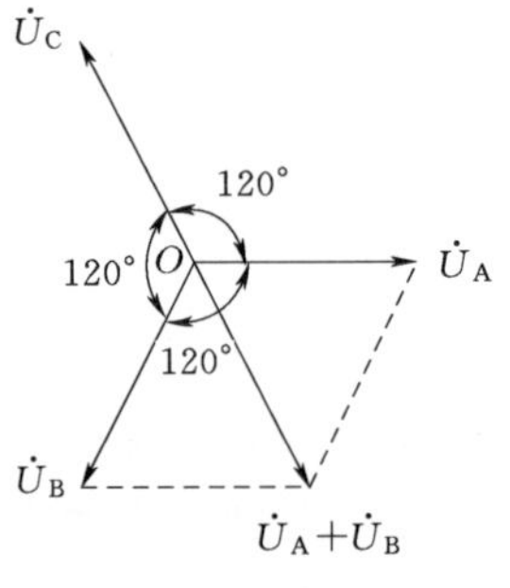

(b) 相量图

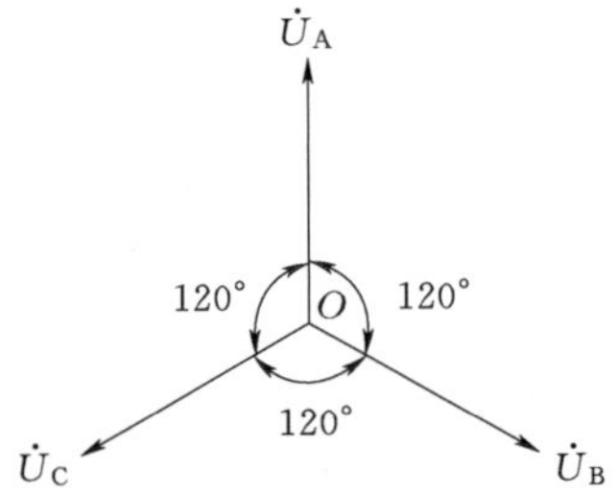

(c) 相量图的习惯画法

图 7-1-2 对称三相正弦电压

由于 $1+\alpha+\alpha^2=0$，则得对称三相正弦电压相量和为零，即

$$\dot{U}_A+\dot{U}_B+\dot{U}_C=\dot{U}_A+\alpha^2\dot{U}_A+\alpha\dot{U}_A=0$$

由式（7-1-1）可以证明，对称三相正弦电压的瞬时值之和恒等于零，即

$$u_A+u_B+u_C=0$$

三相电源中，各电压达到最大值的先后顺序是不同的，这种达到最大值的先后顺序称为三相电源的相序（phase sequence）。上述三相电源的相序是 A－B－C，这种相序是 A 相比 B 相超前，B 相又比 C 相超前，称为 ABC 序或正序（positive sequence）；如果三相电源 A 相比 B 相滞后，B 相又比 C 相滞后，相序为 C－B－A（或 A－C－B），则称为 ACB 序或负序（negative sequence）。无特别说明时，三相电源均指正序对称三相电源。工业中交流发电机的三相引出线及配电装置的三相母线上涂以黄、绿、红三种颜色，分别表示 A、B、C 三相。

相序在三相配电系统中非常重要。当三相电源的相序改变时，将改变三相电动机的旋转方向。因此，常用改变相序的方法控制电动机的正反转。

二、三相电源的星形联接（Y 形联接）

如上所述，发电机产生的三相对称电动势大小相等、频率相同、相位互差 120°，若将它们输出，在三相绕组端得到对称三相交流电源电压 u_A、u_B、u_C，称为对称三相电压。若将三相电源电压分别和负载相连，形成三个互不相干的单相供电系统，则根本不能体现三相电源的优越性。故实际中在三相电源内将三相绕组联接成 Y 形或△形。如图 7－1－3和图 7－1－4 所示，这就是三相供电制（three－phase power supply system）。

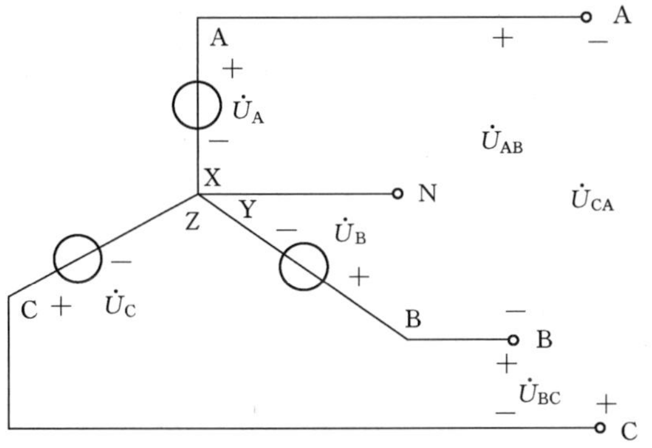

图 7－1－3　对称三相电源的 Y 形联接

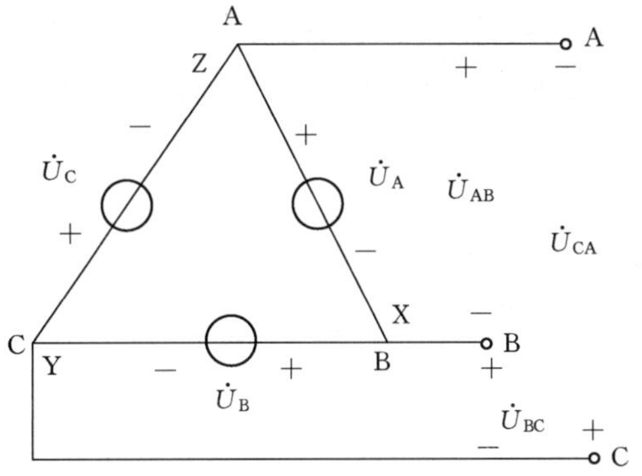

图 7－1－4　对称三相电源的△形联接

图 7－1－3 所示为三相电源的 Y 形联接，三相绕组的末端 X、Y、Z 联接在一点 N，称为电源的中性点（neutral point），从中性点引出的导线称为中性线（neutral line），当中性点接地时，中性线又称为地线（ground wire）或零线（zero line）。从三相绕组的始端 A、B、C 引出的三条导线称为端线或相线（phase line），俗称火线（wire）。按这样的接法输出供电，称为三相四线制（three－phase four－wire system）。这种供电系统可输出两种电压等级，一种是每根相线与中性线之间的电压，称为相电压（phase voltage），用下标字母的次序表示参考方向，分别记为 $\dot{U}_{AN}$、$\dot{U}_{BN}$和 $\dot{U}_{CN}$，简记为 $\dot{U}_A$、$\dot{U}_B$ 和 $\dot{U}_C$；另一种是任意两根相线间的电压，称为线电压（line voltage），仍用下标字母的次序表示参考方向，分别记为 $\dot{U}_{AB}$、$\dot{U}_{BC}$和 $\dot{U}_{CA}$。

显然，根据 KVL，线电压和相电压关系为

$$\left.\begin{aligned}\dot{U}_{AB}&=\dot{U}_A-\dot{U}_B\\\dot{U}_{BC}&=\dot{U}_B-\dot{U}_C\\\dot{U}_{CA}&=\dot{U}_C-\dot{U}_A\end{aligned}\right\}\qquad(7-1-3)$$

对于对称的三相电源，如设 $\dot{U}_A=U_P\angle0°$，则 $\dot{U}_B=U_P\angle-120°$，$\dot{U}_C=U_P\angle120°$（下标 P 表示相），则有

$$\left.\begin{aligned}\dot{U}_{AB}&=U_P\angle0°-U_P\angle-120°=\sqrt{3}U_P\angle30°\\\dot{U}_{BC}&=U_P\angle-120°-U_P\angle120°=\sqrt{3}U_P\angle-90°\\\dot{U}_{CA}&=U_P\angle120°-U_P\angle0°=\sqrt{3}U_P\angle150°\end{aligned}\right\}\qquad(7-1-4)$$

式（7-1-4）也可写成

$$\left.\begin{aligned}\dot{U}_{AB}&=\sqrt{3}\dot{U}_A\angle30°\\\dot{U}_{BC}&=\sqrt{3}\dot{U}_B\angle30°\\\dot{U}_{CA}&=\sqrt{3}\dot{U}_C\angle30°\end{aligned}\right\}\qquad(7-1-5)$$

可见，对称三相电源星形联接时，线电压也是对称的，线电压的有效值是相电压的 $\sqrt{3}$ 倍，即 $U_L=\sqrt{3}U_P$（下标 L 表示线），而线电压超前于先行相的相电压 30°，如 $\dot{U}_{AB}$ 超前 $\dot{U}_A$ 的角度为 30°，而 $\dot{U}_A$ 超前于 $\dot{U}_B$。另外，各线电压之间的相位差也是 120°。

线电压和相电压的关系也可用相量图求出。图 7-1-5 给出了相量图的两种画法，其中 7-1-5（a）是根据相量加法画出的，7-1-5（b）是根据相量减法画出的，结果一致。

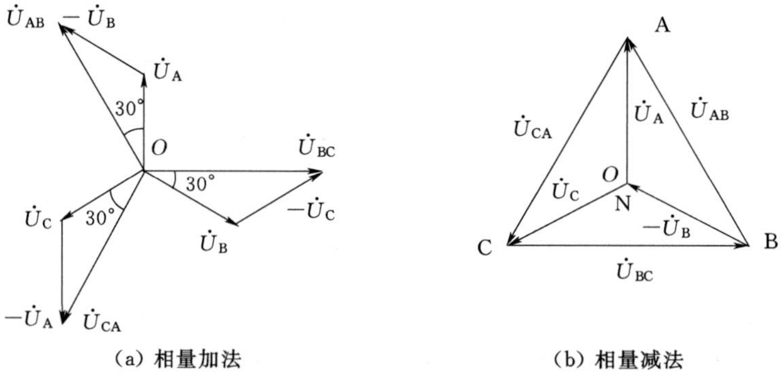

图 7-1-5 对称三相电源 Y 形联接线电压和相电压相量图

通常使用的低压供电系统中相电压为 220V，线电压为 380V，记为 380V/220V 三相四线制供电系统。

三、三相电源的△形联接

如图 7-1-4 所示，将对称三相电源的三相绕组首尾相联接成△形，再从三个接点处分别引出端线，就构成了三相电源的△形联接。显然，这时线电压等于相电压，包括大小

和相位。这种没有中性线，只有三根相线的供电方式叫做三相三线制（three - phase three - wire system），它只提供一种电压等级。

由图 7 - 1 - 5 可见，三相电源△形联接接线正确时，在三角形闭合回路中总的电压为零，即

$$\dot{U}_A+\dot{U}_B+\dot{U}_C=U_P(\angle 0°+\angle -120°+\angle 120°)=0$$

这样才能保证电源在没有输出时，电源内部没有环形电流。

注意无论三相电源是 Y 形联接还是△形联接，绝不允许三相绕组中的一相绕组首末端接反。

在 Y 形联接中，若一相绕组首末端接反，则三相输出的相电压在相位上就不会有 120°的相位差，也就是出现相位上严重不对称，且三个线电压也出现大小不等，相位差不等的严重不对称现象。

在△形联接中，若一相绕组（例如 A 相）接反，则三相绕组闭合回路中的电压为

$$-\dot{U}_A+\dot{U}_B+\dot{U}_C=U_P(\angle 180°+\angle -120°+\angle 120°)=-2\dot{U}_A$$

由于电源阻抗很小，这样必然在三角形回路内产生很大的环形电流，将严重损坏电源装置，这在实际中是决不允许的。因此，三相电源作△形联接时，预留一个开口，用电压表测量开口电压，如果电压近于零或很小，再闭合开口。否则，要查找是哪一相接反了。

Practice and Thinking

7 - 1 - 1 There is a symmetrical three - phase power frequency sine voltages, as known $\dot{U}_A=U\angle 60°$V.

(1) Write out the phasor expressions of $\dot{U}_B$ and $\dot{U}_C$ respectively.

(2) Write out the instantaneous value analytic formulas of u_A, u_B and u_C respectively.

(3) Draw up the phasor diagram of $\dot{U}_A$, $\dot{U}_B$ and $\dot{U}_C$.

7 - 1 - 2 What is the positive sequence? What is the negative sequence? Write out the phasor expressions of three - phase negative sequence voltage and draw up its phasor diagram.

7 - 1 - 3 Someone say that "In any three - phase circuit, the sum of the line voltage phasors is always zero, as $\dot{U}_{AB}+\dot{U}_{BC}+\dot{U}_{CA}=0$" . Do you think it right? Then explain the reasons.

7 - 1 - 4 It is known that a three - phase power supply is in positive sequence, and $\dot{U}_A=U\angle 0°$V, if the three - phase power supply is Y - connected, but the B - phase power supply's head and end is wrong reversed, what will be the consequences? Draw up the voltage phasor diagram and illustrate it.

7-1-5 What is the relations between the line voltage and the phase voltage when the symmetrical three-phase positive sequence power supply is Y-connected? If the symmetrical three-phase power supply is changed to negative sequence, what is the relations between the line voltage and the phase voltage?

7-1-6 When a three-phase power supply is △-connected, if its connection is wrong, it will make a huge large ring current inside the power supply, there is a risk of burning down the power supply. Which simple method can be used to determine whether the connection is correct? Then explain the reasons.

7-1-7 Each phase voltage of a three-phase power supply is 380V, the impedance of each phase coil is (0.5+j1)Ω. Now join it as a delta connection.

(1) If there is phase A inversion, determine the current of the power supply circuit;

(2) If the two phases are connected oppositely, determine the current of the power supply circuit.

任务二 三相负载的Y形联接与测量

Task 2 Wye Connection and Measurement of a Three-Phase Loads

一、对称三相Y形联接负载的特点

用电器按其对供电电源的要求，可分为单相负载和三相负载。工作时只需单相电源供电的用电器称为单相负载，如照明灯、电视机、电冰箱等；需要三相电源供电才能正常工作的电器称为三相负载，如三相异步电动机等。

三相负载由三部分组成，其中的每一部分称为一相负载。当三相的负载都具有相同参数时，即阻抗值和阻抗角都相同，此时三相负载称为对称三相负载（symmetrical three-phase loads)，否则称为不对称三相负载（asymmetric three-phase loads)。与三相电源一样，三相负载的联接方式也分为Y形联接和△形联接。

三相负载的Y形联接如图7-2-1所示，将三相负载的一端联接在一起就构成Y形联接，如果各相负载是有极性的（如各负载间存在着磁耦合)，则必须同三相电源一样按各相末端（或各相首端）相联接成中性点，否则将造成不对称；如果各相负载没有极性，则可以任意联接成Y形。Y形联接负载A′B′C′向外接至三相电源的端线，而将负载中性点N′联接到三相电源的中性点N，如图7-2-1（a）所示，这种用四根导线把电源和负载联接起来的三相电路称为三相四线制。

三相负载Y形联接时，每相负载承受的电压称为负载的相电压，通过每相负载的电流称为负载的相电流（phase current)，其参考方向与负载的相电压参考方向一致。流过

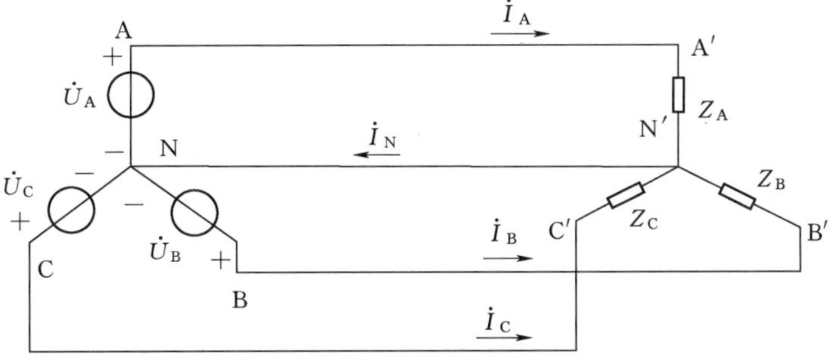

(a) 三相四线制

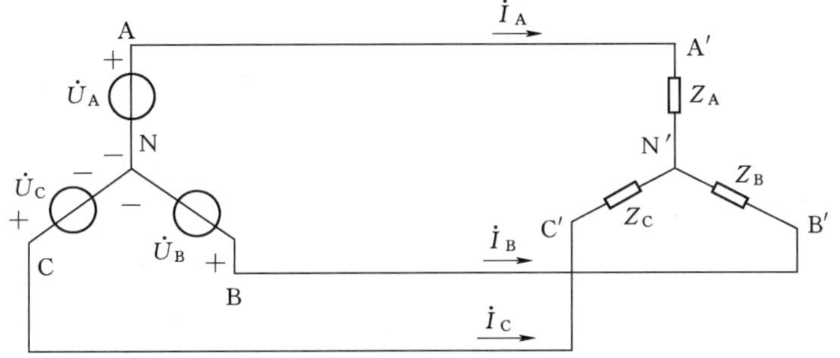

(b) 三相三线制

图 7-2-1 三相四线制和三相三线制Y形联接负载

各端线的电流称为线电流（line current），其参考方向从电源端流向负载端。流过中性线的电流为中性线电流（neutral current），其参考方向从负载中性点 N′流向电源中性点 N。在三相四线制中，有

$$\dot{I}_N = \dot{I}_A + \dot{I}_B + \dot{I}_C \tag{7-2-1}$$

如果三相电流对称，即 $\dot{I}_A$、$\dot{I}_B$ 和 $\dot{I}_C$ 幅值相等、相位彼此相差 120°，则中性线电流为零；如果三相电流接近对称，中性线电流很小，所以有时便省去中性线，如图 7-2-1（b）所示，这种用三根导线把电源和负载联接起来的三相电路称为三相三线制。

生产上最常用的三相电动机就是以三相三线制供电的。在低压配电系统中，都是采用三相四线制，在这里中性线是不能随意去掉的，而且规定中性线不能装开关和熔断器。这是因为在低压配电系统中，有大量单相负载存在，使得三相负载总是不对称的，于是三相负载的相电压也不对称，从而导致各相负载无法正常工作，中性线的作用就是强迫使负载相电压保持对称。

从图 7-2-1 可以看出，三相负载Y形联接时有如下特点：

（1）忽略输电线上的阻抗压降，负载的相电压就等于电源的相电压，只要三相电源是对称的，三相负载的相电压就对称，且负载的相电压是线电压的 $\frac{1}{\sqrt{3}}$ 倍，而线电压的相位超前于先行相的相电压 30°。

（2）线电流等于相电流。

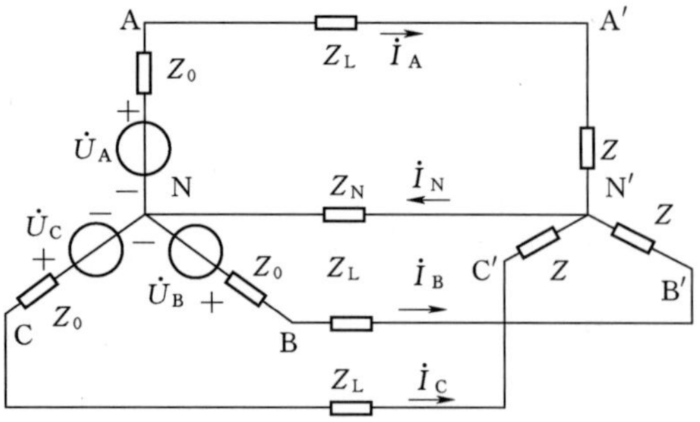

(a) 对称三相电路

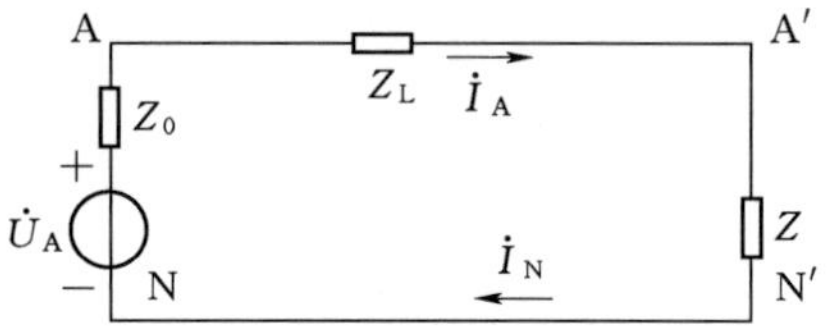

(b) 等效的一相计算电路

图 7-2-2 对称三相四线制 Y—Y 电路

(3) 三相负载对称时，中性线电流为零，此时中性线存在与否对系统工作没有影响。

二、对称三相 Y 形联接负载的分析

项目五讨论的有关正弦交流电路的基本理论、基本定律和分析方法对三相正弦交流电路完全适用。但在分析对称三相电路时，要利用对称三相电路的一些特点简化三相电路的分析计算。

对称三相电路就是以一组（或多组）对称三相电源通过对称的传输线接到一组（或多组）对称三相负载组成的电路。现以图 7-2-2（a）所示对称三相电路为例说明其特点和分析计算方法。图中电源和负载都只有一组，电源电压 $\dot{U}_A$、$\dot{U}_B$ 和 $\dot{U}_C$ 对称，电源内阻抗 Z_0、线路阻抗 Z_L 和负载阻抗 Z 均三相相等，中性线阻抗为 Z_N。因此，这是一组对称三相四线制 Y—Y 电路，它只有两个结点，因而运用弥尔曼定理计算较为方便。以电源中性点 N 为参考结点，负载中性点 N′为独立结点，有

$$\dot{U}_{N'N}=\frac{\frac{1}{Z_0+Z_L+Z}(\dot{U}_A+\dot{U}_B+\dot{U}_C)}{\frac{3}{Z_0+Z_L+Z}+\frac{1}{Z_N}} \tag{7-2-2}$$

因为 $\dot{U}_A+\dot{U}_B+\dot{U}_C=0$，所以 $\dot{U}_{N'N}=0$，即 N′和 N 电位相同，因此各相电流（等于线电流）分别为

$$\left.\begin{aligned}\dot{I}_A&=\frac{\dot{U}_A-\dot{U}_{N'N}}{Z_0+Z_L+Z}=\frac{\dot{U}_A}{Z_0+Z_L+Z}\\ \dot{I}_B&=\frac{\dot{U}_B-\dot{U}_{N'N}}{Z_0+Z_L+Z}=\frac{\dot{U}_B}{Z_0+Z_L+Z}\\ \dot{I}_C&=\frac{\dot{U}_C-\dot{U}_{N'N}}{Z_0+Z_L+Z}=\frac{\dot{U}_C}{Z_0+Z_L+Z}\end{aligned}\right\} \tag{7-2-3}$$

可见，三相电流是对称的。因此中性线电流 $\dot{I}_N$ 为零，即

$$\dot{I}_N=\dot{I}_A+\dot{I}_B+\dot{I}_C=0$$

负载的相电压分别为

$$\left.\begin{aligned}\dot{U}_{A'N'}&=Z\dot{I}_A\\ \dot{U}_{B'N'}&=Z\dot{I}_B\\ \dot{U}_{C'N'}&=Z\dot{I}_C\end{aligned}\right\}\qquad(7-2-4)$$

可见，负载的相电压是对称的，负载的线电压也是对称的。

由此可总结出对称的 Y—Y 联接三相电路的特点如下：

(1) 中性线不起作用。因为 $\dot{U}_{N'N}=0$，$\dot{I}_N=0$，所以对称三相电路中，无论是否有中性线，也不管中性线阻抗为何值，中性线均不起作用。

(2) 对称的 Y—Y 联接三相电路中，每相电流、电压仅由该相的电源和阻抗决定，各相之间彼此不相关，形成了各相的独立性。

(3) 三相的电流、电压都是和电源电压同相序的对称量。

根据这些特点，对于对称三相电路，只要分析计算其中一相的电流、电压，其他两相可根据对称性直接写出，而不必再计算。这就是对称的 Y—Y 接三相电路归结为一相的计算方法。在分析计算时，可只画出等效的一相计算电路（如 A 相），如图 7－2－2（b）所示。画法很简单，就是只画出一相的电路，然后用理想导线将 N′和 N 联接起来，即一相等效电路中不包括中性线阻抗 Z_N。

三相电路归结为一相的计算方法，可以推广到其他联接方式的对称三相电路中去，因为可以根据星形和三角形的等效变换，最后将对称三相电路化成 Y—Y 联接三相电路来处理。

［**Example 7－2－1**］ In the circuit shown in Fig. 7－2－3, the three－phase voltages added to the Y－connected load are symmetrical, and its line voltage is 380V, given that three－phase loads all are $Z_A=Z_B=Z_C=(17.3+j10)\,\Omega$. Find the each phase current respectively and the neutral line current.

Solution:

$$U_P=\frac{U_L}{\sqrt{3}}=\frac{380}{\sqrt{3}}=220(\text{V})$$

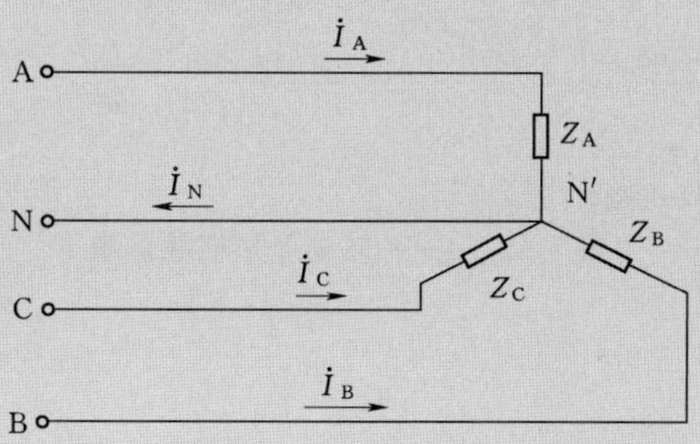

Fig. 7－2－3　for Example 7－2－1

Because the three - phase voltages are symmetrical, the each phase load voltage is

$$U_P=\frac{U_L}{\sqrt{3}}=\frac{380}{\sqrt{3}}=220(V)$$

Setting $\dot{U}_A=220\angle 0°(V)$, then the current of phase A is

$$\dot{I}_A=\frac{\dot{U}_A}{Z_A}=\frac{220\angle 0°}{17.3+j10}=\frac{220\angle 0°}{20\angle 30°}=11\angle -30°(A)$$

According to the symmetry relations, then

$$\dot{I}_B=11\angle -150°(A),\dot{I}_C=11\angle 90°(A)$$

Because the circuit is a symmetrical three - phase Y—Y connection circuit, then, the neutral line current is zero.

三、不对称三相 Y 形联接负载的分析

1. 中性点位移

生产实际中，电网提供的三相电源可以近似地认为是对称的，三相负载可能不对称，而且不对称的三相负载往往出现在低压配电网中，一般采用 Y 形联接。对于不对称的 Y 形联接负载，常采用中性点电压法来分析计算，即先用弥尔曼定理求出负载的中性点电压 $\dot{U}_{N'N}$，然后再求各相负载的电压和电流。

如图 7-2-4 (a) 所示，三相电源对称，而三相负载不对称，其复导纳分别为 Y_A、Y_B、Y_C，中性线复导纳为 Y_N。运用弥尔曼定理求得负载中性点 N′的电压为

$$\dot{U}_{N'N}=\frac{Y_A\dot{U}_A+Y_B\dot{U}_B+Y_C\dot{U}_C}{Y_A+Y_B+Y_C+Y_N} \tag{7-2-5}$$

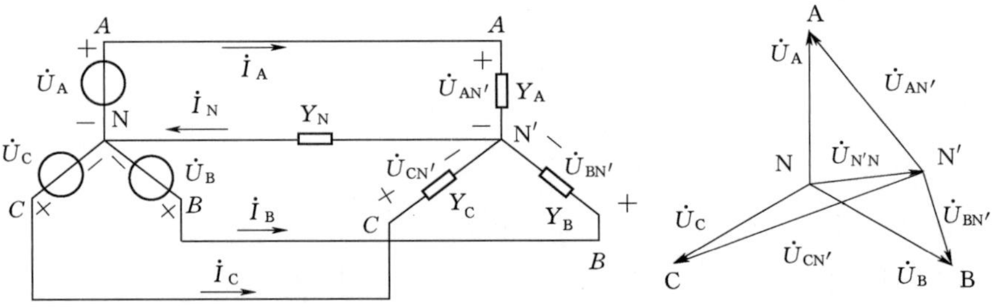

(a) 电路图　　(b) 相量图

图 7-2-4　不对称 Y 形联接负载

负载各相电压为

$$\left.\begin{aligned}\dot{U}_{AN'}&=\dot{U}_A-\dot{U}_{N'N}\\\dot{U}_{BN'}&=\dot{U}_B-\dot{U}_{N'N}\\\dot{U}_{CN'}&=\dot{U}_C-\dot{U}_{N'N}\end{aligned}\right\} \tag{7-2-6}$$

负载各相电流为

$$\left.\begin{aligned}\dot{I}_A&=Y_A\dot{U}_{AN'}\\\dot{I}_B&=Y_B\dot{U}_{BN'}\\\dot{I}_C&=Y_C\dot{U}_{CN'}\end{aligned}\right\}\qquad(7-2-7)$$

中性线电流为

$$\dot{I}_N=Y_N\dot{U}_{N'N}\qquad(7-2-8)$$

由式（7-2-5）可见，当电源对称，Y形联接负载不对称时，如果没有中性线或中性线阻抗较大，就出现了中性点电压，即 $\dot{U}_{N'N}\neq 0$，在相量图上表现为N′与N点不重合，这样的现象称为中性点位移（neutral point shifting），中性点位移的相量图如图7-2-4（b）所示。中性点位移使三相负载电压不对称，导致负载不能正常工作。

中性点位移的大小与中性线的阻抗有关。如果是三相三线制，即没有中性线，这相当于 $Z_N=\infty$，即 $Y_N=0$，这时中性点位移最大，是最严重的情况。如果 $Z_N=0$，即 $Y_N=\infty$，这时 $\dot{U}_{N'N}=0$，没有中性点位移。当中性线不长且导线较粗时，就接近这种情况。

三相四线制电路中，即装设了中性线，尽管Y形联接负载不对称，由于中性线阻抗很小，就能强迫中性点电压很小（$Y_N\approx\infty$ 时，$\dot{U}_{N'N}=0$），从而使负载电压近似等于电源线电压的 $\frac{1}{\sqrt{3}}$，并且几乎不随负载的变化而变化。中性线的作用就是使星形联接的不对称负载得到相等的相电压。因此，在照明线路中必须采用三相四线制，要求中性线阻抗要很小，中性线联接应可靠并具有足够的机械强度，同时规定中性线上不准安装熔断器（俗称保险丝）和开关。

2. 相序测定器

图7-2-5（a）所示Y形联接的不对称三相负载由一个电容器和两个电阻值相等的电灯所组成，把它的三个端点分别接到对称三相电源时，根据电灯的亮暗可确定电源的相序，所以称它为相序测定器。方法是：把电容器接到A相电源，两个电灯分别接到B相和C相电源，根据B、C相电灯的亮暗来确定所接电源是正序或负序。下面用一个例子来作证明（这里用了反证法）。

［**Example 7-2-2**］Fig. 7-2-5 shows a sequence detector，which is a simple Y-connected asymmetric circuit. In which phase A is connected to the capacitor and phase B and phase C are connected to the electric lamps respectively with the same wattage. Assuming $\frac{1}{\omega C}=R=\frac{1}{G}$ and the power supply is a symmetrical three-phase voltages，how to determine the phase sequence of the power supply according to the brightness of two electric lamps?

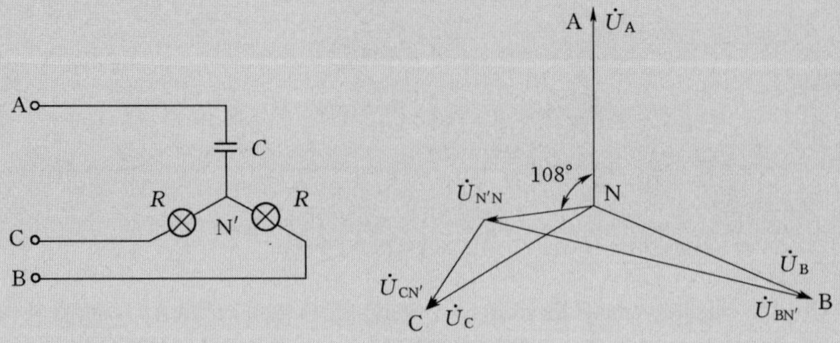

(a) phase sequence detector (b) phasor diagram

Fig. 7-2-5 for Example 7-2-2

Solution:

According to the formula (7-2-5), the neutral point voltage is

$$\dot{U}_{N'N}=\frac{j\omega C\dot{U}_A+G\dot{U}_B+G\dot{U}_C}{j\omega C+2G}$$

Assuming the three-phase supply voltage is in positive phase sequence, then

$$\dot{U}_A=U_P\angle 0°,\dot{U}_B=U_P\angle -120°,\dot{U}_C=U_P\angle 120°$$

Substituting the given parameters in it, then

$$\dot{U}_{N'N}=\frac{jU_P\angle 0°+U_P\angle -120°+U_P\angle 120°}{j+2}$$
$$=(-0.2+j0.6)U_P=0.63U_P\angle 108°$$

From the formula (7-2-6), the voltage withstood by the B phase electric lamp is

$$\dot{U}_{BN'}=\dot{U}_B-\dot{U}_{N'N}=U_P\angle -120°-(-0.2+j0.6)U_P$$
$$=1.5U_P\angle -102°$$

Then

$$U_{BN'}=1.5U_P$$

Similarly, the voltage withstood by the C phase electric lamp is

$$\dot{U}_{CN'}=\dot{U}_C-\dot{U}_{N'N}=U_P\angle 120°-(-0.2+j0.6)U_P$$
$$=0.4U_P\angle -138°$$

Then

$$U_{CN'}=0.4U_P$$

The phasor diagram is shown in Fig. 7-2-5 (b), and the phasor diagram shows $U_{BN'}>U_{CN'}$.

根据上述结果可以判断：若电源电压是正相序，电容器所在那一相若定为 A 相，则 B 相的电灯比较亮，C 相的电灯较暗。所以根据电灯的亮暗可以测定电源电压的相序，这就是相序测定器的工作原理。

Practice and Thinking

7-2-1 When a three-phase loads is Y-connected, is it necessary to be connected a neutral line?

7-2-2 When a three-phase loads is Y-connected, is the line current must be equal to the phase current?

7-2-3 There is a three-phase four-wire circuit with the line voltage of 380V, symmetrical Y-connected load impedance of each phase is $Z=(150+j200)\Omega$.

(1) Find the phase currents and the neutral line current of the load respectively, and draw up the phasor diagram.

(2) If the neutral line is disconnected, how much are the each phase voltage and each phase current?

7-2-4 Does a three-phase circuits produce load neutral point shifting in which situations? What are the influences of neutral point shifting on load phase voltage?

7-2-5 A Y-connected resistor loads ($R_A=R_B=5\Omega$, $R_C \doteq 35\Omega$) is connected to a symmetrical three-phase voltage sources ($U_L=380V$), find the currents of each phase respectively.

任务三 三相负载的△形联接与测量

Task 3 Delta Connection and Measurement of a Three-Phase Loads

一、对称三相△形联接负载的分析与特点

当三相负载联接成三角形时，则称为△形联接负载。如果各相负载是有极性的，则必须同三相电源一样，按负载的始端、末端依次相连。为讨论方便起见，现假设负载端离电源端较近，不考虑端线阻抗、负载端与电源端等电位，如图7-3-1(a)所示。可见，各负载的相电压就是电源线电压，不论负载对称与否，其相电压总是对称的。

但相电流与线电流不同，根据基尔霍夫定律有

$$\left.\begin{aligned}\dot{I}_A&=\dot{I}_{AB}-\dot{I}_{CA}\\ \dot{I}_B&=\dot{I}_{BC}-\dot{I}_{AB}\\ \dot{I}_C&=\dot{I}_{CA}-\dot{I}_{BC}\end{aligned}\right\} \quad (7-3-1)$$

如果三相相电流是对称的，并设 $\dot{I}_{AB}=I_P\angle 0°$，$\dot{I}_{BC}=I_P\angle -120°$，$\dot{I}_{CA}=I_P\angle 120°$，

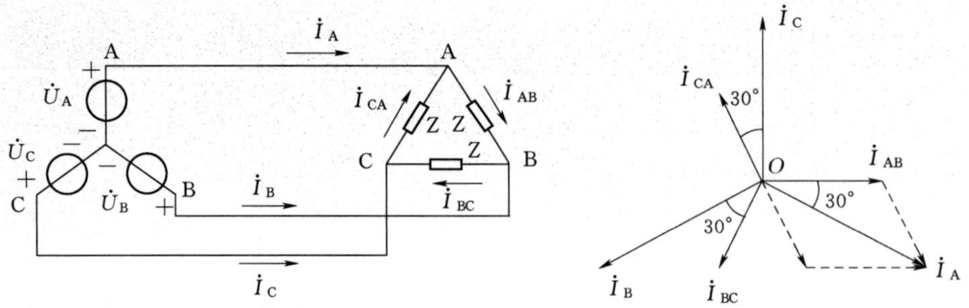

图 7-3-1 对称三相△形联接负载

其电流相量图如图 7-3-1（b）所示。

由相量图看出，在△形联接中，若相电流是对称的，则线电流也是对称的，且线电流的有效值等于相电流的$\sqrt{3}$倍，即

$$I_L=\sqrt{3}I_P \tag{7-3-2}$$

而线电流的相位滞后于后续相的相电流 30°，即

$$\left.\begin{aligned}\dot{I}_A&=\sqrt{3}\dot{I}_{AB}\angle-30^\circ\\\dot{I}_B&=\sqrt{3}\dot{I}_{BC}\angle-30^\circ\\\dot{I}_C&=\sqrt{3}\dot{I}_{CA}\angle-30^\circ\end{aligned}\right\} \tag{7-3-3}$$

应该指出，负载作△形联接时，不论三相是否对称，总有线电流 $\dot{I}_A+\dot{I}_B+\dot{I}_C=0$ 成立。总之，△形联接的三相对称负载具有如下特点：

（1）不管负载是否对称，各相负载所获得的相电压就是对应的电源线电压。

（2）若三相负载对称，则线电流是相电流的$\sqrt{3}$倍，并且在相位上滞后于后续相的相电流 30°，各相电流和线电流对称。

（3）不论负载是否对称，总有线电流 $\dot{I}_A+\dot{I}_B+\dot{I}_C=0$ 成立。

若三相负载对称，则相电流和线电流均对称，此时只需计算其中一相电流，其他两相的相电流、线电流可根据对称性得出。

二、不对称三相△形联接负载的分析

实际中三相负载不对称有两种情况：一种情况是某相负载全部断开；另一种情况是某相电源断开。下面分析这两种情况的特点。

1. 某相负载全部断开

设 CA 相相负载全部断开，则有相电流

$$\dot{I}_{AB}=I_P\angle0^\circ,\dot{I}_{BC}=I_P\angle-120^\circ,\dot{I}_{CA}=0$$

而线电流

$$\dot{I}_A=\dot{I}_{AB}-\dot{I}_{CA}=I_P\angle 0°-0=I_P\angle 0°$$

$$\dot{I}_B=\dot{I}_{BC}-\dot{I}_{AB}=I_P\angle -120°-I_P\angle 0°=\sqrt{3}I_P\angle -150°$$

$$\dot{I}_C=\dot{I}_{CA}-\dot{I}_{BC}=0-I_P\angle -120°=I_P\angle 120°$$

2. 某相电源断开

设 C 相电源断开，电路图如图 7－3－2 所示。

则有

$$\dot{I}_{AB}=\frac{\dot{U}_{AB}}{Z},\dot{I}_{BC}=\dot{I}_{CA}=-\frac{\dot{U}_{AB}}{2Z}$$

$$I_{AB}=2I_{BC}=2I_{CA}$$

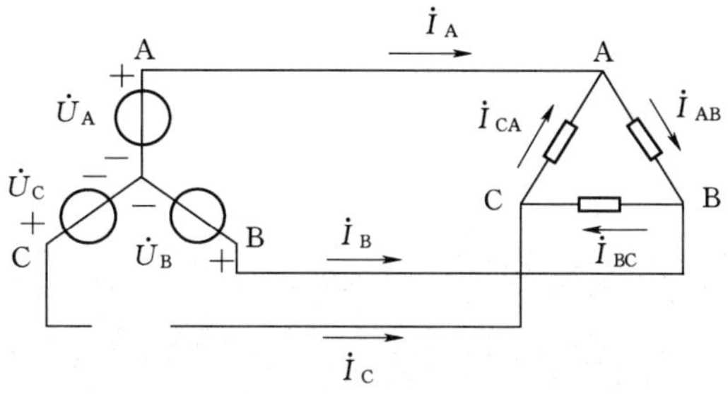

图 7－3－2　不对称三相△形联接负载（C 相电源断开）

三相电路就是由各种联接方式的三相电源和三相负载组成的系统。视电源和负载为 Y 形联接或△形联接构成了 Y—Y 系统、Y—△系统以及△—Y 系统和△—△系统等。

三相电动机的绕组可以接成 Y 形，也可以接成△形，在电动机铭牌上都有标示，如 Y/△，380/220，表示该电动机在电源线电压为 380V 时，作 Y 形联接法；当电源线电压为 220V 时，作△形联接法。可见，该电动机额定相电压是 220V。

[**Example 7－3－1**] There is a three－phase AC asynchronous motor with 29Ω equivalent resistance and 21.8Ω inductance per phase. The three motor windings are △-connected and the power line voltage is 380V. Find the magnitude of line current and phase current of the motor respectively.

Solution:

By the question to know the three－phase asynchronous motor is a symmetrical three－phase loads, the equivalent resistance and inductance of each phase are known, then

the equivalent impedance of each phase is

$$|Z_P|=\sqrt{R^2+X_L^2}=\sqrt{29^2+21.8^2}=36.3(\Omega)$$

the phase current is $$I_P=\frac{U_L}{|Z_P|}=\frac{380}{36.3}=10.5(A)$$

the line current is $$I_L=\sqrt{3}I_P=\sqrt{3}\times 10.5=18.1(A)$$

[**Example 7－3－2**] Change the Y－connected load in Example 7－2－1 into a △-connected load and connect it to the same power supply. As shown in Fig. 7－3－3 below, find:

(1) the phase currents and the line currents when the load is symmetrical.

(2) the phase currents and the line currents after BC phase load is disconnected.

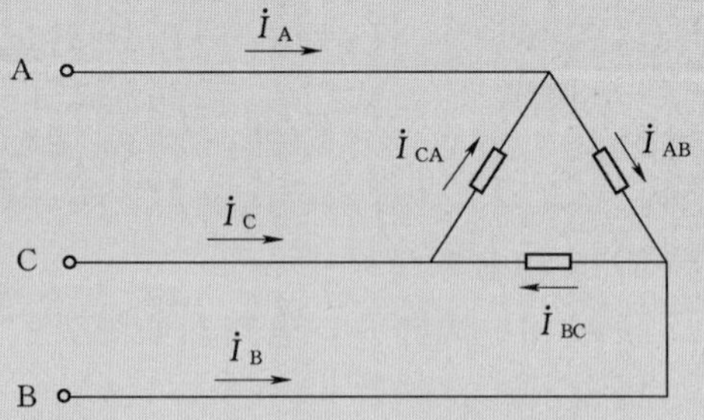

Fig. 7-3-3 for Example 7-3-2

Solution:

(1) In order to compare with Example 7-2-1, still assuming $\dot U_A=220\angle 0°V$, then

$$\dot U_{AB}=\sqrt{3}\dot U_A\angle 30°=380\angle 30°(V)$$

$$\dot U_{BC}=\sqrt{3}\dot U_B\angle 30°=\sqrt{3}\times 220\angle -120°\times\angle 30°=380\angle -90°(V)$$

$$\dot U_{CA}=\sqrt{3}\dot U_C\angle 30°=\sqrt{3}\times 220\angle 120°\times\angle 30°=380\angle 150°(V)$$

The △- connected load withstands line voltage and the phase currents shown as $\dot I_{AB}$, $\dot I_{BC}$, $\dot I_{CA}$, then

$$\dot I_{AB}=\frac{\dot U_{AB}}{Z_{AB}}=\frac{380\angle 30°}{17.3+j10}=19\angle 0°(A)$$

$$\dot I_{BC}=\frac{\dot U_{BC}}{Z_{BC}}=\frac{380\angle -90°}{17.3+j10}=19\angle -120°(A)$$

$$\dot I_{CA}=\frac{\dot U_{CA}}{Z_{CA}}=\frac{380\angle 150°}{17.3+j10}=19\angle 120°(A)$$

The line currents are

$$\dot I_A=\sqrt{3}\dot I_{AB}\angle -30°=\sqrt{3}\times 19\angle -30°=32.9\angle -30°(A)$$

$$\dot I_B=\sqrt{3}\dot I_{BC}\angle -30°=\sqrt{3}\times 19\angle -120°\times\angle -30°=32.9\angle -150°(A)$$

$$\dot I_C=\sqrt{3}\dot I_{CA}\angle -30°=\sqrt{3}\times 19\angle 120°\times\angle -30°=32.9\angle 90°(A)$$

(2) If the BC phase load is disconnected, then, $\dot I_{BC}=0$, but $\dot I_{AB}$ and $\dot I_{CA}$ will not change. So that

$$\dot I_A=\dot I_{AB}-\dot I_{CA}=\sqrt{3}\dot I_{AB}\angle -30°=32.9\angle -30°(A)$$

$$\dot I_B=\dot I_{BC}-\dot I_{AB}=-\dot I_{AB}=19\angle 180°(A)$$

$$\dot I_C=\dot I_{CA}-\dot I_{BC}=\dot I_{CA}=19\angle 120°(A)$$

Then, we can see the $\dot I_A$ will not change, but $\dot I_B$ and $\dot I_C$ will change.

由本例可见，△形联接负载承受线电压，端线阻抗为零（或很小）时，负载的电压不受负载不对称和负载变动的影响。对称的△形联接负载的相电流对称，线电流也对称，按

$$I_P=\frac{U_L}{|Z|}=\frac{380}{20}=19(A)$$

$$I_L=\sqrt{3}I_P=\sqrt{3}\times 19=32.9(A)$$

就可求得它们的有效值。

比较 Example 7-3-1 和 Example 7-2-1 可见：电源电压不变时，对称负载由 Y 形联接改为△形联接后，相电压为 Y 形联接时的$\sqrt{3}$倍，相电流也为 Y 形联接时的$\sqrt{3}$倍，而线电流则为 Y 形联接时的 3 倍。

三、对称分量法

分析三相不对称电路时常用对称分量法（symmetrical component method），即对于任意一组同频率的不对称三相正弦量都可以分解为正序、负序和零序三组对称正弦量，从而将不对称三相电路化为正序、负序和零序三组对称电路，把计算结果叠加，就可求出实际不对称三相电路的未知量。

选择 A 相作为基准相，不对称三相正弦量与其三组对称分量［正序分量（positive-sequence components）、负序分量（negative-sequence components）和零序分量（zero-sequence components）］之间的关系（以电流为例）为

$$\left.\begin{aligned}\dot{I}_A&=\dot{I}_{A1}+\dot{I}_{A2}+\dot{I}_{A0}=\dot{I}_{A1}+\dot{I}_{A2}+\dot{I}_{A0}\\ \dot{I}_B&=\dot{I}_{B1}+\dot{I}_{B2}+\dot{I}_{B0}=\alpha^2\dot{I}_{A1}+\alpha\dot{I}_{A2}+\dot{I}_{A0}\\ \dot{I}_C&=\dot{I}_{C1}+\dot{I}_{C2}+\dot{I}_{C0}=\alpha\dot{I}_{A1}+\alpha^2\dot{I}_{A2}+\dot{I}_{A0}\end{aligned}\right\}\qquad(7-3-4)$$

式中，运算子 $\alpha=1\angle 120°$，$\alpha^2=1\angle -120°$，且有 $1+\alpha+\alpha^2=0$，$\alpha^3=1$；$\dot{I}_{A1}$、$\dot{I}_{A2}$、$\dot{I}_{A0}$分别为 A 相电流的正序、负序和零序分量，并且有

$$\left.\begin{aligned}&\dot{I}_{B1}=\alpha^2\dot{I}_{A1},\quad \dot{I}_{C1}=\alpha\dot{I}_{A1}\\ &\dot{I}_{B2}=\alpha\dot{I}_{A2},\quad \dot{I}_{C2}=\alpha^2\dot{I}_{A2}\\ &\dot{I}_{B0}=\dot{I}_{C0}=\dot{I}_{A0}\end{aligned}\right\}\qquad(7-3-5)$$

由式（7-3-5）可以画出三组对称分量如图 7-3-4 所示。

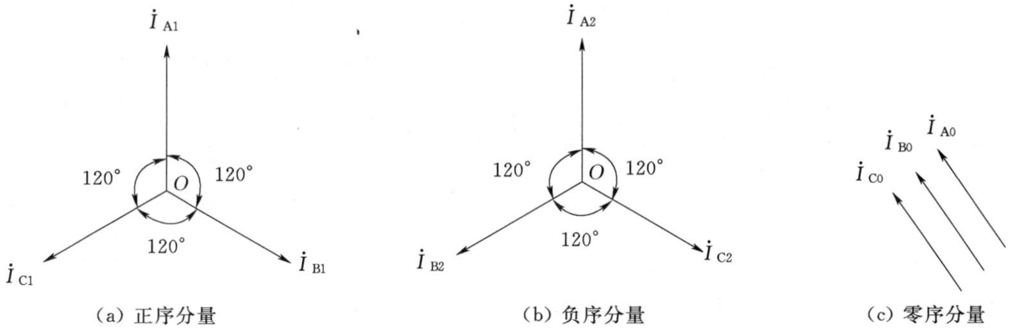

图 7-3-4 不对称三相正弦量的对称分量

由此看到，正序分量的相序与正常对称运行下的相序相同，而负序分量的相序则与正序相反，零序分量则三相同相位。

Practice and Thinking

7－3－1　Try to prove that in a three－phase three－wire circuit，whether the load is symmetrical or not，both $\dot{U}_{AB}+\dot{U}_{BC}+\dot{U}_{CA}=0$ and $\dot{I}_A+\dot{I}_B+\dot{I}_C=0$.

7－3－2　If the power supply voltage remains unchanged，a symmetrical three－phase loads changed from a Y－connected to a △－connected，how many times the line current bigger than the Y－connected? Why?

7－3－3　There is a symmetrical delta connection load with each phase impedance（$Z=200+j150\Omega$），it is connected to a three－phase voltage sources with the line voltage of 380V. Find the phase currents $\dot{I}_{AB}$，$\dot{I}_{BC}$ and $\dot{I}_{CA}$，the line currents $\dot{I}_A$，$\dot{I}_B$ and $\dot{I}_C$ and draw up its phasor diagram.

7－3－4　A symmetrical delta connection load is connected with a symmetrical three－phase sine power supplies through three lines. It is known that the impedance of each phase load is（$9-j6$）Ω，the impedance of the line is j2Ω，and the line voltage of the power is 380V. Find the phase currents of the load.

7－3－5　In Fig. 7－3－5，if the power supply voltage is unchanged and the symmetrical three－phase loads is △－connected.

（1）When the switch S_1 is closed，the switch S_2 is opened and the reading of Ⓐ$_1$ is 12A，find the readings of Ⓐ$_2$ and Ⓐ$_3$ respectively.

（2）When the switch S_1 is opened and the S_2 is closed，find the readings of Ⓐ$_2$ and Ⓐ$_3$ respectively.

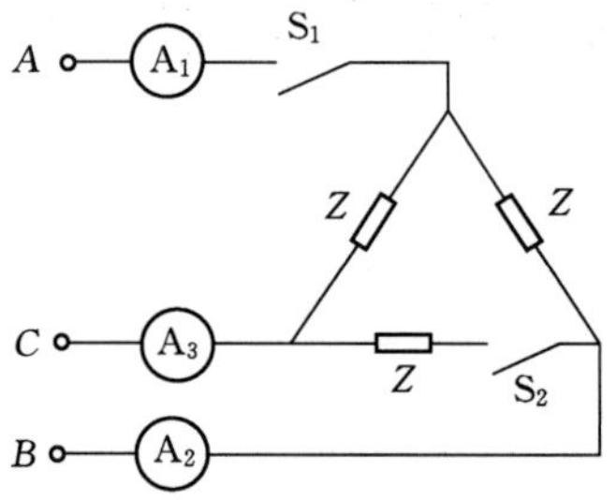

Fig. 7－3－5　for Practice 7－3－5

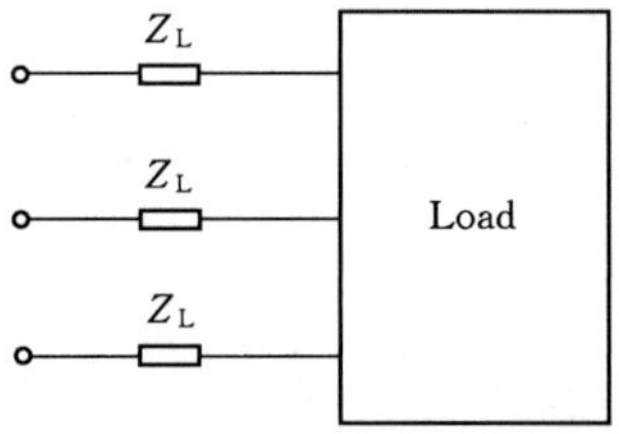

Fig. 7－3－6　for Practice 7－3－6

7－3－6　In the circuit shown in Fig. 7－3－6，each line voltage of symmetrical three－phase loads is 380V，its current is 2A，the power factor is 0.8，terminal impedance is $Z_L=(2+j4)\Omega$，find the voltage of power supply.

任务四　三相交流电路功率的测量

Task 4　Measurement of Power of Three - Phase AC Circuits

一、对称三相电路中的瞬时功率

对称三相电路中各相的瞬时功率可写为

$$
\begin{aligned}
p_A(t) &= u_A(t)i_A(t) \\
&= \sqrt{2}U_P\sin(\omega t)\times\sqrt{2}I_P\sin(\omega t-\varphi) \\
&= U_P I_P[\cos\varphi-\cos(2\omega t-\varphi)] \\
p_B(t) &= u_B(t)i_B(t) \\
&= \sqrt{2}U_P\sin(\omega t-120^\circ)\times\sqrt{2}I_P\sin(\omega t-120^\circ-\varphi) \\
&= U_P I_P[\cos\varphi-\cos(2\omega t-240^\circ-\varphi)] \\
p_C(t) &= u_C(t)i_C(t) \\
&= \sqrt{2}U_P\sin(\omega t-240^\circ)\times\sqrt{2}I_P\sin(\omega t-240^\circ-\varphi) \\
&= U_P I_P[\cos\varphi-\cos(2\omega t-480^\circ-\varphi)]
\end{aligned}
$$

显然，它们的和为

$$p(t)=p_A(t)+p_B(t)+p_C(t)=3U_P I_P\cos\varphi \tag{7-4-1}$$

式（7-4-1）表明，对称三相电路中总瞬时功率是一个常量，其值等于平均功率。

运行中的单相电动机，因为瞬时功率时大时小，产生振动，功率越大，振动越剧烈。在对称三相电路中的三相电动机，因为它的总瞬时功率不是时大时小，而是一个常量，运行中不会像单相电动机那样剧烈振动。

对称三相电路中总瞬时功率是恒定的，无论负载是Y形联接，还是△形联接，这个结论都成立。这是采用三相系统发电、配电的重要原因之一。后面介绍另一个原因。

瞬时功率恒定的这种性质称为瞬时功率的平衡（balance）。瞬时功率平衡的电路称为平衡制电路（balanced circuit），对称三相电路是平衡制电路。

二、有功功率、无功功率和视在功率

1. *有功功率*

有功功率又称平均功率。在三相电路中，三相负载吸收的总有功功率等于各相负载吸收的有功功率之和，即

$$
\begin{aligned}
P &= P_A+P_B+P_C \\
&= U_A I_A\cos\varphi_A+U_B I_B\cos\varphi_B+U_C I_C\cos\varphi_C
\end{aligned}
\tag{7-4-2}
$$

式中　φ_A，φ_B 和 φ_C——A 相、B 相和 C 相在电压与电流为关联参考方向下相电压与相电流之间的相位差，等于各相负载的阻抗角。

在对称三相电路中，各相负载吸收的有功功率相等，式（7－4－2）可写为

$$P=3U_PI_P\cos\varphi \tag{7-4-3}$$

式中　U_P——相电压；

I_P——相电流；

φ——相电压与相电流之间的相位差，等于负载的阻抗角。

因为对称三相电路中负载在任何一种接法的情况下，总有

$$3U_PI_P=\sqrt{3}U_LI_L$$

所以式（7－4－3）可写成

$$P=\sqrt{3}U_LI_L\cos\varphi \tag{7-4-4}$$

式中　U_L——线电压；

I_L——线电流；

φ——相电压与相电流之间的相位差，等于负载的阻抗角。

分析计算对称三相电路的总有功功率，常用到式（7－4－4），因为它对 Y 形联接或△形联接的负载都适用。同时，三相设备铭牌上标明的都是线电压和线电流，三相电路中容易测量出来的也是线电压和线电流。

2. 无功功率

在三相电路中，三相负载的总无功功率为

$$\begin{aligned}Q&=Q_A+Q_B+Q_C\\&=U_AI_A\sin\varphi_A+U_BI_B\sin\varphi_B+U_CI_C\sin\varphi_C\end{aligned} \tag{7-4-5}$$

式中　φ_A、φ_B、φ_C——A 相、B 相和 C 相在电压与电流为关联参考方向下相电压与相电流之间的相位差，等于各相负载的阻抗角。

在对称三相电路中，有

$$Q=3U_PI_P\sin\varphi=\sqrt{3}U_LI_L\sin\varphi \tag{7-4-6}$$

3. 视在功率与功率因素

在三相电路中，三相负载的总视在功率为

$$S=\sqrt{P^2+Q^2}$$

在对称三相电路中，有

$$S=3U_PI_P=\sqrt{3}U_LI_L \tag{7-4-7}$$

三相负载的总功率因数为

$$\lambda=\frac{P}{S}$$

在对称三相情况下 $\lambda=\cos\varphi$，也就是一相负载的功率因数，φ 即为负载的阻抗角。

采用三相系统进行配电的另一个重要优点在于：与单相系统相比，在相同线电压与提

供相同功率的前提下，三相系统比单相系统更为经济，三相系统所需的输电线数量（铜线或铝线）比单相系统少，三相系统仅使用单相系统所需材料的75%。

[**Example 7-4-1**] There is a Y-connected three-phase generator, its total power, line voltage and line current are 3.3kW, 380V and 6.1A respectively. Find its power factor and its impedance of each phase respectively.

Solution:

Its power factor of this generator is

$$\lambda=\cos\varphi=\frac{P}{\sqrt{3}U_L I_L}=\frac{3.3\times10^3}{\sqrt{3}\times380\times6.1}=0.822$$

Its impedance of each phase is

$$Z=|Z|\angle\varphi=\frac{U_P}{I_P}\angle\arccos\lambda=\frac{U_L/\sqrt{3}}{I_L}\angle\arccos\lambda$$

$$=\frac{380/\sqrt{3}}{6.1}\angle\arccos0.822=36\angle34.7°=(29.6+j20.5)(\Omega)$$

[**Example 7-4-2**] There is a three-phase loads with equivalent impedance of $(22+j16)\Omega$ for each phase. Find its powers in two following cases respectively:

(1) A Y-connected load with a $U_L=380V$ three-phase power supplies;

(2) A △-connected load with a $U_L=220V$ three-phase power supplies.

Solution:

(1) A Y-connected load with a $U_L=380V$ three-phase power supplies

$$U_P=\frac{U_L}{\sqrt{3}}=\frac{380}{\sqrt{3}}=220(V)$$

$$I_P=\frac{U_P}{|Z|}=\frac{220}{\sqrt{22^2+16^2}}=8.1(A)=I_L$$

$$P=\sqrt{3}U_L I_L\cos\varphi=\sqrt{3}\times380\times8.1\times\frac{22}{\sqrt{22^2+16^2}}(W)$$

$$=4.3kW$$

(2) A △-connected load with a $U_L=220V$ three-phase power supplies

$$U_P=U_L=220(V)$$

$$I_P=\frac{U_P}{|Z|}=\frac{220}{\sqrt{22^2+16^2}}=8.1(A)$$

$$I_L=\sqrt{3}I_P=\sqrt{3}\times8.1=14(A)$$

$$P=\sqrt{3}U_L I_L\cos\varphi=\sqrt{3}\times220\times14\times\frac{22}{\sqrt{22^2+16^2}}(W)$$

$$=4.3kW$$

It can be seen that in two connection methods, the line voltage is increased to $\sqrt{3}$ times in Y－connected load and the line current is increased to $\sqrt{3}$ times in △－connected load, while the phase voltages, the phase currents and the three－phase powers of two connection methods remain unchanged.

三、三相交流电路功率的测量

对于三相四线制的星形联接电路，无论对称或不对称，一般可用三只功率表进行测量，如图 7－4－1 所示，这种测量方法称为“三功率表法”（three－wattmeter method），简称“三表法”。功率表Ⓦ₁的电流线圈流过的电流是 A 相的电流 $\dot{I}_A$，电压线圈上的电压是 A 相的电压 $\dot{U}_A$，因此功率表Ⓦ₁的读数正好是 A 相的平均功率 P_A。同样的，功率表Ⓦ₂、Ⓦ₃的读数分别代表了 B 相和 C 相负载吸收的平均功率 P_B 和 P_C。因此，将三只功率表的读数相加，就得到了三相负载吸收的功率，即

$$P=P_A+P_B+P_C$$

对于三相三线制的电路，无论它是否对称，则可用两只功率表测量，如图 7－4－2 所示。通常把这种测量方法称为“双功率表法”（two－wattmeter method），简称“二表法”。两个功率表的电流线圈分别串入任意两相的端线中（图中是 A、B 相），电压线圈接到本相端线与第三条端线（C 相）之间，这时，两个功率表读数的代数和等于要测的三相功率。

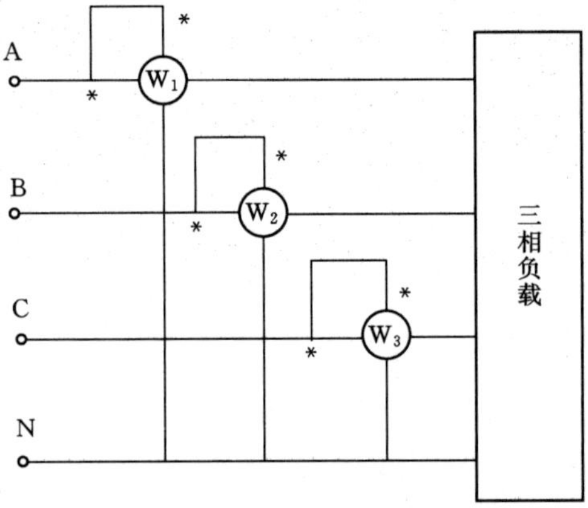

图 7－4－1　三功率表法接线图

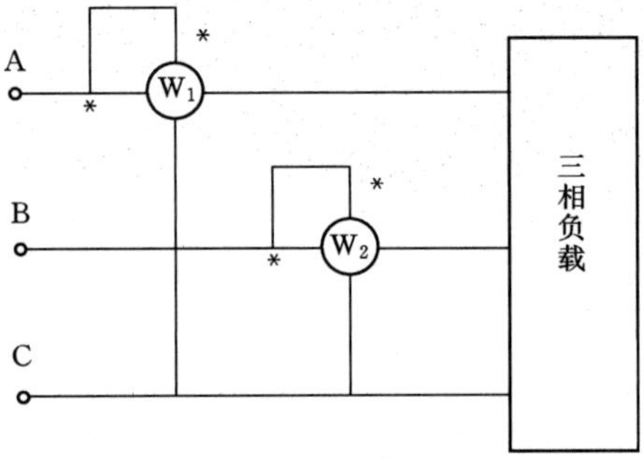

图 7－4－2　双功率表法接线图

以下证明双功率表法的正确性。无论负载如何联接，总可以用等效星形表示这些负载，因此三相瞬时功率可以写成

$$p=p_A+p_B+p_C=u_Ai_A+u_Bi_B+u_Ci_C$$

因为三相三线制电路有

$$i_A+i_B+i_C=0$$

所以

$$p=u_Ai_A+u_Bi_B+u_C(-i_A-i_B)$$
$$=(u_A-u_C)i_A+(u_B-u_C)i_B$$
$$=u_{AC}i_A+u_{BC}i_B$$

三相平均功率为上式在一个周期内的平均值，即

$$P=\frac{1}{T}\int_0^T(u_{AC}i_A+u_{BC}i_B)\mathrm{d}t$$
$$=\frac{1}{T}\int_0^T u_{AC}i_A\mathrm{d}t+\frac{1}{T}\int_0^T u_{BC}i_B\mathrm{d}t$$
$$=U_{AC}I_A\cos\varphi_1+U_{BC}I_B\cos\varphi_2$$

式中 φ_1——电压相量 $\dot{U}_{AC}$ 与电流相量 $\dot{I}_A$ 之间的相位差；

φ_2——电压相量 $\dot{U}_{BC}$ 与电流相量 $\dot{I}_B$ 之间的相位差。

式中的第 1 项就是图 7-4-2 中功率表(W₁)的读数 P_1，而第 2 项就是功率表(W₂)的读数 P_2。可见，两个功率表读数的代数和就是三相的总功率。

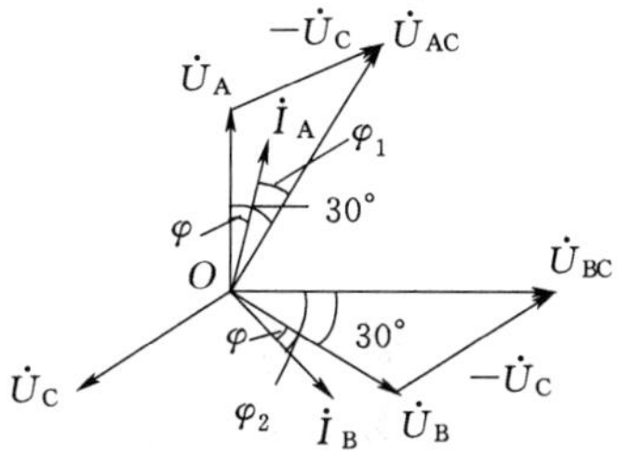

图 7-4-3 双功率表法的相量图

应当指出，当用双功率表法测量三相三线制的功率时，虽然两个功率表读数的代数和正好等于三相的总功率，但无论哪一个功率表的读数都没有实际意义。而且，即使在对称的情况下，这两个功率表的读数一般也不相等。例如，图 7-4-3 所示是电感性对称星形负载（$\varphi>0$）在对称电压作用下的相量图。根据这个相量图容易得出图 7-4-2 两个功率表的读数为

$$P_1=U_{AC}I_A\cos(30°-\varphi),P_2=U_{BC}I_B\cos(30°+\varphi) \quad (7-4-8)$$

两个功率表读数之和为

$$P_1+P_2=U_{AC}I_A\cos(30°-\varphi)+U_{BC}I_B\cos(30°+\varphi)$$
$$=\sqrt{3}U_LI_L\cos\varphi=P \quad (7-4-9)$$

上文利用相量图（图 7-4-3）证明了“二表法”测量三相电路有功功率的正确性。同理可利用图 7-4-3 证明“二表法”中无功功率的计算公式为 $Q=\sqrt{3}|P_1-P_2|$（这里忽略）。

Practice and Thinking

7-4-1 How to calculate the power of the symmetrical three-phase loads? What does the mean of φ in the formula cos φ?

7-4-2 Can the power of three-phase three-wire system be measured by two-wattmeter method? Explain the reasons.

7-4-3 There is a three-phase transformer, its line voltage is 6600V, its line current is 20A and its power factor is 0.88. Find its active power, its reactive power and its apparent power respectively.

7-4-4 There is a Y-connected generator, its power is 25000kW, its rated voltage is 13.8kV, its power factor is 0.85. Find its rated current, its reactive power and its apparent power respectively.

7-4-5 The line voltage of a symmetrical three-phase circuits is 380V and the each phase load is $Z=(12+j16)\Omega$.

(1) Find the line current and the absorbed active power when the load is Y-connected.

(2) Find the line current and the absorbed active power when the load is △-connected.

Developing Reading

The Greatest Experimentalist Who Ever Lived —Introduction of Michael Faraday

Michael Faraday (1791—1867), an English chemist and physicist, was also well-known self-taught scientist, was probably the greatest experimentalist who ever lived.

Michael Faraday was born in a poor blacksmith Dayton family in New Zealand on September 22, 1791. Due to family poverty, Faraday was only a few years on the primary. When he was 13-year-old he worked in a bookstore as apprentices. The job made him an opportunity to read many scientific books. In spare time, such as delivering books and binding books, he taught himself chemistry and electricity, and made a simple experiment to verify the contents of the books. He also spent his spare time participating in the Urban Institute study of philosophy, which were the basis of science education.

Because of Faraday's love and dedication to scientific research, he was appreciated by the British chemist David, who recommended him to the royal institution as a laboratory assistant in March 1813. This was a turning point in Faraday's life, he embarked on a commitment from the path of scientific research. In October of the same year, David went to Europe for scientific investigation and lectures, with Faraday as his secretary and assistant. Within a year and a half, they had arrived in France, Switzerland, Italy, Germany, Belgium, the Netherlands and other countries, to get to know the Amp, Gay Lussac, and other famous scholars.

In May 1815 David and Faraday returned to the royal institution, where Faraday studied chemistry under David's direction and where he worked for 54 years. In January 1824 Faraday was elected members of the Royal Society, in February 1825 as director of the Royal Institute of Laboratory, 1833—1862 as the Royal Institute of Chemistry Professor.

Faraday also made several contributions in all areas of physical science and coined such words as electrolysis, anode and cathode. His discovery of electromagnetic induction in 1831 was a major breakthrough in engineering because it provided a way of generating electricity. The electric motor and generator operate on this principle. The unit of capacitance, the farad, was chosen in his honor.

Success is a lousy teacher. It seduces smart people into thinking they can't lose.

—**Bill Gates**

项目八

非正弦周期电流电路的分析

Project 8

Analysis of Non – Sine Periodic Current Circuits

Project Objectives

1. Vocational Skills Objectives

After studying this project, you should be able to

(1) Know how to use signal generators and oscilloscopes.

(2) Know how to use an oscilloscope to observe the waveforms of non – sine periodic signals.

(3) Know how to measure the peaks, the average values and the effective values of several common periodic voltage signals (for example sine wave, rectangular wave, saw-tooth wave and triangular wave etc.) by experiment.

2. Vocational Knowledge Objectives

After studying this project, you should

(1) Know how to use the look – up table method to analyze the harmonics.

(2) Know the calculation methods of each harmonic impedance, understand how to use the the superposition theorem to calculate the non – sine periodic current circuits.

(3) Grasp the calculations of effective value and average value of non – sine periodic quantity.

(4) Grasp the calculations of average power of non – sine periodic current circuits.

3. Professional Quality Objectives

After studying this project, you should

(1) Cultivate professional habits of patience, meticulousness, standardized operation and safety production.

(2) Possess the ability of learning independently, integrating the theory with practice and expanding knowledge.

(3) Possess the team awareness, good communication and coordination skill.

任务一　非正弦周期信号的谐波分析

Task 1　Harmonic Analysis of Non - Sine Periodic Signals

一、周期函数分解为傅里叶级数

1. 非正弦周期函数的分解

按照傅里叶级数展开法，任何一个满足狄里赫利（Dirichlet）条件的非正弦周期函数（non - sinusoidal periodic function）都可以分解为一个恒定分量与无穷多个频率为非正弦周期信号频率的整数倍、不同幅值的正弦分量的和。

设 $f(t)$ 为满足狄里赫利条件的非正弦周期函数，其周期为 T，则其傅里叶级数（Fourier series）是

$$f(t)=\frac{a_0}{2}+\sum_{k=1}^{\infty}[a_k\cos(k\omega t)+b_k\sin(k\omega t)] \tag{8-1-1}$$

其中
$$\omega=\frac{2\pi}{T}$$

式中　T——$f(t)$ 的周期；

a_0、a_k、b_k——傅里叶系数（Fourier coefficient），它们的计算公式为

$$\left.\begin{aligned}a_0&=\frac{2}{T}\int_0^T f(t)\mathrm{d}t\\a_k&=\frac{2}{T}\int_0^T f(t)\cos(k\omega t)\mathrm{d}t\\b_k&=\frac{2}{T}\int_0^T f(t)\sin(k\omega t)\mathrm{d}t\end{aligned}\right\} \tag{8-1-2}$$

若把式（8 - 1 - 1）中同频率的正弦项与余弦项合并，就得到傅里叶级数的另一种表达式为

$$f(t)=A_0+\sum_{k=1}^{\infty}A_{km}\sin(k\omega t+\psi_k) \tag{8-1-3}$$

其中

$$\left.\begin{aligned}A_0&=\frac{a_0}{2}\\A_{km}&=\sqrt{a_k^2+b_k^2}\\\psi_k&=\arctan\left(\frac{a_k}{b_k}\right)\end{aligned}\right\} \tag{8-1-4}$$

式（8－1－4）中 A_0 为常数项，它为非正弦周期函数一周期内的平均值，并与时间无关，称为直流分量（DC component）。$k=1$ 项表达式为 $A_{1m}\sin(\omega t+\psi_1)$，此项频率与原非正弦周期函数 $f(t)$ 的频率相同，称为 $f(t)$ 的基波（fundamental harmonic），A_1 为基波的振幅，ψ_1 为基波的初相位。$k\geqslant 2$ 各项统称为 $f(t)$ 的高次谐波（high order harmonic），并根据分量的频率是基波的 k 倍，称为 k 次谐波，如 2 次谐波、3 次谐波等。A_k 及 ψ_k 为 k 次谐波的振幅及初相位。

将一个非正弦周期函数分解为直流分量、基波及各次谐波分量之和，称为谐波分析（harmonic analysis）。谐波分析可以利用式（8－1－1）或式（8－1－3）来进行。表8－1－1 列出了电气电子工程中常见的几种典型信号的傅里叶级数展开式，在实际工程中可直接对照其波形查出展开式。

表 8－1－1　　常见信号的傅里叶级数展开式

名称	$f(t)$ 的波形图	$f(t)$ 的傅里叶级数表达式	有效值	整流平均值
正弦波	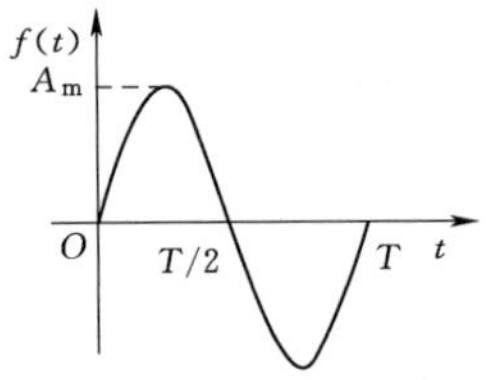	$f(t)=A_m\sin\omega t$	$\dfrac{A_m}{\sqrt{2}}$	$\dfrac{2A_m}{\pi}$
全波整流波	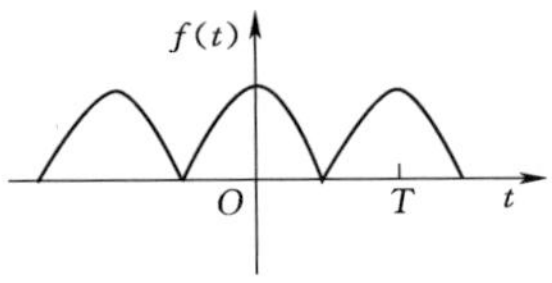	$f(t)=\dfrac{4A_m}{\pi}\left(\dfrac{1}{2}+\dfrac{1}{1\times3}\cos\omega t-\dfrac{1}{3\times5}\cos2\omega t+\dfrac{1}{5\times7}\cos3\omega t-\cdots\right)$	$\dfrac{A_m}{\sqrt{2}}$	$\dfrac{2A_m}{\pi}$
半波整流波	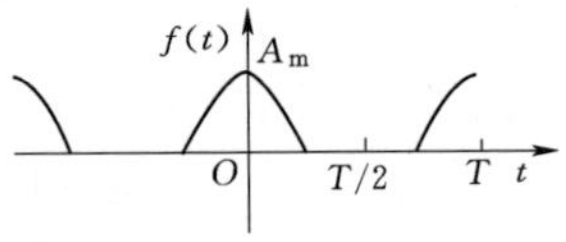	$f(t)=\dfrac{2A_m}{\pi}\left(\dfrac{1}{2}+\dfrac{\pi}{4}\cos\omega t+\dfrac{1}{1\times3}\cos2\omega t-\dfrac{1}{3\times5}\cos4\omega t+\dfrac{1}{5\times7}\cos6\omega t-\cdots\right)$	$\dfrac{A_m}{2}$	$\dfrac{A_m}{\pi}$
矩形波	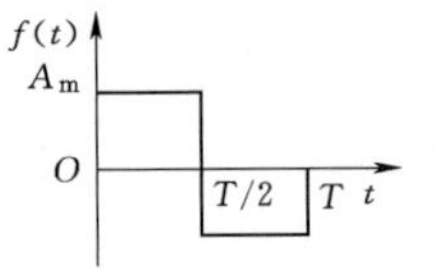	$f(t)=\dfrac{4A_m}{\pi}\left(\sin\omega t+\dfrac{1}{3}\sin3\omega t+\dfrac{1}{5}\sin5\omega t+\cdots+\dfrac{1}{k}\sin k\omega t+\cdots\right)\quad k=1,3,5,\cdots$	A_m	A_m

续表

名称	$f(t)$ 的波形图	$f(t)$ 的傅里叶级数表达式	有效值	整流平均值
锯齿波	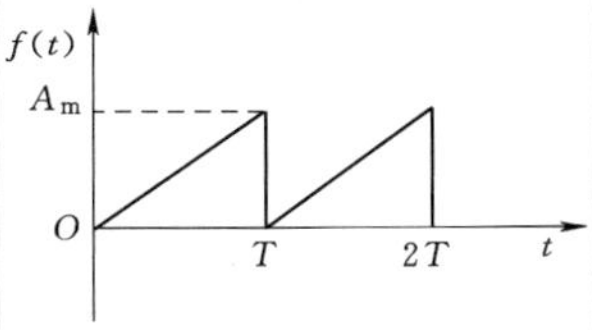	$f(t)=\frac{A_m}{2}-\frac{A_m}{\pi}\left(\sin\omega t+\frac{1}{2}\sin 2\omega t+\frac{1}{3}\sin 3\omega t+\cdots+\frac{1}{k}\sin k\omega t+\cdots\right)$ $k=1,2,3,4,\cdots$	$\frac{A_m}{\sqrt{3}}$	$\frac{A_m}{2}$
三角波	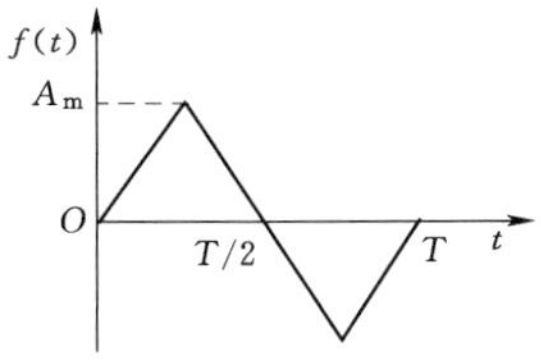	$f(t)=\frac{8A_m}{\pi^2}\left[\sin\omega t-\frac{1}{9}\sin 3\omega t+\frac{1}{25}\sin 5\omega t-\cdots+(-1)^{\frac{k-1}{2}}\frac{1}{k^2}\sin k\omega t+\cdots\right]$ $k=1,3,5,\cdots$	$\frac{A_m}{\sqrt{3}}$	$\frac{A_m}{2}$
梯形波	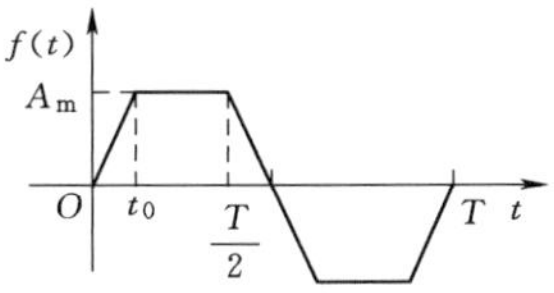	$f(t)=\frac{4A_m}{\omega t_0\pi}\left(\sin\omega t_0\sin\omega t+\frac{1}{9}\sin 3\omega t_0\sin 3\omega t+\frac{1}{25}\sin 5\omega t_0\sin 5\omega t+\cdots+\frac{1}{k^2}\sin k\omega t_0\sin k\omega t+\cdots\right)$ $k=1,3,5,\cdots$	$A_m\sqrt{1-\frac{4\omega t_0}{3\pi}}$	$A_m\left(1-\frac{\omega t_0}{\pi}\right)$

2. 周期函数的对称性

周期函数具有某种对称性时，其傅里叶系数中不含某些谐波。

(1) 奇函数。奇函数是 $f(t)=-f(-t)$ 的函数，它的波形对称于原点。表 8-1-1 中的矩形波、三角波、梯形波都是奇函数。奇函数的傅里叶级数中只含有正弦项，不含直流分量和余弦项，即 $a_0=0$、$a_k=0$。

(2) 偶函数。偶函数是 $f(t)=f(-t)$ 的函数，它的波形对称于纵轴。表 8-1-1 中的全波整流波、半波整流波都是偶函数。偶函数的傅里叶级数中不含正弦项，即 $b_k=0$。

(3) 奇谐波函数。奇谐波函数是 $f(t)=-f\left(t+\frac{T}{2}\right)$ 的函数，这种函数前半周的波形移动半个周期，与后半周的波形互为镜像，即对横轴对称，所以也叫镜像对称于横轴的函数。表 8-1-1 中的矩形波、三角波、梯形波都是奇谐波函数。奇谐波函数的傅里叶级数中不含直流分量和偶次谐波，只含奇次谐波。

[**Example 8-1-1**] Decompose a triangular wave voltage with amplitude of 100V and $T=0.02$s into Fourier series (up to the 5th harmonic).

Solution:

The angular frequency of the voltage fundamental wave is

$$\omega=\frac{2\pi}{T}=\frac{2\pi}{0.02}=100\pi(\text{rad/s})$$

It could be chosen as an odd function.

Look - up the Table 8 - 1 - 1, we can get

$$u(t)=\frac{8U_m}{\pi^2}\left(\sin\omega t-\frac{1}{9}\sin 3\omega t+\frac{1}{25}\sin 5\omega t\right)$$
$$=\frac{8\times 100}{\pi^2}\left(\sin 100\pi t-\frac{1}{9}\sin 3\times 100\pi t+\frac{1}{25}\sin 5\times 100\pi t\right)$$
$$=(81.06\sin 100\pi t-9\sin 3\times 100\pi t+3.24\sin 5\times 100\pi t)(\mathrm{V})$$

This series converges very fast and can only take the first two items.

3. 周期信号的频谱

一个非正弦周期函数展开成傅里叶级数，这种数学表达方式虽然详尽，但却不够直观。若绘出其波形图，虽然直观却作图麻烦。为了能够既方便又直观地表示出一个非正弦周期波（non - sinusoidal periodic wave）中包含哪些频率分量及各分量所占的比重如何，常采用周期信号的频谱图直观反映各周期信号的分量，即用横坐标表示频率，纵坐标表示各周期信号分量的幅值，如图 8 - 1 - 1 是矩形波的频谱图。

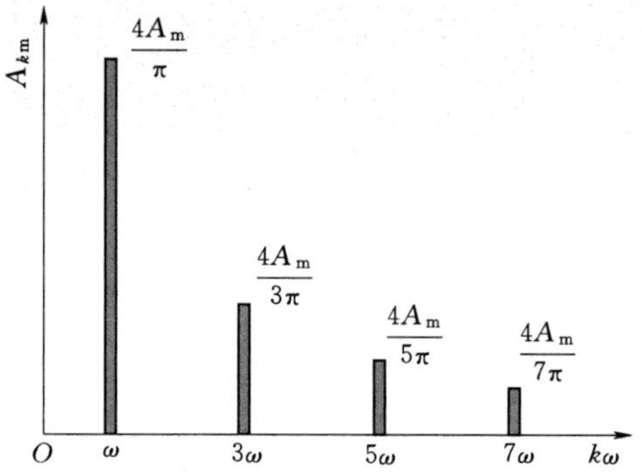

图 8 - 1 - 1　矩形波的频谱图

二、非正弦周期电流电路的分析计算

非正弦周期电流电路的分析计算方法是：利用傅里叶级数，首先将非正弦周期量分解为一系列不同频率的正弦量之和，然后分别计算各种频率正弦量单独作用下的分量，最后根据叠加定理将瞬时值叠加。

分析计算非正弦周期电流电路的一般步骤如下：

（1）将激励分解（decompose）为傅里叶级数。谐波取到第几项，视计算精度的要求而定。

（2）分别求（find respectively）各次谐波单独作用下的响应。对直流分量，电感元件相当于短路，电容元件相当于开路，电路成为电阻性电路。对各次谐波，电路成为正弦交流电路（应用“相量法”计算）。注意电感元件、电容元件对不同频率的谐波的感抗、容抗不同。如基波的角频率为 ω，则电感 L 对基波的 $Z_{L(1)}=j\omega L$，对 k 次谐波的 $Z_{L(k)}=jk\omega L=kZ_{L(1)}$；电容 C 对基波的 $Z_{C(1)}=\frac{1}{j\omega C}$，对 k 次谐波的 $Z_{C(k)}=\frac{1}{jk\omega C}=\frac{1}{k}Z_{C(1)}$。

（3）把各次谐波响应的瞬时值相加（sum of instantaneous values），得到总响应的解析式。（注意：不是相量相加。）

[**Example 8 - 1 - 2**] In the RLC series circuit of Fig. 8 - 1 - 2, $R=10\Omega$, $L=0.05\mathrm{H}$, $C=50\mu\mathrm{F}$, the power supply voltage is $u=[40+180\sin(\omega t)+60\sin(3\omega t+45°)]\mathrm{V}$, among $\omega=314\mathrm{rad/s}$. Find the current $i(t)$.

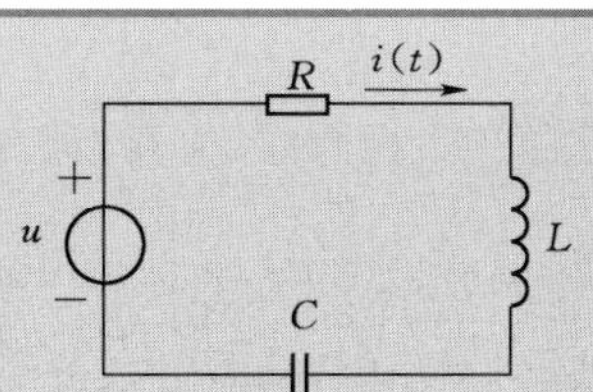

Fig. 8－1－2 for Example 8－1－2 (Part 1)

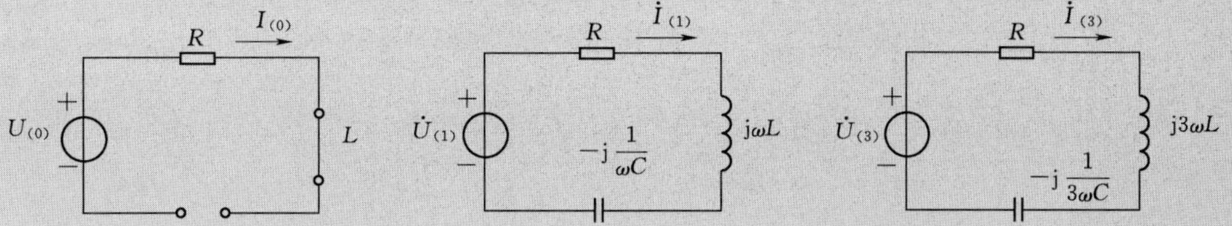

(a) DC component circuit model (b) fundamental wave circuit model (c) the third harmonic circuit model

Fig. 8－1－3 for Example 8－1－2 (Part 2)

Solution:

Firstly, the circuit models corresponding to DC component, fundamental wave and the third harmonic are drawn up as shown in Fig. 8－1－3.

(1) When the DC component of the voltage u acts alone, the inductor L is equal to a short circuit, the capacitor C is equal to an open circuit, as shown in Fig. 8－1－3 (a), so $I_{(0)}=0$.

(2) When the fundamental wave of the voltage u acts alone, it can be calculated according to the circuit in Fig. 8－1－3 (b), that is

$$\dot{U}_{(1)}=\frac{180}{\sqrt{2}}\angle 0°=127.3\angle 0°(\text{V})$$

$$Z_{(1)}=\left(10+j314\times 0.05-j\frac{1}{314\times 50\times 10^{-6}}\right)=49\angle -78.2°(\Omega)$$

$$\dot{I}_{(1)}=\frac{\dot{U}_{(1)}}{Z_{(1)}}=\frac{127.3\angle 0°}{49\angle -78.2°}=2.6\angle 78.2°(\text{A})$$

(3) When the third harmonic of the voltage u acts alone, it can be calculated according to the circuit in Fig. 8－1－3 (c), that is

$$\dot{U}_{(3)}=\frac{60}{\sqrt{2}}\angle 45°=42.4\angle 45°(\text{V})$$

$$Z_{(3)}=\left(10+j3\times 314\times 0.05-j\frac{1}{3\times 314\times 50\times 10^{-6}}\right)=27.7\angle 68.9°(\Omega)$$

$$\dot{I}_{(3)}=\frac{\dot{U}_{(3)}}{Z_{(3)}}=\frac{42.4\angle 45°}{27.7\angle 68.9°}=1.53\angle -23.9°(\text{A})$$

(4) The current $i(t)$ is the sum of the instantaneous values of the fundamental wave current and the third harmonic current

$$i(t)=i_{(1)}(t)+i_{(3)}(t)=[2.6\sqrt{2}\sin(\omega t+78.2°)+1.53\sqrt{2}\sin(3\omega t-23.9°)]$$
$$=[3.67\sin(\omega t+78.2°)+2.17\sin(3\omega t-23.9°)](\text{A})$$

Practice and Thinking

8-1-1 Write out the Fourier series expansions of each waveform as shown in Fig. 8-1-4 respectively.

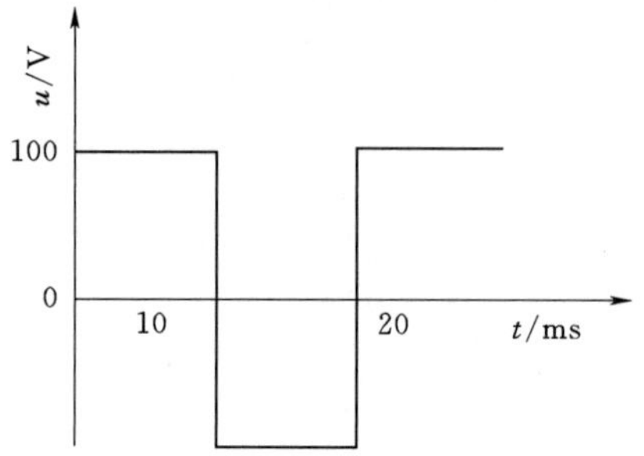

(a) situation one

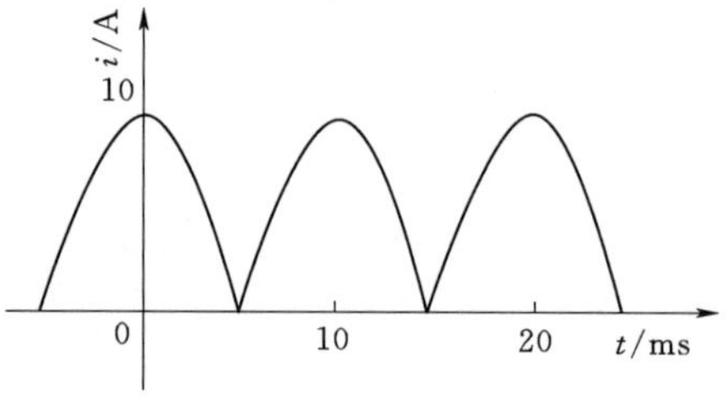

(b) situation two

Fig. 8-1-4 for Practice 8-1-1

8-1-2 Shown in Fig. 8-1-5, $u(t)=25+100\sqrt{2}\sin\omega t+28\sqrt{2}\sin(3\omega t-30°)$V, known as $R=20\Omega$, $\omega L=20\Omega$. Find the current $i(t)$.

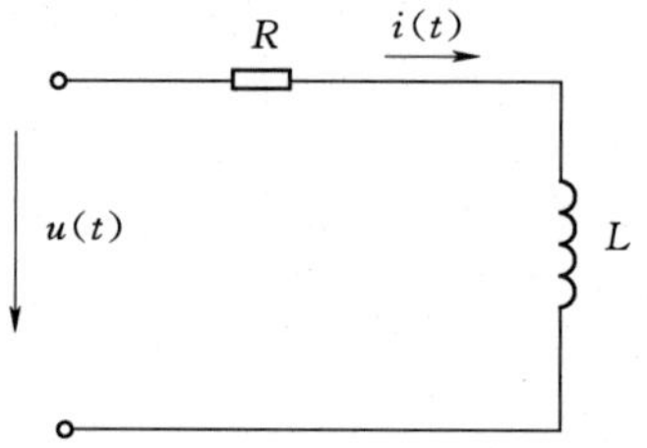

Fig. 8-1-5 for Practice 8-1-2

任务二 非正弦周期量的有效值和平均值

Task 2 Effective Value and Average Value of Non-Sine Periodic Quantities

一、非正弦周期量的有效值

由项目五知道，周期量的有效值等于它们的方均根值。如果已知周期量的解析式，可以直接求它们的有效值。

设半波整流电流为

$$i=\begin{cases} I_m\sin(\omega t) & 0\leqslant t<\frac{T}{2} \\ 0 & \frac{T}{2}\leqslant t\leqslant T \end{cases}$$

其有效值为

$$I=\sqrt{\frac{1}{T}\int_0^T i^2\mathrm{d}t}=\sqrt{\frac{1}{T}\int_0^{\frac{T}{2}}[I_{\mathrm{m}}\sin(\omega t)]^2\mathrm{d}t}=\sqrt{\frac{1}{T}\int_0^{\frac{T}{2}}\frac{1}{2}I_{\mathrm{m}}^2[1-\cos(2\omega t)]\mathrm{d}t}=\frac{I_{\mathrm{m}}}{2}$$

如果已知周期量的傅里叶级数，则可由各次谐波的有效值计算其有效值。设

$$i=I_0+\sum_{k=1}^{\infty}I_{k\mathrm{m}}\sin(k\omega t+\psi_k)$$

则其有效值为

$$I=\sqrt{\frac{1}{T}\int_0^T i^2\mathrm{d}t}=\sqrt{\frac{1}{T}\int_0^T\left[I_0+\sum_{k=1}^{\infty}I_{k\mathrm{m}}\sin(k\omega t+\psi_k)\right]^2\mathrm{d}t}$$

为了计算上式右边根号内的积分，先将平方项展开。展开后的各项有两种类型，一种是各次谐波自身的平方，其平均值等于各次谐波有效值的平方；另一种是两个不同次谐波乘积的两倍，其平均值为零。例如

$$\frac{1}{T}\int_0^T I_0^2\mathrm{d}t=I_0^2$$

$$\frac{1}{T}\int_0^T I_{k\mathrm{m}}^2\sin^2(k\omega t+\psi_k)\mathrm{d}t=\frac{I_{k\mathrm{m}}^2}{2}=I_k^2$$

$$\frac{1}{T}\int_0^T 2I_0I_{k\mathrm{m}}\sin(k\omega t+\psi_k)\mathrm{d}t=0$$

$$\frac{1}{T}\int_0^T 2I_{k\mathrm{m}}\sin(k\omega t+\psi_k)2I_{l\mathrm{m}}\sin(l\omega t+\psi_l)\mathrm{d}t=0(k\neq l)$$

所以，得出非正弦周期电流有效值计算式为

$$I=\sqrt{I_0^2+I_1^2+I_2^2+\cdots+I_k^2} \qquad (8-2-1)$$

同理，得出非正弦周期电压有效值计算式为

$$U=\sqrt{U_0^2+U_1^2+U_2^2+\cdots+U_k^2} \qquad (8-2-2)$$

式（8－2－1）和式（8－2－2）的结论是：非正弦周期电流或电压的有效值为其直流分量和各次谐波分量有效值的平方和的平方根。

［Example 8－2－1］ Find the effective values of the following non－sine periodic voltages.

(1) The sawtooth wave with amplitude of 100V.

(2) $u(t)=[50-25\sqrt{2}\sin(\omega t+60°)-10\sqrt{2}\sin(3\omega t-45°)]\mathrm{V}$

Solution:

(1) According to the sawtooth wave expression in Table 8－1－1, if substitute the $U_{\mathrm{m}}=100\mathrm{V}$ into it, then

$$u(t)=50-\frac{100}{\pi}\sin\omega t+\frac{50}{\pi}\sin2\omega t+\frac{100}{3\pi}\sin3\omega t+\cdots(\mathrm{V})$$

Its effective value of the voltage is

$$U=\sqrt{U_0^2+U_1^2+U_2^2+U_3^2+\cdots}$$
$$=\sqrt{50^2+\left(\frac{100}{\pi\times\sqrt{2}}\right)^2+\left(\frac{50}{\pi\times\sqrt{2}}\right)^2+\left(\frac{100}{3\pi\times\sqrt{2}}\right)^2+\cdots}$$
$$=\sqrt{50^2+22.5^2+11.25^2+7.5^2+\cdots}$$
$$\approx 56.5(\mathrm{V})$$

(2) $U=\sqrt{U_0^2+U_1^2+U_3^2}=\sqrt{50^2+25^2+10^2}\approx 56.8(\mathrm{V})$

二、非正弦周期量的平均值

除有效值外，对非正弦周期量还引用平均值（average value）。非正弦周期量的平均值是它的直流分量。以电流为例，其平均值为

$$I_{av}=\frac{1}{T}\int_0^T i\,\mathrm{d}t=I_0 \tag{8-2-3}$$

对于一个在一周期内有正、有负的周期量，其平均值可能很小，甚至为零。为了对周期量进行测量和分析（如整流效果），常把周期量的绝对值在一个周期内的平均值定义为整流平均值（average value of rectification），以电流为例，其整流平均值

$$I_{rect}=\frac{1}{T}\int_0^T |i|\,\mathrm{d}t \tag{8-2-4}$$

如果是上下半周期对称的周期电流，则有

$$I_{rect}=\frac{2}{T}\int_0^{\frac{T}{2}} |i|\,\mathrm{d}t \tag{8-2-5}$$

[**Example 8-2-2**] Known $u(t)=[50-25\sqrt{2}\sin(\omega t+60°)-10\sqrt{2}\sin(3\omega t-45°)]$ V. Find the average value and the average value of rectification of voltage $u(t)$ respectively.

Solution:

According to the definition and the expression of $u(t)$, then

$$U_{av}=\frac{1}{T}\int_0^T u\,\mathrm{d}t=U_0=50(\mathrm{V})$$

$$U_{rect}=\frac{1}{T}\int_0^T |u|\,\mathrm{d}t=50+\frac{2}{T}\int_0^{\frac{T}{2}}[25\sqrt{2}\sin(\omega t+60°)]\mathrm{d}t$$
$$+\frac{2}{T}\int_0^{\frac{T}{2}}[10\sqrt{2}\sin(3\omega t-45°)]\mathrm{d}t$$
$$=50+\frac{2}{\pi}\times 25\sqrt{2}+\frac{2}{\pi}\times 10\sqrt{2}\approx 81.5(\mathrm{V})$$

三、波形因数

工程上为粗略反映波形的性质，定义波形因数（form factor）K_f 为

$$K_f = \frac{\text{有效值}}{\text{整流平均值}} > 1 \tag{8-2-6}$$

正弦波的波形因数

$$K_f = \frac{I_m/\sqrt{2}}{\frac{2}{\pi}I_m} = 1.11$$

若以正弦波的波形因数为标准，对非正弦波，如 $K_f > 1.11$，则非正弦波的波形比正弦波尖；$K_f < 1.11$，则非正弦波的波形比正弦波平坦。例如三角波的波形因数为

$$K_f = \frac{A_m/\sqrt{3}}{A_m/2} = \frac{2}{\sqrt{3}} = 1.15 > 1.11$$

显然，三角波比正弦波尖。

四、等效正弦波

在解决某些电路问题时，可以把非正弦周期电流电路化为正弦周期电流电路，即用“等效正弦波”（equivalent sine wave）代替非正弦周期波，等效的条件如下：

（1）等效正弦波应与非正弦周期波具有相同的频率。

（2）等效正弦波应与非正弦周期波具有相同的有效值。

（3）用等效正弦波代替非正弦周期波后，全电路的有功功率不变。

根据条件（1）与条件（2）先确定等效正弦波的频率和有效值，然后可根据条件（3）确定等效正弦电压与等效正弦电流的相位差，即

$$\varphi = \pm\arccos\lambda = \pm\arccos\left(\frac{P}{UI}\right) \tag{8-2-7}$$

式（8-2-7）中，φ 的正负应参照实际电压、电流波形作出选择。

等效正弦波的分析方法是在一定误差允许条件下的一种近似计算方法，在分析铁芯线圈电路中得到应用。

Practice and Thinking

8-2-1 In the sine periodic quantities, why there is a relation ($I = I_m/\sqrt{2}$) between the effective value and the maximum value of each harmonic, but there is no this kind of relation between the effective value and the peak value of non-sine periodic quantities?

8-2-2 Find the effective values and the average values of rectification respectively of non-sine periodic quantities in Practice 8-1-1 respectively.

8-2-3 Find the effective values and the average values of rectification of the following voltage and current respectively.

$$u(t)=[20+100\sin\omega t+50\sin(3\omega t-30°)]\text{V}$$

$$i(t)=[5+10\sin\omega t+1.76\sin(3\omega t-99.5°)]\text{A}$$

8-2-4 Find the waveform factors of half-wave rectifier and full-wave rectifier respectively.

任务三 非正弦周期电流电路的功率

Task 3 Power of Non-Sine Periodic Current Circuits

一、非正弦周期电流电路中的瞬时功率

如图 8-3-1 所示一端口网络 N，在关联参考方向的电压 $u(t)$ 和电流 $i(t)$ 作用下，一端口网络吸收的瞬时功率为

$$p(t)=u(t)i(t)$$

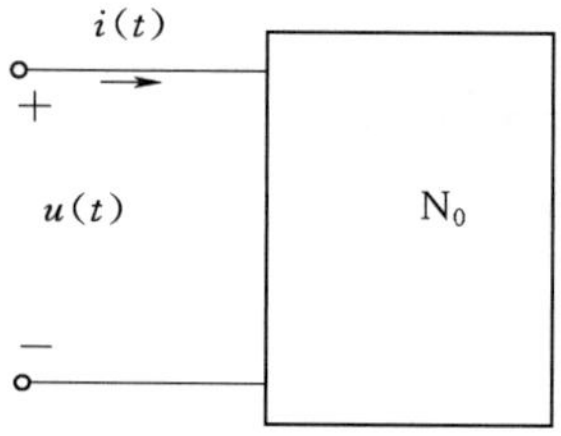

图 8-3-1 非正弦周期电流电路中的功率

设一端口电路的端口电压 $u(t)$ 和电流 $i(t)$ 均为非正弦周期量，其傅里叶级数形式分别为

$$u(t)=U_0+\sum_{k=1}^{\infty}U_{km}\sin(k\omega t+\psi_{ku})$$

$$i(t)=I_0+\sum_{k=1}^{\infty}I_{km}\sin(k\omega t+\psi_{ki})$$

则 $$p(t)=u(t)i(t)=\left[U_0+\sum_{k=1}^{\infty}U_{km}\sin(k\omega t+\psi_{ku})\right]\times\left[I_0+\sum_{k=1}^{\infty}I_{km}\sin(k\omega t+\psi_{ki})\right]$$

二、非正弦周期电流电路中的有功功率

一端口网络吸收的平均功率（即有功功率）为

$$P=\frac{1}{T}\int_0^T p(t)\mathrm{d}t=\frac{1}{T}\int_0^T u(t)i(t)\mathrm{d}t$$

$$=\frac{1}{T}\int_0^T\left[U_0+\sum_{k=1}^{\infty}U_{km}\sin(k\omega t+\psi_{ku})\right]\times\left[I_0+\sum_{k=1}^{\infty}I_{km}\sin(k\omega t+\psi_{ki})\right]\mathrm{d}t$$

为了计算公式右边的积分，先将积分号内的因式展开，展开后的各项有两种类型：一种是同次谐波电压和电流的乘积，它们的平均值为

$$P_0=\frac{1}{T}\int_0^T U_0I_0\mathrm{d}t=U_0I_0$$

$$P_k=\frac{1}{T}\int_0^T U_{km}\sin(k\omega t+\psi_{ku})I_{km}\sin(k\omega t+\psi_{ki})\mathrm{d}t$$

$$=\frac{1}{2}U_{km}I_{km}\cos(\psi_{ku}-\psi_{ki})=U_kI_k\cos\varphi_k$$

式中 U_k、I_k——k 次谐波电压、电流的有效值；

φ_k——k 次谐波电压与 k 次谐波电流之间的相位差。

另一种是不同次谐波电压和电流的乘积，根据三角函数的正交性，它们的平均值为零，于是得到

$$P = U_0 I_0 + \sum_{k=1}^{\infty} U_k I_k \cos\varphi_k = P_0 + P_1 + P_2 + \cdots + P_k \tag{8-3-1}$$

综合以上分析，得出结论：非正弦周期电流电路中，不同次（含零次）谐波的电压、电流虽然构成瞬时功率，但不构成有功功率；只有同次谐波的电压、电流才构成有功功率；电路的有功功率等于直流分量和各次谐波分量各自产生的有功功率之和。

[**Example 8-3-1**] There is a port network with $u(t)$ and $i(t)$ as the associated reference direction.

$$u(t) = [20 + 70\sin\omega t + 25\sin(3\omega t + 36.9°)]\text{V}$$

$$i(t) = [3 + 2\sin(\omega t - 60°) + 0.1\sin(3\omega t + 36.9°)]\text{A}$$

Find the active power absorbed by this port network.

Solution:

According to the expressions of u and i, then

$$P_0 = U_0 I_0 = 20 \times 3 = 60(\text{W})$$

$$P_1 = U_1 I_1 \cos\varphi_1 = \frac{70}{\sqrt{2}} \times \frac{2}{\sqrt{2}} \cos 60° = 35(\text{W})$$

$$P_3 = U_3 I_3 \cos\varphi_3 = \frac{25}{\sqrt{2}} \times \frac{0.1}{\sqrt{2}} \cos 0° = 1.25(\text{W})$$

$$P = P_0 + P_1 + P_3 = 60 + 35 + 1.25 = 96.25(\text{W})$$

Practice and Thinking

8-3-1 There is a passive one-port network with $u(t)$ and $i(t)$ as the associated reference direction, if:

$$u(t) = [20 + 100\sin\omega t + 50\sin(3\omega t - 30°)]\text{V}$$

$$i(t) = [5 + 10\sin(\omega t - 30°) + 1.76\sin(3\omega t - 99.5°)]\text{A}$$

Find the active power absorbed by this port network.

8-3-2 There is a passive one-port network with $u(t)$ and $i(t)$ as the associated reference direction, if:

$$u(t) = [220\sqrt{2}\sin 314t + 73\sqrt{2}\sin(942t - 30°)]\text{V}$$

$$i(t) = [0.8\sqrt{2}\sin(314t - 85°) + 0.25\sqrt{2}\sin(942t - 105°)]\text{A}$$

Find the active power absorbed by this port network.

Developing Reading

Pioneer of Modern Control Theory and Electronic Communication —Introduction of Hendrik W. Bode

Hendrik W. Bode (1905—1982) was an American engineer who invented Bode plots, he has been called the pioneer of modern control theory and electronic communication.

Hendrik Wade Bode was born 24 December 1905, in Madison, Wisconsin. He attended High School in Urbana, Illinois, and Normal School in Tempe, Arizona. Continuing his education, he received his B. A. Degree in 1924 from Ohio State University and his M. A. Degree from the same institution in 1926. During this time, he was a teaching assistant for one year. Coming immediately to Bell Telephone Laboratories, he began his career with electric filter and equalizer design. Three years later, in 1929, he transferred to the Mathematical Research Group, where he specialized in research pertaining to electrical networks theory and to its application to long distance communication facilities. While employed at Bell Laboratories, he attended Columbia University Graduate School, and received the Ph. D. Degree in 1935.

Bode's work in electric filters and equalizers led to broader aspects of communication transmission, resulting in the publication in 1945 of his book *Network Analysis and Feedback Amplifier Design*, which is considered a classic in its field. He had been granted 25 patents in electrical engineering and systems design, including patents for transmission networks, transformer systems, electrical wave amplification, broadband amplifiers, and artillery computing.

In 1944, Bode was placed in charge of the Mathematics Research Group at Bell Laboratories, and in 1952 he became Director of Mathematical Research. In 1955 he was appointed Director of Research in the Physical Sciences, and in 1958 he assumed the responsibilities of Vice-President in charge of one of two vice-presidential areas devoted to military development.

Bode retired from Bell Telephone Laboratories in October 1967, at the age of 61. He was immediately elected Gordon McKay Professor of Systems Engineering at Harvard University. In his new career, Bode taught and directed graduate student research, and conducted a seminar on the planning and conducted of engineering and development programs.

Bode was a member or fellow of a number of scientific and engineering societies, including Fellow, IEEE; Fellow, American Physical Society; Member, American Mathematical Society; Member, Society for Industrial and Applied Mathematics; and Fellow, American Academy of Arts and Sciences. He had also achieved further distinction by being elected to the National Academy of Sciences, and the National Academy of Engineering. He was awarded the 1969 IEEE Edison Medal "for fundamental contributions to the arts of communication, computation, and control; for leadership in bringing mathematical science to bear on engineering problems; and for guidance and creative counsel in systems engineering".

Try not to become a man of success but rather become a man of value.

—Albert Einstein

项目九 动态电路的暂态分析与测试

Project 9 Transient Analysis and Testing of Dynamic Circuits

Project Objectives

1. Vocational Skills Objectives

After studying this project, you should be able to

(1) Know how to test the transient responses of RC circuits and RL circuits by experiment.

(2) Know how to apply the "three - factor method" to analyze and solve the complete responses of the first - order circuits.

2. Vocational Knowledge Objectives

After studying this project, you should

(1) Understand the switching rule and grasp the calculations of initial value and steady state value respectively. Understand the concepts of steady state, transient state and time constant. Grasp the calculations of time constant.

(2) Grasp the analysis methods of zero - input response, zero - state response, and complete response of the first - order circuits respectively. Understand the concepts of forced component and free component.

(3) Grasp the analysis of discharge process and charge process of the capacitors respectively.

(4) Grasp the "three - factor method" of the first - order circuits of DC excitation and sine excitation respectively.

3. Professional Quality Objectives

After studying this project, you should

(1) Cultivate professional habits of patience, meticulousness, standardized operation and safety production.

(2) Possess the ability of learning independently, integrating the theory with practice and expanding knowledge.

(3) Possess the team awareness, good communication and coordination skill.

任务一 认 识 换 路 定 则

Task 1 Understanding the Switching Rule

一、换路定则

在介绍电容充电、放电过程之前，先引入换路概念与相应的换路定则。

(一) 换路

在含有动态元件（如电感、电容）的电路中，电路中支路的接通、切断、短路，电源或电路参数的突然改变等导致电路工作状态发生变化的现象称为换路（switching）。从电路的一种稳态过渡到另一种稳态需要一定的时间，在这一定的时间内所发生的物理过程称为过渡过程，过渡过程是一种暂态（transient state）。代表电路的响应如 i_L 和 u_C 就是状态变量，状态变量的大小显示了储能元件上能量储存的状态。

一般认为电路换路是即时完成的，能量不能跃变。跃变（steeply alternating）是指从一个量值即时地变到另一个量值。渐变（gradually alternating）是指从一个量值逐步地变到另一个量值。表 9-1-1 列出了电容元件和电感元件可跃变物理量和不能跃变物理量的条件。

表 9-1-1 电容元件和电感元件的物理量比较

名称	电 容 元 件	电 感 元 件
电压电流关系	$i_C=C\dfrac{du_C}{dt}$	$u_L=L\dfrac{di_L}{dt}$
物理量特点	i_C 有限时，u_C、q 不能跃变	u_L 有限时，i_L、Ψ 不能跃变
	i_C、P 无限大时，u_C、q 跃变	u_L、P 无限大时，i_L、Ψ 跃变

(二) 换路定则

换路定则（switching rule）是暂态分析中的一条重要基本规律，其内容为：在电路发生换路后的一瞬间，电感元件上通过的电流 i_L 和电容元件的极间电压 u_C，都应保持换路前一瞬间的原有值不变。此规律揭示了能量不能跃变的事实。

设换路发生的时刻取为计时起点，即取为 $t=0$，而以 $t=0_-$ 表示换路前的最后一瞬间，$t=0_+$ 表示换路后的最初一瞬间。由此换路定则可表示为

$$\left.\begin{aligned}u_C(0_+)&=u_C(0_-)\\ i_L(0_+)&=i_L(0_-)\end{aligned}\right\}\qquad(9-1-1)$$

注意：不能跃变的量有 u_C、q、i_L 和 Ψ，可跃变的量有 i_C、u_L、i_R、u_R、电压源电流和电流源电压。

二、电路初始值与稳态值的计算

（一）电路初始值的计算

响应在换路后的最初一瞬间（即 $t=0_+$ 时）的值，统称为初始值（initial value）。初始值组成解电路微分方程的初始条件。电容电压的初始值 $u_C(0_+)$ 和电感电流的初始值 $i_L(0_+)$ 可按换路定则即式（9-1-1）确定，称为独立初始值（independent initial value）。其他可以跃变的量的初始值可由独立初始值求出，称为相关初始值（relative initial value）。

一阶电路响应初始值的求解步骤一般如下：

（1）画 $t=0_-$ 时刻的等效电路图，求 $u_C(0_-)$ 和 $i_L(0_-)$。

（2）根据换路定则求出独立初始值 $u_C(0_+)$ 和 $i_L(0_+)$。

（3）根据动态元件初始值的情况画出 $t=0_+$ 时刻的等效电路图：将电容元件代之以电压为 $u_C(0_+)$ 的电压源，将电感元件代之以电流为 $i_L(0_+)$ 的电流源，电路中的独立源则取其在 $t=0_+$ 时的值。

（4）根据 $t=0_+$ 时的等效电路图，运用基尔霍夫定律和欧姆定律求出相关初始值。

（二）电路稳态值的计算

在含有动态元件的电路中，如果动态元件的原始储能为零时处于一种稳态。电路的稳态（steady state）是指：在含有动态元件的电路中，换路后到达新的稳态的电流、电压值，称为新的稳态值（steady state value），即用 $i(\infty)$、$u(\infty)$ 表示。直流激励的动态电路中，当电路到达新的稳态时，电容相当于开路，电感相当于短路，即可画出 $t=\infty$ 时的等效电路并计算稳态值。

［**Example 9-1-1**］ In the circuit shown in Fig. 9-1-1 (a), the circuit is in steady state before switching. Firstly draw up the equivalent circuits at $t=0_+$ and $t=\infty$ respectively, and determine the initial voltage $u_C(0_+)$ and the steady state voltage $u_C(\infty)$.

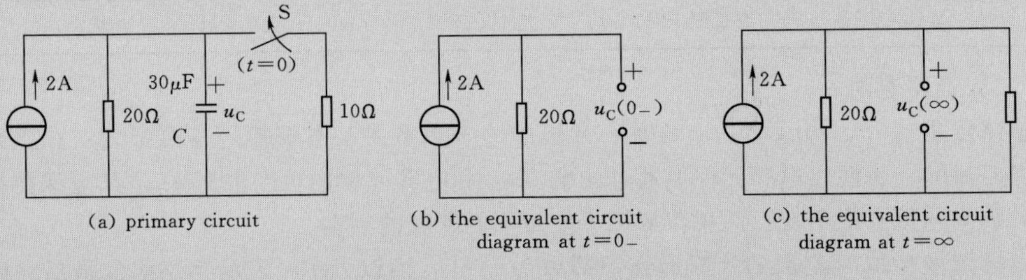

Fig. 9-1-1 for Example 9-1-1

Solution:

(1) Draw up the equivalent circuit diagram at $t=0_-$, the circuit is shown in Fig. 9-1-1 (b)

$$u_C(0_-)=20\times2=40(\text{V})$$

(2) According to the switching rule, we can get

$$u_C(0_+)=u_C(0_-)=40(V)$$

(3) Draw up the equivalent circuit at $t=\infty$, the circuit is shown in Fig. 9-1-1 (c), firstly applying the current divider rule

$$I_1=\frac{10}{20+10}\times 2=\frac{2}{3}(A)$$

and get the steady state value

$$u_C(\infty)=2I_1=20\times\frac{2}{3}=\frac{40}{3}(V)$$

Practice and Thinking

9-1-1 What is the switching rule?

9-1-2 As shown in Fig. 9-1-2, the circuit is in steady state before switching. Determine:

(1) the initial value $u_C(0_+)$ after switching.

(2) the steady state value $u_C(\infty)$ after switching.

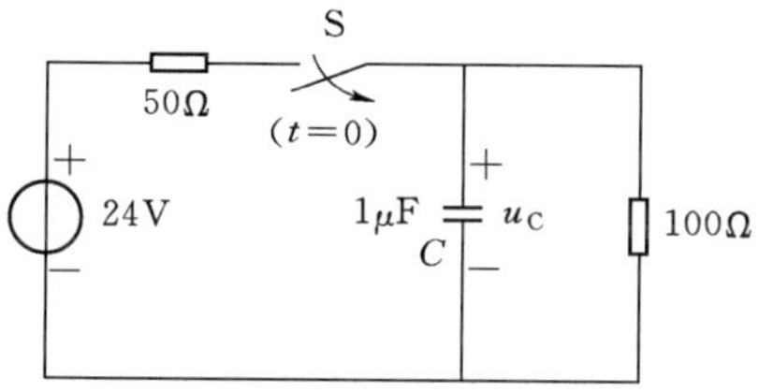

Fig. 9-1-2 for Practice 9-1-2

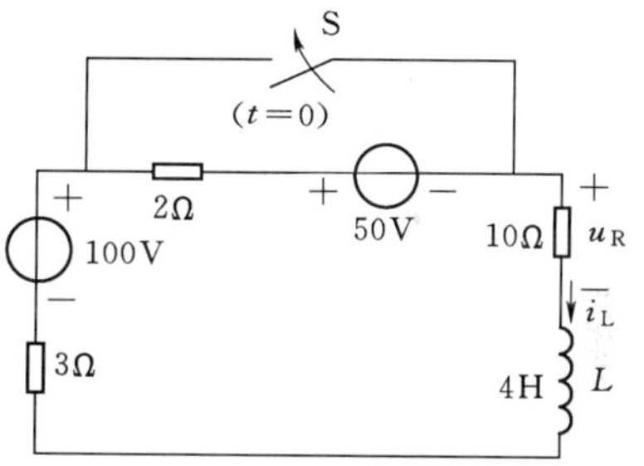

Fig. 9-1-3 for Practice 9-1-3

9-1-3 As shown in Fig. 9-1-3, the circuit is in steady state before switching. Determine:

(1) the initial values of $i_L(0_+)$ and $u_R(0_+)$ after switching.

(2) the steady state values of $i_L(\infty)$ and $u_R(\infty)$ after switching.

9-1-4 As shown in Fig. 9-1-4, supposing the circuit is in steady state before switching.

Determine:

(1) the initial values of $i_L(0_+)$ and $u_L(0_+)$ after switching.

(2) the steady state values of $i_L(\infty)$ and $u_L(\infty)$ after switching.

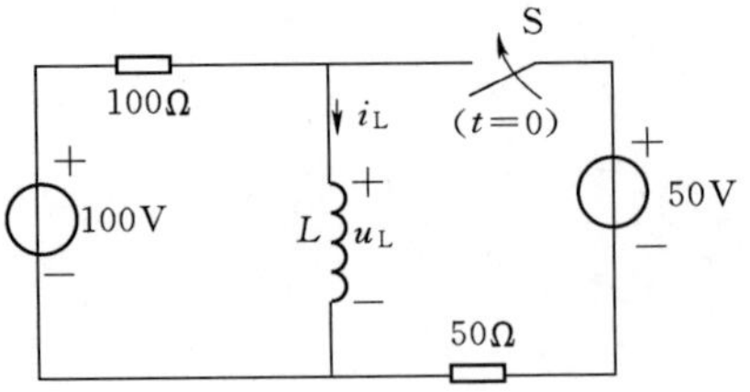

Fig. 9-1-4 for Practice 9-1-4

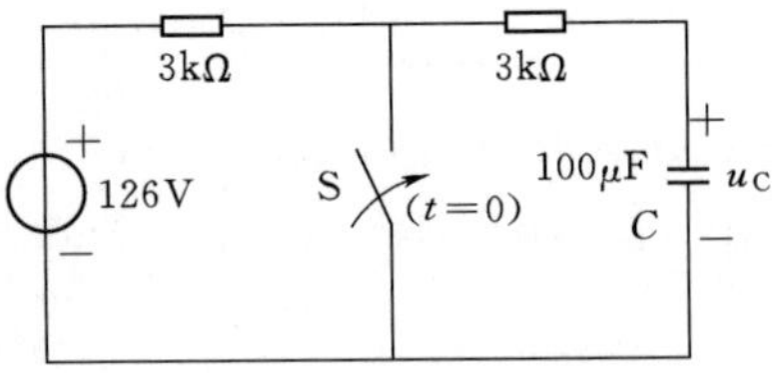

Fig. 9-1-5 for Practice 9-1-5

9-1-5 As shown in Fig. 9-1-5, at $t=0$ the switch S is closed, the circuit has reached steady state before the switch is closed. Determine $u_C(t)$.

任务二 RC电路的响应与测试

Task 2 Response and Testing of RC Circuits

一、RC电路的零输入响应

在一阶电路（first-order circuit）中（只含一个储能元件的电路），若输入激励为零，仅在动态元件的初始储能下所引起的电路响应称为零输入响应（zero-input response）。动态电路与电阻性电路的区别是电阻性电路没有独立源就没有响应，而动态电路中只要 $u_C(0_+)\neq 0$ 或 $i_L(0_+)\neq 0$，即使没有独立源，初始储能 $\frac{1}{2}Cu_C^2(0_+)$ 或 $\frac{1}{2}Li_L^2(0_+)$ 也引起响应。

对于RC与RL两类电路的零输入响应，即一阶电路中无外电源输入，由初始储能在电路中引起的电压或电流，可用一阶微分方程描述电路动态变化。

如图9-2-1所示，设换路前电路已经达到稳态，$u_C(0_-)=U_0$，$t=0$ 闭合开关。

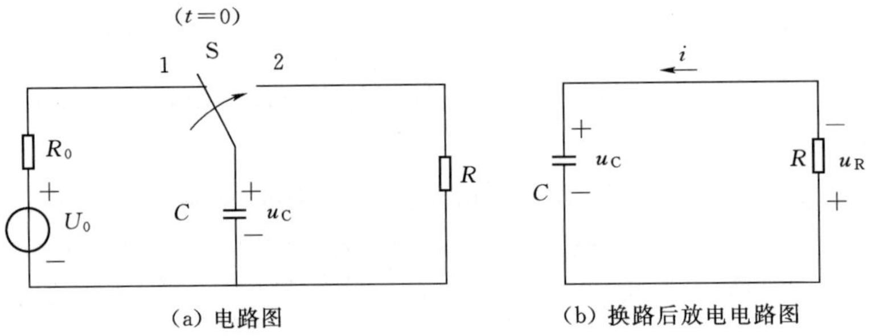

图9-2-1 RC电路的零输入响应

换路后KVL方程

$$u_R+u_C=0$$

将 $u_R=Ri$，$i=C\dfrac{du_C}{dt}$代入有

$$RC\frac{du_C}{dt}+u_C=0 \quad (t\geqslant 0_+) \tag{9-2-1}$$

式（9-2-1）是一阶常系数线性齐次常微分方程，它的通解（general solution）为

$$u_C=A\mathrm{e}^{pt}$$

式中 A——积分常数（integration constant）；

p——特征根（characteristic root）。

代入式（9-2-1），得特征方程（characteristic equation），即

$$RCp+1=0$$

解得

$$p=-\frac{1}{RC}$$

所以

$$u_C=A\mathrm{e}^{-\frac{t}{RC}} \tag{9-2-2}$$

A 由电路的初始条件确定。由换路定则得

$$u_C(0_+)=u_C(0_-)=U_0$$

代入式（9-2-2）求得 $A=U_0$。因此，如果定义时间常数（time constant）τ 为

$$\tau=RC \tag{9-2-3}$$

则电路的解为

$$u_C=U_0\mathrm{e}^{-\frac{t}{RC}}=U_0\mathrm{e}^{-\frac{t}{\tau}} \quad (t\geqslant 0_+) \tag{9-2-4}$$

$$i=C\frac{du_C}{dt}=-\frac{U_0}{R}\mathrm{e}^{-\frac{t}{RC}}=-\frac{U_0}{R}\mathrm{e}^{-\frac{t}{\tau}} \quad (t\geqslant 0_+) \tag{9-2-5}$$

采用国际单位制时，有

$$[\tau]=[RC]=\Omega\mathrm{F}=\Omega\,\frac{\mathrm{C}}{\mathrm{V}}=\Omega\,\frac{\mathrm{As}}{\mathrm{V}}=\mathrm{s}$$

τ 与时间单位相同，与电路的初始情况无关。

RC 电路零输入响应的 u_C 及 i 波形如图 9-2-2 所示。图 9-2-3 给出了 RC 电路在三种不同 τ 值下电压 u_C 随时间变化的曲线。

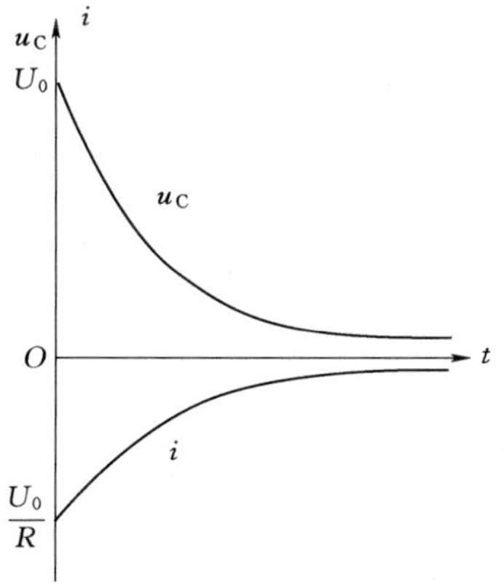

图 9-2-2　RC 电路零输入响应的 u_C 及 i 波形

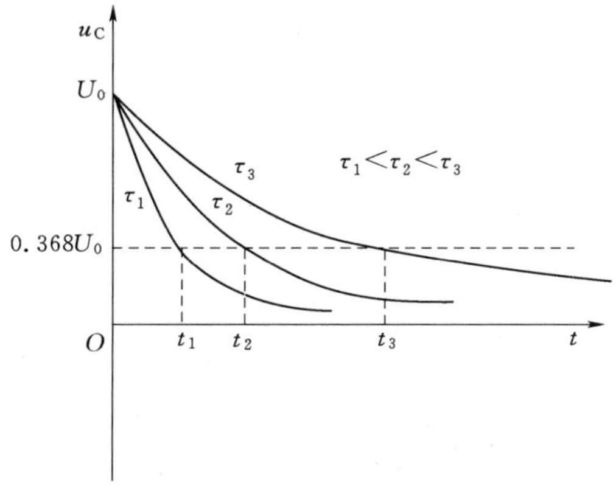

图 9-2-3　τ 值对 u_C 的影响

在放电过程中电容不断放出能量，电阻则不断消耗能量，最后电场储能全部转变成热能。

[**Example 9-2-1**] In Fig. 9-2-4, the switch S is placed first at position 1, after charging immediately, the switch is placed at position 2. As known $U_S=110V$, $C=0.1\mu F$, $R_0=10k\Omega$, $R_1=100k\Omega$, $R_2=100k\Omega$. Determine the responses of $u_C(t)$, $i_C(t)$ and $i_{R_2}(t)$ after switching.

Solution:

(1) The switch is placed at position 1, after charging

$$u_C(0_-)=\frac{R_1}{R_0+R_1}U_S=\frac{100}{10+100}\times 110=100(V)$$

$$u_C(0_+)=u_C(0_-)=100(V)$$

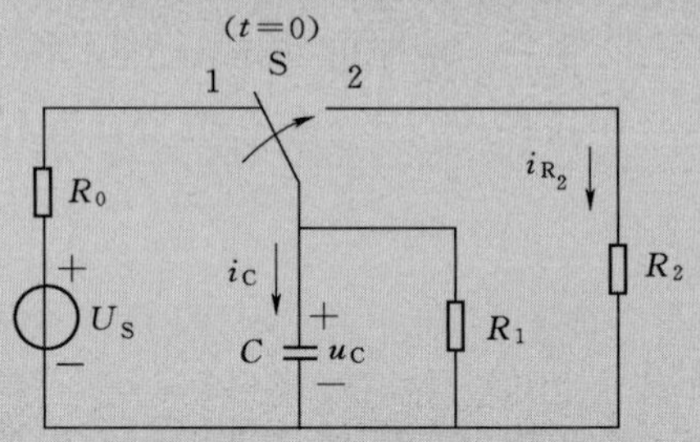

Fig. 9-2-4 for Example 9-2-1

(2) The switch is placed at position 2, $U_0=u_C(0_+)=100V$, $R=R_1/\!/R_2$, when $t\geqslant 0_+$, the circuit is in zero-input response

$$\tau=RC=50\times 10^3\times 0.1\times 10^{-6}=5\times 10^{-3}(s)$$

$$u_C(t)=U_0e^{-\frac{t}{\tau}}=100e^{-200t}(V)$$

$$i_C(t)=-\frac{U_0}{R}e^{-\frac{t}{\tau}}=-2e^{-200t}(mA)$$

二、RC 电路的零状态响应

一阶电路的零状态响应是指动态元件上的初始储能为零，仅在外施激励下所引起电路响应称为零状态响应（zero-state response）。RC 与 RL 电路零状态分别是：$u_C(0_+)=0$，$i_L(0_+)=0$，电路由外施激励引起的响应分别是 RC 与 RL 零状态响应。

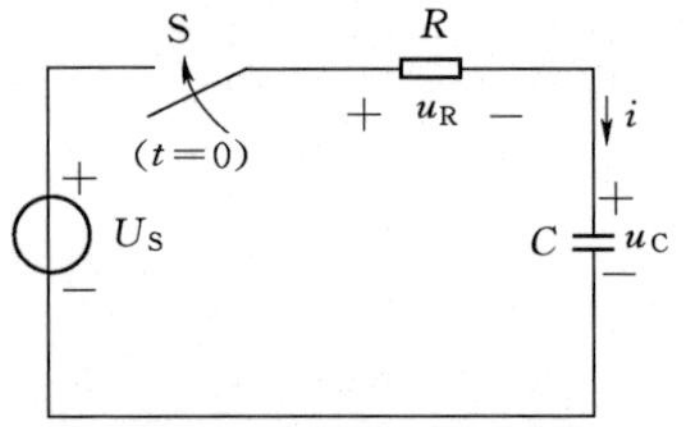

图 9-2-5 RC 电路的零状态响应

先讨论 RC 电路在直流激励下的零状态响应。

如图 9-2-5 所示，设换路前电容未充电，即零状态：$u_C(0_-)=0V$。$t=0$ 时闭合开关，直流电压源通过 R 对 C 充电。

换路后 KVL 方程

$$u_R+u_C=U_S$$

将 $u_R=Ri$，$i=C\dfrac{du_C}{dt}$ 代入有

$$RC\frac{du_C}{dt}+u_C=U_S \quad (t\geqslant 0_+) \tag{9-2-6}$$

它是一阶常系数线性非齐次常微分方程。式（9-2-6）的解由两部分组成

$$u_C=u_C'+u_C''$$

u_C'为方程的一个特解，与外施激励有关，所以称为强制分量（forced component）。

当激励为直流量或正弦量时，此情况下的强制分量称为稳态分量（steady component）。本例中 $u'_C=U_S$。

与式（9-2-6）对应的齐次方程为

$$RC\frac{du_C}{dt}+u_C=0$$

u''_C为其通解，形式与零输入响应相同，u''_C的变动规律与外施激励无关，所以称为自由分量（free component），自由分量最终趋于零，因此又称为暂态分量（transient component），其解为

$$u''_C=Ae^{-\frac{t}{\tau}}$$

其中

$$\tau=RC$$

式中 A——积分常数；

τ——时间常数。

这样，电容电压 u_C 的解为

$$u_C=U_S+Ae^{-\frac{t}{\tau}}$$

代入初始条件 $u_C(0_+)=u_C(0_-)=0$，得 $0=U_S+A\rightarrow A=-U_S$，因此

$$u_C=U_S-U_Se^{-\frac{t}{\tau}}=U_S(1-e^{-\frac{t}{\tau}})\quad(t\geqslant 0_+)\tag{9-2-7}$$

$$u_R=U_S-u_C=U_Se^{-\frac{t}{\tau}}\quad(t\geqslant 0_+)\tag{9-2-8}$$

$$i=\frac{u_R}{R}=\frac{U_S}{R}e^{-\frac{t}{\tau}}\quad(t\geqslant 0_+)\tag{9-2-9}$$

RC 电路零状态响应的 u_C 和 i 波形如图 9-2-6 所示。时间常数 τ 越大，自由分量衰减越慢，充电时间越长。

充电过程中，电源供给能量，一部分转换成电场能量储存在电容中，一部分则被电阻消耗掉。在充电过程中，电阻消耗的电能为

$$W_R=\int_0^{\infty}Ri^2dt=\int_0^{\infty}R\left(\frac{U_S}{R}e^{-\frac{t}{RC}}\right)^2dt=\frac{1}{2}CU_S^2=W_C$$

可见，不论电阻、电容值如何，电源供给的能量只有一半转换成电场能量储存在电容中，充电效率为 50%。

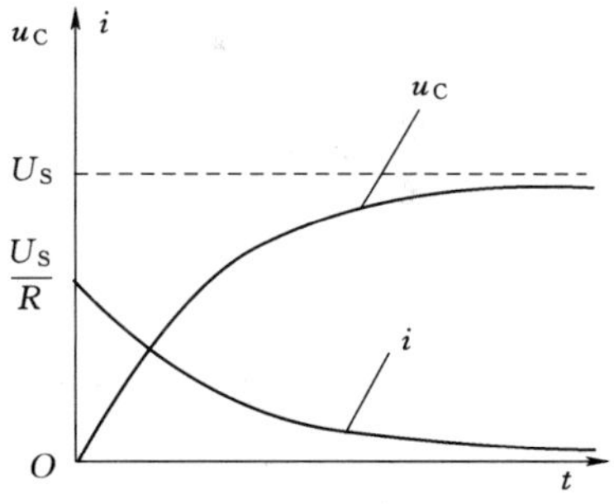

图 9-2-6 RC 电路零状态响应的 u_C 和 i 波形

［**Example 9-2-2**］ In Fig. 9-2-7, after the switch S was placed at position 2 for a long time, the switch was placed at position 1. As known $U_S=100$V, $C=0.1\mu$F, $R_0=10$kΩ, $R_1=10$kΩ. Determine the responses of $u_C(t)$, $u_R(t)$ and $i_C(t)$ after switching.

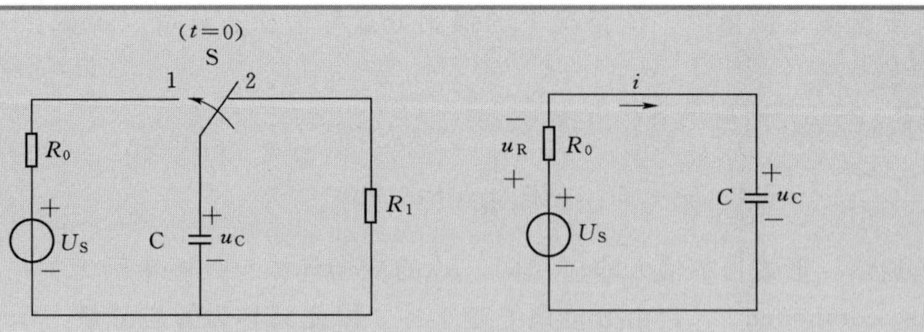

(a) circuit diagram (b) charging circuit diagram after switching

Fig. 9-2-7 zero-state response of RC circuit

Solution:

(1) When the switch is placed at position 2, and the circuit has been fully discharged.

$$u_C(0_+)=u_C(0_-)=0(\text{V})$$

(2) When the switch is placed at position 1, $U_S=100\text{V}$, when $t\geqslant 0_+$, the circuit is in zero-state response.

$$\tau=R_0C=10\times10^3\times0.1\times10^{-6}=1\times10^{-3}(\text{s})$$

$$u_C(t)=U_S(1-e^{-\frac{t}{\tau}})=100(1-e^{-1000t})(\text{V})$$

$$u_R(t)=U_S-u_C=U_Se^{-\frac{t}{\tau}}=100e^{-1000t}(\text{V})$$

$$i(t)=\frac{u_R}{R_0}=\frac{U_S}{R_0}e^{-\frac{t}{\tau}}=10e^{-1000t}(\text{mA})$$

三、RC 电路的全响应

如果非零初始状态的一阶 RC 电路在外施激励下引起的响应，则称为一阶 RC 电路的全响应（complete response）。

（一）一阶电路全响应的规律

如图 9-2-8，设 $u_C(0_-)=U_0$，电源电压$=U_S$，换路后 KVL 方程

$$RC\frac{du_C}{dt}+u_C=U_S \tag{9-2-10}$$

其解为

$$u_C=u_C'+u_C''=U_S+Ae^{-\frac{t}{\tau}}$$

由初始条件 $u_C(0_+)=u_C(0_-)=U_0$，得 $U_0=U_S+A\rightarrow A=U_0-U_S$。得电容电压的全响应为

$$u_C=U_S+(U_0-U_S)e^{-\frac{t}{\tau}}\quad(t\geqslant0_+) \tag{9-2-11}$$

$$u_R = U_S - u_C = (U_S - U_0)e^{-\frac{t}{\tau}} \quad (t \geqslant 0_+) \qquad (9-2-12)$$

$$i = \frac{u_R}{R} = \frac{U_S - U_0}{R}e^{-\frac{t}{\tau}} \quad (t \geqslant 0_+) \qquad (9-2-13)$$

图 9－2－9 中作出了 $U_0 < U_S$ 下的各全响应的波形。

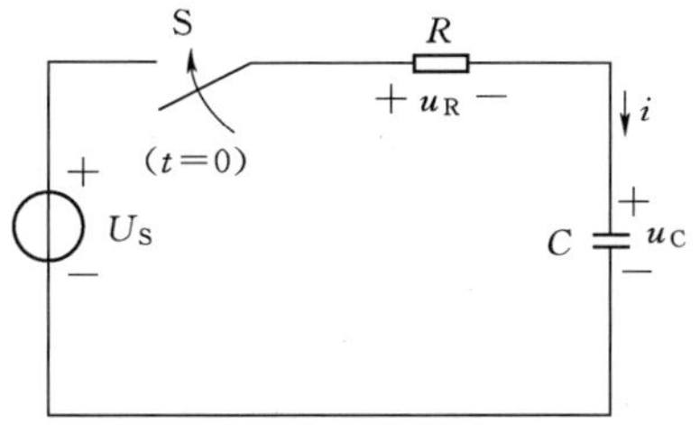

图 9－2－8　RC 电路的全响应

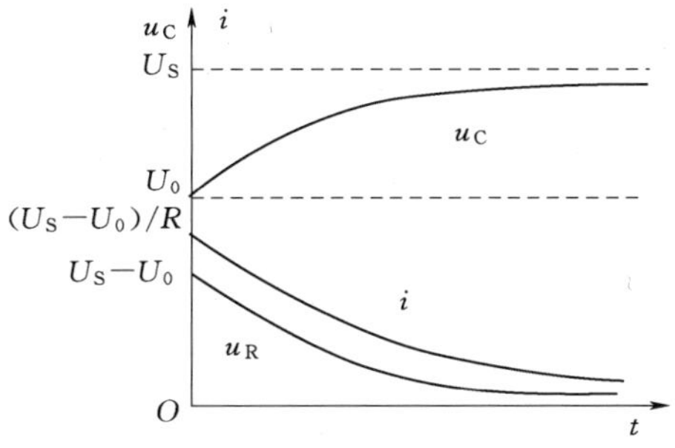

图 9－2－9　RC 电路全响应的 u_C、u_R 和 i

电路全响应的时间常数 $\tau = RC$，电压或电流衰减或增加的快慢取决于 τ 的大小。τ 值大，电压或电流衰减慢；τ 值小，电压或电流衰减快。

（二）一阶电路全响应的两种分解

对一阶电路全响应 $u_C = U_S + (U_0 - U_S)e^{-\frac{t}{\tau}} = U_0 e^{-\frac{t}{\tau}} + U_S(1 - e^{-\frac{t}{\tau}})$ 存在两种分解方法。

1. [全响应]=[零输入响应]+[零状态响应]

$$[u_C] = [u_C^{(1)}] + [u_C^{(2)}] = [U_0 e^{-\frac{t}{\tau}}] + [U_S(1 - e^{-\frac{t}{\tau}})] \quad (t \geqslant 0_+) \qquad (9-2-14)$$

零输入响应(非零初始状态产生)　　零状态响应(外施激励产生)

2. [全响应]=[强制分量(稳态分量)]+[自由分量(瞬态分量)]

$$[u_C] = [u_C'] + [u_C''] = [U_S] + [(U_0 - U_S)e^{-\frac{t}{\tau}}] \quad (t \geqslant 0_+) \qquad (9-2-15)$$

强制分量(稳态分量)与外施激励有关　　自由分量(瞬态分量)与初始值和稳态值之差有关，取决于 τ

当输入量为直流量，稳态分量恒定不变；当输入量为正弦量，稳态分量是同频率的正弦量。

把全响应分解为零输入响应和零状态响应，明显反映了响应与激励的因果关系，便于分析计算。把全响应分解为稳态分量和瞬态分量，能较明显地反映电路的工作阶段，便于分析过渡过程的特点。

Practice and Thinking

9-2-1 As shown in Fig. 9-2-10, known $U_S=40V$, $R_1=100\Omega$, $R_2=300\Omega$, $R_3=25\Omega$, $C=0.05F$, supposing the capacitor is not charged, at $t=0$ the switch S is closed. Determine the $u_C(t)$.

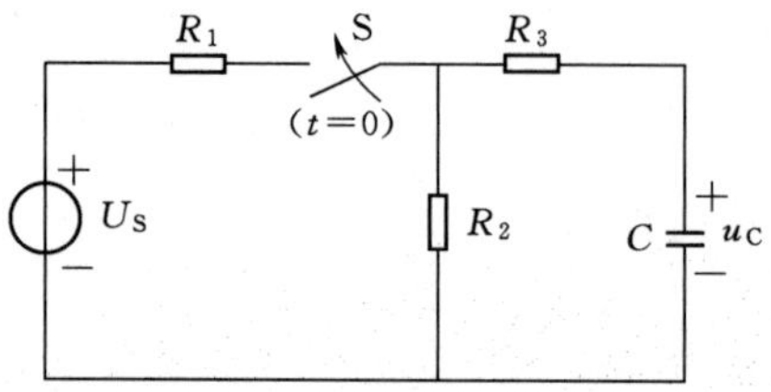

Fig. 9-2-10 for Practice 9-2-1

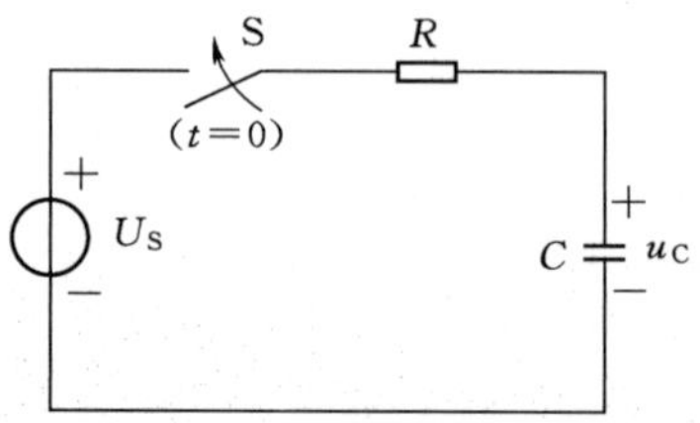

Fig. 9-2-11 for Practice 9-2-2

9-2-2 In Fig. 9-2-11, known $U_S=16V$, $R=25k\Omega$, $C=10\mu F$, $u_C(0_-)=6V$, at $t=0$, the switch S is closed. Determine:

(1) the steady state component of u_C, transient component of u_C and complete response of u_C respectively.

(2) the zero-input response of u_C, the zero-state response of u_C and the complete response of u_C respectively; furthermore, and draw up their waveforms qualitatively.

任务三 RL电路的响应与测试

Task 3 Response and Testing of RL Circuits

一、直流激励下RL电路的零输入响应

RL电路的零输入响应是电感元件L储存能量通过电阻R释放的一阶动态过程。如图9-3-1所示，换路前电路已经达到稳态。设$i(0_-)=I_0$，$t=0$闭合开关。

换路后KVL方程

$$u_L+u_R=0$$

将$u_L=L\dfrac{di}{dt}$，$u_R=Ri$代入有

$$L\frac{di}{dt}+Ri=0 \quad (t\geqslant 0_+) \qquad (9-3-1)$$

式(9-3-1)是一阶常系数线性齐次常微分方程，它的通解为

$$i=Ae^{pt}$$

式中 A——积分常数；

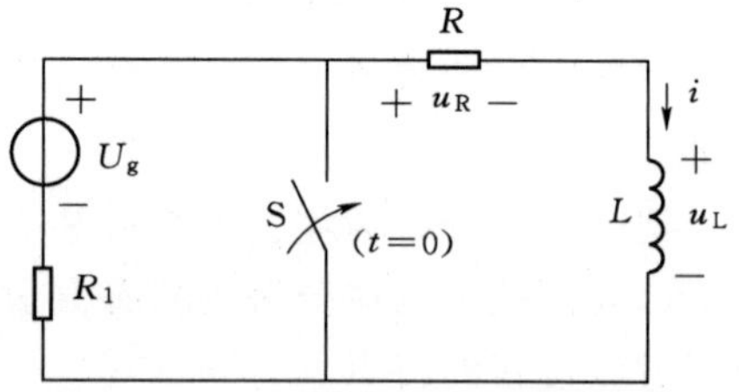

图9-3-1 RL电路的零输入响应

p——特征根。

代入式（9-3-1），得特征方程

$$Lp+R=0$$

解得
$$p=-\frac{R}{L}$$

所以
$$i=Ae^{-\frac{t}{\tau}}(t\geqslant 0_+) \tag{9-3-2}$$

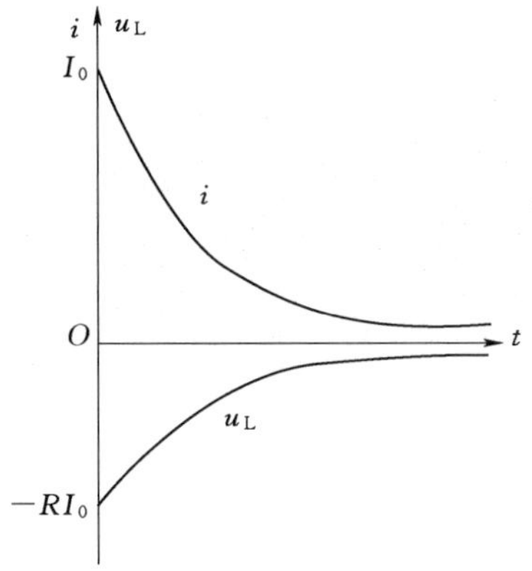

图 9-3-2 RL 电路零输入响应的 i 及 u_L 波形

A 由电路的初始条件确定。由换路定则得

$$i(0_+)=i(0_-)=I_0$$

代入式（9-3-2），求得 $A=I_0$。因此，如果定义时间常数 τ

$$\tau=\frac{L}{R} \tag{9-3-3}$$

则电路的解为

$$i=I_0e^{-\frac{R}{L}t}=I_0e^{-\frac{t}{\tau}} \quad (t\geqslant 0_+) \tag{9-3-4}$$

$$u_L=L\frac{di}{dt}=-RI_0e^{-\frac{R}{L}t}=-RI_0e^{-\frac{t}{\tau}} \quad (t\geqslant 0_+) \tag{9-3-5}$$

$$u_R=Ri=RI_0e^{-\frac{R}{L}t}=RI_0e^{-\frac{t}{\tau}} \quad (t\geqslant 0_+) \tag{9-3-6}$$

RL 电路零输入响应的电流 i 及电压 u_L 的波形如图 9-3-2 所示。

在放电过程中电感不断放出能量，电阻不断消耗能量，最后磁场储能全部转变成热能。

［**Example 9-3-1**］ As shown in Fig. 9-3-3, the excitation winding resistance R of the turbo alternator is 1.4Ω, its inductance L is 8.4H, and the excitation DC power supply $U_S=350V$. In order to speed up the demagnetization of excitation winding, when the switch S_1 is disconnected, the demagnetization resistance $R_m=5.6\Omega$ is connected to the circuit by closing the switch S_2 at the same time. Determine the voltage of the excitation winding at the moment of commutation and how many seconds it takes for the winding voltage to drop to 20V.

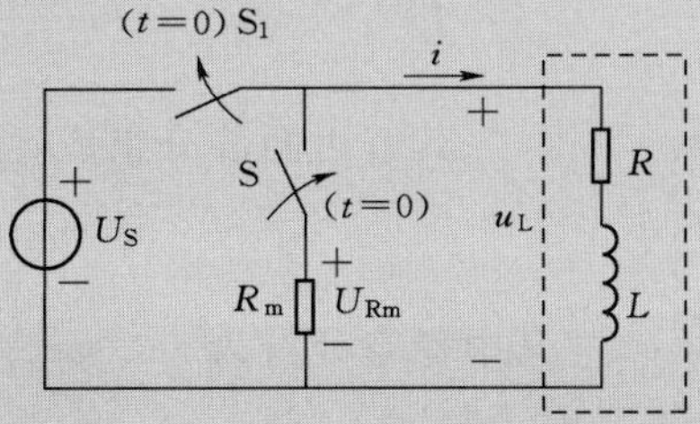

Fig. 9-3-3 for Example 9-3-1

Solution:

(1) The circuit current is stable before switching, according to the switching rule

$$i(0_+)=i(0_-)=\frac{U_S}{R}=\frac{350}{1.4}=250(\mathrm{A})$$

The excitation winding voltage after switching is

$$u_{Rm}(0_+)=-R_m i(0_+)=-5.6\times 250=-1400(\mathrm{V})$$

This meaning: the excitation winding voltage jumps from 350V to −1400V instantaneously.

(2) The equivalent resistance is $R+R_m$ after the circuit switching, the circuit time constant is

$$\tau=\frac{L}{R+R_m}=\frac{8.4}{1.4+5.6}=1.2(\mathrm{s})$$

$$i(t)=I_0 e^{-\frac{t}{\tau}}=250e^{-\frac{t}{1.2}}(\mathrm{A})$$

$$u_{Rm}(t)=-R_m i(t)=-1400e^{-\frac{t}{1.2}}(\mathrm{V})$$

Let $u_{Rm}(t)=-20\mathrm{V}$, then

$$-20=-1400e^{-\frac{t}{1.2}}$$

$$t=1.2\ln\left(\frac{1400}{20}\right)\approx 5.1(\mathrm{s})$$

这种释放磁能的方法必须选择好合适的灭磁电阻，此电阻越小，励磁绕组换路瞬间电压越低；但灭磁的持续时间会过长。

二、直流激励下 RL 电路的零状态响应

RL 的零状态响应即电感元件初始储能为零，外施激励为直流电源。如图 9-3-4 所示，设 $i(0_-)=0$，$t=0$ 闭合开关。

换路后 KVL 方程为

$$u_L+u_R=U_S$$

将 $u_R=Ri$，$u_L=L\dfrac{di}{dt}$代入得到

$$L\frac{di}{dt}+Ri=U_S \tag{9-3-7}$$

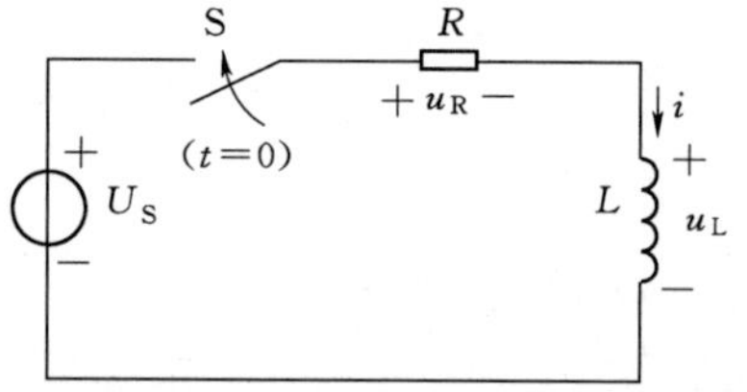

图 9-3-4 RL 电路的零状态响应

其解由两部分组成，即

$$i=i'+i''$$

其中稳态分量为

$$i'=\frac{U_S}{R}$$

暂态分量为

$$i''=A\mathrm{e}^{-\frac{t}{\tau}}$$

其中

$$\tau=\frac{L}{R}$$

式中 A——积分常数；

τ——时间常数。

因此有

$$i=i'+i''=\frac{U_S}{R}+A\mathrm{e}^{-\frac{t}{\tau}}$$

代入初始条件 $i(0_+)=i(0_-)=0$，得 $A=-U_S/R$，故

$$i=\frac{U_S}{R}(1-\mathrm{e}^{-\frac{t}{\tau}})\quad(t\geqslant 0_+)\tag{9-3-8}$$

$$u_R=Ri=U_S(1-\mathrm{e}^{-\frac{t}{\tau}})\quad(t\geqslant 0_+)\tag{9-3-9}$$

$$u_L=U_S-u_R=U_S\mathrm{e}^{-\frac{t}{\tau}}\quad(t\geqslant 0_+)\tag{9-3-10}$$

RL 电路零状态响应的电流 i 及电压 u_L 的波形如图 9-3-5 所示。

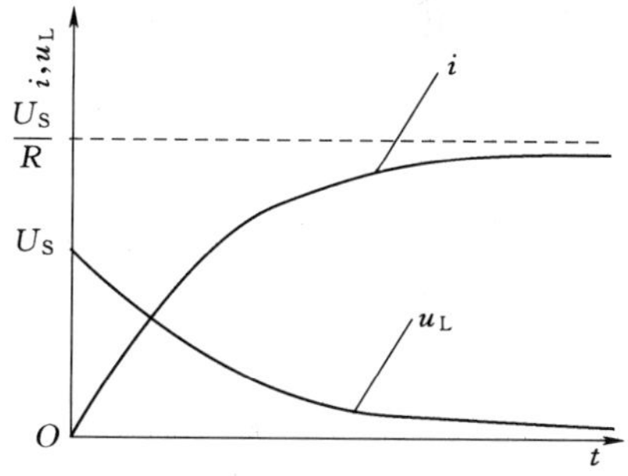

图 9-3-5 RL 电路零状态响应的电流 i 及电压 u_L 波形

三、RL 电路的全响应

如果非零初始状态的一阶 RL 电路在外施激励引起的响应，则称为一阶 RL 电路的全响应。

对一阶 RL 电路全响应 $i=\frac{U_S}{R}+\left(I_0-\frac{U_S}{R}\right)\mathrm{e}^{-\frac{t}{\tau}}=I_0\mathrm{e}^{-\frac{t}{\tau}}+\frac{U_S}{R}(1-\mathrm{e}^{-\frac{t}{\tau}})$ 同样存在两种分解方法。

1.[全响应]=[零输入响应]+[零状态响应]

$$[i]=[i^{(1)}]+[i^{(2)}]=[I_0\mathrm{e}^{-\frac{t}{\tau}}]+\left[\frac{U_S}{R}(1-\mathrm{e}^{-\frac{t}{\tau}})\right]\quad(t\geqslant 0_+)\tag{9-3-11}$$

零输入响应(非零初始状态产生)　　零状态响应(外施激励产生)

2.[全响应]=[强制分量(稳态分量)]+[自由分量(瞬态分量)]

$$[i]=[i']+[i'']=\left[\frac{U_S}{R}\right]+\left[\left(I_0-\frac{U_S}{R}\right)\mathrm{e}^{-\frac{t}{\tau}}\right]\quad(t\geqslant 0_+)\tag{9-3-12}$$

强制分量(稳态分量)与外施激励有关　　自由分量(瞬态分量)与初始值和稳态值之差有关，取决于 τ

同理当输入量为直流量，稳态分量恒定不变；当输入量为正弦量，稳态分量是同频率

的正弦量。

四、正弦激励下 RL 电路的零状态响应

变压器在正常稳态运行时，空载电流占额定电流的 1%～10%，但当变压器空载合闸到电网如图 9-3-6 所示时，电流可能较大，往往要超过额定电流几倍，达到空载电流的几十倍甚至上百倍。这一空载合闸电流称为励磁涌流（exciting surge current）。

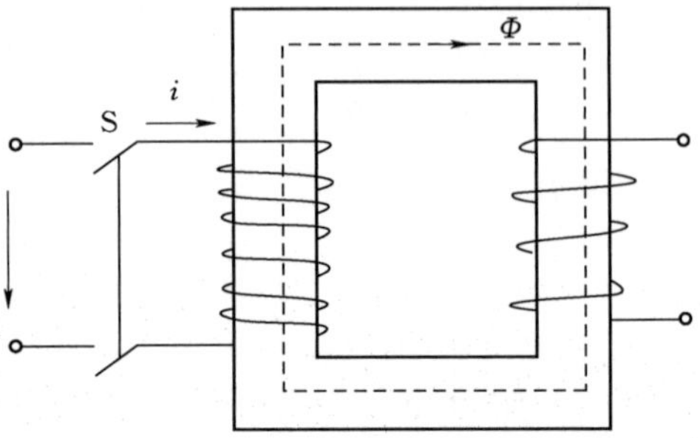

图 9-3-6 变压器空载合闸示意图

（一）变压器在正弦激励下的零状态响应

当变压器在合闸的过程中，由于变压器处于零磁状态的情况，在建立磁场的过程中，会产生非常大的励磁涌流。近似相当于 RL 电路在正弦激励下的零状态响应，如图 9-3-7 所示。

（二）RL 电路在正弦激励下的零状态响应

RL 电路的零状态响应即电感元件初始储能为零，外施激励为正弦交流电源，图 9-3-8 所示，$t=0$ 闭合开关，使电路与正弦电压 $u_S=U_m\sin(\omega t+\psi)$ 接通。电路的初始状态为零，ψ 为换路时 u_S 的初相角。

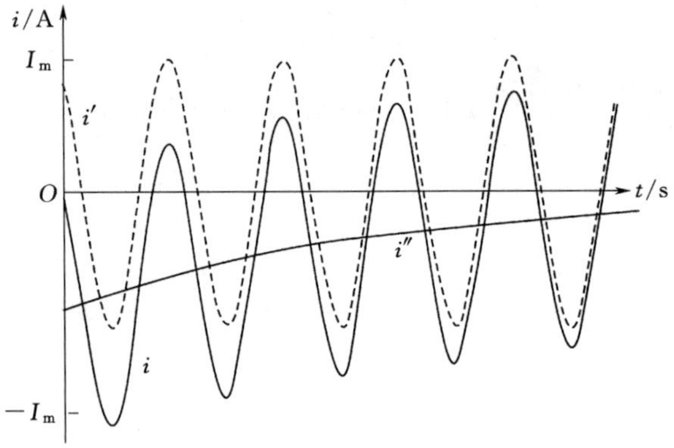

图 9-3-7 RL 电路在正弦激励下的零状态响应

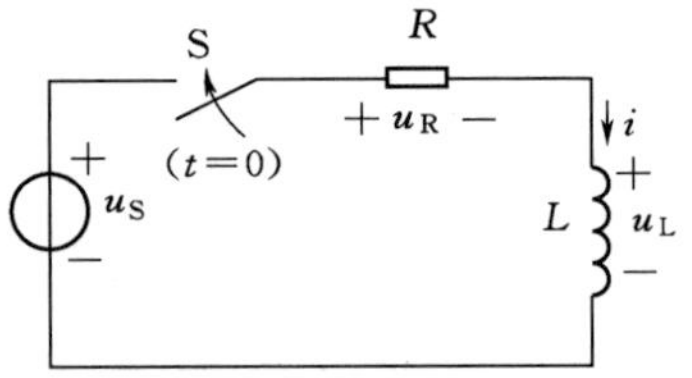

图 9-3-8 RL 电路的零状态响应

换路后的 KVL 方程为

$$L\frac{di}{dt}+Ri=U_m\sin(\omega t+\psi) \tag{9-3-13}$$

其解仍由两部分组成

$$i=i'+i''$$

其中稳态分量 i' 可用相量法求得。图 9-3-8 所示电路的阻抗为

$$Z=R+j\omega L=\sqrt{R^2+(\omega L)^2}\angle\arctan\left(\frac{\omega L}{R}\right)=|Z|\angle\varphi$$

而
$$\dot{U}_m=U_m\angle\psi$$

所以
$$\dot{I}'_m=\frac{\dot{U}_m}{Z}=\frac{U_m\angle\psi}{|Z|\angle\varphi}=\frac{U_m}{|Z|}\angle\psi-\varphi$$

于是稳态分量
$$i'=\frac{U_m}{|Z|}\sin(\omega t+\psi-\varphi)$$

其暂态分量形式仍为
$$i''=Ae^{-\frac{t}{\tau}}$$

其中
$$\tau=\frac{L}{R}$$

式中 A——积分常数；

τ——时间常数。

所以
$$i=i'+i''=\frac{U_m}{|Z|}\sin(\omega t+\psi-\varphi)+Ae^{-\frac{t}{\tau}}$$

代入初始条件 $i(0_+)=i(0_-)=0$，得
$$A=-\frac{U_m}{|Z|}\sin(\psi-\varphi)$$

最后得到
$$i=\frac{U_m}{|Z|}\sin(\omega t+\psi-\varphi)-\frac{U_m}{|Z|}\sin(\psi-\varphi)e^{-\frac{t}{\tau}}\quad(t\geqslant 0_+)\tag{9-3-14}$$

由式（9-3-14）可见，暂态分量仍以 $\tau=L/R$ 为时间常数按指数规律衰减。暂态分量为零后，电路进入正弦稳态。但暂态分量的大小与换路时 u_S 的初相角 ψ 有关。有两种特殊情况。

（1）$\psi-\varphi=0$，即在电压源电压的初相 $\psi=\varphi$ 时换路，则式中的暂态分量为零
$$i=i'=\frac{U_m}{|Z|}\sin(\omega t)$$

电路换路后不经历过渡过程，立即进入稳态。$\psi-\varphi=180°$时换路，也立即进入稳态。

（2）$\psi-\varphi=90°$（或$-90°$），如 $\psi-\varphi=90°$的情况下换路，则
$$i=\frac{U_m}{|Z|}\sin(\omega t+90°)-\frac{U_m}{|Z|}e^{-\frac{t}{\tau}}$$

即电路换路后的暂态分量起始值最大，变压器空载合闸电流可能较大，可达额定电流5～8倍。i、i'、i''的波形如图 9-3-7 所示。

Practice and Thinking

9-3-1 In the circuit shown in Fig. 9-3-9, calculate the time constants of the circuit when the switch S is at the “1” and the “2” positions respectively.

9－3－2 The circuit shown in Fig. 9－3－10 is steady state before the switch S action, at $t=0$ the switch S moved from position A to position B. Determine $i_L(t)$ and $u_L(t)$ after switching.

9－3－3 The circuit shown in Fig. 9－3－11, as known $i_L(0_-)=0$, the switch S is opened at $t=0$. Determine the zero-state response $i_L(t)$ after switching.

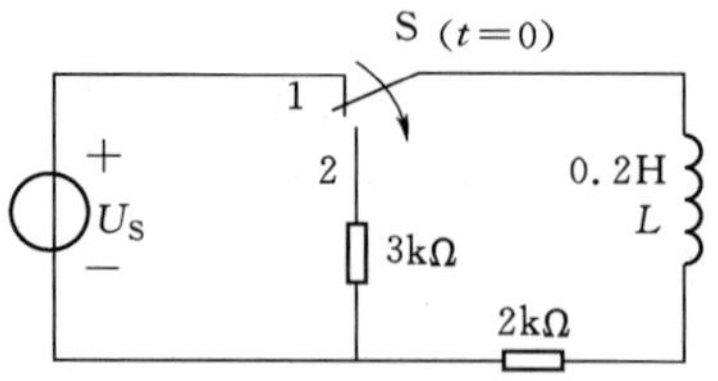

Fig. 9－3－9 for Practice 9－3－1

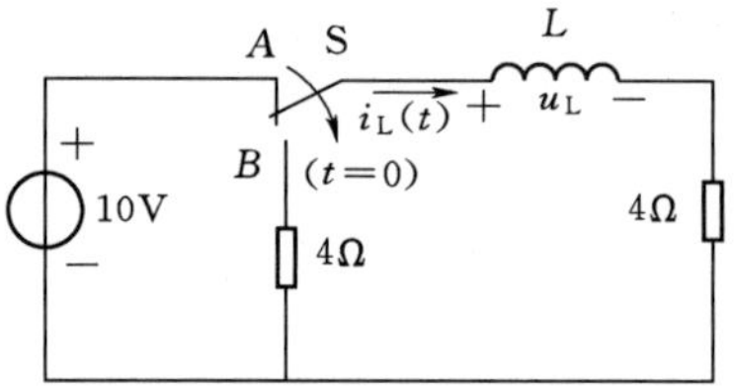

Fig. 9－3－10 for Practice 9－3－2

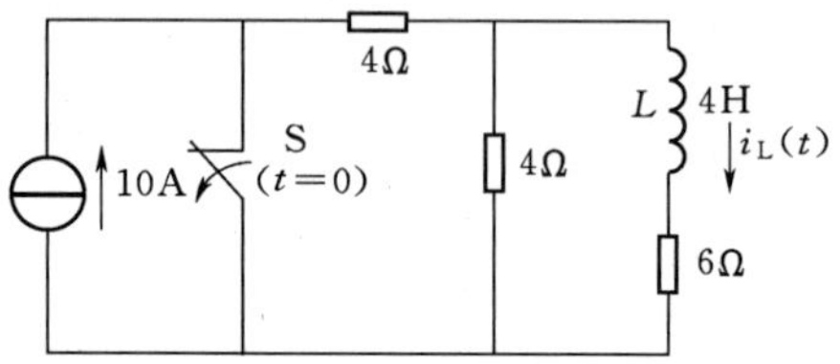

Fig. 9－3－11 for Practice 9－3－3

任务四 用“三要素法”分析求解一阶电路

Task 4 Applying “Three－Factor Method” to Analyze and Solve the First－Order Circuits

一、电路全响应的决定因素

当一个一阶电路既受到外施激励时，动态元件上又有初始能量，电路产生了全响应。

前面部分对一阶电路的零输入响应、零状态响应及全响应进行了经典分析。重点阐述了一阶电路时间常数的概念：一阶电路的时间常数 τ，在数值上等于响应经历了总变化的63.2%所需用的时间，讨论中一般认为，暂态过程经过（3～5）τ 的时间就基本结束了，因此时间常数 τ 反映了暂态过程进行的快慢程度。对零输入响应而言，不需求解响应的稳态值，只要求出响应的初始值和时间常数即可；对零状态响应而言，只需求出响应的稳态值和时间常数即可。

对一阶电路全响应存在以下分解方法：

（1）[全响应]=[零输入响应]+[零状态响应]。

（2）[全响应]=[强制分量(稳态分量)]+[自由分量(瞬态分量)]。

当输入量为直流量，稳态分量恒定不变；当输入量为正弦量，稳态分量是同 f 的正弦量。不管是将全响应分解为［零输入响应］和［零状态响应］的叠加，还是将全响应分解为［稳态分量］和［瞬态分量］的叠加，真正的本质是全响应由初始值（initial value）、稳态值（steady state value）和时间常数（time constant）三个要素决定。

二、分析一阶电路全响应的“三要素法”

（一）一阶电路的“三要素法”

对于一阶电路的全响应，引入了一个简化的分析计算方法——“三要素法”（three - factor method）。三要素法是指对待求的电路响应，先求出其初始值、稳态值及时间常数 τ，然后代入相应计算公式得出。

若外施激励是直流电源，则全响应可写为

$$f(t)=f(\infty)+[f(0_+)-f(\infty)]e^{-\frac{t}{\tau}} \quad (t\geqslant 0) \tag{9-4-1}$$

若要确定直流激励下一阶电路的全响应，关键在确定初始值 $f(0_+)$、稳态值 $f(\infty)$、时间常数 τ 三个要素。

若外施激励是交流电源，则全响应可写为

$$\text{全响应 } f(t)=\text{稳态分量 } f_\infty(t)+\text{瞬态分量 } Ae^{-\frac{t}{\tau}} \quad (t\geqslant 0)$$

$f(t)$ 初始值 $=f(0_+)$，稳态分量初始值 $=f_\infty(0_+)$，则 $A=f(0_+)-f_\infty(0_+)$。

则全响应可写为

$$f(t)=f_\infty(t)+[f(0_+)-f_\infty(0_+)]e^{-\frac{t}{\tau}}(t\geqslant 0) \tag{9-4-2}$$

若要确定交流电源激励下一阶电路的全响应，关键在确定初始值 $f(0_+)$、稳态值 $f_\infty(t)$ 和时间常数 τ 三个要素。

（二）“三要素法”的确定

正确确定 $f(0_+)$、$f(\infty)$ [或 $f_\infty(t)$]、τ 三个要素，求解方法如下：

（1）初始值 $f(0_+)$。电路动态元件电流电压的初始值，由换路定则确定；电路其他响应的初始值要根据 $t=0_+$ 的等效电路求得。

（2）稳态值 $f(\infty)$ [或 $f_\infty(t)$]。要根据换路后 $t=\infty$ 的等效电路求得。

（3）时间常数 τ。在换路后的稳态电路基础上除源，然后将动态元件断开后求出其无源二端网络的入端电阻 R，代入时间常数的计算公式中即可。只有一个 C 的电路 $\tau=RC$，只有一个 L 的电路 $\tau=L/R$。在同一个一阶电路中的各响应的 τ 相同。因为 R 为换路后该 C 或 L 所接二端电阻性网络除源后的等效电阻，可以应用戴维宁定理进行求解。

在应用“三要素法”求解的过程中，注意各种情况下等效电路的正确性是关键。

[**Example 9 - 4 - 1**] The circuit as shown in Fig. 9 - 4 - 1 (a), known $U_S=10V$, $R_1=6\Omega$, $R_2=4\Omega$, $L=0.1H$, the circuit is in steady state before closing the switch S. Supposing S is closed at $t=0$, and use the “three - factor method” to find the content as below.

(1) The alternating rule of the current $i(t)$.

(2) How long does it take to increase the current to 2A?

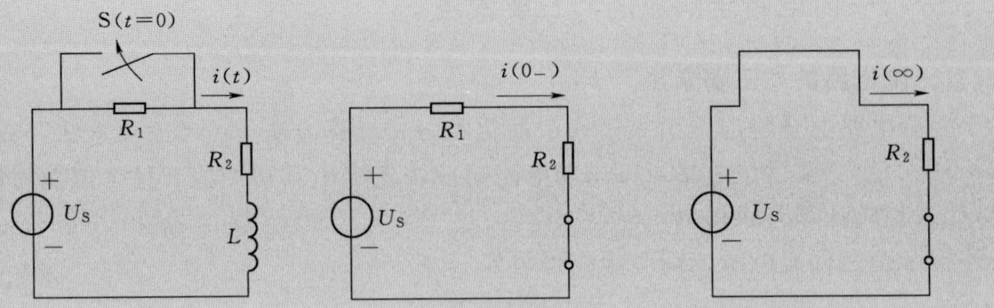

(a) primary circuit (b) the equivalent circuit at $t=0_-$ (c) the equivalent circuit at $t=\infty$

Fig. 9-4-1 for Example 9-4-1

Solution:

(1) The steps of applying the "three-factor method" as follow:

1) Find the initial value.

Draw up the equivalent circuit at $t=0_-$, the circuit is shown in Fig. 9-4-1 (b), then

$$i(0_-)=\frac{U_S}{R_1+R_2}=\frac{10}{6+4}=1(\text{A})$$

Applying the switching rule, we can get

$$i(0_+)=i(0_-)=1(\text{A})$$

2) Find the steady state value.

Draw up the equivalent circuit at $t=\infty$, the circuit is shown in Fig. 9-4-1 (c), we can get

$$i(\infty)=\frac{U_S}{R_2}=\frac{10}{4}=2.5(\text{A})$$

3) Find the time constant after switching.

$$\tau=\frac{L}{R_0}=\frac{L}{R_2}=\frac{0.1}{4}=0.025(\text{s})$$

4) Substituting the formula of "three-factor method", we can get the $i(t)$

$$\begin{aligned}i(t)&=i(\infty)+[i(0_+)-i(\infty)]e^{-\frac{t}{\tau}}\\&=2.5+[1-2.5]e^{-40t}\\&=2.5-1.5e^{-40t}(\text{A})\end{aligned}$$

(2) According to the $2=2.5-1.5e^{-40t}$, then $t=0.0275(\text{s})$.

[**Example 9-4-2**] As shown in Fig. 9-4-2 (a) circuit, given that $u_s = 120\sin\omega t$ V, $\omega = 1000$rad/s, $R_1 = 60\Omega$, $R_2 = 60\Omega$, $L = 0.06$H, as known the circuit has reached steady state before switching. Determine the current $i(t)$ after switching.

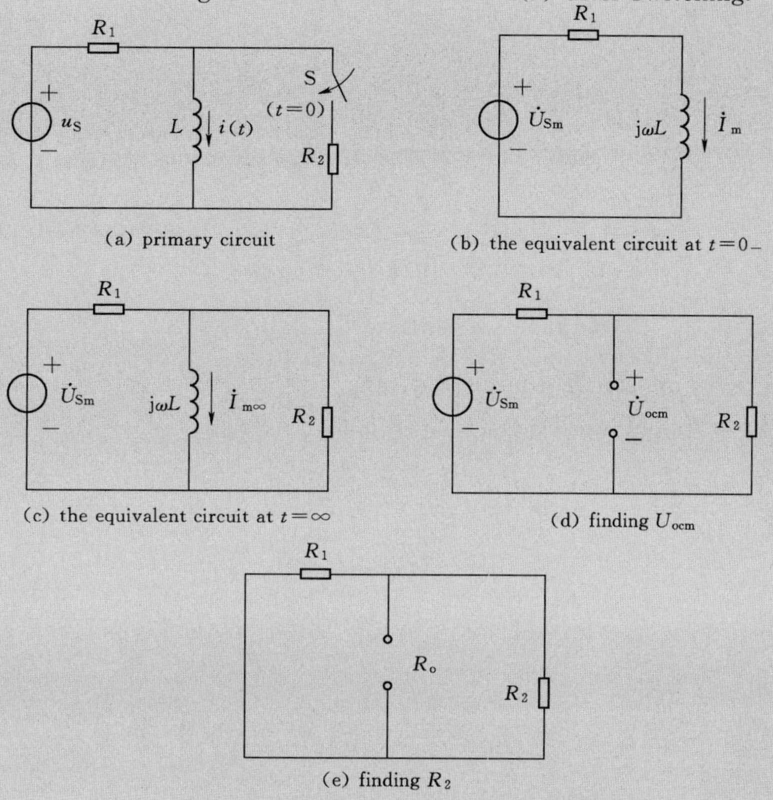

Fig. 9-4-2 for Example 9-4-2

Solution:

(1) Find the initial value.

Draw up the equivalent circuit at $t=0_-$, the circuit is shown in Fig. 9-4-2 (b), according to the phasor method, we can get

$$\dot{I}_m = \frac{\dot{U}_{Sm}}{Z} = \frac{120\angle 0°}{60 + j1000 \times 0.06} = \frac{120\angle 0°}{84.85\angle 45°} = 1.41\angle -45°(\text{A})$$

$$i = 1.41\sin(1000t - 45°)(\text{A})$$

$$i(0_-) = 1.41\sin(-45°) = -1(\text{A})$$

Applying the switching rule, we can get

$$i(0_+) = i(0_-) = -1(\text{A})$$

(2) Find the steady state value.

Draw up the equivalent circuit at $t=\infty$, the circuit is shown in Fig. 9-4-2 (c).

Applying the Thevenin's theorem to get $\dot{I}_{m\infty}$, we can get the formula from Fig. 9-4-2 (d) and Fig. 9-4-2 (e) as below:

$$\dot{U}_{ocm}=\frac{R_2}{R_1+R_2}\dot{U}_{Sm}=\frac{60}{60+60}\times 120\angle 0°=60\angle 0°(V)$$

$$\dot{I}_{m\infty}=\frac{\dot{U}_{ocm}}{R_o+j\omega L}=\frac{60\angle 0°}{30+j1000\times 0.06}=0.89\angle -63.4°(A)$$

Then

$$i_{\infty}(t)=0.89\sin(1000t-63.4°)(A)$$

$$i_{\infty}(0_+)=0.89\sin(-63.4°)=-0.8(A)$$

(3) Find the time constant after switching.

According to Fig. 9-4-2 (e), we can get

$$R_o=R_1/\!/R_2=30(\Omega)$$

$$\tau=\frac{L}{R_0}=\frac{0.06}{30}=0.002(s)$$

(4) Substituting the formula of "three-factor method", we can get the $i(t)$ as following

$$\begin{aligned}i(t)&=i_{\infty}+[i(0_+)-i_{\infty}(0_+)]e^{-\frac{t}{\tau}}\\&=0.89\sin(1000t-63.4°)+[-1-(-0.8)]e^{-500t}\\&=0.89\sin(1000t-63.4°)-0.2e^{-500t}(A)\end{aligned}$$

Practice and Thinking

9-4-1 As shown in Fig. 9-4-3, it is known that $R_1=6$, $R_2=2$, $L=0.2H$, $U_S=12V$, supposing the circuit has reached steady state before switching. The switch S is closed at $t=0$. Determine the response $i_L(t)$. Determine the time of required for the current to reach 4.5A.

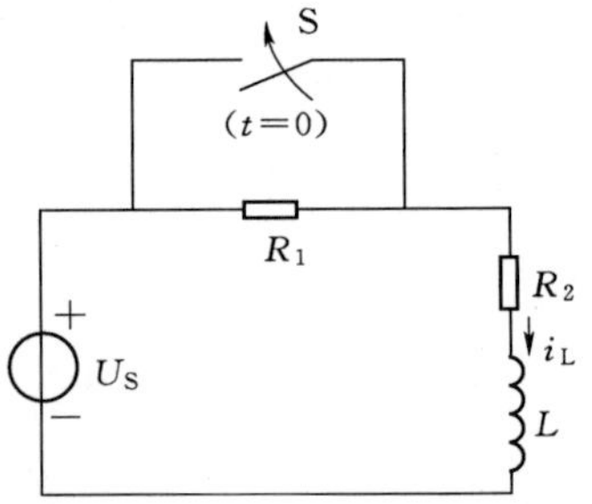

Fig. 9-4-3 for Practice 9-4-1

9-4-2 The circuit shown in Fig. 9-4-4, supposing the circuit has reached steady state before the switch S is closed. Use the "three-factor method" to calculate the total response u_C after switching, and draw up its curve.

9-4-3 In the circuit shown in Fig. 9-4-5, $u_S=100\sin(\omega t+30°)$ V, $\omega=1000$ rad/s, $R_1=30\Omega$, $R_2=20\Omega$, $R_3=15\Omega$, $L=0.1$ H. The circuit has reached steady state before switching, determine its inductance current i after switching (at $t=0$).

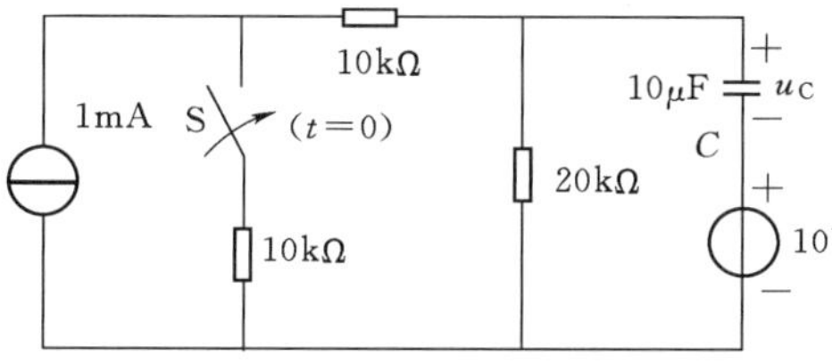

Fig. 9-4-4 for Practice 9-4-2

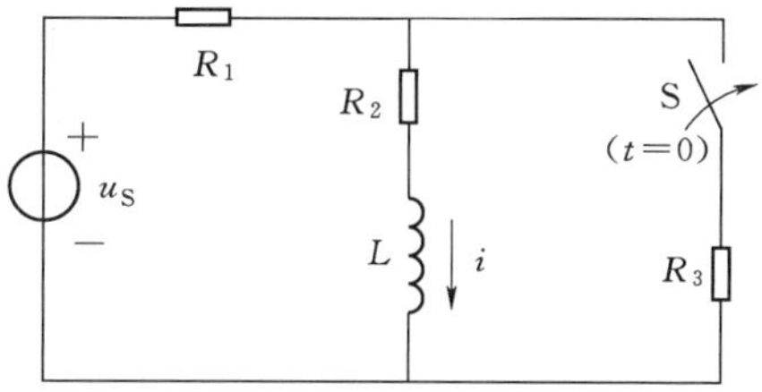

Fig. 9-4-5 for Practice 9-4-3

Developing Reading

The Greatest Scientist of The Twentieth Century —Introduction of Albert Einstein

Albert Einstein(1879—1955), was born in Germany in 1879. Einstein's father is a businessman, he has a production of electrical equipment factory. When children, Einstein is very quiet, He often kills time by himself. His language is slow and difficult to read. However, the things he was especially interested in the theory, and it often puts forward many problems.

When Einstein was 5 years old, his father gave him a compass. He was surprised to find that the compass needle always points to the north, he is very curious, so he asked his father and his uncle is what causes the pointer to move. However, their answers to the magnetic and gravity are too difficult for the child, but Einstein still spends a lot of time thinking about the problem.

Einstein won the Nobel Prize for physics in 1921. His winning is not due to the relative theory, but because he found the law of the photoelectric effect. This discovery has driven the development of modern electronics, including radio and television. Einstein became a celebrity, but he felt very lonely, He has few close friend. He wrote: the strange is that so many people know, but so lonely. I see in the nature of things and the profound, we understand only one or two of it.

Einstein put his life in the last 25 years in the "unified field theory" . He wanted to find a general mathematical formula that links all the physics fields. Einstein has not finished this work. In 1955 at the age of 76 Einstein depart from the world forever.

Diligence is the mother of good luck. If plough deep while shuggards sleep, you will have corn to sell and to keep.

—**Benjamin Franklin**

项目十 耦合线圈的分析与测试

Project 10 Analysis and Testing of Coupled Coils

Project Objectives

1. Vocational Skills Objectives

After studying this project, you should be able to

(1) Know how to use the DC method and AC method to determine the dotted terminals of coupled coils.

(2) Know how to design an experimental circuit diagram for measuring the mutual inductance of a coupled coil, use the experimental method to determine the mutual inductance of it.

2. Vocational Knowledge Objectives

After studying this project, you should

(1) Understand the phenomenon of mutual inductance and its applications in practice.

(2) Understand and grasp the concepts and characteristics of series - aiding connection and series - opposing connection of coupled coils.

(3) Understand the analytical methods of coupled coils parallel connection at same ends and at different ends respectively.

(4) Grasp the methods of testing the dotted terminals of coupled coils.

(5) Grasp the methods of measuring the mutual inductance of coupled coils.

3. Professional Quality Objectives

After studying this project, you should

(1) Cultivate professional habits of patience, meticulousness, standardized operation and safety production.

(2) Possess the ability of learning independently, integrating the theory with practice and

expanding knowledge.

(3) Possess the team awareness, good communication and coordination skill.

任务一 耦合线圈同名端的测试

Task 1 Testing of the Dotted Terminals of Coupled Coils

一个孤立线圈由于自身电流变化引起线圈中磁链变化从而产生感应电压，这种现象称为自感（self - inductance），在项目二中讨论了其电路模型——电感元件（inductance element）。当两个或多个线圈彼此接近时，无论哪一个线圈电流变化，除了在自身线圈存在自感现象外，还会在其他线圈产生感应电压，这种现象称为互感（mutual inductance），它们称为耦合线圈（coupled coils），可以用耦合电感元件（coupled inductance elements）作为其电路模型。为了讨论方便，规定耦合线圈的线圈电流与其自感电压参考方向相同为关联参考方向（associated reference direction），线圈电流与其产生的磁链参考方向符合右手螺旋定则（right - hand screw rule）也称为关联参考方向。下面以两个线圈耦合来讨论互感现象的相关问题。

一、互感

图 10 - 1 - 1 为一对有磁耦合（magnetically coupled）的线圈Ⅰ和线圈Ⅱ，设线圈芯子及周围的磁介质为非铁磁性物质。在线圈Ⅰ有电流 i_1 时，在线圈Ⅰ本身形成自感磁通 Φ_{11}，若线圈Ⅰ的匝数为 N_1，线圈Ⅰ具有的磁链 $\Psi_{11}=N_1\Phi_{11}$ 称作自感磁链 Ψ_{11}，它与电流 i_1 成正比，在 Ψ_{11} 与 i_1 为关联参考方向下，$\Psi_{11}=L_1i_1$，L_1 是线圈Ⅰ的自感系数。电流 i_1 还在线圈Ⅱ中产生互感磁链 Ψ_{21}（一个线圈电流的磁场使另一个线圈具有的磁链，称为互感磁链）。Ψ_{21} 在线圈Ⅱ中产生互感电动势 e_{M21}。若假设 $\frac{di_1}{dt}>0$，根据楞次定律得出线圈Ⅱ中互感电动势的实际方向。从图 10 - 1 - 1（b）可以看出，线圈Ⅱ的绕向改变使其互感电动势的实际方向也改变了。

以上对磁通、磁链、互感电动势还有下面的互感电压等量采用双下标的规定是：第一个下标是该量所在线圈的编号，第二个下标是产生该量的原因所在线圈的编号。

如图 10 - 1 - 2 中，如果线圈Ⅱ同时有电流 i_2，在线圈Ⅱ自身形成自感磁链 Ψ_{22}，在 Ψ_{22} 与 i_2 为关联参考方向下，$\Psi_{22}=L_2i_2$，L_2 是线圈Ⅱ的自感系数。电流 i_2 还在线圈Ⅰ中产生互感磁链 Ψ_{21}。一个线圈的电流在另一个线圈产生互感磁链的能力定义为互感系数。电流 i_1 在线圈Ⅱ中产生互感磁链 Ψ_{21}，在 Ψ_{21} 与 i_1 为关联参考方向下，定义

$$M_{21}=\frac{\Psi_{21}}{i_1} \qquad (10-1-1)$$

式中 M_{21}——线圈Ⅰ对线圈Ⅱ的互感系数，简称互感。

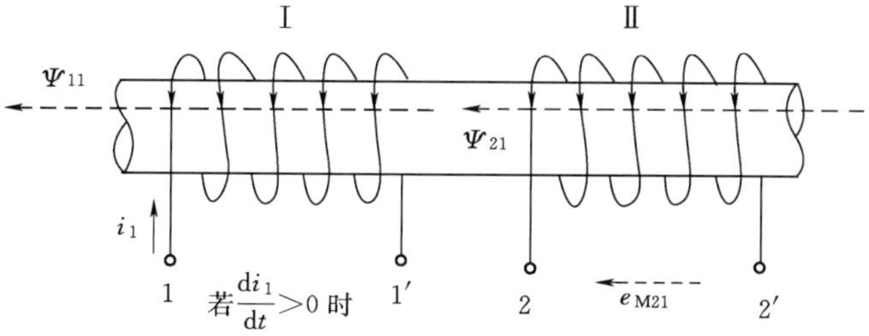

(a) 两线圈绕向相同时互感电动势的实际方向

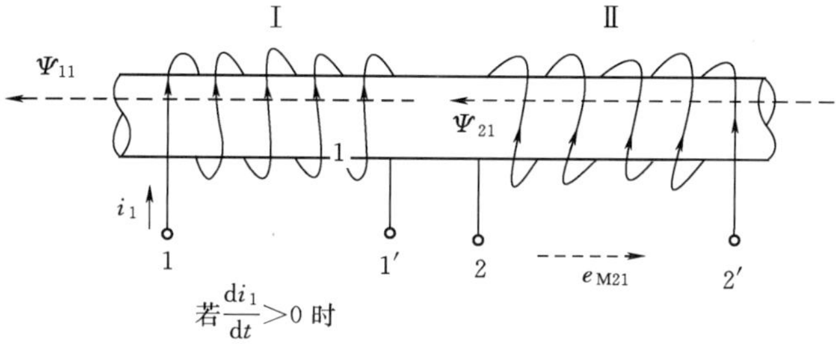

(b) 两线圈绕向相反时互感电动势的实际方向

图 10-1-1　耦合线圈的互感电动势

同样的，线圈Ⅱ对线圈Ⅰ的互感定义为

$$M_{12}=\frac{\Psi_{12}}{i_2} \tag{10-1-2}$$

根据电磁场理论可以证明 $M_{12}=M_{21}$，所以不必区分，可统一用 M 表示，称为互感。即

$$M=\frac{\Psi_{12}}{i_2}=\frac{\Psi_{21}}{i_1} \tag{10-1-3}$$

互感与自感一样总是正值，互感的单位与自感的单位相同，也是亨利（Henry，H）。互感与自感一样是与电流和时间无关的常量。磁介质的磁导率为常数时，M 为常数。铁磁介质的磁导率不是常数，所以铁芯耦合电感的互感不是常数。下面只讨论 M 为常数的情况。

从图 10-1-2 中可以看出，当两个耦合线圈都有电流时，每个线圈内都有自感磁链和互感磁链。当耦合线圈的相对绕向改变时，图 10-1-2（b）中线圈Ⅱ的绕向改变，线圈内自感磁链和互感磁链的方向就改变为不一致。

互感的量值反映了一个线圈在另一个线圈产生磁链的能力。在一般情况下，一对耦合线圈的电流产生的磁通只有部分磁通相交链，而彼此不交链的那一部分磁通称为漏磁通（leakage flux）。为了表征耦合线圈耦合的紧密程度，通常用耦合系数（coefficient of

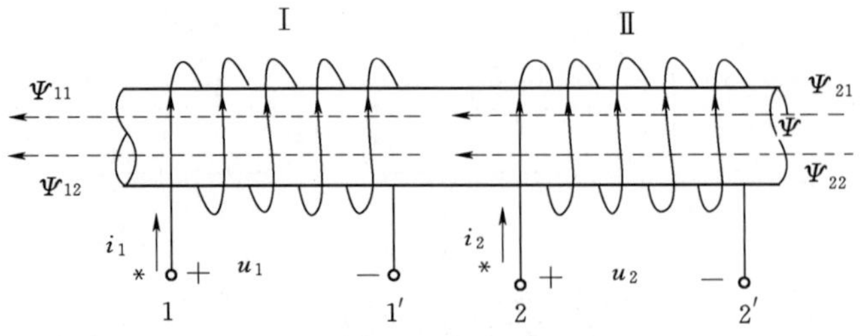

(a) 自感磁链与互感磁链方向相同

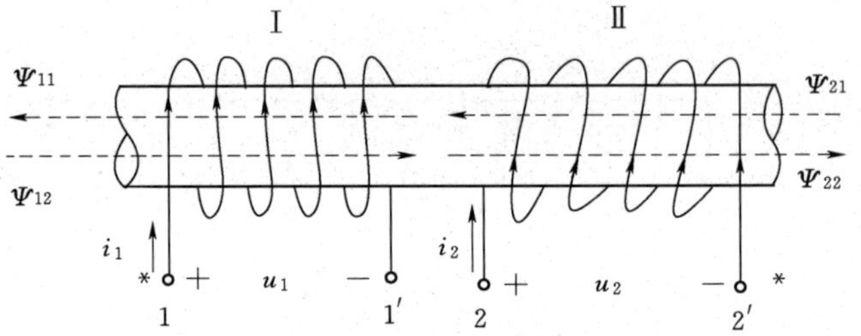

(b) 自感磁链与互感磁链方向相反

图 10-1-2 耦合线圈的互感与同名端

coupling)k 表示，即

$$k=\frac{M}{\sqrt{L_1L_2}} \tag{10-1-4}$$

式中 L_1、L_2——两个线圈的自感；

M——互感。

k 的取值范围为 $0\leqslant k\leqslant 1$，所以有

$$0\leqslant M\leqslant\sqrt{L_1L_2} \tag{10-1-5}$$

耦合系数的大小反映了两个线圈的耦合程度，耦合系数越大，这两个线圈的互感 M 越大。

耦合线圈之间的耦合系数 k 的大小与两个线圈的结构、相互位置及磁介质有关。把两个线圈靠近或远离一些，或者把一个线圈在原处转动一个位置，k 值就可以不同。如果两个线圈紧密绕在一起，交链的磁通最大，则 k 值可能接近 1。反之，如果它们相隔很远，或者两个线圈的轴线相互垂直，交链的磁通几乎为零，则 k 值很小，甚至可能接近于零。

二、同名端

同名端（dotted terminals）是用来说明耦合线圈的相对绕向的。当两个电流分别从两个线圈的对应端子流入，每个线圈中自感磁链和互感磁链方向一致（或说自感磁链和互感磁链相互加强），则这两个对应端子称为同名端，常用符号“*”标记，如图 10-1-

2（a）中端钮 1、2 为同名端，另一组未标记的端钮 1′、2′也是同名端。同名端表示它们的极性相同，所以同名端也称同极性端，而极性相反的则称为异名端，如图 10－1－2（a）中端钮 1、2′为异名端，端钮 1′、2 也为异名端。

在图 10－1－2（b）中，每个线圈中自感磁链和互感磁链方向相反（相抵消），则流入电流的两个端钮 1、2 为异名端，而 1、2′才为同名端，所以用符号“*”加以标记。

耦合线圈标记了同名端后，就不必另行画出线圈芯子及其磁链了。在实际工作中，常会遇到设备中的线圈是封装的，其绕组的绕向不可见，也常采用在端钮处标记符号表示其同名端的方法。

三、互感电压

前面讨论过，对于自感电压，在同一线圈的电流、电压选择关联参考方向下，有自感电压 $u_{11}=L_1\dfrac{di_1}{dt}$，$u_{22}=L_2\dfrac{di_2}{dt}$，相量关系式 $\dot{U}_{11}=j\dot{I}_1\omega L_1$，$\dot{U}_{22}=j\dot{I}_2\omega L_2$。对于互感电压，如果互感电压的参考方向与引起这个互感电压的另一线圈电流的参考方向对同名端一致，如图 10－1－3（a）所示，称为关联参考方向，所以有

$$\left.\begin{aligned}u_{21}&=M\frac{di_1}{dt}\\u_{12}&=M\frac{di_2}{dt}\end{aligned}\right\}\qquad(10-1-6)$$

写成相量关系式，有

$$\left.\begin{aligned}\dot{U}_{21}&=j\dot{I}_1\omega M\\\dot{U}_{12}&=j\dot{I}_2\omega M\end{aligned}\right\}\qquad(10-1-7)$$

式中 ωM——互感抗，表示为 X_M，即 $X_M=\omega M$，Ω。

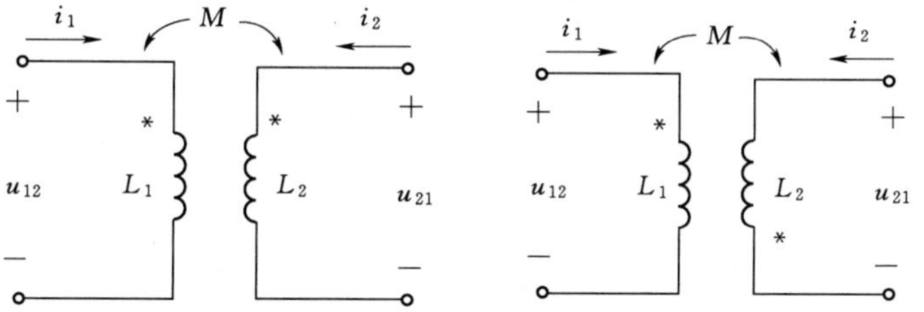

（a）参考方向对同名端一致　（b）参考方向对同名端非一致

图 10－1－3　耦合电感

如果选择互感电压的参考方向与引起这个互感电压的另一线圈电流的参考方向对同名端非一致，如图 10－1－3（b）所示，称为非关联参考方向，所以有

$$\left.\begin{aligned} u_{21} &= -M\frac{\mathrm{d}i_1}{\mathrm{d}t} \\ u_{12} &= -M\frac{\mathrm{d}i_2}{\mathrm{d}t} \end{aligned}\right\} \tag{10-1-8}$$

写成相量关系式，有

$$\left.\begin{aligned} \dot{U}_{21} &= -\mathrm{j}\dot{I}_1\omega M \\ \dot{U}_{12} &= -\mathrm{j}\dot{I}_2\omega M \end{aligned}\right\} \tag{10-1-9}$$

四、同名端的测定方法

当耦合线圈的同名端未知时，可用实验法来测出其同名端。通常有直流法、交流电压法和交流电流法三种方法。

（一）直流法

如图 10-1-4 所示，在线圈Ⅰ两端接一直流电源，线圈Ⅱ两端接一个高内阻的直流电压表。当开关 S 闭合瞬间，如果电压表正偏，则端钮 1 和 2 为同名端，这种方法称为直流法（DC method）。

原理阐述采用反证法。当开关 S 闭合瞬间，电流从端钮 1 流入线圈，由零增大，即 $\frac{\mathrm{d}i}{\mathrm{d}t}>0$，根据右手螺旋定则，这个变化的电流产生的交变磁通 Φ 方向如图所示（在磁路中是顺时针方向），交链到另一线圈Ⅱ，根据楞次定律，在线圈Ⅱ中产生如图 10-1-4 所示的互感电动势 e_{M21}，感应电流的方向与感应电动势方向相同，从低电位流向高电位，即从端钮 2′流入，从端钮 2 流出，所以端钮 2 是高电位，而直流电压表的“+”端钮接端钮 2，所以电压表正偏。此时线圈Ⅱ中的感应电流产生的磁链是阻碍线圈Ⅰ磁链的增加的，也就是线圈Ⅱ中由感应电流产生的自感磁链与互感磁链方向相反，根据同名端的特点，电流分别从耦合线圈的异名端流入时，线圈内的自感磁链与互感磁链的方向相反，所以端钮 1 和端钮 2′是异名端，则端钮 1 和端钮 2 就为同名端。

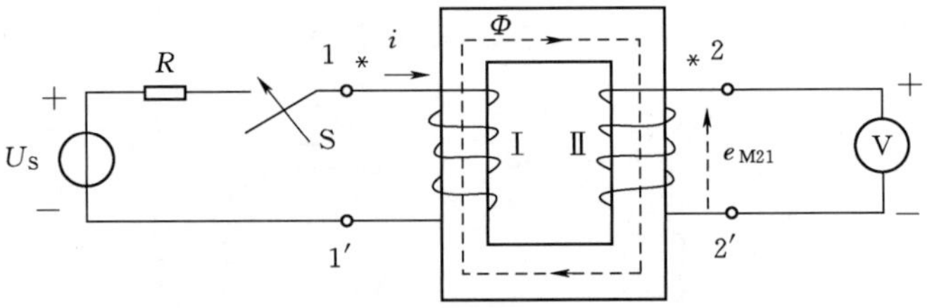

图 10-1-4　直流法测定同名端的电路图

（二）交流电压法

把耦合线圈的任意两端（$X-x$）联接起来，在 AX 端加一交流电压 $\dot{U}$，用交流电压表测量 U_{AX}、U_{ax}、U_{Aa}，如果 $U_{Aa}=U_{AX}+U_{ax}$，X 与 x 是异名端；如果 $U_{Aa}=U_{AX}-U_{ax}$，X 与 x 是同名端。这种方法称为交流电压法（AC voltage method）。

原理阐述同样采用反证法。如图 10-1-5 (a) 所示，在 AX 两端加一交流电压 $\dot{U}$，通过的电流为 $\dot{I}$，此时在 AX 两端有一个自感电压 $\dot{U}_{11}$，选定关联参考方向，同时在 ax 两端产生一个互感电压 $\dot{U}_{21}$，选定对同名端一致的参考方向，则有

$$\left.\begin{aligned}\dot{U}_{Aa}&=\dot{U}_{11}+\dot{U}_{21}\\ \dot{U}_{11}&=j\dot{I}X_{L1},\dot{U}_{21}=j\dot{I}X_{M}\end{aligned}\right\} \tag{10-1-10}$$

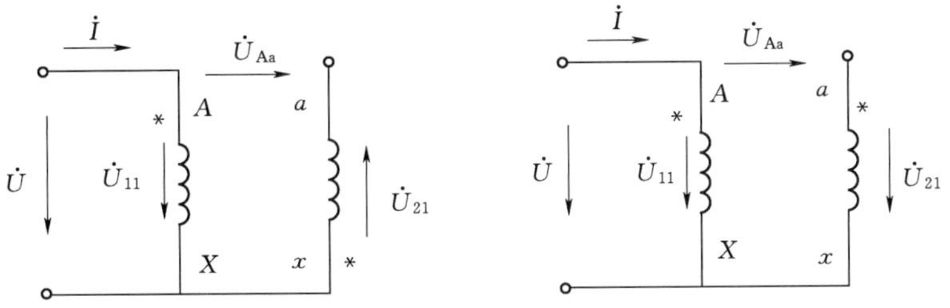

(a) 异名端相联　　(b) 同名端相联

图 10-1-5　交流法测定同名端的电路图

相量关系如图 10-1-6 (a)，则 $U_{Aa}=U_{11}+U_{21}=U_{AX}+U_{ax}$，称为加极性 (additive polarity)。此时联接在一起的是异名端，即 A 与 x 是同名端。

在图 10-1-5 (b) 中，同样选定自感电压与电流为关联参考方向，互感电压选定与电流对同名端一致的参考方向，则有

$$\left.\begin{aligned}\dot{U}_{Aa}&=\dot{U}_{11}-\dot{U}_{21}=\dot{U}_{11}+(-\dot{U}_{21})\\ \dot{U}_{11}&=j\dot{I}X_{L1},\dot{U}_{21}=j\dot{I}X_{M}\end{aligned}\right\} \tag{10-1-11}$$

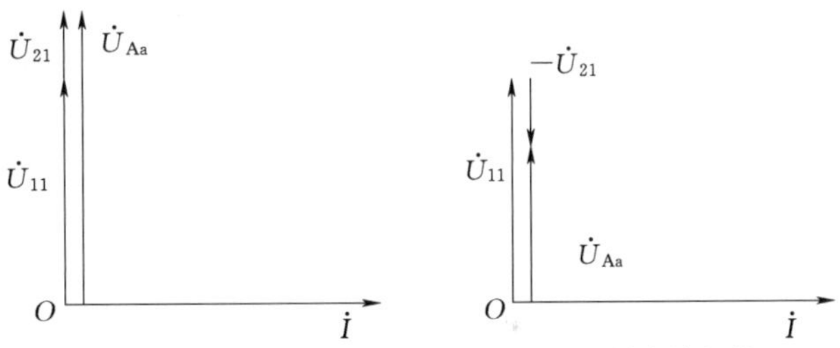

(a) 异名端相联　　(b) 同名端相联

图 10-1-6　交流法测定同名端的相量关系图

相量关系如图 10-1-6 (b) 所示，则 $U_{Aa}=U_{11}-U_{21}=U_{AX}-U_{ax}$，称为减极性 (subtractive polarity)。此时联接在一起的是同名端，即 A 与 a 是同名端。

(三) 交流电流法

还有一种测量耦合线圈同名端的方法将在本项目"任务二　耦合线圈互感的分析与测试"中讲述，称它为交流电流法 (AC current method)。

Practice and Thinking

10-1-1　(1) Known parameters of coupled coils as $L_1=0.01\text{H}$，$L_2=0.04\text{H}$，$M=0.01\text{H}$，find its coupling coefficient.

(2) Known parameters of coupled coils as $L_1=0.04\text{H}$，$L_2=0.06\text{H}$，$k=0.2$ find its mutual inductance.

10-1-2 Mark the dotted terminals of coupled coils in Fig. 10-1-7 (a) and 10-1-7 (b) respectively.

10-1-3 In the coupled coils circuits shown in Fig. 10-1-8.

(1) In Fig. 10-1-8 (a), when the switch is closed, determine whether the voltmeter is positive bias or negative bias.

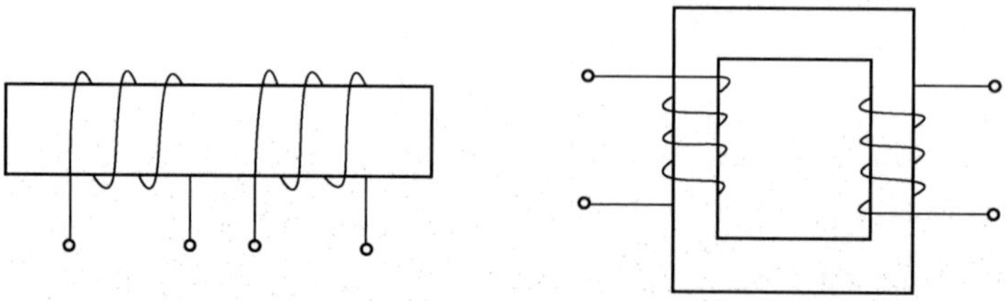
(a) situation one (b) situation two

Fig. 10-1-7 for Practice 10-1-2

(2) In Fig. 10-1-8 (b), when the switch is opened, determine whether the voltmeter is positive bias or negative bias.

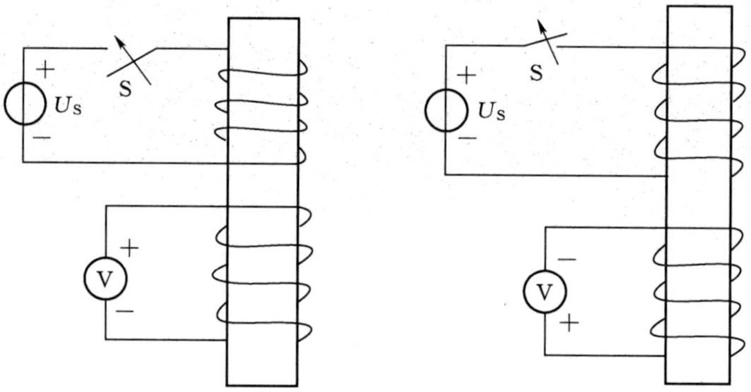

(a) situation one (b) situation two

Fig. 10-1-8 for Practice 10-1-3

10-1-4 Write out the relations between the voltages u_1, u_2 and the currents i_1, i_2 of the coupled inductor elements in Fig. 10-1-9.

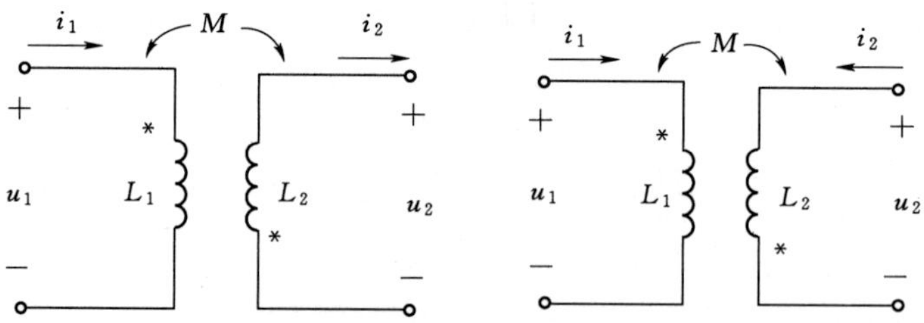

(a) situation one (b) situation two

Fig. 10-1-9 for Practice 10-1-4

任务二　耦合线圈互感的分析与测试

Task 2　Analysis and Testing of Coupled Coils Mutual Inductance

一、耦合电感的串联

耦合电感的串联有两种可能，一种是顺向串联（series - aiding connection），另一种是反向串联（series - opposing connection），下面分析两种串联的情况。

（一）顺向串联

顺向串联是把两线圈的异名端相联，如图 10 - 2 - 1（a）所示，电流 $\dot{I}$ 流进两个线圈，每个线圈两端都有自感电压和互感电压，图中自感电压选择与电流关联参考方向，互感电压选择与电流对同名端一致的关联参考方向，总电压相量为

$$\begin{aligned}\dot{U} &= \dot{U}_1 + \dot{U}_2 = (\dot{U}_{11} + \dot{U}_{12}) + (\dot{U}_{21} + \dot{U}_{22}) \\ &= (j\omega L_1 \dot{I} + j\omega M\dot{I}) + (j\omega M\dot{I} + j\omega L_2 \dot{I}) \\ &= j\omega(L_1 + L_2 + 2M)\dot{I}\end{aligned}$$

将其改写为
$$\dot{U} = j\omega L_{顺} \dot{I}$$

则有顺向串联的等效电感为

$$L_{顺} = L_1 + L_2 + 2M \tag{10-2-1}$$

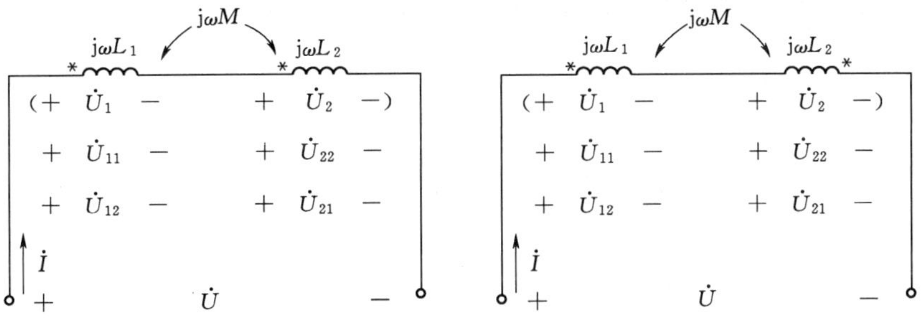

（a）顺向串联　　（b）反向串联

图 10 - 2 - 1　耦合电感的串联

（a）顺向串联　　（b）反向串联

图 10 - 2 - 2　耦合电感串联时的去耦等效电路

耦合线圈顺向串联的等效电路如图 10 - 2 - 2（a）所示，电路中不复存在耦合电感，这种处理方法称为去耦法（decoupling method）。

（二）反向串联

反向串联是把线圈的同名端相联，如图 10-2-1（b）所示，每个线圈两端也是都有自感电压和互感电压，图 10-2-1（b）中自感电压与电流是选关联参考方向，但互感电压与电流是对同名端非一致的非关联参考方向，总电压相量为

$$\dot{U}=\dot{U}_1+\dot{U}_2=(\dot{U}_{11}-\dot{U}_{12})+(-\dot{U}_{21}+\dot{U}_{22})$$
$$=(\mathrm{j}\omega L_1\dot{I}-\mathrm{j}\omega M\dot{I})+(-\mathrm{j}\omega M\dot{I}+\mathrm{j}\omega L_2\dot{I})$$
$$=\mathrm{j}\omega(L_1+L_2-2M)\dot{I}$$

将其改写为

$$\dot{U}=\mathrm{j}\omega L_{反}\dot{I}$$

则有反向串联的等效电感为

$$L_{反}=L_1+L_2-2M \tag{10-2-2}$$

耦合线圈反向串联的等效电路如图 10-2-2（b）所示，电路中也不复存在耦合电感。

总之，当耦合电感串联时，其等效电感

$$L=L_1+L_2\pm 2M$$

式中，顺向串联时取“+”，反向串联时取“-”。显然，顺向串联时磁场增强，等效电感增大，而反向串联时磁场削弱，等效电感减小。利用这个结论，可以得出另一种称为交流电流法判定耦合电感同名端的实验方法，此方法同时还可以测量耦合电感的互感 M。

应当注意，即使在反向串联的情况下，串联后的等效电感也必然大于或等于零，即

$$L_1+L_2-2M\geqslant 0$$

因而

$$M\leqslant\frac{1}{2}(L_1+L_2)$$

[**Example 10-2-1**] In Fig. 10-2-3, two coupled coils are connected in series-opposing connection. Its parameters of the two coils are known $R_1=R_2=100\Omega$, $L_1=3\text{H}$, $L_2=10\text{H}$, $M=5\text{H}$, its power supply voltage is $U=220\text{V}$, $\omega=314\text{rad/s}$.

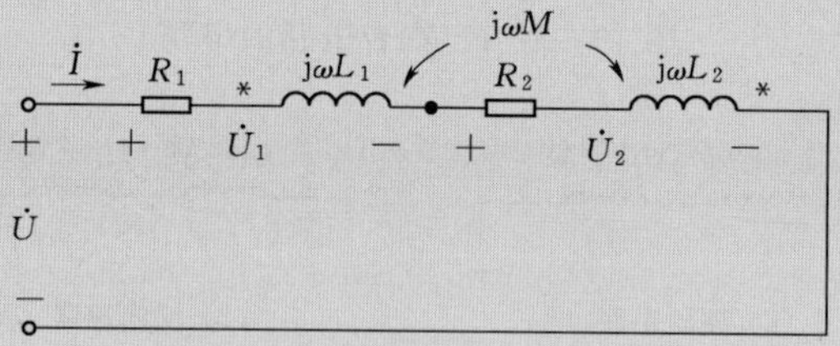

Fig. 10-2-3 for Example 10-2-1

(1) Find the current $\dot{I}$ through two coils and the voltages of two coils $\dot{U}_1$ and $\dot{U}_2$.

(2) How much the size of capacitance in series can make the circuit resonating, and how much the current I will be changed at this time?

Solution:

(1) The equivalent inductance of the series - opposing connection of two coupled coils is $L_{反}=L_1+L_2-2M$, its decoupling equivalent circuit is shown in Fig. 10 - 2 - 2 (b), so the current follows as

$$\dot{I}=\frac{\dot{U}}{(R_1+R_2)+j\omega(L_1+L_2-2M)}$$
$$=\frac{220\angle 0°}{(100+100)+j314(3+10-2\times 5)}=0.228\angle -78°(A)$$

The voltages of two coils are

$$\dot{U}_1=[R_1+j\omega(L_1-M)]\dot{I}$$
$$=[100+j314\times(3-5)]\times 0.228\angle -78°$$
$$=145\angle -159°(V)$$
$$\dot{U}_2=[R_2+j\omega(L_2-M)]\dot{I}$$
$$=[100+j314\times(10-5)]\times 0.228\angle -78°$$
$$=359\angle 8.4°(V)$$

(2) When the circuit is in resonance, there is

$$\omega L_{反}=\omega C$$

Then

$$C=\frac{1}{\omega^2 L_{反}}=\frac{1}{314^2\times 3}$$
$$=3.38\times 10^{-6}(F)$$
$$=3.38\mu F$$

At this time, the current I will be changed to

$$I=\frac{U}{R_1+R_2}=\frac{220}{100+100}=1.1(A)$$

二、耦合电感的并联

两个耦合电感并联也有两种情况，一种是同名端相联（dotted terminals joined），另一种是异名端相联（non - dotted terminals joined），下面分析两种并联电路的情况。

图 10 - 2 - 4（a）是耦合电感按同名端相联进行并联，每个线圈两端都有自感电压和互感电压，选自感电压与电流为关联参考方向，互感电压选择与电流对同名端一致的关联参考方向，则有

$$\left.\begin{aligned}\dot{U}=j\omega L_1\dot{I}_1+j\omega M\dot{I}_2\\ \dot{U}=j\omega L_2\dot{I}_2+j\omega M\dot{I}_1\end{aligned}\right\}$$

因为 $\dot{I}=\dot{I}_1+\dot{I}_2$，在上面方程的第一式中以 $\dot{I}_2=\dot{I}-\dot{I}_1$ 代入，在第二式中以 $\dot{I}_1=\dot{I}-\dot{I}_2$ 代入，有

$$\left.\begin{aligned}\dot{U}&=\mathrm{j}\omega L_1\dot{I}_1+\mathrm{j}\omega M(\dot{I}-\dot{I}_1)=\mathrm{j}\omega M\dot{I}+\mathrm{j}\omega(L_1-M)\dot{I}_1\\ \dot{U}&=\mathrm{j}\omega L_2\dot{I}_2+\mathrm{j}\omega M(\dot{I}-\dot{I}_2)=\mathrm{j}\omega M\dot{I}+\mathrm{j}\omega(L_2-M)\dot{I}_2\end{aligned}\right\} \qquad (10-2-3)$$

根据式（10-2-3）可以画出去耦的等效电路，如 10-2-5（a）所示，根据该图就直接求出耦合电感按同名端进行并联的等效阻抗

$$Z=\mathrm{j}\omega M+\frac{\mathrm{j}\omega(L_1-M)\cdot\mathrm{j}\omega(L_2-M)}{\mathrm{j}\omega(L_1-M)+\mathrm{j}\omega(L_2-M)}=\mathrm{j}\omega\,\frac{L_1L_2-M^2}{L_1+L_2-2M}$$

相当于等效电感为

$$L=\frac{L_1L_2-M^2}{L_1+L_2-2M} \qquad (10-2-4)$$

图 10-2-4（b）是耦合电感按异名端相联进行并联，同样的分析方法可以得出其去耦后的等效电路如图 10-2-5（b）所示，等效电感为

$$L=\frac{L_1L_2-M^2}{L_1+L_2+2M} \qquad (10-2-5)$$

综合以上讨论，可以得出耦合电感并联时的等效电感为

$$L=\frac{L_1L_2-M^2}{L_1+L_2\mp 2M} \qquad (10-2-6)$$

同名端相联时并联，磁场增强，等效电感增大，2M 取“－”；异名端相联时并联，磁场削弱，等效电感减小，2M 取“＋”。

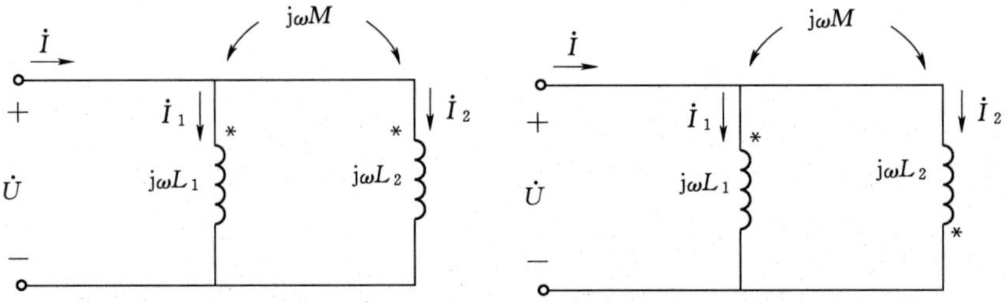

(a) 同名端相联　　(b) 异名端相联

图 10-2-4　耦合电感的并联

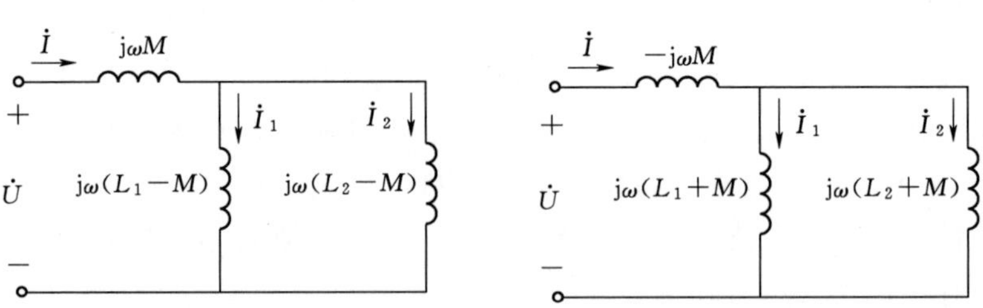

(a) 同名端相联　　(b) 异名端相联

图 10-2-5　耦合电感并联时的去耦等效电路

三、空芯变压器互感的测定

不含铁芯（或磁芯）的耦合线圈称为空芯变压器，它的线圈绕在非铁磁物质上，不会产生由铁芯引起的能量损耗，广泛应用于高频电路中，也应用于一些测量设备中。空芯变压器可采用与耦合线圈相同的电路模型。

将耦合线圈分别顺串和反串各一次，在相同的正弦交流电压下，由于顺串和反串的等效电感分别为 $L_{顺}=L_1+L_2+2M$ 和 $L_{反}=L_1+L_2-2M$，则顺串的等效感抗 $X_{L顺}$ 大于反串的等效感抗 $X_{L反}$，所以顺串时的电流小，反串时的电流大。通过比较相同交流电压下不同方式串联时的电流值大小，来确定同名端，这是一种称为交流电流法测量耦合电感同名端的实验方法。同时还测出了空芯变压器的互感 M。

$$M=\frac{L_{顺}-L_{反}}{4} \tag{10-2-7}$$

［**Example 10－2－2**］ Two coupled coils are connected in series to a sine AC power supply（50Hz，220V）. One case circuit connected the current is 2.7A，its power is 219W，and the other case circuit connected the current is 7A. Which case is series－aiding connection and which case is series－opposing connection? And determine their mutual inductance.

Solution：

Because the equivalent inductance and total impedance of series－aiding connection are larger than those of series－opposing connection，at the same terminal voltage，the forward series current is smaller than the reverse series current. Then，the case of current（2.7A）is in series－aiding connection，the case of current（7A）is in series－opposing connection. This is a method to judge the dotted terminals of coupled coils by measuring AC current.

$$R_1+R_2=\frac{219}{2.7^2}=30(\Omega)$$

In series－aiding connection

$$L_1+L_2+2M=\frac{1}{314}\sqrt{\left(\frac{220}{2.7}\right)^2-30^2}=0.241(\mathrm{H})$$

In series－opposing connection

$$L_1+L_2-2M=\frac{1}{314}\sqrt{\left(\frac{220}{7}\right)^2-30^2}=0.03(\mathrm{H})$$

Then

$$M=\frac{0.241-0.03}{4}=0.053(\mathrm{H})$$

An experimental method for measuring mutual inductance of coupled coils is also provided in here.

Practice and Thinking

10-2-1 Why have we to pay attention to the dotted terminals when connecting two coupled coils in series or in parallel, otherwise there is a danger of burning when connecting it to the power supply?

10-2-2 Known parameters of coupled coils as $L_1=6\text{H}$, $L_2=4\text{H}$, $M=3\text{H}$, calculate the equivalent inductance of two coils in series.

10-2-3 Known parameters of coupled coils as $L_1=6\text{H}$, $L_2=4\text{H}$, $M=3\text{H}$, calculate the equivalent inductance of two coils in parallel.

10-2-4 Two coupled coils are known to be in series-opposing connection, as shown in Fig. 10-2-6. The parameters as known below: $R_1=R_2=50\Omega$, $L_1=10\text{H}$, $L_2=3\text{H}$, $M=5\text{H}$. The supply voltage is $U=220\text{V}$, $\omega=314\text{rad/s}$.

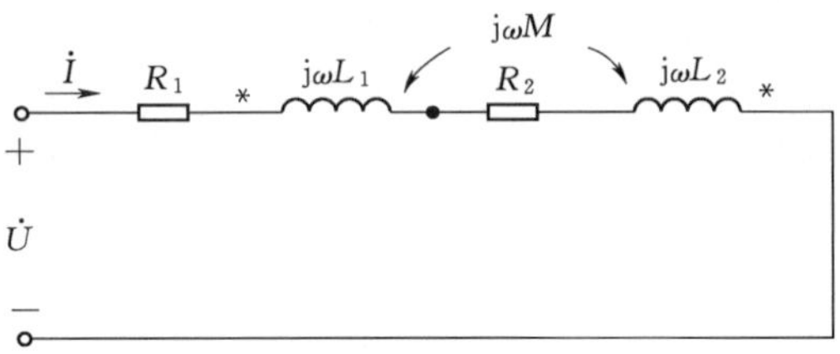

Fig. 10-2-6 For Practice 10-2-4

(1) Find the current $\dot{I}$ through two coils.

(2) How much the size of capacitance in series can make the circuit resonating, and how much the current I will be changed at this time?

Developing Reading

The Most Influential Physicist to the Twentieth Century—Introduction of Maxwell

James Clerk Maxwell (1831—1879), was Scottish physicist. He did revolutionary work in electromagnetism and the kinetic theory of gases. After graduating (1854) with a degree in mathematics from Trinity College, Cambridge, he held professorships at Marischal College in Aberdeen (1856) and King's College in London (1860) and became the first Cavendish Professor of Physics at Cambridge in 1871.

Maxwell's first major contribution to science was a study of the planet Saturn's rings, the nature of which was much debated. Maxwell showed that stability could be achieved only if the rings consisted of numerous small solid particles, an explanation still accepted. Maxwell next considered molecules of gases in rapid motion. By treating them statistically he was able to formulate (1866), independently of Ludwig Boltzmann, the Maxwell - Boltzmann kinetic theory of gases. This theory showed that temperatures and heat involved only molecular movement. Philosophically, this theory meant a change from a concept of certainty heat viewed as flowing from hot to cold to one of statistics molecules at high temperature have only a high probability of moving toward those at low temperature. This new approach did not reject the earlier studies of thermodynamics; rather, it used a better theory of the basis of thermodynamics to explain these observations and experiments.

Maxwell's most important achievement was his extension and mathematical formulation of Michael Faraday's theories of electricity and magnetic lines of force. In his research, conducted between 1864 and 1873, Maxwell showed that a few relatively simple mathematical equations could express the behavior of electric and magnetic fields and their interrelated nature; that is, an oscillating electric charge produces an electromagnetic field. These four partial differential equations first appeared in fully developed form in Electricity and Magnetism (1873). Since known as Maxwell's equations they are one of the great achievements of 19th - century physics.

Maxwell also calculated that the speed of propagation of an electromagnetic field is approximately that of the speed of light. He proposed that the phenomenon of light is therefore an electromagnetic phenomenon. Because charges can oscillate with any frequency, Maxwell concluded that visible light forms only a small part of the entire spectrum of possible electromagnetic radiation.

Maxwell used the later - abandoned concept of the ether to explain that electromagnetic radiation did not involve action at a distance. He proposed that electromagnetic - radiation waves were carried by the ether and that magnetic lines of force were disturbances of the ether. Heinrich Hertz discovered such waves in 1888. The common unit of magnetic flux was chosen Maxwell in his honor.

Society is never prepared to receive any invention. Every new thing is resisted, and it takes years for the inventor to get people to listen to him and years more before it can be introduced.

—Thomas Alva Edison

项目十一

交流铁芯线圈的分析与测试

Project 11

Analysis and Testing of AC Core Coils

Project Objectives

1. Vocational Skills Objectives

After studying this project, you should be able to

(1) Know how to use magnetic circuit fundamental laws to analyze the simple magnetic circuits.

(2) Know how to use an oscilloscope to observe the voltage and current waveforms of a AC core coil.

(3) Know how to use the "three - meter method" to measure a AC core coil and determine its equivalent parameters.

2. Vocational Knowledge Objectives

After studying this project, you should

(1) Understand the definition of magnetic field physical quantities such as magnetic induction strength, flux, magnetic field strength, and magnetic permeability and their mutual relations.

(2) Understand the properties of magnetization curves of ferromagnetic materials (magnetic saturation and nonlinear). Grasp the characteristics of ferromagnetic materials and the concepts of hysteresis loss and eddy current loss in the iron core.

(3) Understand the Ohm's law of magnetic circuits.

(4) Understand the physical meaning of the relation of $U=4.44fN\Phi_m$.

(5) Understand the waveform relations of voltage, excitation current and main flux of AC core coils. Understand the reason of waveform distortion of excitation current or

main flux in AC core coils.

(6) Grasp the analysis and calculation of AC core coils.

3. Professional Quality Objectives

After studying this project, you should

(1) Cultivate professional habits of patience, meticulousness, standardized operation and safety production.

(2) Possess the ability of learning independently, integrating the theory with practice and expanding knowledge.

(3) Possess the team awareness, good communication and coordination skill.

任务一 用磁路基本定律分析简单磁路

Task 1 Applying Magnetic Circuit Fundamental Laws to Analyze the Simple Magnetic Circuits

变压器是通过铁芯中的主磁链耦合将一次侧的电能传递到二次侧，是电与磁相互作用的结果。在工程中应用的各种电机、电器和电工仪表中，也存在着电与磁的相互作用和相互转化，不仅有电路的问题，还有磁路（magnetic circuit）的问题，因此必须研究磁和电的关系，掌握磁路的基本概念和基本定律。

一、磁路的基本概念

磁路实质上是局限在一定路径内的磁场，磁路的一些物理量也都由磁场的物理量移植而来。为了分析磁路，先对磁场的基本物理量作简要的介绍。

（一）磁感应强度

磁感应强度（magnetic flux density）是磁场的基本物理量，它是衡量磁场强弱的物理量，用 $\boldsymbol{B}$ 表示。磁感应强度是一个矢量，它的方向就是磁场的方向，用小磁针 N 极在磁场中某点 P 的指向确定。在磁场中一点放一段长度为 Δl、电流为 I 并与磁场方向垂直的导体，如果导体所受的电磁力为 $\Delta \boldsymbol{F}$，则该点磁感应强度的量值为

$$\boldsymbol{B}=\frac{\Delta \boldsymbol{F}}{I\Delta l} \tag{11-1-1}$$

磁感应强度 $\boldsymbol{B}$ 的单位为特斯拉（Tesla），符号为 T。还有常用单位为高斯(Gaussian)，符号为 GS。$1\text{T}=10^4\text{GS}$。

（二）磁通

磁感应强度矢量的通量称为磁通（magnetic flux），符号为 Φ。在磁场中，当各点磁场强弱或方向不同时，各点的磁感应强度也是不同的。对于一个曲面 S 的磁通，可以在曲面上选一个面积元 dS，设 dS 处磁感应强度量值为 $\boldsymbol{B}$、方向与 dS 垂直，则此面积元的磁通为

$$d\boldsymbol{\Phi}=\boldsymbol{B}dS$$

曲面 S 的磁通为各个 dS 的磁通总和，即

$$\boldsymbol{\Phi}_{曲}=\int_S d\boldsymbol{\Phi}=\int_S \boldsymbol{B}dS \tag{11-1-2}$$

磁感应强度量值相等、方向相同的磁场称为均匀磁场。在磁感应强度量值为 $\boldsymbol{B}$ 的均匀磁场中，面积为 S 且与磁场方向垂直的平面磁通为

$$\boldsymbol{\Phi}_{曲}=\boldsymbol{B}S$$

即

$$\boldsymbol{B}=\frac{\boldsymbol{\Phi}_{曲}}{S} \tag{11-1-3}$$

因此，磁感应强度也称为磁通密度。

磁通的单位为韦伯（Weber），符号为 Wb。常用单位有麦克斯韦（Maxwell），符号为 Mx。$1\text{Wb}=10^8\text{Mx}$。

为了使磁场的分布状况形象化，常用假想线磁力线来描述磁场。由于磁通连续性是磁场的一个基本性质，所以磁力线是无头无尾的闭合曲线。单位面积的磁力线越密集，则磁感应强度就越大，磁场越强，磁力线越稀疏，则磁感应强度就越小，磁场越弱。磁路是局限在指定路径的磁场，也可以用这种方法来描绘其中磁通的分布情况。

（三）磁导率

磁导率（magnetic permeability）μ 是用来衡量物质导磁能力的物理量。在工程上，根据磁导率的大小，常把物质分成铁磁物质（ferromagnetic materials）和非铁磁物质（non-ferromagnetic materials）两大类。

为了比较不同物质的导磁能力，选择真空作为比较基准，可以导出或测得真空的磁导率为

$$\mu_0=4\pi\times10^{-7}\text{H/m} \tag{11-1-4}$$

而把物质的磁导率与真空磁导率的比值称作物质的相对磁导率（relative permeability），即

$$\mu_r=\mu/\mu_0 \tag{11-1-5}$$

空气、铜、铝、木材等物质的导磁能力很差，通常称为非铁磁物质。它们的磁导率与真空磁导率接近，即 $\mu_r\approx1$，$\mu\approx\mu_0$。磁导率的单位是亨/米，即 H/m。

硅钢、铁、钴、镍及其合金等物质的导磁能力很强，通常称为铁磁物质。各种铁磁物质的 μ_r 很大，如硅钢片 $\mu_r=6000\sim8000$，而坡莫合金在弱磁场中 μ_r 可达 1×10^5 左右。

（四）磁场强度

铁磁物质在外磁场（如载流线圈）的作用下，其内部会产生一个附加磁场而被磁化，附加磁场的大小是随铁磁物质的导磁能力变化的，而反映铁磁物质导磁能力的磁导率不是常数，这对分析铁芯内的磁路带来复杂性。为了简化分析磁场与电流的依存关系，引入磁场强度（magnetic field intensity）矢量 $\boldsymbol{H}$，磁场强度与铁芯材料的导磁能

力无关。

$$H=\frac{B}{\mu} \tag{11-1-6}$$

磁场强度 $\boldsymbol{H}$ 的单位是 A/m。矢量 $\boldsymbol{H}$ 与矢量 $\boldsymbol{B}$ 的方向相同，都是磁场的方向。μ 是铁磁物质的磁导率，不是常数。

二、铁磁物质的磁化曲线

铁磁物质在外磁场的作用下，其内部会产生一个与外磁场方向相同且非常强的附加磁场，这种现象称为铁磁物质的磁化（magnetizing）。铁磁物质内部具有一种特殊的磁畴结构，是铁磁物质被磁化的内因条件。磁化过程可以用磁畴理论来说明。

铁磁物质内部各种带电粒子的运动形成分子电流，分子电流会产生磁场，由于分子间的作用力将一部分方向趋于相同的分子电流所形成的磁场集中在一个小区域，这个磁性很强的区域称为磁畴。铁磁物质内部都具有数量一定的磁畴，在没有外磁场时，磁畴是杂乱无章排列的，如图 11-1-1（a）所示，此时，铁磁物质对外不显磁性。如果有一外磁场，如图 11-1-1（b）所示，大部分的磁畴会迅速沿外磁场方向排列，同向排列的磁畴磁场相助，成为铁磁物质内部的附加磁场并且增加很快，若外磁场继续增强，如图 11-1-1（c）所示，剩余的磁畴进一步沿外磁场排列，附加磁场继续增加，直到所有磁畴全部排列，附加磁场不再增加，这个性质称为铁磁物质的饱和性（magnetic saturation）。铁磁物质内部的磁场 $\boldsymbol{B}$ 是随外磁场（电流产生的磁场 $\boldsymbol{H}$）的变化而变化的，它们之间的关系曲线 $\boldsymbol{B}-\boldsymbol{H}$ 称为磁化曲线（magnetizing curve）。磁化曲线可以通过实验得出，实验电路图如图 11-1-2 所示。

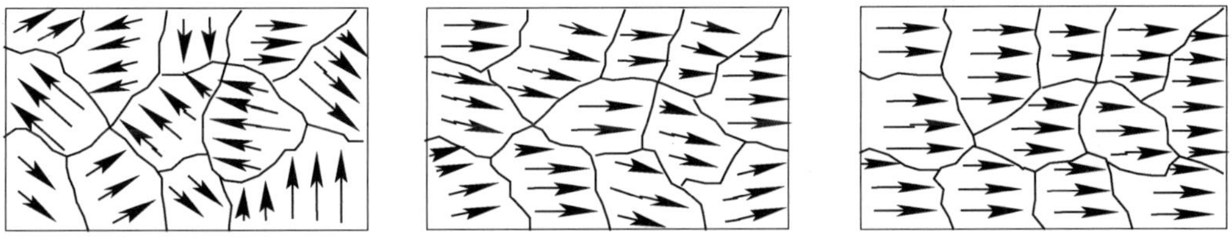

(a) 无外磁场　(b) 有外磁场　(c) 外磁场增大

图 11-1-1　磁化过程中磁畴的变化

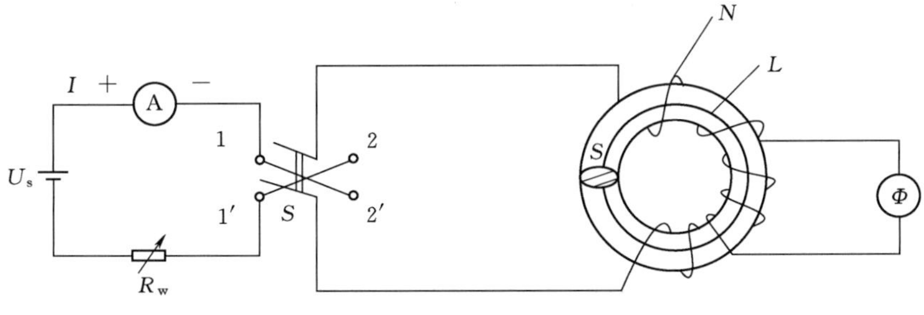

图 11-1-2　磁化曲线实验电路图

(一) 起始磁化曲线

起始磁化曲线(initial magnetization curve)中，铁磁物质从 $\boldsymbol{H}=0$、$\boldsymbol{B}=0$ 开始磁化。如图 11-1-2，铁芯未曾被磁化过，将双刀开关打向左边，改变电阻使通入线圈的电流(称为励磁电流)从小逐渐增加，每对应一个选定的电流，(根据 $N\boldsymbol{I}=\boldsymbol{H}L$)算出外磁场 $\boldsymbol{H}$，同时用磁通计测出磁通，(根据 $\boldsymbol{\Phi}=\boldsymbol{B}S$)算出 $\boldsymbol{B}$，从而得出一个坐标点，选若干点，描点后得到曲线如图 11-1-3(a)，铁芯内部的磁感应强度 $\boldsymbol{B}$ 由励磁电流在真空中所产生的磁场 $\boldsymbol{B}_0$ 和铁芯磁化过程中磁畴规则排列所产生的附加磁场的叠加。从铁磁物质的磁化过程可以看出，磁化过程就是磁畴沿外磁场方向规则排列的过程。磁畴排列所形成的附加磁场的增幅决定于磁化程度的强弱，磁化程度可形象地用磁畴在单位时间内排列的速度和磁畴的数目来描述。在 Oa 段，附加磁场的增加比较缓慢，由于外磁场不大，原来杂乱无章的磁畴中有些与外磁场逆向造成。在 ab 段，外磁场 $\boldsymbol{H}$ 足够大，附加磁场急剧增加，主要是逆向磁畴少，大部分磁畴很一致。而到 c 点后，由于铁芯磁畴的数目是一定的，所有的磁畴都已沿外磁场方向排列，不再有附加磁场的增加，达到了。铁磁物质 $\boldsymbol{B}$ 和 $\boldsymbol{H}$ 的关系为非线性关系(nonlinear relation)。

从磁化过程的分析中可以看出，铁磁物质磁化的过程中被磁化的程度是在变化的，即导磁能力是在变化的，如图 11-1-3(b)，所以铁磁物质的磁导率是变量，随外磁场 $\boldsymbol{H}$ 的变化而变化。工程上一般设计铁芯工作在 bc 段(称为膝部)，可以获得足够大的磁场，铁芯在这一段的磁导率相对稳定且接近最大。如果工作在饱和点后，铁芯的磁导率急剧下降至真空中的磁导率。

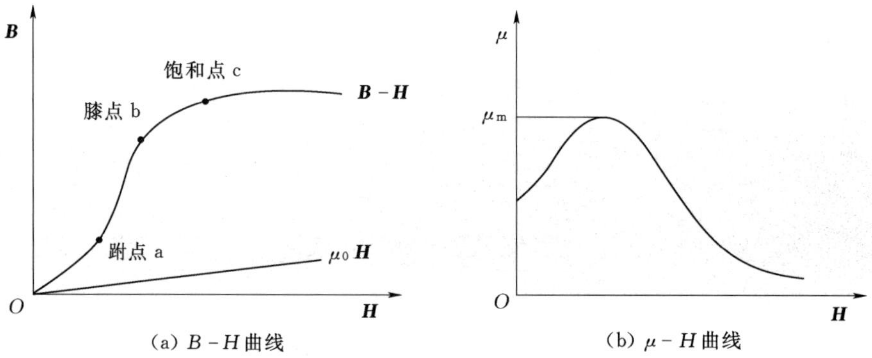

图 11-1-3 起始磁化曲线

(二) 磁滞回线

在图 11-1-4 中，起始磁化曲线中到达饱和点 a 点后，再逐渐减小外磁场(即减小励磁电流)，在外磁场减小的同时，$\boldsymbol{B}$ 是按图 11-1-4 中 ab 曲线减小，在外磁场减为零时，$\boldsymbol{B}$ 却不为零，也就是 $\boldsymbol{B}$ 的变化滞后于 $\boldsymbol{H}$ 的变化，这种现象称为铁磁物质的磁滞现象，简称磁滞(magnetic hysteresis)，这主要是因为已经同向排列的磁畴间的作用力，使 $\boldsymbol{B}$ 的减小滞后于 $\boldsymbol{H}$。由于磁滞，铁磁物质在外磁场强度减小到零时保留的磁感应强度(图 11-1-4 中的 $\boldsymbol{B}_r$)称为剩余磁感应强度，简称剩磁(residual magnetism)。要消去剩磁，需将铁磁物质反向磁化，即将图 11-1-2 中的开关打向右边。当反向 $\boldsymbol{H}$ 达到图 11-1-4

中的$-H_c$值（c 点）时才使B降为零，这一磁场强度称为矫顽磁场强度，也称矫顽力（coercive force）。当H继续反向增加时，铁磁物质被反向磁化，到$H=-H_m$时，到达反向饱和点 a′点。之后再反向减小H到零时，B沿 a′b′变化。H 再由零正向增大到H_m时，B按 b′c′a 变化而完成一个循环。铁磁物质在$+H_m$和$-H_m$之间反复磁化，所得近似对称于原点的闭合曲线 abca′b′c′a 称为磁滞回线（magnetic hysteresis loop）。

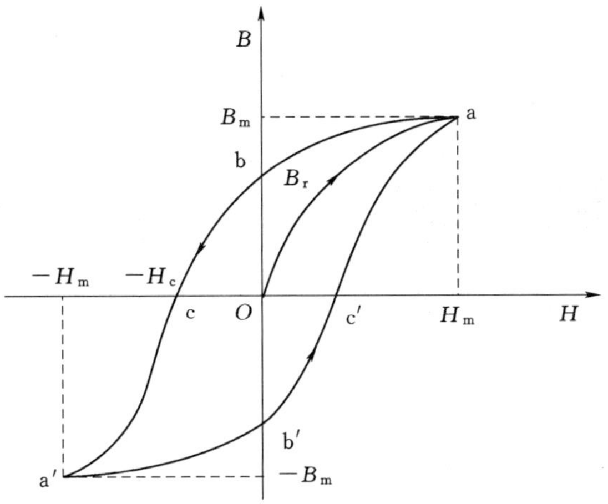

图 11-1-4 磁滞回线

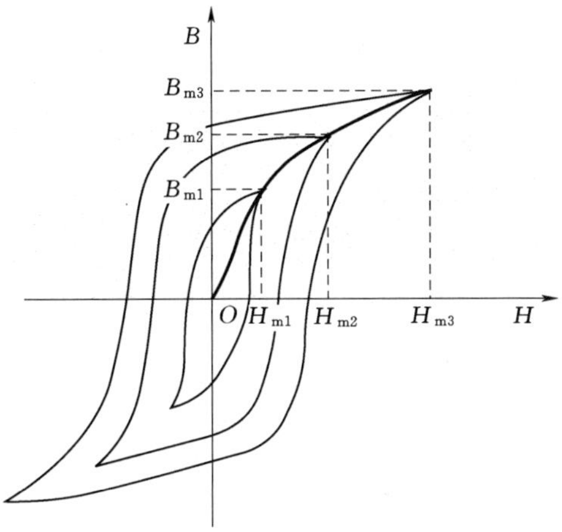

图 11-1-5 基本磁化曲线

由上面分析可知，铁磁物质有三个特性，即高导磁性、磁饱和性和磁滞性。

（三）基本磁化曲线

铁磁物质交变磁化时，B与H的关系是磁滞回线的关系。在实际分析中，常采用铁磁物质的基本磁化曲线。对于同一铁磁物质制成的铁芯，取不同的H_m值的交变磁场进行反复磁化，必将得到一系列磁滞回线，如图 11-1-5 所示。将各个不同H_m下的各条磁滞回线的正顶点连接而成的曲线称为基本磁化曲线（fundamental magnetization curve）。基本磁化曲线略低于起始磁化曲线，但相差很小。铁磁物质的基本磁化曲线有时也用表格的形式给出，称为磁化数据表，这些曲线或数据通常可以在产品目录或手册上查到。

按照磁滞回线的形状和在工程上的用途，铁磁物质大体分为软磁材料（soft magnetic materials）、硬磁材料（hard magnetic materials）和矩磁材料（square-loop magnetic materials）三类。

软磁材料的磁滞回线狭而长，如图 11-1-6（a）所示，剩磁与矫顽力都很小，磁滞现象不明显，没有外磁场时磁性基本消失；磁滞回线的面积小，磁滞损耗小，磁导率高。电工钢片（硅钢片）、铁镍合金、纯铁、铸铁、铸钢等都是软磁材料。而变压器和交流电机的铁芯在反复磁化的情况下工作，所以都用硅钢片叠成。

硬磁材料的磁滞回线宽而短，如图 11-1-6（b）所示，剩磁与矫顽力都很大。永久磁铁就用这类材料制成。常用的硬磁材料有铬、钨、钴、镍等的合金，如铬钢、钴刚、钨钢及铝镍硅等。

还有一类称为矩磁材料，它们的磁滞回线近似于矩形，如图 11-1-6（c）所示，其

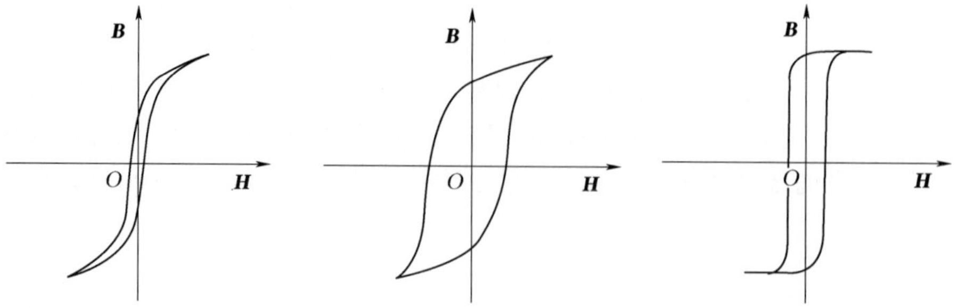

(a) 软磁材料　　(b) 硬磁材料　　(c) 矩磁材料

图 11-1-6　铁磁物质的磁滞回线

特点是剩磁与矫顽力都很大，容易饱和，不易去磁，故用于存储与记录信号。计算机外围设备中的各种磁盘及磁带都是利用这类材料制成的。

三、铁磁物质的铁芯损耗

在交变磁通磁路中，铁芯的交变磁化会产生功率损耗。如果磁通随时间变化，这时候，铁磁物质的磁滞现象将会产生磁滞损耗（hysteresis loss），电磁感应现象将会在铁磁物质中产生涡流（eddy current），引起涡流损耗（eddy current loss）。通常把磁滞损耗 P_h 和涡流损耗 P_e 的总和称为又铁芯损耗（core loss），用 P_{Fe} 表示。

（一）磁滞损耗

从磁畴理论分析可知，当铁芯反向磁化时，原已同向排列的磁畴再反向沿外磁场排列（即磁畴翻转）是不可逆的，必须有外力克服同向排列磁畴间的作用力，这个外力所需的有功损耗和磁畴翻转摩擦所产生的损耗称为磁滞损耗，从能量守恒来看，这个能量是从励磁电流的有功分量体现出来的。因此，铁磁物质在交变磁化时，磁滞损耗是客观存在的。可以证明，反复磁化一次的磁滞损耗与磁滞回线的面积成正比。工程中常用下列经验公式计算磁滞损耗。

$$P_h=\sigma_h f B_m^n V \tag{11-1-7}$$

式中　P_h——磁滞损耗，W；

σ_h——与铁磁物质性质有关的系数，由实验确定；

f——交流电源频率，Hz；

B_m——磁感应强度最大值，T；

n——指数，当 $B_m<1T$ 时，$n\approx1.6$，当 $B_m>1T$ 时，$n\approx2$；

V——铁芯体积，m^3。

式（11-1-7）为数值等式，一般在设计时应适当降低 B_m 值，以减小铁芯饱和程度，这是降低铁芯磁滞损耗的有效方法之一。

（二）涡流损耗

在铁芯交变磁化的同时，铁芯中的磁通也交变，在铁芯中产生感应电动势，使铁芯产生涡流。铁芯中涡流在垂直于磁通方向的平面内流动，如图 11-1-7 所示。铁芯中的涡流同样要消耗能量而使铁芯发热，这种能量损耗称为涡流损耗，这个能量损耗同样从励磁

电流的有功分量体现出来。工程中常用经验公式计算涡流损耗，即

$$P_e=\sigma_e f^2 B_m^2 V \tag{11-1-8}$$

式中 P_e——涡流损耗，W；

σ_e——与铁芯材料的电阻率、厚度及磁通波形有关的系数。

在电机及变压器等设备中，常用两种方法减少涡流损耗：一是增大铁芯材料的电阻率，在钢片中渗入硅能使其电阻率大为提高；二是把铁芯沿磁场方向剖分为许多薄片相互绝缘后再叠合成铁芯，以增大铁芯中涡流路径的电阻。这两种方法都能有效地减少涡流。在工频下采用的硅钢片有 0.35mm 和 0.5mm 两种规格，在高频时常采用铁粉芯或铁淦氧磁体，这些材料的电阻率则更大。

但是在有些场合，涡流也是有用的，例如在冶金、机械生产中用到的高频熔炼、高频焊接以及各种感应加热，都是涡流原理的应用。

可见，铁芯在交变磁化时，铁芯内一定存在磁滞损耗和涡流损耗，这两种损耗之和称为磁损耗（magnetic loss），也称铁芯损耗，简称铁损，单位是瓦特（Watt，W）。磁损耗的能量是从励磁电流中通过耦合吸收过来的，并转换为热能散发，从而使铁芯温度升高。所以磁损耗对电机、变压器的运行性能影响很大。磁损耗可由实验测定，也可以从手册中查得。

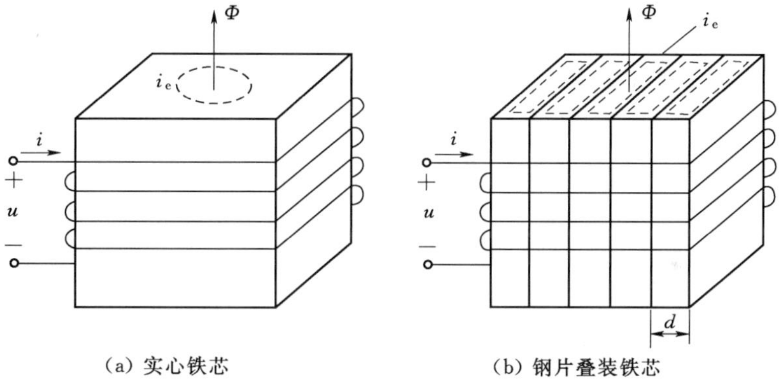

(a) 实心铁芯 (b) 钢片叠装铁芯

图 11-1-7 实心铁芯和钢片叠装铁芯

四、磁路的基本定律

为了得到较强的磁场，许多电工设备都把线圈（coil）绕在铁芯（iron core）上。图 11-1-8 为一铁芯线圈（iron core coil），当励磁电流（exciting current）通入线圈，由于铁芯的磁导率比周围非铁磁物质的磁导率高得多，故磁通基本上集中于铁芯内，这部分磁通称为主磁通（main magnetic flux），用 Φ 表示；还有少量磁通经过周围的非铁磁物质而闭合，这部分磁通称为漏磁通（leakage flux），用 Φ_s 表示。通常把主磁通经过的路径称为磁路。相对于主磁通来说，

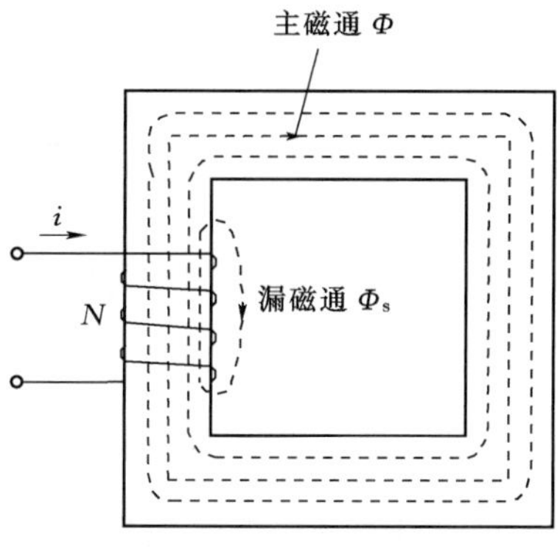

图 11-1-8 铁芯线圈

在粗略分析时，漏磁通可以忽略不计。这样，在分析中就可以认为励磁电流所产生的磁通全部集中在磁路中，于是难以计算的分布的磁场问题简化为易于计算的集中的磁路问题。

磁路主要由铁磁物质构成。根据需要，也可以含有较短的空气隙（air gap）。根据电工设备不同的需要，磁路可以做成不同的形状。图 11－1－9 中是常见的几种磁路。

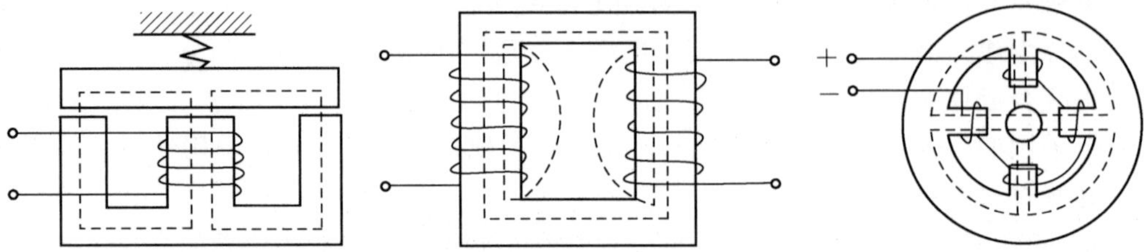

(a) 电磁铁的磁路　　(b) 变压器的磁路　　(c) 直流电机的磁路

图 11－1－9　磁路

励磁电流是直流电流时，其产生的磁通方向不变，称为直流磁路（DC magnetic circuits），这类铁芯线圈称为直流铁芯线圈（DC iron core coils）；励磁电流是交流电流时，其产生的磁通方向随电流方向而改变，称为交流磁路（AC magnetic circuits），这类铁芯线圈称为交流铁芯线圈（AC iron core coils）。磁路还可以分为无分支磁路和有分支磁路，图 11－1－9（a）和图 11－1－9（c）为有分支磁路，图 11－1－9（b）为无分支磁路。

（一）磁路的基尔霍夫定律

1. 基尔霍夫磁通定律

基尔霍夫磁通定律（Kirchhoff's law of flux）是磁场中磁通连续性原理的体现。其内容是：对于任一闭合曲面，经过该曲面的所有磁通的代数和为零。一般规定：穿出闭合曲面的磁通取正号，穿入闭合曲面的磁通取负号。如图 11－1－10 中，忽略漏磁通，按各支路磁通的参考方向，在三条支路的汇聚点（也称结点）上取一闭合曲面，则该曲面上

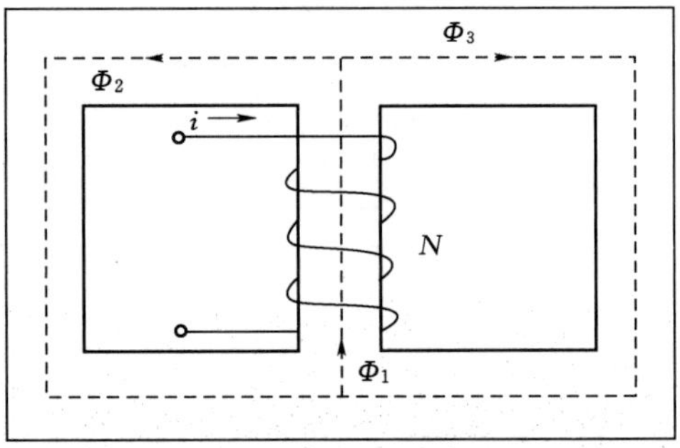

图 11－1－10　基尔霍夫磁通定律

$$\sum \Phi = 0 \qquad (11-1-9)$$

即

$$-\Phi_1 + \Phi_2 + \Phi_3 = 0$$

式（11－1－9）也可写成另一种形式，即

$$\sum \Phi_{入} = \sum \Phi_{出}$$

即进入闭合曲面的磁通和等于离开该曲面的磁通和。该定律与电路的基尔霍夫电流定律类似。

2. 基尔霍夫磁位差定律

基尔霍夫磁位差定律（Kirchhoff's law for magnetic potential difference）反映出励磁电流和磁路中磁场强度的关系。其内容是：磁路的任一闭合回路中，各段磁位差的代数和等于各磁动势的代数和，即

$$\sum U_m = \sum F \tag{11-1-10}$$

磁路中磁场强度与磁路的长度的乘积称为磁位差（magnetic potential difference）（也称为磁压降），用 U_m 表示，即

$$U_m = Hl \tag{11-1-11}$$

磁路中线圈匝数与励磁电流的乘积称为磁动势（magnetomotive force），用 F 表示，即

$$F = Ni \tag{11-1-12}$$

磁位差和磁动势的单位均为安培（Ampere，A）。

符号规定是：选定一个环绕方向，磁通（或磁场）的参考方向与环绕方向一致时，该段磁压取正号，反之取负号；线圈中励磁电流的参考方向与环绕方向符合右手螺旋关系时，该磁动势取正号，反之取负号。该定律与电路的基尔霍夫电压定律类似。

电工设备通常是由多种材料分段制成的，各段的截面、平均长度、材料的磁导率以及磁感应强度和磁场强度可能各不相同。列基尔霍夫磁位差定律的方程时，应先把磁路分段，使每段具有相同的材料、相同的截面积、相同的磁通，并设磁通在截面上的分布是均匀的，因此同一段上各点有相同的磁感应强度和相同的磁场强度。

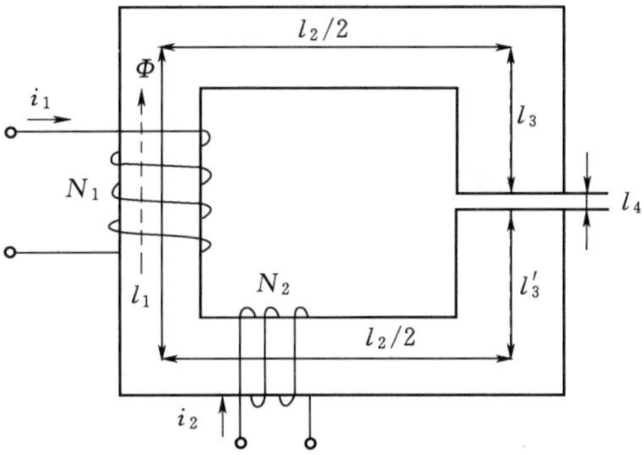

图 11-1-11　基尔霍夫磁位差定律

图 11-1-11 是一个无分支磁路。按要求将磁路分为 4 段，各段磁路的平均长度如图 11-1-11 所示，选顺时针的环绕方向，4 段磁路的磁通与环绕方向一致，所以

$$\sum U_m = H_1 l_1 + H_2 l_2 + H_3 (l_3 + l_3') + H_4 l_4$$

而此闭合磁路有两个磁动势，且励磁电流的参考方向与环绕方向为右手螺旋关系，所以

$$\sum F = N_1 i_1 + N_2 i_2$$

即

$$H_1 l_1 + H_2 l_2 + H_3 (l_3 + l_3') + H_4 l_4 = N_1 i_1 + N_2 i_2$$

磁路的基尔霍夫磁位差定律虽然与电路的基尔霍夫电压定律类似，但由于磁路中铁芯的磁饱和性而使磁路是非线性的，所以磁动势与磁压降的计算是不可逆的。对于已知磁通而求磁动势的正面问题，可以列磁位差定律方程直接求解；但对已知磁动势而求磁通（或磁感应强度）的反面问题，则不能列磁位差定律直接计算。

（二）磁路欧姆定律

设一段磁路的截面积为 S，长度为 l，材料的磁导率为 μ，磁通为 Φ，则有

$$H=\frac{B}{\mu},B=\frac{\Phi}{S}$$

所以该段磁路的磁压降为

$$U_m=Hl=\frac{B}{\mu}l=\frac{l}{\mu S}\Phi$$

即

$$\Phi=\frac{U_m}{\frac{l}{\mu S}}=\frac{F(Ni)}{R_m} \tag{11-1-13}$$

其中

$$R_m\overset{\text{def}}{=\!=}\frac{l}{\mu s} \tag{11-1-14}$$

式中 R_m——该段磁路的磁阻（reluctance），由于铁芯的磁导率不是常数，所以磁路的磁阻也不是常数，H^{-1}。

尽管磁路欧姆定律（Ohm's law for magnetic circuit）与电路欧姆定律表达式相似，但磁路欧姆定律只能用于定性分析磁路，而不能定量计算。

综上所述，磁路与电路有许多相似之处。为了便于比较，把二者的对应关系列入表11-1-1中。

表 11-1-1　　磁路与电路的对应关系

磁路			电路		
名称	符号	单位	名称	符号	单位
磁通	Φ	Wb	电流	I	A
磁导率	μ	H/m	电导率	ρ	Ω·m
磁压降	Hl	A	电压	RI	V
磁动势	$F(Ni)$	A	电动势	E	V
磁阻	$R_m=\frac{l}{\mu S}$	H^{-1}	电阻	$R=\rho\frac{l}{S}$	Ω
磁感应强度	$B=\frac{\Phi}{S}$	T	电流密度	J	A/mm^2
基尔霍夫定律	$\sum\Phi=0$ $\sum Hl=\sum Ni$		基尔霍夫定律	$\sum I=0$ $\sum RI=\sum E$	
欧姆定律	$\Phi=\frac{F(Ni)}{R_m}$		欧姆定律	$I=\frac{E}{R}$	

应该说明的是，上述磁路与电路的类比，只是为了帮助理解和记忆磁路的基本物理量和基本定律，决不能因此误认为磁路和电路有着相同的物理本质。事实上磁路与电路之间有着本质的差别。比如，电流是带电质点的有规律的运动，电流流过电阻要消耗能量，使电阻发热，而磁通则不是质点的运动，恒定的磁通通过磁阻时，并不消耗能量；电路中电路开路时电流为零，但电动势仍然存在，而磁路中有磁动势必然伴有磁通，即使磁路中有气隙存在，磁通也不能为零。

Practice and Thinking

11－1－1 Please search the introductions of Celebrities in electromagnetism such as Tesla, Gauss, Weber and Maxwell in the internet.

11－1－2 Please explain the definition, relations and units of physical quantities such as magnetic induction intensity, magnetic flux and magnetic permeability.

11－1－3 What are the conditions under which matter is magnetized? What are the characteristics of ferromagnetic materials in the process of alternating magnetization?

11－1－4 Please explain what are the differences among the initial magnetization curve, hysteresis loop and basic magnetization curve.

11－1－5 Why does hysteresis loss exist objectively? What factors is it related to?

11－1－6 What are the main magnetic properties of ferromagnetic materials?

11－1－7 Which kind of ferromagnetic material is usually used in the core of motors and transformers? and why?

11－1－8 Why can Ohm's law of magnetic circuit only be used for qualitative analysis of magnetic circuits, but not be used for Quantitative calculation?

任务二 用示波器观察交流铁芯线圈的波形畸变

Task 2 Observing the Waveform Distortion of AC Core Coils by Oscilloscope

对于直流铁芯线圈，当线圈电压给定时，其励磁电流决定于线圈电阻，与磁路情况无关，而磁通决定于磁路情况，在铁芯内没有功率损耗。而对于交流铁芯线圈，由于励磁电流交变，产生交变磁通，引起感应电动势，电路中的电压、电流关系与磁路有关；当交流铁芯线圈的外加电压为正弦波时，由于磁路饱和的影响，使交流铁芯线圈的电流或磁通产生波形畸变；并且由于交变磁通使铁芯交变磁化，产生铁芯损耗（包括磁滞损耗和涡流损耗），所以其情况要比直流铁芯线圈复杂得多。影响交流铁芯线圈工作的因素有：铁芯的磁饱和、磁损耗（铁损）、漏磁通及线圈电阻，其中最主要的是磁饱和的影响。

一、线圈电压与磁通的关系

如图 11－2－1 的交流铁芯线圈，忽略线圈电阻、漏磁通和铁芯损耗（理想情况），按习惯选定线圈外加电压、电流和磁通的参考方向如图 11－2－1 所示。根据电磁感应定律有

$$u=-e=N\frac{d\phi}{dt}$$

式中 N——线圈的匝数。

可以看出，当外加电压为正弦量时，磁通也是正弦量。设

$$\phi=\Phi_{\mathrm{m}}\sin\omega t$$

则有

$$u=-e=N\frac{\mathrm{d}}{\mathrm{d}t}\Phi_{\mathrm{m}}\sin\omega t$$

$$=\omega N\Phi_{\mathrm{m}}\sin\left(\omega t+\frac{\pi}{2}\right)$$

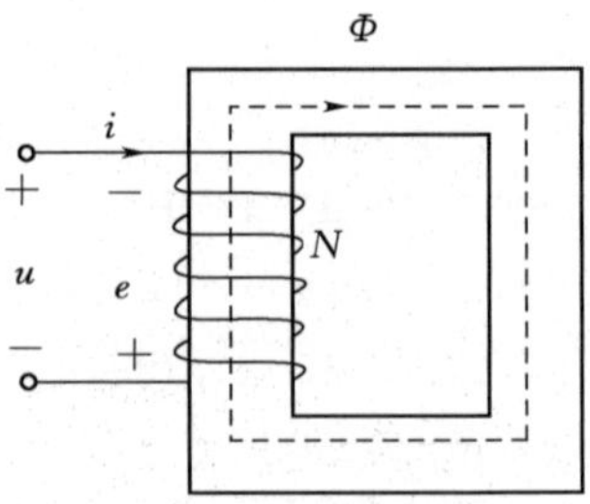

图 11-2-1 交流铁芯线圈各物理量瞬时值的参考方向

可知电压的相位比磁通超前 90°，并得电压及感应电动势（induced electromotive force）的有效值与主磁通的最大值关系为

$$U=E=\frac{\omega N\Phi_{\mathrm{m}}}{\sqrt{2}}=\frac{2\pi fN\Phi_{\mathrm{m}}}{\sqrt{2}}=4.44fN\Phi_{\mathrm{m}} \tag{11-2-1}$$

式（11-2-1）是常用的重要公式，该式表明：当交流铁芯线圈外加电压的频率及其线圈的匝数一定时，如果线圈电压的有效值不变，则铁芯中主磁通的最大值 Φ_{m} 不变；线圈电压的有效值改变时，Φ_{m} 与 U 成正比地改变，而与磁路情况（如改变气隙）无关。交流铁芯线圈的这一情况与直流铁芯线圈不同，直流铁芯线圈的电压不变时，电流也不变（即磁动势不变），如磁路情况改变，则磁通改变。

式（11-2-1）是在忽略线圈电阻和漏磁通的情况下推出的，而由于线圈电阻和漏磁通的影响一般都不大，因此在给定的正弦电压源的激励下，交流铁芯线圈的磁通最大值即已基本确定，并基本保持了正弦波形。

二、正弦电压作用下磁化电流的波形

现在分析在正弦电压作用下铁芯线圈的励磁电流波形。在忽略磁滞和涡流的影响时，此时的励磁电流全部产生主磁通，称为磁化电流 $i_{\mathrm{M}}(t)$，而铁芯材料的 $B-H$ 曲线即为基本磁化曲线。由于铁芯线圈磁路中的磁场强度 H 与磁动势 $F=Ni$ 成正比，磁感应强度 B 与磁通 Φ 成正比，所以把基本磁化曲线的纵坐标、横坐标各乘以相应的比例系数，就得到与 $B-H$ 曲线相似的 $\Phi-i$ 曲线（i 和 Φ 不是线性关系），用逐点描绘的方法求作 $i_{\mathrm{M}}(\mathrm{t})$ 曲线。

如图 11-2-2，先分别作出 $\Phi-i$ 曲线和 $\Phi(t)$ 曲线，两个坐标轴上的 Φ 和 i 分别采用同一比例尺，然后逐点从 $\Phi(t)$ 求 $i_{\mathrm{M}}(t)$。$t=0$ 时 $\Phi=0$，从 $\Phi-i$ 曲线得出 $i=0$；在 $t=t_1$ 时，$\Phi=\Phi_1$，从 $\Phi-i$ 曲线找出相应的 $i=i_{\mathrm{M1}}$，就得到构成 $i_{\mathrm{M}}(t)$ 的两个点；用同样的方法可得到不同时间 t 的 i_{M}，最后连成 $i_{\mathrm{M}}(t)$ 的波形曲线。

由以上分析得出，交流铁芯线圈的外加电压为正弦量时，铁芯中的磁通也为正弦量，但由于磁路饱和的影响，磁化电流不是正弦量，其波形为尖顶波（peaked wave），但在忽略磁滞和涡流的影响下，$i_{\mathrm{M}}(t)$ 和 $\Phi(t)$ 是同时达到零值和最大值的。U 值越大，则 Φ_{m} 越大，$i_{\mathrm{M}}(t)$ 的波形就越尖；如果 U 小，则 Φ_{m} 小，$i_{\mathrm{M}}(t)$ 波形就较接近于

正弦波。要使磁化电流波形接近为正弦波形，就需要选用截面积较大的铁芯，减小 B_m 值，使铁芯工作于非饱和区，但这样会加大铁芯的尺寸和重量，所以通常使铁芯工作于接近饱和区。

三、正弦电流作用下磁通的波形

一些电气设备（如电流互感器）中会出现铁芯线圈的电流为正弦量的情况，如图 11－2－3所示。用同样的分析得出：铁芯线圈的电流为正弦波形时，由于磁饱和的影响，磁通和感应电动势都为非正弦量，磁通波形为平顶波，感应电动势波形为尖顶波。

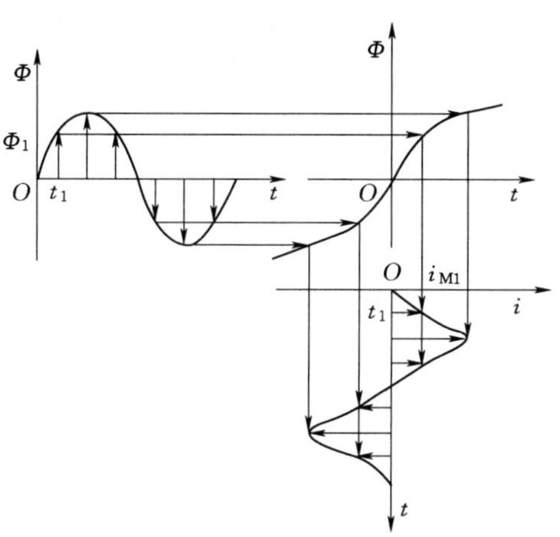

图 11－2－2　正弦电压下磁化电流的波形

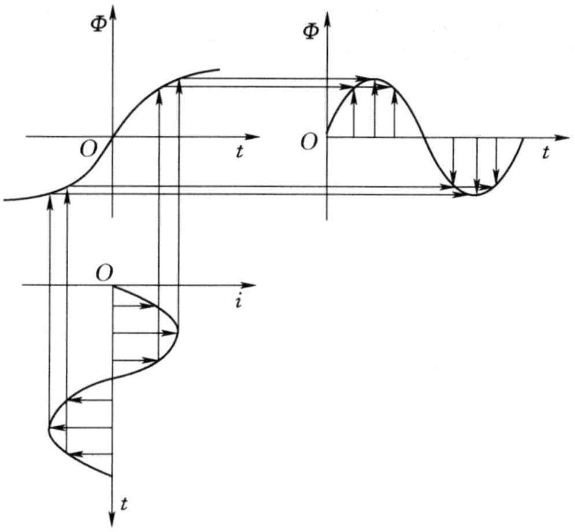

图 11－2－3　正弦电流下磁通的波形

实际电气设备大多数是铁芯线圈电压为正弦的情况，所以以后主要介绍电压为正弦量的铁芯线圈。

Practice and Thinking

11－2－1　Why the core coil is a nonlinear inductor? What are the active power losses of DC core coils and AC core coils respectively, and what are their magnetic circuits different?

11－2－2　What are the factors affecting the operation of AC core coils? What is the most important factor?

11－2－3　When the voltage of an AC core coil is sine, the flux is also sine. Because the influence of magnetic saturation, the magnetized current is not sinusoidal, and its waveform is peaked wave. Draw up pictures to analyze it.

11－2－4　Connect a core coil to a sine voltage source with a certain voltage effective value, if an air gap is added to the core, how the effective values of flux and current will be changed? What will be happened if it is connected to a DC voltage source directly?

任务三 交流铁芯线圈等效参数的测试

Task 3 Testing of Equivalent Parameters of AC Core Coils

一、理想情况下交流铁芯线圈的电路模型

前面分析了在理想情况下的交流铁芯线圈（忽略线圈电阻、漏磁通和铁芯损耗，只考虑磁饱和的影响），当交流铁芯线圈的外加电压为正弦量时，铁芯中的磁通也是正弦量，此时励磁电流就是磁化电流，且磁化电流是与磁通同相位的尖顶非正弦量，按图 11-3-1 的参考方向，电压的相位比磁通的相位超前 90°。若设磁通最大值相量为

$$\dot{\Phi}_m = \Phi_m \angle 0°$$

则感应电压的有效值相量为

$$\dot{U} = -\dot{E} = 4.44fN\dot{\Phi}_m \angle 90°$$

工程上分析交流铁芯线圈时常把非正弦的磁化电流用其等效正弦量来代替。等效的条件除频率相同外，有效值和功率也相等。因为磁化电流的平均功率为零，所以其等效正弦量的相量比电压滞后 90°而与磁通同相位。得出在只考虑磁饱和的理想情况的交流铁芯线圈的相量图及电路模型如图 11-3-2 所示。从图 11-3-2（b）可知，在粗略分析时，可以将铁芯线圈近似等效为一个线性电感，这个线性电感的感抗 X_0 称为对应主磁通 Φ_m 的励磁电抗（exciting reactance）。例如在对日光灯电路的分析时，尽管日光灯的镇流器是铁芯线圈，属于非线性电感，但在忽略线圈电阻、漏磁通及铁芯损耗的条件下，仍然将镇流器等效为一个线性电感。

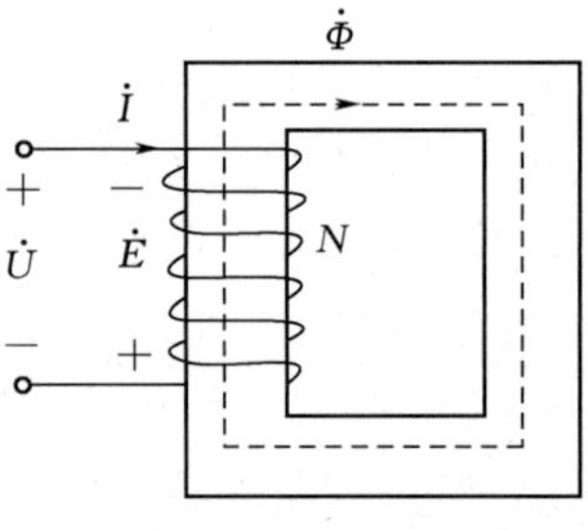

图 11-3-1 交流铁芯线圈各物理量相量的参考方向

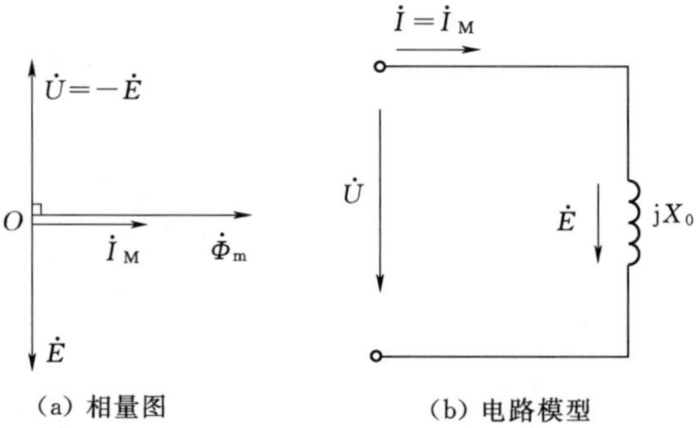

(a) 相量图 (b) 电路模型

图 11-3-2 理想情况下的相量图及电路模型

二、不计线圈电阻及漏磁通的电路模型

从交流铁芯线圈的磁化过程可知，磁滞损耗和涡流损耗是客观存在的，铁芯损耗是有功损耗。从能量守恒的角度，铁芯损耗必然是从励磁电流中的有功分量转化而来，即实际的励磁电流中除了产生磁场的磁化电流（magnetizing current）（无功分量）外，

还有一个反映铁芯损耗的有功电流（active current）（有功分量）。如图 11-3-3（a）所示，励磁电流的有功分量 $\dot{I}_a$ 与感应电压同相位，它们产生的有功功率就是铁芯损耗（即磁损耗）；励磁电流的无功分量 $\dot{I}_M$ 与感应电压相位相差 90°，不产生有功功率，无功分量 $\dot{I}_M$ 只产生磁通，所以称为磁化电流。励磁电流相量是有功分量与无功分量的相量之和，即

$$\dot{I}=\dot{I}_a+\dot{I}_M \tag{11-3-1}$$

根据图 11-3-3（a）所示的相量图，可以用图 11-3-3（b）所示电导、感纳并联组合为交流铁芯线圈的电路模型。

$$\dot{I}=\dot{I}_a+\dot{I}_M=(G_0+jB_0)\dot{U}=Y_0\dot{U} \tag{11-3-2}$$

其中
$$Y_0=G_0+jB_0$$

式中 G_0——对应于磁损耗的励磁电导（exciting conductance）；

B_0——对应于主磁通的感性电纳（inductive susceptance），其值为负；

Y_0——励磁复导纳（exciting admittance）。

并联的电路模型通常可转换成用 R_0、X_0 串联组合的串联电路模型，如图 11-3-3（c）所示，并得

$$Z_0=R_0+jX_0=\frac{1}{Y_0}=\frac{1}{G_0+jB_0} \tag{11-3-3}$$

式中 R_0——对应于磁损耗的励磁电阻（exciting resistance）；

X_0——对应于主磁通的励磁电抗；

Z_0——励磁阻抗（exciting impedance）。

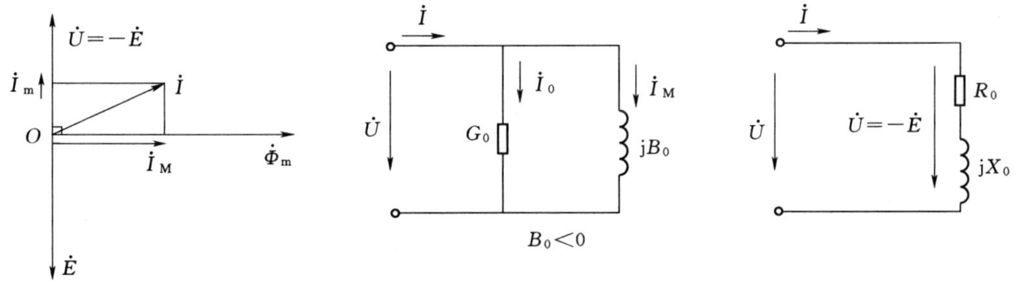

图 11-3-3 不计线圈电阻及漏磁通的相量图及电路模型

需要指出，电路模型中诸参数与磁损耗和磁化电流有关，一般都不是常量，它们的量值随线圈电压作非线性变化。但是当线圈电压变化范围不大时，这些参数则可近似看作常量，这样便可用上述的电路模型，并用等效正弦波概念，用相量进行分析计算，使得计算大为简化。

三、计及线圈电阻及漏磁通的电路模型

在实际电工设备中，铁芯线圈电路有时还应考虑线圈电阻 R 和漏磁通 Φ_s 的影响。由于漏磁通主要通过空气而闭合，所以它在电路中的影响可用线性电感 L_s 表示，简称漏电感（leakage inductance），它定义为漏磁链 ψ_s 与电流 i 在关联参考方向下的比值，即

$$L_s=\frac{\psi_s}{i} \tag{11-3-4}$$

在线圈电阻上的电压为 $\dot{U}_R=\dot{I}R$，与励磁电流 $\dot{I}$ 同相；漏磁通产生的感应电压为 $\dot{U}_s=\mathrm{j}\omega L_s\dot{I}$，比励磁电流 $\dot{I}$ 超前 90°，于是线圈总电压即外加电压 $\dot{U}_1$ 为

$$\dot{U}_1=\dot{U}_R+\dot{U}_s+\dot{U}=\dot{I}R+\mathrm{j}\dot{I}X_s-\dot{E} \tag{11-3-5}$$

其中

$$X_s=\omega L_s$$

$$\dot{U}=-\dot{E}$$

式中 X_s——称为漏磁电抗，简称漏抗（leakage reactance），Ω；

$\dot{U}$——为主磁通的感应电压；

$\dot{E}$——感应电动势。

又由于线圈电阻 R 的存在，造成铁芯线圈电路另一部分损耗 I^2R，称为电阻损耗，简称铜损（copper loss），表示为 P_{Cu}，单位是瓦特（Watt，W）。在一般饱和程度下，铁芯线圈的铜损耗往往比铁芯损耗小得多。可见，考虑线圈电阻和漏磁通后，由主磁通感应的电压 $\dot{U}$ 就不再与外加电压 $\dot{U}_1$ 相同，但一般它们的数值相差不大，相位差也不大。

按照式（11－3－5），对图 11－3－3（a）所示的相量图及图 11－3－3（c）所示的电路模型加以补充，最后得到交流铁芯线圈的相量图和电路模型，分别如图 11－3－4（a）和图 11－3－4（b）所示。图中，φ 是电流 $\dot{I}$ 滞后电压$\dot{U}_1$ 的角度，φ'是电流 $\dot{I}$ 滞后电压 $\dot{U}$ 的角度，请注意两者的区别。通常线圈电阻压降及漏磁通压降都很小，但为了看清相位关系，在相量图中将这部分相量故意放大了。实际上它们不过是相量 $\dot{U}$ 的百分之几而已。

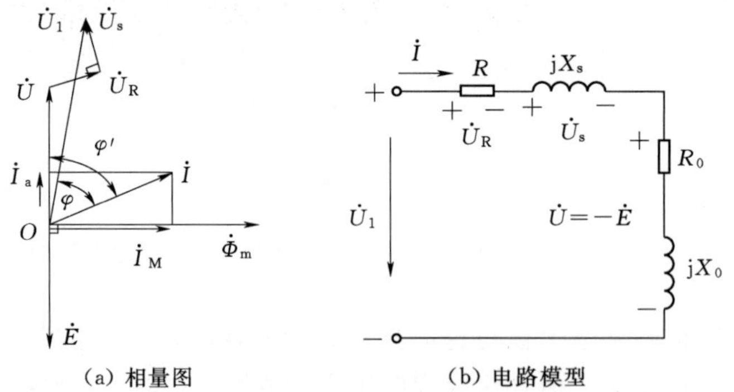

图 11－3－4 计及线圈电阻及漏磁通的相量图及电路模型

[**Example 11 - 3 - 1**] There is an iron core coil with turns $N=100$, its resistance is 0.1Ω, its leakage reactance is 0.8Ω. Connect it to a power frequency sine AC power supply with voltage of 100V, and get its current $I=10A$, its active power $P=200W$. Draw up the phasor diagram of AC iron core coil, and find:

(1) the magnetic loss P_{Fe}.

(2) the maximum value of main flux Φ_m.

(3) the excitation impedance Z_0.

(4) the magnetization current I_M.

Solution:

According to the known conditions, the circuit model of the corresponding iron core coil is shown in Fig. 11 - 3 - 4 (b), and its phasor diagram is shown in Fig. 11 - 3 - 4 (a). Then,

(1) The magnetic loss is

$$P_{Fe}=P-P_{Cu}=P-I^2R=200-10^2\times 0.1=190(W)$$

(2) Assuming the $\dot{I}$ as a reference phasor, that is

$$\dot{I}=I\angle 0°=10\angle 0°(A)$$

According to the power triangle of the circuit model, then

$$\cos\varphi=\frac{P}{U_1 I}=\frac{200}{100\times 10}=0.2$$

$$\varphi=\arccos 0.2=78.5°$$

Then

$$\dot{U}_1=100\angle 78.5°(V)$$

Induced voltage can be calculated from formula (11 - 3 - 5)

$$\begin{aligned}\dot{U}&=-\dot{E}=\dot{U}_1-\dot{U}_R-\dot{U}_S=\dot{U}_1-\dot{I}(R+jX_S)\\&=100\angle 78.5°-10\angle 0°\times(0.1+j0.8)=92\angle 78.1°(V)\end{aligned}$$

The effective value of induced voltage is

$$U=92(V)$$

The maximum value of main magnetic flux Φ_m is obtained by formula (11 - 2 - 1)

$$\Phi_m=\frac{U}{4.44fN}=\frac{92}{4.44\times 50\times 100}=4.1\times 10^{-3}(Wb)$$

(3) The excitation impedance Z_0 is

$$Z_0=\frac{\dot{U}}{\dot{I}}=\frac{92\angle 78.1°}{10\angle 0°}=9.2\angle 78.1°(\Omega)$$

(4) The magnetization current is

$$I_M=I\sin\varphi'=10\sin 78.1°=9.8(A)$$

Practice and Thinking

11-3-1 What are the differents between the circuit model of AC core coils and the circuit model of DC core coils? What will be happened if an AC core coil with rated voltage 220V is misconnected to a 220V DC power supply? Why?

11-3-2 There is an iron core coil with 200 turns, its resistance is 1.75Ω. It is connected to a 120V power frequency AC power supply, the ammeter's reading is 2A, and the wattmeter's reading is 70W, and its leakage flux can be neglected. Find:

(1) the magnetic loss P_{Fe}.

(2) the maximum value of main flux Φ_m.

(3) the excitation impedance Z_0.

(4) the magnetization current I_M.

11-3-3 There is an iron core coil with 200 turns, its resistance and leakage reactance are 2Ω respectively. It is connected to the voltage of 100V power frequency, the ammeter's reading is 2A and the wattmeter's reading is 80W. Find:

(1) the induced electromotive force E generated by main flux.

(2) the excitation impedance Z_0.

(3) the maximum value of main flux Φ_m.

(4) the iron loss P_{Fe} and the magnetization current I_M.

Developing Reading

The Nearest Scientific Giant to God—Introduction of Nikola Tesla

Nikola Tesla (1856—1943), an inventor, mechanical engineer, and electrical engineer. He was an important contributor to the birth of commercial electricity, and is best known for his many revolutionary developments in the field of electromagnetism in the late 19th and early 20th centuries.

Nikola Tesla was born in Austria - Hungary (now Croatian) to a clergyman. Tesla had an incredible memory and a keen affinity for mathematics. H moved to the United States in 1884 and first worked for Thomas Edison. At that time, the country was in the "battle of the currents" with George Westinghouse (1846—1914) promoting AC and Thomas Edison rigidly leading the DC forces. Tesla left Edison and joined Westinghouse because of his interest in AC. Through the efforts, Because of his 1894 demonstration of wireless communication through radio and as the eventual victor in the "War of Currents", he was widely respected as one of the greatest electrical engineers who worked in America. He pioneered modern electrical engineering and many of his discoveries were of groundbreaking importance. In the United States during this time, Tesla's fame rivaled that of any other inventor or scientist in history or popular culture. Tesla demonstrated wireless energy transfer to power electronic devices as early as 1893, and aspired to intercontinental wireless transmission of industrial power in his unfinished Wardenclyffe Tower project.

Because of his eccentric personality and his seemingly unbelievable and sometimes bizarre claims about possible scientific and technological developments, Tesla was ultimately ostracized and regarded as a mad scientist by many late in his life.

Tesla held 700 patents in his lifetime. Tesla's patents and theoretical work formed the basis of modern alternating current (AC) electric power systems. His inventions include the polyphase system of electrical distribution, the AC induction motors, the tesla coil (a high - voltage transformer), and a wireless transmission system etc. This work helped usher in the Second Industrial Revolution. The unit of magnetic induction intensity, the tesla, was named in his honor.

部分习题答案

Suggested Answers of Part of the Practices

Project 1 Task 2

1-2-5 (1) The capacitor is open-circuit damage

(2) The capacitor is normal

(3) The capacitor is short-circuit damage

(4) The capacitor is leakage

1-2-7 5.1kΩ±5%

1-2-8 $6.38\times10^6(1\pm10\%)\Omega$

1-2-9 (1) 1.0μF

(2) 10mH

Project 2 Task 1

2-1-5 (1) $U_{AB}=6V$, $U_{BC}=2V$, $U_{CA}=-8V$

(2) $V_A=8V$, $V_B=2V$, $U_{AB}=6V$, $U_{BC}=2V$, $U_{CA}=-8V$

2-1-6 (a) $P_A=30W$, absorbing 30W

(b) $P_B=-12W$, supplying 12W

(c) $P_C=-8W$, supplying 8W

(d) $P_D=20W$, absorbing 20W

2-1-7 3.6yuan

Project 2 Task 2

2-2-2 (a) $U_{AB}=30V$

(b) $U_{AB}=-30V$

2-2-3 (a) $U=20V$

(b) $I=-0.4A$

(c) $U=-20V$

(d) $I=0.4A$

2-2-4 $I_N=22.4mA$, $U_N=447.2V$

2-2-5 (1) $e_L=500V$, in the same direction as the original current

(2) $\Delta W=-300W$, reducing 300W

2-2-6 (1) $C=0.5\mu F$

(2) $q=6\mu C$

2-2-7 0.02J

Project 2 Task 3

2-3-2 $i_5=2A$

2-3-3 $u_4=11V$, $u_6=3V$

2-3-4 $U_{AB}=-6.5V$, $U_{BC}=9.5V$, $U_{CA}=-3V$

Project 2 Task 4

2-4-1 (a) 10W, absorbing power 10W

(b) −10W, emitting power 10W

(c) 10W, absorbing power 10W

(d) −10W, emitting power 10W

2-4-2 (1) $U_{OC}=10V$, $I_{SC}=5A$

(2) $U=9V$, $I=0.5A$, $P=4.5W$

2-4-3 $U_S=20V$, $R_S=5\Omega$

2-4-4 (a) The power of the controlled source $P=-5W$, emitting power 5W

(b) The power of the controlled source $P=12W$, absorbing power 12W

Project 3 Task 1

3-1-1 $U_1=20V$, $U_2=30V$

3-1-2 (1) $I=0.18A$

(2) $P_{30}=13.1W$, $P_{60}=6.55W$

3-1-3 $R_L=20\Omega$

3-1-4 $R=3.7k\Omega$

Project 3 Task 2

3-2-1 $I_1=40mA$, $I_2=60mA$

3-2-2 (1) $R_1=302.5\Omega$, $R_2=806.7\Omega$, $I_{1N}=0.364A$, $I_{2N}=0.136A$

(2) Can not, because $U_{15W}=160V>110V$, the 15W bulb will burn out

3-2-3 (a) $R_{AB}=2.5\Omega$

(b) $R_{AB}=7.43\Omega$

(c) $R_{AB}=21.2\Omega$

(d) $R_{AB}=4\Omega$

Project 3 Task 3

3-3-1 (a) $R_\Delta=9\Omega$

(b) $R_{12}=22\Omega$, $R_{23}=7.33\Omega$, $R_{31}=11\Omega$

(c) $R_Y=2\Omega$

(d) $R_1=5\Omega$, $R_2=7.5\Omega$, $R_3=3\Omega$

3-3-2 (a) $R_{AB}=10\Omega$

(b) $R_{AB}=2.2\Omega$

Project 4 Task 1

4-1-1 (a) $I_1=1.6A$，$I_2=1.4A$，$I_3=0.2A$

(b) $I_1=-1A$，$I_2=-1A$

4-1-3 $I_1=7A$，$I_2=4A$，$I_3=3A$

4-1-5 (1) When the switch S is opened：$I_A=1.2A$，$I_B=-0.8A$，$I_C=-0.4A$

(2) When the switch S is closed：$I_A=2.32A$，$I_B=0.32A$，$I_C=0.72A$，$I_N=3.36A$

Project 4 Task 2

4-2-1 $U=10V$

4-2-2 $U=25V$

Project 4 Task 3

4-3-1 (a) $U_{OC}=6V$，$R_{eq}=3\Omega$；$I_{SC}=2A$，$R_{eq}=3\Omega$

(b) $U_{OC}=6V$，$R_{eq}=10\Omega$；$I_{SC}=0.6A$，$R_{eq}=10\Omega$

4-3-2 $I_3=2A$

4-3-3 $I_3=10A$

4-3-4 $I=-1A$

4-3-5 (1) $U_{OC}=8V$，$R_{eq}=6\Omega$

(2) $R_L=6\Omega$

(3) $P_{max}=2.67W$

Project 4 Task 4

4-4-1 $U=4V$，$I=0.5A$

4-4-2 $U_2=5.5V$

Project 5 Task 1

5-1-1 (1) 50Hz，0.02s，314rad/s

(2) 96.6V，-86.5V

5-1-2 $u(t)=311\sin(314t+60°)V$ or $u(t)=311\sin(314t-120°)V$

5-1-3 (1) $i(t)$lags by $u(t)$200°

(2) Later $5.6\times10^{-3}s$

5-1-4 (1) In phase

(2) Antiphase

(3) Orthogonality

5-1-5 (1) 220V

(2) $u_{ab}=311\sin(314t-40°)V$

(3) $u_{ba}=311\sin(314t+140°)V$

Project 5 Task 2

5-2-1 (2) $u=20\sqrt{2}\sin314tV$, $i_R=5\sqrt{2}\sin314tA$, $i_C=6\sqrt{2}\sin(314t+90°)A$, $i=5.4\sqrt{2}\sin(314t+63.5°)A$

5-2-2 $\dot{U}_1+\dot{U}_2=55\angle23.13°V$, $\dot{U}_1-\dot{U}_2=55\angle-83.13°V$

5-2-3 $u_S=211\sqrt{2}\sin(314t+58.6°)V$

Project 5 Task 3

5-3-1 (1) 806.7Ω

(2) $i=0.27\sqrt{2}\sin(314t+60°)A$, $u=220\sqrt{2}\sin(314t+60°)V$

5-3-2 (1) 1936Ω, 0.114A

(2) 3kW·h

5-3-3 (1) $i(t)=1.17\sqrt{2}\sin(100\pi t-90°)A$, 257.9var

(2) 0.82J

5-3-4 (a) 20A

(b) 20A

(c) 14.14A

5-3-5 (1) 25.12A, 1.0×10^5 var

(2) 320J

5-3-6 (1) 5A

(2) $Z_2=\frac{3}{4}R$, 7A

(3) $Z_2=-j\frac{3}{4}X_L$, 1A

5-3-7 (a) $0.125\mu F$, $-3V$

(b) $9\mu F$, 4V

(c) $3.5\mu F$, 12V

Project 5 Task 4

5-4-1 (1) $\dot{U}_C=160\angle-36.87°V$

(2) $\dot{U}_{RL}=100\angle106.26°V$

5-4-2 (1) $Z=6\angle-30°\Omega=(5.2-j3)\Omega$

(2) $Y=0.167\angle30°S=(0.145+j0.0835)S$

5-4-3 (1) $\dot{I}=2\angle-36.87°A$

(2) $\dot{U}_1=4\angle-36.87°V$, $\dot{U}_2=7.2\angle19.44°V$

5-4-4 (a) 50V

(b) 60V

Project 5 Task 5

5-5-1 $R=27.6\text{k}\Omega$, $U_2=0.48\text{V}$

5-5-2 $\dot{U}=1.34\angle 63.43^\circ\text{V}$, $\dot{I}_2=0.27\angle 10.3^\circ\text{A}$, $\dot{I}=0.87\angle 3.17^\circ\text{A}$

5-5-3 $86.6\angle 90^\circ\text{V}$

5-5-4 $\cos\varphi=0.16$, $S=380.6\text{VA}$, $P=60.9\text{W}$, $Q=376.03\text{var}$

5-5-5 $P_{\text{total}}=1400\text{W}$, $Q_{\text{total}}=1974.6\text{var}$, $S_{\text{total}}=2420.5\text{VA}$, $\cos\varphi=0.58$, $I_{\text{total}}=11\text{A}$

5-5-6 $\dot{I}=6.74\angle -22.9^\circ\text{A}$, $P=1366.2\text{W}$, $Q=576.3\text{var}$, $S=1482.8\text{VA}$, $\overline{S}=(1366.2+\text{j}576.3)\text{VA}$

Project 5 Task 6

5-6-3 $C=519.8\mu\text{F}$

5-6-4 $52.3\mu\text{F}$

5-6-5 (1) 0.5

(2) $103.98\mu\text{F}$

Project 5 Task 7

5-7-1 2.91A

5-7-2 $\dot{U}_{\text{OC}}=34\angle -101.3^\circ\text{V}$, $Z_0=(20-\text{j}6.7)\Omega$

Project 6 Task 1

6-1-3 $I_0=1\text{mA}$, $Q=96.5$, $U_{\text{L0}}=U_{\text{C0}}\approx 0.965\text{V}$

6-1-4 $C=40\mu\text{F}$; $I_0=20\text{A}$; $Q=10$; $U_{\text{C0}}=200\text{V}$, $U_{\text{RL0}}\approx 201\text{V}$

Project 6 Task 2

6-2-3 At the series resonance $f_0\approx 1.0\times 10^6\text{Hz}$, $Z_0=13.7\Omega$

At the parallel resonance $f_0\approx 1.0\times 10^6\text{Hz}$, $Z_0=1.82\times 10^5\Omega$

Project 7 Task 1

7-1-1 (1) $\dot{U}_{\text{B}}=U\angle -60^\circ\text{V}$, $\dot{U}_{\text{C}}=U\angle 180^\circ\text{V}$

(2) $u_{\text{A}}=\sqrt{2}U\sin(314t+60^\circ)\text{V}$, $u_{\text{B}}=\sqrt{2}U\sin(314t-60^\circ)\text{V}$, $u_{\text{C}}=\sqrt{2}U\sin(314t+180^\circ)\text{V}$

7-1-2 $\dot{U}_{\text{A}}=U\angle 0^\circ\text{V}$, $\dot{U}_{\text{B}}=U\angle +120^\circ\text{V}$, $\dot{U}_{\text{C}}=U\angle -120^\circ\text{V}$

7-1-7 (1) 226.7A

(2) 226.7A

Project 7 Task 2

7-2-3 (1) $\dot{I}_{\text{A}}=0.88\angle -53.13^\circ\text{A}$, $\dot{I}_{\text{B}}=0.88\angle -173.13^\circ\text{A}$, $\dot{I}_{\text{C}}=0.88\angle 66.87^\circ\text{A}$

(2) The load voltage and the current of each phase are unchanged.

7-2-5 $38.37\angle 23.41^\circ\text{A}$, $38.37\angle -143.41^\circ\text{A}$, $8.8\angle 120^\circ\text{A}$

Project 7 Task 3

7-3-2 3times

7-3-3 $I_P = 1.52A$，$I_L = 2.63A$

7-3-4 42.34A

7-3-5 (1) 6.93A，6.93A

(2) 10.4A

7-3-6 395V

Project 7 Task 4

7-4-3 $P = 201.2kW$，$Q = 108.6kvar$，$S = 228.6kVA$

7-4-4 $I_N = 1230.5A$，$Q = 15493.6kvar$，$S = 29411.8kVA$

7-4-5 (1) $P = 4343.86W$

(2) $P = 12992.46W$

Project 8 Task 1

8-1-1 (a) $u(t) = (127.32\sin 314t + 42.44\sin 3\times 314t + 25.46\sin 5\times 314t + \cdots)V$

(b) $i(t) = (6.37 + 4.24\cos 628t - 0.85\cos 2\times 628t + 0.36\cos 3\times 628t - \cdots)A$

8-1-2 $i = [1.25 + 3.54\sqrt{2}\sin(\omega t - 45°) + 0.44\sqrt{2}\sin(3\omega t - 101.57°)]A$

Project 8 Task 2

8-2-2 $U = 100V$，$I = 7.07A$；$U_{rect} = 100V$，$I_{rect} = 6.37A$

8-2-3 $U = 81.56V$，$I = 8.75A$；$U_{rect} = 115.54V$，$I_{rect} = 12.49A$

8-2-4 Half-wave rectification $K_f = 1.57$

Full-wave rectification $K_f = 2.22$

Project 8 Task 3

8-3-1 515.41W

8-3-2 20.06W

Project 9 Task 1

9-1-2 (1) $u_C(0_+) = 16V$

(2) $u_C(\infty) = 0V$

9-1-3 (1) $i_L(0_+) = \frac{10}{3}A$，$u_R(0_+) = \frac{100}{3}V$

(2) $i_L(\infty) = \frac{100}{13}A$，$u_R(\infty) = \frac{1000}{13}V$

9-1-4 (1) $i_L(0_+) = 1A$，$u_L(0_+) = \frac{100}{3}V$

(2) $i_L(\infty) = 2A$，$u_L(\infty) = 0V$

9-1-5 $u_C(t) = 126e^{-3.33t}V$

Project 9 Task 2

9-2-1 $u_C(t)=40(1-e^{-0.2t})V$

9-2-2 (1) $u_C'=16V$，$u_C''=-10e^{-4t}V$，$u_C=(16-10e^{-4t})V$

(2) $u_C^{(1)}=6e^{-4t}V$，$u_C^{(2)}=16(1-e^{-4t})V$，$u_C=(16-10e^{-4t})V$

Project 9 Task 3

9-3-1 $\tau_1=1\times10^{-4}s$，$\tau_2=4\times10^{-5}s$

9-3-2 $i_L(t)=2e^{-8t}A$，$u_L(t)=-16e^{-8t}V$

9-3-3 $i_L(t)=(4-4e^{-2t})A$

Project 9 Task 4

9-4-1 $i_L(t)=(6-4.5e^{-10t})A$，$t=0.11s$

9-4-2 $u_C(t)=(-5+15e^{-10t})V$

9-4-3 $i(t)=[0.32\sin(1000t-43.3°)-0.27e^{-300t}]A$

Project 10 Task 1

10-1-1 (1) $k=0.5$

(2) $M=0.0098H$

10-1-3 (1) Reversely bias

(2) Positively bias

Project 10 Task 2

10-2-2 Series-aiding connection $L=16H$; Series-opposing connection $L=4H$

10-2-3 Dotted terminals joined $L=3.75H$; Non-dotted terminals joined $L=0.94H$

10-2-4 (1) $\dot{I}=0.23\angle-83.9°A$

(2) $C=3.38\mu F$，$I=2.2A$

Project 11 Task 3

11-3-2 (1) $P_{Fe}=63W$

(2) $\Phi_m=2.68\times10^{-3}Wb$

(3) $Z_0=59.52\angle74.75°\Omega$

(4) $I_M=1.93A$

11-3-3 (1) $\dot{U}=94.8\angle67.7°V$，$E=U=94.8V$

(2) $Z_0=47.4\angle67.6°\Omega$

(3) $\Phi_m=2.14\times10^{-3}Wb$

(4) $P_{Fe}=72W$，$I_M=1.85A$

参　考　文　献

References

[1] 蔡元宇. 电路及磁路 [M]. 北京：高等教育出版社，2004.

[2] 邱关源. 电路 [M]. 北京：高等教育出版社，1999.

[3] Matthew N O，Sadiku Sarhan M，Musa Charles K Alexander. Applied Circuit Analysis [M]. 北京：机械工业出版社，2013.

[4] 苏育挺，王建，张承乾，等. 应用电路分析 [M]. 北京：机械工业出版社，2014.

[5] Mitchel E Schultz. Grob's Basic Electronics [M]. 12th. New York：Mc Graw Hill，2015.

[6] 李传珊. 电工基础 [M]. 北京：电子工业出版社，2009.

[7] 徐红升. 电工基础及实训 [M]. 北京：清华大学出版社，2009.

[8] 田淑华. 电工基础 [M]. 2 版. 北京：机械工业出版社，2008.

[9] 谢金祥. 电路基础 [M]. 北京：北京理工大学出版社，2008.

[10] 王敬镕. 电路与磁路 [M]. 北京：中国电力出版社，2006.

[11] 王慧玲. 电路基础 [M]. 北京：高等教育出版社，2004.

[12] 王善斌. 电工测量 [M]. 北京：化学工业出版社，2007.

[13] 张宪，郭振武. 电气识图及其新标准解读 [M]. 北京：化学工业出版社，2009.

References